U0160943

新生物学丛书

生物安全与生物恐怖
生物威胁的遏制和预防
（原书第二版）

Biosecurity and Bioterrorism
Containing and Preventing Biological Threats
（Second Edition）

〔美〕Jeffrey R. Ryan 著
李晋涛 邱民月 叶 楠 等 编译

科学出版社
北 京

图字：01-2019-6707 号

内 容 简 介

本书主要分为四个部分。第一部分主要对生物战历史和部分受美国国家层面资助的生物武器计划进行了介绍，指出了人们所面临的多种生物威胁，包括新发传染病、生物战、生物恐怖主义等，强调了生物安全和生物防御对现代文明的重要性；第二部分则根据危险性将当前可能对人类健康造成威胁的生物病原因子分为 A、B、C 三类进行阐述，通过理论叙述、案例分析和总结，介绍了如何针对不同类型生物病原因子有效展开现场应急响应；第三部分通过回顾美国农业领域曾面临的生物威胁及动物疾病暴发事件，总结出了关键的经验教训；第四部分不仅对美国政府在生物安全领域颁布的政策法规进行了解读，还围绕美国政府部门各层级在生物安全事件应对及后果管理方面的策略进行了详细介绍。

本书主要可供参与应急管理的工作人员、公共卫生专业人员、临床医护人员、动物医疗卫生专业人员，以及从事生物、农业、林业、医疗卫生、动植物检疫的研究人员和技术工作者阅读参考。

图书在版编目（CIP）数据

生物安全与生物恐怖：生物威胁的遏制和预防：原书第二版 / （美）J. R. 瑞安（Jeffrey R. Ryan）著；李晋涛等编译. —北京：科学出版社，2020.6

（新生物学丛书）

书名原文：Biosecurity and Bioterrorism: Containing and Preventing Biological Threats（Second Edition）

ISBN 978-7-03-065452-6

Ⅰ. ①生… Ⅱ. ①J… ②李… Ⅲ. ①生物工程－安全技术－研究 Ⅳ. ①Q81

中国版本图书馆CIP数据核字（2020）第099097号

责任编辑：罗　静 / 责任校对：严　娜

责任印制：吴兆东 / 封面设计：刘新新

科 学 出 版 社 出版

北京东黄城根北街 16 号

邮政编码：100717

http://www.sciencep.com

北京虎彩文化传播有限公司 印刷

科学出版社发行　各地新华书店经销

*

2020 年 6 月第 一 版　开本：720 × 1000　1/16

2021 年 5 月第三次印刷　印张：22 1/2

字数：453 000

定价：180.00 元

（如有印装质量问题，我社负责调换）

Biosecurity and Bioterrorism: Containing and Preventing Biological Threats，second edition
Jeffrey R. Ryan
ISBN: 9780128020296

生物安全与生物恐怖：生物威胁的遏制和预防(第二版)
李晋涛　邱民月　叶 楠　等　编译
ISBN: 9787030654526

注　　意

本书涉及领域的知识和实践标准在不断变化。新的研究和经验拓展我们的理解，因此须对研究方法、专业实践或医疗方法作出调整。从业者和研究人员必须始终依靠自身经验和知识来评估和使用本书中提到的所有信息、方法、化合物或本书中描述的实验。在使用这些信息或方法时，他们应注意自身和他人的安全，包括注意他们负有专业责任的当事人的安全。在法律允许的最大范围内，爱思唯尔、译文的原文作者、原文编辑及原文内容提供者均不对因产品责任、疏忽或其他人身或财产伤害及/或损失承担责任，亦不对由于使用或操作文中提到的方法、产品、说明或思想而导致的人身或财产伤害及/或损失承担责任。

《生物安全与生物恐怖：生物威胁的遏制和预防》

（原书第二版）

编译者名单

主 编 译： 李晋涛

副主编译： 邱民月　叶　楠

参加翻译人员（按姓氏拼音排序）：

巩沅鑫　郭　玲　郭　晟　罗邦伟

吴春玲　谢谆怡　许桂莲　杨　玓

杨承英　张　赟　赵哲媛

关于原作者

杰夫·瑞安(Jeff Ryan)博士，美国陆军退役中校，在预防医学、流行病学、临床试验和诊断研发方面均造诣颇深，曾任职于美国一家私营生物技术公司(公司名：Cepheid)，担任该公司对口美国政府的生物威胁项目高级业务开发员及项目经理。目前，瑞安博士就职于美国杰克逊维尔州立大学应急管理系，任副教授和系主任，共发表了40余篇科学论文，参与编写了两本教材。其专业领域包括生物安全、生物防御、医疗应急管理、国土安全战略规划与生物威胁应对及恐怖主义相关研究。

译者的话

在社会发展的历史长河中，人类始终在与传染性疾病博弈。历代科研工作者凭借各种新兴生物技术，已陆续揭开许多已知烈性病原因子的面纱。但不能忽略的是，这些为人类造福的新兴生物技术一旦被滥用，将很有可能给人类社会带来毁灭性打击。自“炭疽邮件”事件以来，世界各国尤其是美国猛然意识到：生物威胁与生物恐怖不仅会给人类健康带来严重威胁，更会向各国经济和社会体系发起严峻挑战。总的来说，无论其是自然发生、意外发生还是蓄意施放，高危型传染性生物病原因子一旦传播开来，就会成为当下人类面临的最严重的挑战之一。

目前，随着城市化进程的加快，大自然和生物栖息地被不断侵蚀，全球范围内各种新发、再发传染病频发。同时，在全球经济一体化的背景下，跨洲旅行和商业活动往来密集，加之公共卫生防疫系统的局部低效和不敏感，导致从前可能仅局限于局部地区的突发疫情可突破疫区屏障借由洲际、国际航班在全球迅速传播开来。也就是说，今天某个国家或地区面临的生物威胁将很有可能在极短的时间内迅速波及全球，造成传染性疾病大流行、人类集体心理创伤，以及国际社会、经济全面崩溃。我们必须接受这样一个事实：在当今世界“任何地方的威胁就是每个地方的威胁”。

近年来，严重急性呼吸综合征(SARS)、中东呼吸综合征(MERS)、流感、非洲猪瘟和埃博拉等新发突发传染性疾病在全球各地此起彼伏地发生并蔓延，对被波及国家的社会稳定和经济发展均造成严重打击。本书即将出版之际，正值新型冠状病毒(COVID-19)肆虐全球之时，这场疫情对我国乃至全球的经济发展和社会稳定都在产生不可估量的严重影响。比尔•盖茨说：“未来，传染性疾病将比核武器威胁更大”“新冠肺炎可能成为百年不遇的大流行病”。如何系统地提升疫情应急响应能力和防护救治能力正是当下各个国家需要解决的关键问题。

美国向来对各项生物威胁防御工作都非常关注和重视，相关科学技术发展和能力水平建设始终处于全球领先地位。尤其是 2001 年“9•11 事件”和“炭疽邮件”事件发生后，美国政府更是从国家安全战略高度对生防体系给予了空前的重视，建立了一套完善的生物威胁和生物恐怖应急防御系统。本书全面系统地介绍了生物病原因子可能对人类社会造成的威胁，并通过案例分析对某些生物病原因子可能给社会带来的影响加以说明，此外还对美国生防体系、相关法律法规、联邦计划和行动进行了介绍。正如本书所述，美国生防系统由总统直接指挥管理，一旦发生生物威胁或生物恐怖事件，将由公共卫生系统直接向卫生安全委员会汇报并上报总统。该系统完全跳出了美国常规的医疗卫生管理系统，是一套独立的上报体系。我国在公共卫生防疫应急响应方面存在许多短板，美国的体系值得借鉴。

党的十八大以来，以习近平同志为核心的党中央丰富和完善了新时期中国国际战略思想，形成了以合作共赢、和平发展道路、人类命运共同体为引领的一整套思想理念，呈现出完全不同于西方“文明冲突论”的中国主张和中国方案。从生物安全的角度来看，“人类命运共同体”这一提法显得尤为深刻和精准：病原体传播不受国界的限制，全球同此凉热。在疫情之下，没有一个人能够确保独善其身，也没有一个国家能够置身事外。生物威胁和生物恐怖是人类社会面临的共同挑战，需要全世界同舟共济、合作应对，以实际行动展现出积极推动构建人类命运共同体的决心和成效！

李晋涛

2020 年 3 月 3 日

原 书 序

目前，应急管理人员、公共卫生专业人员、临床医生、动物卫生专业人员和政府官员均在为应对潜在的恐怖主义活动和大规模杀伤性武器袭击做准备。而本书正是汇集了生物安全与生物防御方面的大量研究和编写工作，以及本领域相关的学生、一线救护人员、学者及决策领导人进行的深入讨论和思考。

随着 21 世纪的到来，人类社会已经迈入了信息时代，但恐怖主义的阴影严重影响了人们的平静生活。历史学家一定都还清晰地记得，2001 年秋，随着纽约世界贸易中心双子塔的倒塌和华盛顿特区五角大楼袭击事件的发生，恐怖主义这一阴暗的幽灵终于向我们抬起了它丑陋的面庞。不到一个月，一种致命且罕见的致病菌——炭疽通过几封信侵入了美国邮政递送系统并迅速蔓延开来，这给美国公民带来了新的威胁。回顾过去，这段时期宛若一场噩梦。尽管这些人为的灾难以不同的方式对所有人都造成了一定的影响，但许多美国人早已忘记了当时的感受。全球反恐战争已经持续了好几年。有些人会说，在遥远的另一条战线上与敌人作战给了我们一些保护。然而，面对生物威胁，今天的我们仍然和 15 年前一样脆弱。

2001 年秋，美国恐怖袭击和炭疽袭击事件发生后，美国政府立即制定了新的监管框架，用以应对突显的生物恐怖主义威胁（Dr. Julie E. Fischer, 2006 年 2 月）。而《生物安全与生物恐怖：生物威胁的遏制和预防》一书则通过阐述生物战历史、生物恐怖主义、对潜在农业恐怖主义的担忧及当前的生物防御手段，带读者走进如今全球关注的生物安全领域，同时还对特定病原因子及其引发的疾病、检测方法和后果管理注意事项等内容进行了全面阐述，并向读者介绍了有关生物安全与生物防御的国际倡议和美国联邦法律条文。

要提高对生物安全问题的认识水平，以及了解美国联邦政府、各州和地方应对威胁时的复杂关系，需要具备全方位的应对策略。本书可作为食品安全管理人员、公共卫生专业人员和应急管理人员从业的教材或参考书。

本书的初衷是帮助读者了解生物病原因子对社会造成的威胁。因此，本书详细介绍了由美国卫生和公共服务部定义的 A、B 和 C 类生物病原因子分别可能对社会造成的种种威胁，并通过案例分析对某些生物病原因子可能给社会带来的影响加以说明，从而引导读者对包括 21 世纪生物防御政府愿景在内的联邦计划和行动进行讨论。

学习终极目标

通过阅读本书，你将可以：

• 探讨生物武器发展史及其与当前的生物恐怖主义威胁的关联性。

• 探讨什么是生物病原因子及它们如何引起疾病和死亡。

• 了解生物恐怖事件和自然生物安全事件的不同规模会造成我们应对能力的巨大差异。

• 了解 A、B 和 C 类病原因子的关键分类准则。

• 了解 A、B 和 C 类病原因子分别包含哪些生物病原因子；其导致的疾病；相关疾病的体征和症状；每种病原因子的自然历史及其在战争和生物恐怖主义活动中的使用情况及引发的公共卫生问题。

• 针对分辨生物恐怖主义和自然疾病暴发的具体案例进行讨论。

• 熟练操作病原因子采样和检测方法。

• 列出生物防御和生物安全相关的法律与总统指令。

• 围绕旨在增强美国生物防御能力和生物安全性的联邦政府行动与计划进行讨论。

• 了解检疫和隔离之间的区别及二者都存在的挑战。

• 了解公共卫生机构为增强对生物恐怖主义防范能力而实施的项目，以及其相应的应急准备项目。

本书的教学特点

• 所有章节开头的学习目标和基本术语部分将引导读者了解章节内容与主题。

• 书中的示例、插图和图表有助于解释概念并将理论联系实践。

• 每章引申的话题有助于扩展信息深度、提供多重观点与角度。

• 批判性思考问题有助于读者提出多重观点并寻求具有创造性和优化的解决方案。

• 每章末尾的讨论强调了该章的内容，并帮助读者围绕关键概念和问题进行复习、整合与讨论。

• 每章末尾的网站为读者提供了获取其他资源的途径，以补充学习资源、强化后续学习。

• 这个跨学科研究实则汇集了书籍、期刊、时事通信、杂志、协会、政府、培训计划和其他专业资源等各类信息资源。

本书根据主题分为四个部分。第一部分主要对生物战历史和部分受美国国家层面资助的生物武器计划进行了介绍，指出了我们所面临的多种生物威胁，包括新发传染病、生物战、生物恐怖主义等，强调了生物安全和生物防御对现代文明的重要性。第二部分则根据危险性将如今可能对人类健康造成威胁的生物病原因子分为 A、B、C 三类进行阐述，通过理论叙述、案例分析和总结，介绍了如何针对不同类型生物病原因子有效展开现场应急响应。第三部分通过回顾美国农业领域曾面临的生物威胁及动物疫病暴发事件，总结出了关键的经验教训。第四部分不仅对美国政府在生物安全领域颁布的政策法规进行了解读，还围绕美国政府部门各层级在生物安全事件应对及后果管理方面的策略进行了详细介绍。此外，本书每个主题部分都包含一个简短的序言，涵盖各章要点和学习目标。

目　　录

第一部分　生物安全、生物防御及其成因

第二部分　人类健康面临的威胁

第三部分　农业面临的威胁

第四部分　生物安全的倡议、问题、资产和计划

第一部分　生物安全、生物防御及其成因

本书的第一部分向读者介绍了许多用以理解生物安全和生物防御对现代文明重要性的基本要素，并对“生物安全”和“生物防御”这两种表述方式进行了详细的讲解与区分。要了解生物安全和生物防御的重要性，必须首先认识到生物威胁在恐怖主义中扮演着怎样的重要角色。此外，生物危害本身也可作为意外事件和自然灾害的起因，如实验室事故和流行病暴发。

虽然大多数民众对生物安全和生物防御的概念与程序已有所了解，但大家对其实施过程中可能存在的问题并不太清楚，如成本高、发展缓慢等。另外，生物武器和生物危害则因具有无法估量的潜在危害，如一旦使用生物武器开展袭击，很有可能造成数百万人死亡、社会动荡和当地经济被破坏等状况，而一直被人们所关注。

有的专家认为，虽然生物武器袭击可能会造成严重甚至具有毁灭性的影响，但这种袭击发生的可能性非常低。另一些专家则认为这种风险是真实存在的，他们指出，如果我们没有任何警觉意识，那么当那些看似不可能的事情真正发生时，将会产生非常可怕的后果。

目前，我们对生物武器的担忧很大程度上来自一些想要使用生物武器并试图发展壮大这方面能力的恐怖组织，如“基地”组织(Al Qaeda)和“伊拉克与沙姆伊斯兰国”(ISIS)等。为什么恐怖分子想要制造生物武器？这是一个复杂的问题，很难给出简单的答案。通常制造某种生物武器的决定性因素是该武器可被用于实现政治或军事目的。但也有人认为，恐怖分子制造和使用生物武器只是因为生物武器的技术门槛足够低。无论如何，生物武器带来的一个易感知到的关键威胁是人们生活的社区对于生物攻击几乎毫无抵抗力。近年来，很少有科学文献和主流媒体对现代社会应对生物恐怖主义准备不足的问题进行讨论，但假如出现大量此类报道，或许反而会强化生物武器在恐怖分子眼中的效用和价值，从而加剧这个问题。总之，恐怖主义的动机、日益增加的技术可行性和公开的社会脆弱性现在已经融合在一起，共同加剧了人们对生物武器扩散和使用的恐惧。

第一部分由第一章、第二章组成，第一章“毁灭的种子”主要对生物战历史和一些国家资助的生物武器计划进行了介绍；此外，还对生物恐怖主义的潜在可能和与之相对应的现实情况，以及生物安全和生物防御任务在美国等西方国家变得如此艰巨的原因进行了讨论。第二章“生物威胁的识别”为不同专业学科背景的读者提供了相关的科学基础，并详细讲解了一些不同种类生物病原因子具有的共同特征。接下来，读者将接触到一些传染病临床表现和诊断流程的专业术语。第一部分的两章中所提供的信息和知识，将对充分理解后续章节中所探讨的生物威胁起到至关重要的作用。

第一章　毁灭的种子

消灭罪恶的种子，否则它会成长为将你毁灭的力量。

伊　索

学习目标

1. 理解生物威胁在恐怖主义和大规模杀伤性武器背景下的重要性。
2. 分别将生物安全和生物防御与国土安全和国防联系起来并进行讨论。
3. 对生物恐怖主义的潜在威胁和与之相对应的现实情况进行讨论。
4. 围绕生物战历史和生物威胁重大事件进行讨论，以辅助我们理解在战争中使用生物病原因子这一问题。
5. 理解为什么大多数生物威胁都仅被小规模使用，然而避免此类威胁却需要高级且复杂的技术和大量资源。
6. 围绕国际和国家层面对生物威胁事态与计划的见解进行讨论。

引　　言

在不久的将来，21 世纪初将被描述为恐怖主义的时代。毕竟在这个阶段里，恐怖主义通过各种各样的方式对大多数人造成了一定的影响。2001 年 9 月 11 日恐怖袭击的骇人画面时刻提醒着我们，恐怖主义是多么令人震惊和具有毁灭性。在大多数发达国家，人们已普遍认识到生物恐怖主义及许多相关词汇的概念。例如，2001 年 10 月，“生物恐怖主义”成为美国境内家喻户晓的一个词。当时，几封含有炭疽杆菌(炭疽病的病原体)孢子的信件被投入了新泽西州特伦顿的一个邮箱中，随后流入了美国邮政递送系统(图 1.1)。这些信件最终导致 5 例肺炭疽感染并死亡和 17 例肺炭疽及皮肤炭疽感染(Thompson, 2003)。随后的几个星期和几个月里，急救人员对数千起“白色粉末”事件现场进行了调查，结果发现这些事件大多数是恶作剧(事件中涉及的白色粉末只不过是故作神秘的粉状物质)，以及妄想症患者无中生有的举报(Beecher, 2006)。在一段时间里，美国各地的公共卫生实验室几乎都被事故现场采集到的样本所淹没，同时针对邮政设施、美国参议院办公楼和新闻采集组织办公室的检测也在迅速开展。2001 年 10 月到 12 月，美国疾病控制与预防中心(Centers for Disease Control and Prevention, CDC)的实验室进行了总计不少于100万次的单独的生物分析测试，成功并准确地检测了超过12.5万个样本(CDC, 2015)。自此之后，全国上下都处于一种时刻为生物恐怖主义的应急响应做好准备的紧张氛围之中。

图1.1　这封信(邮戳时间为2001年10月5日)被投进新泽西州特伦顿普林斯顿大学附近的一个邮箱。这封信是写给参议员汤姆·达施勒的，回信地址是新泽西州富兰克林公园格林代尔学校的四年级学生(该地址并没有这所学校)。图片中，由美国马里兰州德特里克堡美国陆军传染病医学研究所的一名科学家约翰·埃泽尔博士举着该信封和信中所装的纸条。图像资料由美国联邦调查局提供

自人类学会直立行走以来，就一直面临着生物威胁。贾雷德·戴蒙德在其发人深省的著作《枪炮、病菌与钢铁》(*Guns, Germs and Steel*)中指出，从我们还靠打猎和采集野果为生开始，就面临着流行病的变迁。10 000多年前，人类所经历的生物危害主要是指仅对个体产生影响的寄生虫病。此后，人类社会开始群居并驯养动物。农业的发展促进了人口的增长，并使人类从小的部落群转移到人口集中的村庄。这时，较大的族群可以有能力打败较小的族群，从而成功争得更多资源，并更好地捍卫他们的阵地。然而，农业的发展也带来了一些致命的“礼物”，如某些也会感染人类的动物疾病(人兽共患病)、某些由于人群聚集和缺乏先天免疫而暴发的疾病，以及人类饮食习惯对动物蛋白的日益依赖(Diamond, 1999)。

长久以来，人类社会和文化一直在寻求超越对手的竞争优势。各种类型武器的发展和炸药的使用，使军队能够深入前线公开地取得胜利，或是在战线后方秘密地击败敌人。随着技术的发展，核武器、生物武器和化学武器也逐渐被开发。

实际上，每一种手段都在不同的规模上被合理或不合理地使用，以改变军事局势或敌方的政治意愿，生物战剂也不例外。客观地说，从历史的角度来看，生物战对如今生物恐怖主义的影响因素必须加以考虑，20 世纪人类使用生物病原因子这一“先进举措”，是造成当今生物恐怖主义存在的主要原因之一。

1969 年 11 月，美国总统尼克松签署了一项行政命令，限制了美国发动生物武器攻击的权利，并表示“人类已经掌握了太多毁灭自己的种子”。有人认为，这个说法预言着人类可能面临的潜在厄运，即当全球的实验室都已普遍掌握最先进的技术时，就是世界末日来临的时刻。本章的名称正是来源于上文引用的尼克松的发言内容，由此提醒读者，我们很久以前播下的种子现在已经发芽了。现在的问题是：我们应该如何“收割”它们？

生物恐怖主义的现实与潜在威胁

生物恐怖主义(bioterrorism)是指蓄意使用来自生物体的微生物或毒素，导致人类或人类赖以生存的动植物死亡或患病的行为。目前，生物安全和生物防御计划的存在很大程度上是为了应对可能造成潜在破坏的大规模生物恐怖主义。在 2001 年“炭疽邮件”袭击事件之后，民用生物防御基金达到了历史新高。然而，该基金支持的那些出于好意的计划每年都要耗费纳税人数十亿美元，其中就包括可协助安保人员对现场可疑物质进行识别的生物威胁病原体快速检测工具。此外，生物安全和生物防御也一跃成为私营企业的“大生意”，许多由私企开发研制的用以保护农业和某些脆弱的工业免受生物恐怖主义与自然生物威胁的安保措施目前也已就位。

发表在《生物安全和生物恐怖主义》杂志上的报告(Schuler, 2005; Lam et al., 2006; Sell and Watson, 2013)显示，美国政府在 2001～2014 财年的民用生物防御基金累计超过 780 亿美元。在这期间，2001～2005 财年，美国民用生物防御基金从每年 4.2 亿美元急速增长到每年 76 亿美元。从 2006 财年开始，约 88%的美国政府年财政预算份额都分配给了美国卫生和公众服务部与国土安全部，目前仍基本保持这一状态。相比而言，美国政府其他部门的年财政预算份额占比变化则较大，尤其是农业部和国家环境保护署。例如，2006 财年，为了聚焦国内食品和饮用水的供应保障计划，这两个部门的预算需求则较往年有所提升。如不将“生物盾牌计划”的特别拨款计算在内，2003～2013 财年美国民用生物防御支出约为 60 亿美元(Sell and Watson, 2013)，2010～2014 财年美国民用生物防御预算摘要见表 1.1。

表 1.1 美国各类政府机构 2010～2014 财年民用生物防御基金的预算情况（单位：$\times 10^6$ 美元）

机构	FY2010	FY2011	FY2012	FY2013	FY2014
卫生和公众服务部	4068	4150	3924	3986	4100
国防部	675	789	923	1129	1155
国土安全部	478	390	335	358	1046
农业部	92	84	92	92	94
国家环境保护署	150	128	96	103	102
商务部	100	103	101	102	112
国务院	74	74	73	73	68
国家科学基金会	15	15	15	15	15
退伍军人事务部	1	1	1	1	1
总 CBF	5653	5734	5560	5859	6693

注：FY 指“财政年度”；CBF 指“民用生物防御基金”。数值四舍五入到最接近的整数。数据来源：Sell, T., Watson, M., 2013. Federal agency biodefense funding, FY2013–FY2014. Biosecurity and Bioterrorism: Biodefense Strategy, Practice, and Science 11, 196-216

“生物盾牌计划”旨在为美国提供新的医疗干预手段(如新的疫苗、新的治疗措施等)，从而抵抗由多种生物威胁病原体引起的疾病。仅在设计阶段，该计划就花费了美国纳税人 56 亿美元，远超过了美国卫生和公众服务部 10 年的总预算。有报道称，政府划拨给生物盾牌计划的资金都被浪费了，因为该计划几乎没有研制出任何可用的产品(Fonda, 2006)。然而，针对不常见的疾病或罕见疾病的生物威胁病原体的研究和产品开发却充满诸多障碍。该计划将在“生物安全计划与资产”章节中进行详细介绍。

美国“炭疽邮件”袭击事件发生后，美国邮政局花费逾 8 亿美元开发和部署了生物危害监测系统。在使用高峰期，美国邮政局每年还需要花费超过 7000 万美元来对系统进行运营和维护。目前，该生物危害监测系统只能针对单一生物威胁病原体——炭疽杆菌进行早期预警，并对邮筒和信箱等来源的信件进行过滤，这些信件大约占所有信件数量的 17%(Schmid, 2006)。该系统及其涉及的技术将在“生物恐怖主义的后果管理与典型范例”章节中进行详细介绍。

艾滋病被认为是我们这个时代最大的生物威胁之一。据估计，美国目前有 180 万人携带艾滋病病毒，每年大约还有 5 万人陆续加入这个队伍，其中有 2.5 万人来自 25 岁及以下的人群。此外，新感染患者中大约 75%的女性是通过异性之间的性行为而感染的。然而，当我们将用于应对艾滋病研究的相关经费和用于生物防御的经费相比较，结果看上去有些令人难以置信：美国国立卫生研究院每年用于艾滋病研究的预算大约是 30 亿美元(NIH, 2015)，而用于生物防御的预算仅为 16 亿美元(Sell and Watson, 2013)。

生物武器发展史

在深入探究生物安全和生物防御的微妙区别之前，我们应先探讨那些在战争和恐怖主义中使用生物战剂的历史。本章节所涉及的并不是完整的历史，更多的是通过对其他更全面的材料进行审视与考察从而对一些重大事件和信息给出客观评价。

纵观历史，病原体和生物毒素一直被当作武器来使用。随着中世纪军队用腐烂的尸体污染敌方水源行为的发生，生物战正式出现。经过几个世纪的发展，这种武器逐渐发展成为用于战场和具有秘密用途的精密生物武器。有人认为，生物武器的发展与微生物学的发展相平行，例如，具有强烈毒性且适合气溶胶传播的病原体的识别，以及可用于大量生产病原体和毒素的大规模发酵程序的选择都是生产生物武器时所确定的。

然而，生物战的历史被一些混杂因素所掩盖。首先，很难对一些恐怖分子声称已实施或计划实施的生物袭击进行核实。这些所谓的袭击活动很有可能是恐怖分子进行自我宣传的一部分或是谣言。无论如何，这都导致所举的一些例子得不到微生物学或流行病学数据的支持。此外，那段时期内自然发生的地方病或流行病的发病率使情况变得更为复杂，因此无法做出准确的归因(Christopher et al., 1997)。更重要的是，我们对传染病是由微生物引起的这一概念的认知在人类史上并没有太久远的历史。细菌理论或者说传染病与微生物有关并由微生物引起的这一事实，是在 1860 年之后通过巴斯德、李斯特和科赫的研究成果才被发现的(Tortora et al., 1995)。因此，在人们普遍认为传染病与“瘴气”“腐烂的气味”或“上天的影响”有关时，进攻方或防守方的指挥官又怎么能知道溃烂的尸体可能会引起疾病呢？我们只需要对某些疾病名称的起源进行分析就可以了解当时人们对这些概念的混乱认识。例如，疟疾(malaria)得名源于拉丁语，本义为“瘴气”或“不好的气体”(如沼泽气体)(Desowitz, 1991)；然而，直到 1880 年，人们才知道疟疾的病原体是疟原虫。流感(influenza)这个名字源于一种古老的信仰，古人认为这种疾病是由某种未知的超自然或宇宙的影响所导致的恒星排列失调而引起的。然而，直到 1933 年，我们才知道流感是由流感病毒引起的(Potter, 2001)。

尽管当时人们对细菌缺乏认识，但一些在战斗中使用生物武器的具有历史意义的记载仍然值得注意。

- 公元前 6 世纪，亚述人在敌人的水井中投放麦角菌(一种真菌)。
- 公元前 4 世纪，塞西亚弓箭手会用腐烂尸体的血液、粪便和组织涂抹箭头。
- 公元 1340 年，袭击者向位于法国北部 Hainault 的 Thun L’Eveque 城堡投掷了死马和其他动物的尸体。据城堡守卫者所说：当时的空气极度恶臭，城堡内的人们无法忍受太久，于是双方最终协商休战。

- 公元 1422 年，在波希米亚的 Karlstein，进攻部队将战亡士兵的腐烂尸体投入防守方的城墙，并储存动物粪便，希望在守军内部引起疾病的传播。然而，守军坚守阵地，5 个月后进攻部队终于放弃了攻城。1710 年，俄国军队可能也使用了同样的策略，用鼠疫患者的尸体来对付瑞典人。
- 公元 1495 年，西班牙人用麻风患者的血液污染了法国的葡萄酒。
- 据报道，17 世纪中期，一名波兰将军将狂犬病犬的唾液放入中空的炮弹中用于对付敌人。
- 据报道，在 15 世纪，弗朗西斯科·皮萨罗把污染了天花病毒的衣服送给南美土著人。
- 在一封签署日期为 1763 年 7 月 16 日的信中，英国军官杰弗里·阿默斯特将军批准了一项向特拉华州印第安人传播天花的计划(Robertson, 2001)。阿默斯特在信中建议，可通过使用天花来“减少”对英国人怀有敌意的美国土著部落(Parkman, 1901)。当时 Fort Pitt 地区天花的暴发也为阿默斯特计划的执行提供了机会，同时也提供了这次计划中需要用到的被天花污染的材料。早在 1763 年 6 月 24 日，阿默斯特的一个下属就从天花救治医院拿了一些毯子和一条手帕送给了印第安人，并在日记中写道：“我希望它们能起到预期的效果”(Sipe, 1929)。
- 在美国内战期间，卢克·布莱克本博士也采用了同样的策略。他先用天花和黄热病病毒污染衣物，然后将这些衣物卖给了联邦军。一位联邦军军官的讣告上写道，该名军官死于天花感染，而感染的来源就是被天花污染的衣物(Guillemin, 2006)。

正如上文提到的，科学家发现了微生物的存在，并在很多方面取得了进展，包括认识到某种特定的病原体往往会导致某种特定的疾病，有些病原体可通过食物或水源进行传播，有些病原体可以在多个物种间形成循环链，昆虫和扁虱也可以作为疾病传播的媒介，等等。此外，医疗专业人员已经证实，战争、饥荒和贫困使得民众更容易感染流行病。随着这些理论逐渐建立并相互联系起来，人们学会了可以用于控制和干预这些疾病传播的方法，并意识到疾病传播的相关科学知识与稳定的社会环境和积极的公共卫生宣传活动相结合对于人类生存有极大的促进作用。随后，随着技术的发展，发达国家变得有能力保护其民众免受一些最危险的传染病的影响，如鼠疫、霍乱、白喉、天花、流感和疟疾。在过去的几个世纪里，这些流行病席卷全球，并在人口集中的城市地区造成了严重影响，其主要影响对象大多为社会底层的贫困人民(Guillemin, 2006)。

随着工业革命的开始，一些城市的公共卫生得到了改善，美国政府开始对水和食物来源进行监测，许多可提供进一步防护的疫苗和药物疗法也被开发出来。

在许多儿童疾病被现代医疗攻克后，民众的寿命明显增长，这时因患病死亡的患者大多死于更“文明”的疾病，如癌症、心脏病和脑卒中等(Diamond, 1999)。但在不发达国家，由于公共卫生并没有进一步发展，因此在这些国家中，流行病依然普遍存在，并持续给其国家和民众带来破坏性影响。如今，“普遍良好的健康状况”与“可预防的流行病的广泛传播”仍是区分发达国家和发展中国家的明显标志(Guillemin, 2006)。

就在西方国家通过公共卫生和医学方面的创新性技术成果来控制流行病蔓延时，其政府发明了可协助他们在战争中获得优势地位的生物武器(Diamond, 1999)。德国军方有一个不置可否的“头衔”——他们可能是在国家资助计划的支持之下使用生物武器的第一人。然而，在第一次世界大战期间，他们研究生产的生物战剂只被用于对付动物而不是人类。当时，德军的计划是中断敌方盟军向前线运送物资的行动。为了实现这一计划，他们将从挪威、西班牙、罗马尼亚、美国运来的驮马和骡子作为他们攻击的目标。据 Wheelis 表示，1915 年，德裔美国医生安东·迪尔格博士在华盛顿特区建立了一个微生物实验室，并利用德国政府提供的菌种生产了大量炭疽杆菌和鼻疽菌。德国特工就是利用这些病原体在装载货物的码头对 3000 多只动物进行了病原体接种，随后这些动物被送往欧洲的盟军部队(Wheelis, 1999)。德国政府表示，他们的这种攻击行为并没有违反国际法律；此外，这一行为与战争双方正在进行的化学战的暴行相比，根本微不足道。

为了对抗德国的威胁，同时探索生物武器用于空战的潜在可能，法国开始致力于改进气溶胶和炸弹集成的方法。就在法国政府签署 1925 年《日内瓦公约》的同时，他们也正在制定一项生物战计划，以补充其在第一次世界大战期间为化学武器制定的计划(Rosebury and Kabat, 1947)。第一次世界大战后，日本军队组建了一个“特殊武器”部门，该部门被命名为 731 部队，其主要任务是开发化学和生物战剂。第二次世界大战期间，日军完全侵占了中国东北，并将战俘提供给 731 部队，作为他们“源源不断的人体实验材料”。这些在东北哈尔滨开展的由日本将军石井四郎指挥的生物武器试验一直持续到 1945 年战争结束。随后，1000 名 731 部队生物武器试验受害者的尸检报告显示，他们当中大多数人曾暴露于雾化炭疽杆菌的环境中。据统计，可能有超过 3000 名中国战俘和民众死于 731 部队实验基地。除此之外，1939 年，日本军队在蒙古边境用肠伤寒杆菌污染苏联水源。1941 年，日军驾驶飞机在中国境内许多村庄上空释放了数百万只感染了鼠疫的跳蚤，成为当时中国数次鼠疫暴发的源头，最终也被认为是历史上最臭名昭著的生物武器袭击事件之一。日本的生物武器研制项目还曾储存了 400kg 可用于制作生物炸弹的炭疽杆菌。

1942 年，在斯大林格勒(伏尔加格勒)战役即将打响时，战争前线暴发了一场大规模的土拉菌病，数千名苏联士兵和德国士兵染上了这种疾病。有人认为，考虑到当时超过 70%的受害者是经呼吸道感染的土拉热弗朗西丝菌，然而这种情况在自然情况下是很罕见的，因此可以推测，该事件很有可能是由人为释放的土拉菌病病原体导致的。后来经证实，就在斯大林格勒战役发生的一年前，苏联研制出了一种“土拉菌武器”（Alibek and Handelman, 2000）。

在第二次世界大战期间，反法西斯同盟非常担忧德国和日本的生物武器计划。但他们的担忧其实都源于一些不完全的报道，例如，日本一直致力于生物武器方面的研发和制造；英国情报机构表示，德国可能很快就会用一枚装满生物战剂的炸弹袭击英国。基于对这些报道的担忧，英国也开始了自己的生物武器计划，并向美国政府提议美国也应制定一个大规模生物武器计划。

1942 年 12 月 9 日，为响应英国政府的提议，美国政府在位于华盛顿的国家科学院召开了秘密会议。在此次会议中，军队官员向精英科学家提出了目前最为紧迫的问题。然而就在该会议召开的几个月前，美国总统富兰克林 • D.罗斯福还在处理生物武器问题时说道：“我一直不愿意相信任何国家会愿意使用如此可怕和不人道的武器，即使是我们现在的敌人。”战争部长亨利 • 斯廷森将军则不这么认为，他在写给罗斯福的信中谈道：生物战确实是肮脏的勾当，但是我们必须对其有所防备。

在多方压力下，罗斯福总统最终批准启动美国生物战计划，随后美国研究人员也首次尝试利用已知的最致命的细菌制造武器。1943 年春，美国在马里兰州德特里克营(现在的德特里克堡)启动了生物武器计划。该计划的主要研究对象包括炭疽、肉毒杆菌毒素中毒、鼠疫、土拉菌病、Q 热、委内瑞拉马脑炎和布鲁氏菌病的生物病原因子。这些生物病原因子主要生产于马里兰州的德特里克营，以及阿肯色州、科罗拉多州和印第安纳州的其他营地。当时，英国政府对美国提出了两项主要的要求：①大规模生产炭疽杆菌孢子，供英方制备小型炭疽炸弹，并存储起来，用以对抗德军未来任何形式的进攻；②英方将为美方提供制造肉毒杆菌毒素的配方，由美方负责大规模生产。此外，该计划全程都需要秘密进行。图 1.2 是当时德特里克营中一些生产生物战剂和测试生物武器的重要设施。

(A)

(B)

(C)

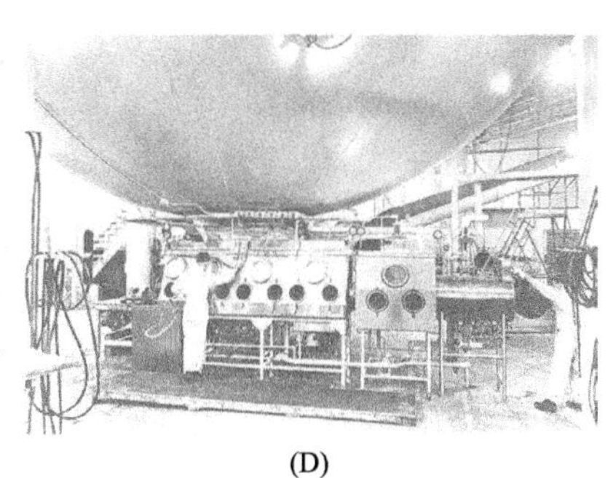

(D)

图 1.2　(A)“黑色玛利亚”是美国政府在德特里克营建造的第一个用于进行绝密生物武器研究的实验室。该实验室是一个沥青防水建筑，其主要目的是为英国生产“X 制剂”(肉毒杆菌毒素)。(B)德特里克营的研究人员利用空气生物学实验舱室进行微生物气溶胶(一种生物武器制备形式)的研究。(C)德特里克堡的老试验厂(470 号大楼)，曾开展炭疽杆菌孢子生物战剂的研究。这座建筑以神秘著称，尽管已实施了三次净化处理，但始终未宣布该建筑已不存在生物威胁。(D)图中是一个体积为 100 万 L 的金属球体，也被称为“八号球”。这是迄今为止建造的最大的空气生物学实验舱室，曾用于对德特里克堡研制的生物武器进行测试。1969 年，“八号球”完成了它最后一次任务。图像资料由德特里克堡美国陆军提供

英国的生物武器计划则主要是关注炭疽杆菌孢子的使用，以及它们在通过常规炸弹进行施放时的生存和传播能力。当时，苏格兰海岸附近的格鲁伊纳岛被用作该计划的试验基地，英国科学家认为该测试地点离海岸很远，应该并不会对大陆造成任何污染。然而，1943 年，在格鲁伊纳岛对面的苏格兰海岸放养的牛羊中暴发了炭疽病。最终，英国政府决定叫停该试验，并关闭了格鲁伊纳岛。尽管相关试验早已停止，但残存的污染依然对这座岛屿造成了长达数十年的影响，直到对其实施了一项全面有效的污染净化方案，该岛才重新变得适于居住。

20 世纪中叶，美国生物武器计划的范围和研究水平始终保持着快速增长的状态，这在很大程度上是出于对苏联的担忧。当时，测试生物武器的方法通常为小规模动物实验。更全面的现场研究和实验室研究则是通过招募人类志愿者来进行的。实验时，志愿者将被暴露于活的病原体或替代用非致病性细菌，从而模拟真实病原体在建筑物或城市中释放、播散的情景。

1949 年，德特里克营的研究人员伪装成维修工进入了五角大楼，并将非传染性细菌释放到该建筑的管道中，以评估大型建筑内的人是否容易受到生物武器攻击的影响。这一试验成功揭示了利用细菌进行小规模破坏活动的可行性。然而，生物武器能否有效地对城市大小的目标进行破坏还不能确定。因此，他们又针对美国的一些城市进行了数次测试(Miller et al., 2001)。直到 1977 年，美国陆军才终于承认，为了进行生物武器试验，他们曾故意释放了 239 种非传染性细菌(Cole, 1988)。

1950 年 9 月，在旧金山就进行了一次这样的试验。当时一艘美国海军舰艇在金门大桥附近航行，释放了一种看似非致病性的细菌(沙雷氏杆菌)。这项试验旨在模拟炭疽杆菌孢子在大城市中散布和传播的情况。根据城市周围 43 个监测设备提供的结果，军方确定，该污染剂量足以让该市 80 万居民都吸入至少 5000 粒颗粒物。虽然研究人员认为他们释放的物质是无害的，但仍有报告显示，此次释放的沙雷氏杆菌导致 11 人因严重感染被送往医院，其中 1 人死亡(Cole, 1988)。

三年后，生物武器专家在最可能被苏联袭击的两个城市——圣路易斯和明尼阿波利斯进行了秘密演习。他们利用藏在汽车内的喷雾器散布了无害的芽孢杆菌孢子。1966 年，非致病性的球形芽孢杆菌孢子通过一个坏掉的电灯泡被释放到纽约地铁系统，以演示该类制剂可在不到一小时的时间里均匀散布于整个系统的能力。直到 1977 年，参议院小组委员会在听取五角大楼官员的证词时，这些试验才被揭露出来(US Department of the Army, DTIC B193427 L, 1977)。在那之前，无论是美国公民还是华盛顿的众议院都对这些研究项目一无所知。

美国花费了近 30 年的时间进行生物武器的秘密研究，为了生产终极生物武器并储备起来用于对付敌人。直到 1969 年，尼克松总统做出了一项令全世界惊讶的举动，这一计划才终于停止。这一年，美国尼克松总统签署了一项行政命令，停止了所有攻击性生物战剂和毒素武器研究，并命令摧毁美国库存的所有生物战剂和生物武器，还在向全国发表讲话时说出了这些具有历史意义的话：

> 生物战——通常被称为“细菌战”，将导致不可预测且无法控制的严重后果。一旦发动生物战，可能会在全球范围内造成流行病暴发，并对后代的健康产生深远影响。因此，我决定美利坚合众国将放弃使用任何形式能够导致死亡或伤残的生物武器。人类已经掌握了太多毁灭自己的种子。

随后，在 1972 年，美国和许多其他国家签署了《关于禁止开发、生产和储存细菌(生物)毒素武器并销毁此种武器的公约》，俗称《禁止生物武器公约》。该条约禁止为进攻性军事目的储存生物病原因子，并禁止对进攻性用途的生物病原因子进行研究。

苏联作为《禁止生物武器公约》的签署国之一，在签署该条约之后的很长一段时间内，仍在秘密进行生物武器的开发。1979 年 4 月下旬，苏联斯维尔德洛夫斯克(现叶卡捷琳堡)地区突然集中出现多例肺炭疽热病例。苏联官员解释说，此次暴发是由于民众食用了受污染的肉类。然而，后来人们发现，造成此次感染的真正原因是苏联 19 号军事基地(苏联的一个生物武器生产基地)意外泄漏了气溶胶形式的炭疽病原体(这一事件在“案例研究”章节中进行了详细的分析，以阐述制备炭疽杆菌生物战剂的可行性)。苏联庞大的生物武器计划共雇用了 6 万余人，他们每年都能在叶卡捷琳堡的第 15 号建筑中制造成吨的天花病毒。苏联政府在位于基洛夫的武器库中存有20t的鼠疫耶尔森菌。到1987年，苏联生产炭疽杆菌病原体的能力已达到每年近5000t。

20世纪90年代后期，俄罗斯人终于停止了生物武器的生产活动，据报道，相关生物战剂库存随之也全部被销毁。随着苏联的解体，生物武器的威胁似乎也会随之减少。然而，随着2001年炭疽邮件袭击事件的出现，生物恐怖主义时代又悄然来临。此外，美国国务院在2004年发表了一份报告，部分事件参见表1.2。

表1.2　生物战和生物恐怖主义在历史上的开创性时刻

时间	事件	重要意义
公元前6世纪	亚述人在敌人的水井中投放麦角菌	目前已知的首次使用生物毒素的事件
1763年	英国士兵把污染了天花病毒的毯子送给美国印第安人	有记载的向敌对方使用病毒的事件
1915年	安东·迪尔格生产的炭疽杆菌和鼻疽菌被用于感染向前线运输物资的马匹	有记载的对动物使用细菌病原因子的事件
1925年6月17日	瑞士代表制定了一项《日内瓦公约》，禁止将化学和细菌学方法用于战争	第一次国际化共同抵制在战争中使用生物战剂
1932年	日本军队授予石井将军三个生物研究中心的控制权，其中一个在中国东北	生物武器史上最卑鄙的角色开始了他的行动
1934年	英国开始着手建立自己的生物武器研究计划	美国同盟国开始制定他们的生物武器计划
1942年7月15日	在格鲁伊纳岛对绵羊进行了炭疽试验	美国同盟国对生物武器的第一次实地测试
1942年11月	英国人提议美国开始生产生物武器，罗斯福总统批准了这个计划	美国生物武器计划的开始
1943年春季	美国生物武器计划在马里兰州德特里克营正式启动	美国开始实施生物武器计划
1949年5月	美国陆军化学部队在德特里克营设立了一个特别行动分部，使用生物武器试样进行实地测试	在五角大楼进行试验，结果表明使用生物武器进行小规模破坏行为的构想是可行的
1950年	海军军舰将无害的生物制剂喷向诺福克、汉普顿、纽波特纽斯和旧金山等城市进行试验	试验表明，从海上大规模部署生物武器是可行的
1953年	圣乔计划使用汽车中的喷雾器对圣路易斯、明尼阿波利斯和温尼伯进行模拟炭疽攻击	试验表明，在陆地上大规模部署生物武器是可行的
1955年	“Whitecoat”行动使用人类志愿者来研究生物制剂对人类的影响	这项行动持续18年，涉及约2200人
1957年	展开大范围行动，以对飞机排放生物战剂气溶胶的效果进行测试；首次试验范围为从南达科他到明尼苏达州的一片区域，进一步试验则覆盖了从俄亥俄州到得克萨斯州，从密歇根州到堪萨斯州的地区	试验表明，从空中大规模部署生物武器是可行的；一些测试粒子移动了1200英里①
1969年11月25日	尼克松宣布，美国将放弃使用任何形式的致死、致残性生物武器	美国攻击性生物武器研究、生产和储存时代的终结

① 1英里=1.609 344km

续表

时间	事件	重要意义
1972年4月10日	《禁止生物武器公约》已经完成并开放以供签署	包括苏联在内的79个国家签署了该条约
1975年3月26日	《禁止生物武器公约》正式生效，美国参议院最终批准了1925年的《日内瓦公约》	明确了国际上禁止生物武器的政治意愿
1979年4月	在苏联的斯维尔德洛夫斯克市，近70人死于炭疽杆菌孢子的意外泄漏	美国怀疑炭疽杆菌孢子是意外从苏联军事生物设施泄漏出来的
1984年	在俄勒冈州的一个小镇，罗杰尼希的追随者用沙门氏菌污染食物，以影响当地选举活动的正常进行	生物恐怖主义在美国的第一次重大行动
1989年	一位从Biopreparat(苏联生物武器计划的负责机构)叛逃的苏联人——弗拉基米尔·帕西尼克，揭露了苏联持续进行的攻击性生物武器计划	苏联违反《禁止生物武器公约》的证据
1992年4月	俄罗斯总统鲍里斯·叶利钦承认，1979年的炭疽暴发是由苏联军队造成的，但他并没有详细说明	这是对苏联违反《禁止生物武器公约》的攻击性生物武器计划的警告
2001年秋	装有炭疽杆菌孢子的信封被寄往美国各大媒体和两位民主党参议员；最终导致22人被感染，5人死亡	一场全民对抗生物恐怖主义威胁的活动在美国正式开始，“生物恐怖主义”已成为美国家喻户晓的词汇
2003年至今	多封含有蓖麻毒素的信件由不同地点和寄件人寄给了美国政府官员，许多罪犯已被抓获并定罪，但仍有少数罪犯逍遥法外	这些小规模事件使我们注意到，一些生物病原因子很容易获得，并被运用在犯罪和小规模恐怖主义行动中

此表中的一些数据来源于本章末的参考资料(Eitzen and Takafuji, 1997)

现代生物恐怖主义

如今，所有的生物防御计划和相关倡议都源于一种普遍的想法，即一旦发生生物武器袭击，我们都无法逃避它可能带来的潜在威胁。然而，生物恐怖主义最初却是建立在各国主动开展的生物武器计划之上的(Miller et al., 2001)。据报道，在20世纪70年代早期，左翼恐怖组织“地下气象员”曾胁迫一名在德特里克堡美国陆军传染病医学研究所工作的军官为他们提供能够污染美国城市供水的生物病原因子。随后，其他工作人员发现，这名军官在试图获取几件与其本职工作无关的物品，这时该阴谋才被揭穿。此外，还有几项图谋未遂的事件。

- 1972年，右翼组织“Order of the Rising Sun”的成员被发现持有30～40kg伤寒杆菌培养物，据称这些细菌原本打算被用于污染中西部几个城市的供水。
- 1975年，恐怖组织“共生解放军”(Symbionese Liberation Army)被发现持有关于如何生产生物武器的技术手册。

- 1980 年，据报道，在巴黎发现的恐怖组织“红色军团”(Red Army Faction)的一个藏身处中还有一个存留了大量肉毒杆菌毒素的实验室。
- 1983 年，美国联邦调查局在美国东北部逮捕了两兄弟，罪名是拥有少量的高纯度蓖麻毒素。
- 1984 年，在俄勒冈州的一个小镇上，罗杰尼希的追随者为了影响当地的选举，用沙门氏菌污染了沙拉餐吧。这是美国历史上规模最大的生物恐怖主义，导致 750 余人感染。后来人们发现，该邪教成员通过邮件从美国模式培养物集存库(American Type Culture Collection，ATCC)获得了沙门氏菌菌株，并在他们的医疗诊所进行了进一步培养。
- 1989 年，在巴黎发现了一个生产肉毒杆菌毒素的家庭实验室，该实验室与德国的“巴德与梅因霍夫帮”有所关联。
- 1991 年，美国明尼苏达州的反政府极端组织“Patriots Council”的 4 名成员因密谋用蓖麻毒素杀死一名联邦法警而被捕。该组织计划将自制的蓖麻毒素与一种加速吸收的化学物质(二甲基亚砜)混合，然后涂抹在联邦法警的汽车门把手上。然而该计划最终败露，4 名男子全部被捕，并成为第一起根据《1989 年美国生物武器反恐法案》被起诉的案例。
- 1995 年，奥姆真理教因其成员向东京地铁释放沙林毒气而臭名昭著。然而，许多人不知道的是，该组织至少在其他 10 个场合研制并尝试使用生物战剂，包括炭疽热、Q 热、埃博拉病毒和肉毒杆菌毒素。尽管多次进行了生物战剂释放试验，但总的来说，该组织在使用生物战剂方面是失败的。在“案例研究”章节中将进行详述。
- 自 2001 年美国炭疽邮件袭击事件发生以来，已经发生了数起涉及蓖麻毒素(一种生物毒素)的小规模袭击事件(图 1.3)。以下是其中几次较为知名的事件。
    - 2003 年，几封含有蓖麻毒素的信件在南卡罗来纳州格林维尔的邮件分拣中心被截获。信中还附有一张署名为“堕天使”的字条。
    - 2004 年，参议员比尔·弗里斯特的办公室又收到了一些蓖麻毒素。一些联邦调查人员认为，这起事件可能与“堕天使”有关，但目前仍未找到这两次生物犯罪事件嫌疑人的相关线索。
    - 2013 年，蓖麻毒素被送到美国总统巴拉克·奥巴马和纽约市市长迈克尔·布隆伯格手中。随后，一名来自路易斯安那州什里夫波特的女性因此次生物犯罪而被捕，并被控以数项罪名。
    - 同年，在分别寄给美国总统巴拉克·奥巴马、密西西比州参议员罗杰·威克和密西西比州法官赛迪·霍兰德的信封里发现了蓖麻毒素粉末。经过调查发现，寄信人为一名密西西比州图珀洛的男性。最终，该男子被判处 25 年监禁。

♦ 2014 年，美国费城一名男子将一张含有蓖麻毒素的摩擦生香的生日贺卡送给了他的情敌。2015 年，他因与这起事件相关的几项指控被定罪，随后被判处 20～40 年监禁。

图 1.3 2003 年 10 月寄往白宫的一封信。信封中装有蓖麻毒素和一张署名为“堕天使”的字条。图像资料由美国联邦调查局提供

《2002 年公共卫生安全和生物恐怖主义应急响应法案》

2002 年 6 月 12 日，美国乔治·沃克·布什总统在白宫签署《2002 年公共卫生安全和生物恐怖主义应急响应法案》时发表以下讲话：

> 生物恐怖主义是我国真实存在的威胁，也是每个热爱自由的国家的威胁。据我们所知，恐怖组织正在寻求生物武器，并且一些国家已经拥有了生物武器。我们必须正视这些真实存在的威胁，并为未来可能发生的紧急情况做好准备。

很明显，“9·11 事件”和 2001 年的炭疽邮件袭击事件使美国正式步入备战状态，并引发了针对各种形式恐怖主义的多项行动。

生物病原因子的武器化

由于生物病原因子具有一些独特的性质，因此将其武器化对潜在的恐怖分子具有很大的吸引力。目前，大多数生物武器是由活的微生物组成的，这意味着一旦被施放，这些生物病原因子就能立即开始增殖。这一特点将从以下几方面放大生物武器带来的问题和影响。首先，一些病原体能够寄生于不同的宿主。虽然攻击目标可能是人类，但这种病原体也可能感染其他动物，如宠物。这时的情况就

可能就变得更加难以控制。其次，当人们感染了一种致病微生物后，在出现疾病症状前往往有一段潜伏期。在潜伏期、发病期和恢复期内，患者都可能作为传染源，导致该疾病进一步传播。目前，我们无法根据已有的经验推测一名患者可以感染多少人，但无论如何，传染病的天然特性显然加剧了问题的复杂性和严重性，最终造成的影响可能远超过最初施放剂量本身的影响范围。在这种情况下，最初的受害者则更多地变成了“行凶者”，无时无刻地都在把可怕的病原体传播给其他人。正如 Grigg 等(2006)在他们的论文中所说的那样：“当威胁来自受感染人群时，自卫就变成了自残”。我们可以预见，当政府和救援人员试图限制感染在民众之间蔓延时，他们难以避免会损害受害者部分公民权利，这些潜在的恐怖分子肯定会从中获得极大的满足。

然而，制造一种有效的生物武器并非易事，这个过程及其复杂性在很大程度上取决于选择哪种病原体进行“武器化”。如果病原体是形成芽孢的细菌，如炭疽的病原体炭疽杆菌，则涉及 5 个基本步骤：萌发、生长、孢子形成、分离和武器化。前三个步骤的主要目的是：利用少量的菌种逐渐繁殖形成一个适于此菌种大量繁殖的初始环境，随后这些细菌在合适的空间中进入对数生长期，并由活跃的细胞转变为孢子。最后两个步骤的目的是将孢子从死亡的繁殖体细胞和耗尽的培养基中分离出来。这 5 个步骤中，每一步都包含几十个二级步骤。此外，如果目标是制备大批量的高质量的成品，那么每个步骤都需要在拥有复杂且精良的仪器设备的实验室中进行。

生物病原因子武器化是指一系列对生物病原因子进行纯化、确定合适剂量、提高稳定性及使其在理论上更易于传播的必要流程。由于生物战剂对环境非常敏感，在贮存和使用过程中都很容易受到环境的影响，因此提高生物战剂的稳定性和传播能力是生物病原因子武器化中最为重要的内容，甚至决定了某类生物病原因子最终是被制为生物武器还是研制成药品、化妆品、杀虫剂或食品用相关产品。我们知道，生物体对环境的敏感性随生物战剂成分的不同而不同。例如，释放到环境中的炭疽杆菌孢子可以存活几十年，而鼠疫耶尔森菌只能存活几小时。这些病原因子的生存能力或生物活性的丧失，很可能是暴露于某些物理和化学因素所导致的，如紫外线辐射(阳光)、空气与水之间的高比表面(泡沫)、极端温度或压力、高盐浓度、稀释或暴露于特定的灭活剂等。此外，由于在运输过程中生物体病原因子也非常容易发生降解，因此在运输过程中对生物战剂的稳定性也有一定的要求。

贮存或封装的主要稳定化方法包括浓缩、冷冻干燥(冻干)、喷雾干燥和制成稳定的固体、液体或气体溶液，以及进行深度冷冻。其中，浓缩的方法包括真空过滤、超滤、沉淀和离心。冷冻干燥则是长期保存细菌培养物的首选方法，因为冷冻干燥后的细菌很容易通过常规方法进一步脱水和再次培养，并且大多可存活

30 年以上。深度冷冻技术通常适用于不宜进行冷冻干燥的其他病原因子或材料的长期贮存，主要方法包括将生物制剂贮存在液氮冰柜（–196℃）或超低温机械冰柜（–70℃）。

病毒培养则是一个花费更大、操作更加精细的过程。由于宿主细胞是病毒复制的必要条件，因此在生物武器常见的缺氧且恒温的环境中，必须保证宿主细胞仍具有一定的生物活性。在某些情况下，病毒作为武器可能更加脆弱，如有些病毒在干燥时会丧失活性。另外，由于生产和纯化生物毒素的每一个过程都需要许多特定的条件，因此操作起来较为困难。然而，以往的生物武器计划已经确定，相比其他生物战剂而言，生物毒素制作成冻干粉末并封装后有效性最高。在后面的章节中，我们将详细讨论两个具体的例子。

规 模 问 题

对于恐怖组织而言，实施生物袭击显然是不易之举，同时也不是一个切实可行的选择。因为如果这种袭击方式实施起来真的非常简单有效，那么恐怕许多恐怖组织和敌对国家早已开始普遍使用甚至经常实施生物袭击。目前生物恐怖主义还大多局限于小规模、有限的攻击。但是，如果使用一些技术手段来制造生物武器，或者通过在黑市上购买可用、尖端的材料，即使只是一小群人也可能会对大部分目标人群造成严重伤害。生物武器施放后的临床症状通常可在一天内出现，并持续 2～3 周。一般在人口密集的城市地区，地铁系统可能成为生物战剂攻击的主要目标。这时，只需要少量武器化材料就能达到预期的效果，从而导致政治和社会的大规模混乱。例如，大约 10g 炭疽杆菌的致死人数相当于 1t 神经毒剂“沙林”的致死人数。

一些恐怖组织在有了生物武器之后，可能会发展出对特定目标进行小规模生物袭击的能力。在适当的天气条件下，只要有能够投放 1～10μm 颗粒粒度气溶胶的发生器，那么一架飞机就可以将 100kg（220 磅）的炭疽病原体在 300km^2（74 000 英亩）的面积上分散并传播开，理论上可在人口密度为 10 000 人/km^2 的区域造成 300 万人的死亡（US DOD, ADA 330102, 1998）。

无论是在实际环境还是在虚构的生物威胁场景中，雾化粉末和飞沫的潜力都已得到了充分的体现。1993 年 4 月，由于一次意外的水上污染，美国暴发了历史上最大规模的传染病疫情。据估计，当时密尔沃基地区暴发的隐孢子虫病导致当地 160 万人口中超过 43 万人染上了肠胃炎，其中大约 4400 人入院治疗，100 人死亡（MacKenzie et al., 1994）。此次传染病暴发是由于该城市的两个水处理厂中有一个工厂的过滤处理过程出现了纰漏。事后，在该工厂车间里发现了一些问题，包括应在过滤前使用的水中污染物混凝剂已经变质。此外，当时的天气状况也与平时不同，一场春雪的融化导致大量水源浑浊，以及当时的风力模式可能改变了密歇根湖的正常流量，而密歇根湖正好是该市的原始水源。

批判性思考

请对生物防御和生物安全的基本区别进行阐述。

生物安全和生物防御的起源

20 世纪生物武器计划的秘密已经被揭开。我们已经知道，那些曾经折磨过人类、动物和植物的最危险的致病因子已经被大量生产并被不断完善，以达到最大的效力。目前，恐怖组织和“流氓国家”可能正在寻求机会发展生物武器。在过去的几十年里，生物武器的重大发展引起了军事领导人和政治家极大的关注。一个良好的生物防御计划是为维护军队、保卫国家而制定的。简单地说，生物防御是加强国家对生物攻击防御的基本需求。这些国家计划大部分是由军队和其他政府机构计划并执行的，且需要一系列特定的能力。首先，生物防御计划需要情报收集能力，力求确定侵略者的生物武器库中有哪些武器；其次，还需要大量的情报来指导生物防御研究和开发工作以制定与测试有效对策(如疫苗、治疗药物和检测方法)；最后，还应开发一种实时报告系统，使官员在某种病原因子可能会影响国内武装部队和民众之前就能够知晓情况并及时上报。开发检测和监测生物病原因子的综合系统有助于实现这一目标。尽管大多数生物防御措施都依赖于军队，但民间管理机构对生物防御也起到了很大的帮助作用。这一点从过去几年中 CBF 的增加就可以看出，本书第四部分将对其进行详细讨论。另外，生物安全是指为保护一个国家的粮食供应及农业资源免受意外污染和生物恐怖主义的蓄意袭击而采取的政策与措施。

当前和未来的生物威胁

当我坐在这里撰写这本书的第二版时，我正在反思我们对现代社会中生物威胁的最新担忧。就其价值而言，与 10～50 年前相比，我们对生物恐怖主义和生物武器的关注似乎要少得多。相反，我看到了人们对新发传染病和再发生物威胁的高度关注，当然这也是有道理的。此外，我们还应该敏锐地意识到生物病原因子的研究存在实验室意外泄露的风险。为了说明这些问题，我们将针对媒体一直强调的与国际利益相关的 4 种传染病的病原体——被意外装运具有活性的炭疽杆菌、2014～2015 年在西非肆虐的埃博拉病毒、在韩国和沙特阿拉伯暴发的中东呼吸综合征冠状病毒(MERS-CoV)及大规模流行的高致病性禽流感(HPAI)病毒进行简要讨论。

实验室事故

正如前文所述，对生物威胁的担忧促使美国政府为民用生物防御项目划拨了大量资金(15 年内有近 800 亿美元)。有了这项经费，美国就能开始着手发展强大的检测病原体和诊断疾病的能力。此外，一些医疗对策(如疫苗和治疗策略)也能被开发并生产出来。在这笔经费的资助下，美国建立了卓越中心和若干高等级生物安全(生物安全四级)实验室。有了这些新项目、检测方法和实验室，剩下的就是为私营生物技术公司提供现成的阳性对照品和承包机会。最近的一个例子就是位于犹他州杜格威试验场的美国陆军实验室为公立和私立实验室提供了炭疽杆菌孢子阳性对照样本。在运输之前，炭疽杆菌孢子在陆军实验室中进行了繁殖，并暴露于伽马射线辐射中，以确保提供的样品中没有活孢子。在收到样品后，马里兰州的一个实验室怀疑他们收到的样品内容物是不完整的，因为样品中没有“细菌灭活证明”。出于严谨，该实验室工作人员取出了其中一小部分，将其接种在羊血琼脂板上。令他们惊讶的是，几天后，这些平板上长出了菌落，并且炭疽测试呈阳性。随后，他们立即通知疾病控制与预防中心和陆军传染病实验室展开调查，并将事件公之于众。调查显示，有活性的炭疽样本已被运往美国的 19 个州及其他 5 个国家的 69 间实验室(USA Today, 2015)。又一次，我们毁灭过的种子即将发芽，也许正如一些人认为的那样，我们才是自己最大的敌人。

从 2008 年到 2012 年，超过 1100 起涉及潜在生物恐怖细菌的实验室事件被报告给联邦监管机构。

《今日美国》(2014)

埃博拉病毒

1976 年，埃博拉病毒于苏丹和扎伊尔被首次发现。作为一种丛林型疾病的病原体，埃博拉病毒通常存在于果蝠体内。但在其他哺乳动物或人类食用受感染动物的生肉或未煮熟的肉时，则会进行进一步传播。人类感染埃博拉病毒时，通常会患上致命的严重病毒性出血热(CDC, 2015)。2014 年 3 月，西非国家几内亚暴发了埃博拉疫情。各级公共卫生机构未能迅速对疫情做出反应，导致疫情迅速蔓延到利比里亚和塞拉利昂的城市地区。随后，埃博拉病毒病被传播到尼日利亚和塞内加尔，国际航空旅行又将埃博拉病毒病带到了美洲和欧洲。尽管病例数量非常少，但医疗保健机构还是对此次生物威胁进行了充分的控制，同时对接触过实际病例患者的民众采取了积极的公共卫生预防措施(CDC, 2015)。这是历史上规模最大的一次埃博拉病毒流行。在撰写本文时，此次疫情已经在“亡羊补牢”式的努力下被平息了。来自美国及其他国家的志愿者与医疗救援小组也接受了特别培训并被部署到西非帮助查明病例和治疗感染患者(图 1.4)。然而，几内亚和塞拉利昂仍陆续出现新的病例报告。截至 2015 年 6 月 26 日，全球共有 16 801 例埃博拉病毒病的病例(包括疑似、可能和确诊)，约 6411 人死亡，死亡率约为 38%(WHO, 2015a)。

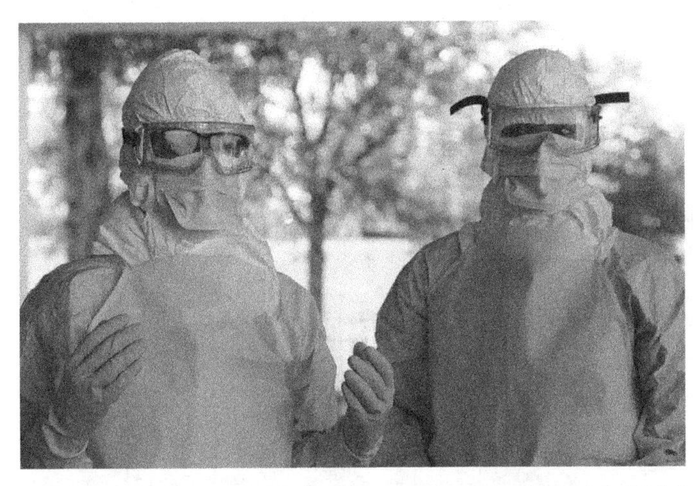

图 1.4　CDC 埃博拉治疗培训课程中的两名学生(2014)。该项目旨在为即将成为西非埃博拉应对小组成员的参与者进行培训，以确保他们在治疗埃博拉患者时遵循适当的方案。两名参与者穿戴的是治疗专家与埃博拉患者直接接触时所需的个人防护装备。图像资料由美国疾病控制与预防中心 Nahid Bhadelia 博士提供

对于大多数人来说，埃博拉病毒的威胁还很遥远，然而现实却非常严峻。国际旅行可以在几天之内让埃博拉病毒进入任何大陆的任何人群。所以任何国家、组织或个人都不能幸免于这一威胁。那么，埃博拉病毒病为什么如此受关注呢？首先，埃博拉病毒属于美国卫生和公众服务的 A 类病原因子，它符合判定 A 类病原因子的所有标准，包括：引起的疾病具有高发病率和高死亡率，需要公共卫生和卫生保健采取特别的防范措施，可在人与人之间进行传播且可导致民众恐慌和社会混乱(CDC, 2015)。通过此次暴发，我们看到埃博拉病毒完全符合以上 4 个标准。更糟糕的是，目前还没有被美国食品药品监督管理局(FDA)批准的人类埃博拉疫苗，也没有被 FDA 批准的治疗药物。在目前的医疗救治过程中，埃博拉病毒病的患者只能接受支持性护理(水合疗法)，很少能接受实验性药物(CDC, 2015)。因此，也许这次疫情带来的唯一好处就是推动了埃博拉病毒疫苗的研发。目前有三种候选疫苗正在西非进行Ⅲ期临床试验(WHO, 2015b)。在本书的“案例研究”一章中对此次疫情的案例进行了阐述。

批判性思考

自“9·11 事件”以来，美国及全球其他国家对生物威胁的态度发生了怎样的变化？请围绕现实和潜在的生物威胁进行讨论。

中东呼吸综合征冠状病毒

中东呼吸综合征冠状病毒(MERS-CoV)(图 1.5)于 2012 年被世界卫生组织(WHO，简称世卫组织)认定为一种新发病原体(Berry et al., 2015)，可导致易感患者出现严重呼吸道症状，并可通过人群接触传播。该病原体于沙特阿拉伯吉达被首次分离和鉴定。随后，一些中东国家如约旦、卡塔尔和阿拉伯联合酋长国也出现了感染病例的相关报道。此外，欧洲、北非和美国也出现了少数病例。

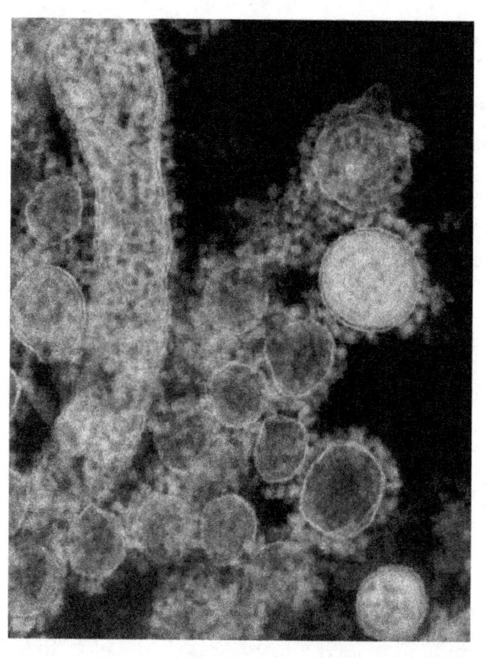

图 1.5　这是一幅高度放大、数字化彩色的中东呼吸综合征冠状病毒透射电镜图。图像资料由美国国家过敏和传染病研究所提供

最近，韩国成为除中东以外最大的中东呼吸综合征冠状病毒暴发区域，目前共报道了 180 例病例，其中有 29 例死亡(WHO, 2015c)。韩国的疫情可以追溯到一名受感染的旅客，这再次表明，在这个人口高度流动的世界上，所有国家都面临着突发罕见疾病的威胁。在世卫组织与韩国联合调查此次疫情的一份报告中指出，韩国此次疫情严重的原因主要包括：医护人员和民众缺乏对中东呼吸综合征

冠状病毒的认识，存在向多个医院寻求医疗服务的“逛医院”的做法，许多人前往医院多床病房探望被感染的患者，控制和预防感染的基本措施的缺乏，以及拥挤的急诊室中可能出现近距离接触感染中东呼吸综合征冠状病毒患者的情况。据报道，韩国确诊的中东呼吸综合征冠状病毒患者几乎都是在就医时感染的(Boston Globe, 2015)。更多关于中东呼吸综合征冠状病毒和其他新发病原体的信息将在“C类病原因子与疾病”一章中进行详细阐述。

禽流感

自 1997 年新型 H5N1 毒株从东南亚的家禽种群传播到人类以来，高致病性禽流感(HPAI)一直是热点新闻(Ryan, 2008)。公共卫生和政府官员都十分担心 H5N1 病毒大流行的潜在风险。自 2003 年以来，只发生了约 650 例人感染 H5N1 的病例，死亡率约为 60%(HHS, 2015)。就从那时起，许多新的毒株开始陆续出现。其中，2009 年一种新型 H1N1 病毒在猪身上出现，并造成了人类症状较轻的一种流感大流行。

近年来的调查发现，新型毒株 H5N2 和 H5N8 是美国家禽业中鸡、火鸡发病与死亡的主要原因。调查共检出 223 株病毒，影响了超过 4800 万只家禽(USDA, 2015)。本次禽流感暴发的分布情况请参考图 1.6。这对家禽养殖户及蛋类和肉类

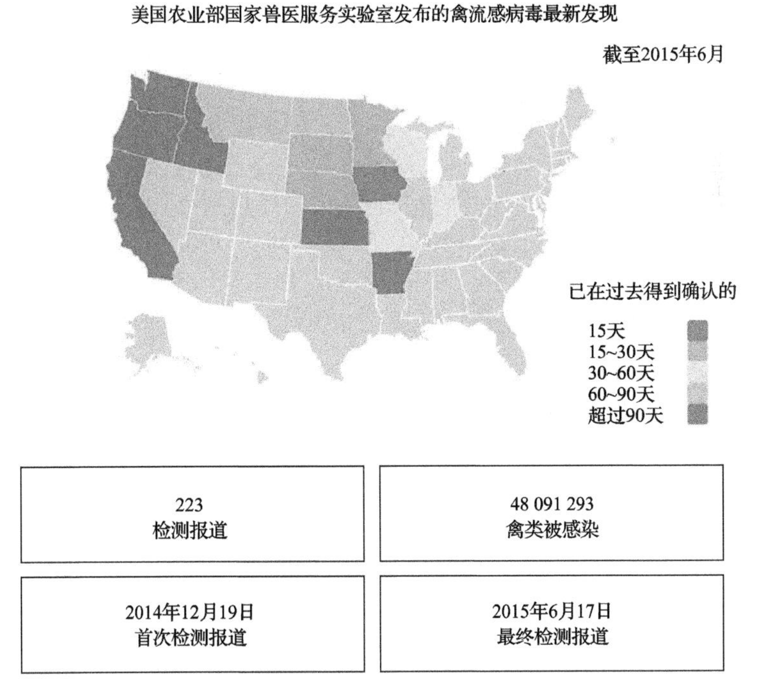

图 1.6　这幅美国地图显示了在最近一次暴发中出现高致病性禽流感病例的州。值得注意的是，在 7 个月内受到影响的禽类数量超过 4800 万只。图像资料由美国农业部提供

行业造成了巨大的经济影响。更多关于这一主题的信息可以在“近期的动物疾病暴发事件及经验教训”一章中找到。

总　结

通过第一章的内容，我们对生物威胁的范围与重要性有了一定的认识和理解，并了解到生物病原因子很有可能被恐怖组织用于制造大规模杀伤性武器。虽然生物战与生物武器已经成为历史，但其中一些重大事件对于帮助我们了解敌人使用生物战剂所带来的相关问题十分重要。此外，我们也了解了生物安全与生物防御的区别，并可以分别将它们与国土安全和国防联系起来。同时我们也知道了这些计划所耗费的金额巨大，自2001财年以来，仅在美国就有近800亿美元用于民用生物防御。总的来说，生物恐怖主义的现实情况与潜在威胁存在显著的差异。大规模的生物恐怖主义是一个低概率事件，但是小规模的生物恐怖主义和生物犯罪(如用少量蓖麻毒素毒害一个或几个人)则非常常见。目前，生物威胁仍然是新闻媒体关注的焦点，如近期发生的实验室炭疽杆菌事故、2014～2015年埃博拉病毒的暴发、在韩国暴发的中东呼吸综合征冠状病毒及危害美国家禽的高致病性禽流感病毒等事件都使我们意识到——我们必须保持高度的警惕，利用生物安全和生物防御计划来帮助我们识别与应对这些意外或潜在的威胁。

基本术语

- 生物防御：一个国家为加强对生物攻击的防御而做出的致力于加强数据收集、分析和情报收集的计划。这些情报将被应用到通过开发疫苗、治疗和检测的项目来增加对生物袭击的抵御能力，从而减轻生物武器可能带来的影响。总而言之，生物防御计划旨在保护军队和公民免受生物攻击的影响。
- 生物安全保障：为保护一个国家的粮食供应及农业资源不受意外污染和生物恐怖主义蓄意袭击而采取的政策与措施。
- 生物恐怖主义：故意使用来自生物体的微生物或毒素，在人类或人类赖以生存的动植物中造成死亡或疾病。生物恐怖主义可能包括故意引入破坏粮食作物的害虫，在动物生产设施中引入传播疾病的病毒，引入污染水、食物及医疗设施血液供应的病原微生物。
- 生物武器：也被称为细菌战，是使用生物(细菌、病毒或其他致病生物)或自然界中的毒素作为战争武器，以达到使敌人丧失行动能力或杀死敌人的目的。

- 生物病原因子：任何微生物(包括但不仅限于细菌、病毒、真菌、立克次体、原生动物)或感染性物质，或微生物、感染性物质的组成部分，无论它们是自然产生的、经生物改造产生的，还是被合成的；并且，它们能够导致以下的一种或多种情况。
  - ♦ 导致人、动物、植物或其他活有机物的死亡、疾病或其他方面生物性能的紊乱失调。
  - ♦ 导致任何类型的食物、水、设备、供给品或材料的变质。
  - ♦ 对环境产生有害影响。
- 致病因子：导致或可能导致人、动物发生疾病的活的微生物或毒素(美国交通部)。
- 恐怖主义：涉及危害人类生命的行为，或通过对关键基础设施、关键资源存在潜在破坏的行为意图恐吓或胁迫民众、影响政府，或通过大规模破坏、暗杀、绑架来胁迫政府的行为。
- 大规模杀伤性武器(WMD)：包括 4 个部分，即任何爆炸物、易燃物、毒气、炸弹、手榴弹、推进剂载荷超过 4oz[①]的火箭、炸药或燃烧剂载荷超过 0.25oz 的导弹、地雷或类似设备；任何能够释放、播散有毒、有害化学物质或其前体，可造成死亡或严重身体损伤的武器；任何能够释放对人类生命达到危险水平的辐射或放射性武器；任何与致病生物有关的武器。
- 病原体：一种引起疾病的特定致病因子，通常被认为是一种传染性生物体(如细菌、病毒、立克次体、原生动物)。
- 武器化：当应用于生物战剂时，这个术语是指通过强化自然界中某种生物的负面特性使其变得有害的一个过程。人们可以通过增强生物战剂的致死性、稳定性和针对预定目标传递或传播的能力而使生物战剂武器化。值得注意的是，关于这个词的用法有相当多的争论。
- 人兽共患病：可能在人类与动物之间相互传播的疾病。
- 应急响应：旨在通过采取行动和方案，解决紧急事态或灾难灾害发生带来的短期影响。

讨 论

- 启动美国生物武器计划的决定是如何做出的？
- 生物战发展历史上有哪些重大事件？是什么让它们变得如此重要？
- 如何理解尼克松总统在 1969 年 11 月发表的演说中讲到的“人类已经掌握了太多毁灭自己的种子”？

① 1oz=28.349 523g

- 将生物战剂武器化是否容易实现？
- 没有人确切知道 2001 年炭疽邮件袭击事件的肇事者是谁，此后再也没有类似炭疽邮件的事件。为什么我们自 2001 年以来没有看到类似炭疽邮件袭击事件的悲剧重演？

网　站

The Center for Arms Control and Nonproliferation has an online course in biosecurity. Type the URL that follows into your Internet browser and click on *View Course* and select *Unit 2*: "The History of Biological Weapons." The six sections in this unit provide an excellent overview and reinforce the material presented in the subheading about the History of Biowarfare: www.armscontrolcenter.org/resources/biosecurity_course.

The CDC's Emergency and Preparedness website offers a segmented video short lesson on the history of bioterrorism. The seven sections give a general overview on bioterrorism and separate vignettes on anthrax, plague, tularemia, VHFs, smallpox, and botulism: www.bt.cdc.gov/training/historyofbt.

参 考 文 献

Alibek, K., Handelman, S., 2000. Biohazard: The Chilling True Story of the Largest Covert Biological Weapons Program in the World—Told from the Inside by the Man Who Ran It. Random House, New York.

Beecher, D., 2006. Forensic application of microbiological culture analysis to identify mail intentionally contaminated with *Bacillus anthracis* spores. Applied and Environmental Microbiology 72 (8), 5304–5310.

Berry, M., Gamieldien, J., Fielding, B., 2015. Identification of new respiratory viruses in the new millennium. Viruses 7, 996–1019.

Boston Globe, June 14, 2015. South Korea Faulted on MERS Response. Available at: https://www.bostonglobe.com/news/world/2015/06/13/south-korea-response-mers-cases-faulted/TfC9ysnjlmSJsUjA0nvXIL/story.html (accessed 26.06.15.).

Christopher, G.W., Cieslak, T.J., Pavlin, J.A., Eitzen, E.M., 1997. Biological warfare: a historical perspective. Journal of the American Medical Association 278, 412–417.

Cole, L., 1988. Clouds of Secrecy. The Army's Germ Warfare Tests over Populated Areas. Rowman and Littlefield Publishers, Lanham, Maryland.

Desowitz, R.S., 1991. The Malaria Capers: More Tales of Parasites and People, Research, and Reality. W.W. Norton and Company, New York.

Diamond, J., 1999. Guns, Germs and Steel: The Fates of Human Societies. W. W. Norton and Company, New York.

Eitzen, E., Takafugi, E., 1997. A historical overview of biological warfare. In: Sidell, F.R., Takafugi, E.T., Franz, D.R. (Eds.), Medical Aspects of Chemical and Biological Warfare: A Textbook in Military Medicine. Office of the Surgeon General, Borden Institute, Walter Reed Army Institute of Research, Bethesda, MD (Chapter 18).

Fonda, D., January 3, 2006. Inside the spore wars. Controversial contracts, bureaucratic bungling—the Fed's biodefense drug program is a mess. How did it go so wrong? Time.

Grigg, E., Rosen, J., Koop, C.E., January/February 2006. The biological disaster challenge: why we are least prepared for the most devastating threat and what we need to do about it. Journal of Emergency Management 23–35.

Guillemin, J., July 2006. Scientists and the history of biological weapons. A brief historical overview of the development of biological weapons in the twentieth century. EMBO Reports 7 (Spec No), S45–S49.

Lam, C., Franco, C., Schuler, A., 2006. Billions for biodefense: federal agency biodefense funding, FY2006–FY2007. Biosecurity and Bioterrorism: Biodefense Strategy, Practice, and Science 4 (2), 113–127.

MacKenzie, W.R., Hoxie, N., Proctor, M., Gradus, M., Blair, K., Peterson, D., Kazmierczak, J., Addiss, D., Fox, K., Rose, J., Davis, J., 1994. A massive outbreak in Milwaukee of cryptosporidium infection transmitted through the public water supply. The New England Journal of Medicine 331, 161–167.

Miller, J., Engelberg, S., Broad, W., 2001. Germs: Biological Weapons and America's Secret War. Simon and Schuster, New York.

National Institutes of Health, 2015. Trans-NIH AIDS Research Budget. Retrieved June 24, 2015. http://www.oar.nih.gov/budget/pdf/2016_OARTransNIHAIDSResearchBudget.pdf.

Parkman, F., 1901. The Conspiracy of Pontiac and the Indian War after the Conquest of Canada. Little Brown and Company, Boston, p. 2.

Potter, C.W., 2001. A history of influenza. Journal of Applied Microbiology 91 (4), 572–579.

Robertson, E., 2001. Rotting Face: Smallpox and the American Indian. Caxton Press, Caldwell, ID.

Rosebury, T., Kabat, E.A., 1947. Bacterial warfare. The Journal of Immunology 56, 7–96.

Ryan, J., 2008. Pandemic Influenza: Emergency Planning and Community Preparedness. CRC Press, Boston, MA.

Schmid, R.E., October 3, 2006. Postal Testing Increasing Five Years after Anthrax Deaths. Associated Press.

Schuler, A., 2005. Billions for biodefense: federal agency biodefense budgeting, FY2005–FY2006. Biosecurity and Bioterrorism: Biodefense Strategy, Practice, and Science (2), 94–101.

Sell, T., Watson, M., 2013. Federal agency biodefense funding, FY2013–FY2014. Biosecurity and Bioterrorism: Biodefense Strategy, Practice, and Science 11, 196–216.

Sipe, C.H., 1929. The Indian Wars of Pennsylvania. Telegraph Press, Harrisburg, PA.

Thompson, M.K., 2003. Killer Strain: Anthrax and a Government Exposed. Diane Publishing Company, Collingdale, PA.

Tortora, G.J., Funke, B.R., Case, C.L., 1995. Microbiology. An Introduction, fifth ed. Benjamin/Cummings Publishing, Company, Redwood City, CA, pp. 2–22.

U.S. Centers for Disease Control and Prevention, 2015. Ebola Virus Disease. Available at: http://www.cdc.gov/vhf/ebola/ (accessed 26.06.15.).

U.S. Department of Agriculture, 2015. Update on Avian Influenza Findings. Available at: http://www.aphis.usda.gov/wps/portal/aphis/ (accessed 26.06.15.).

U.S. Department of the Army, 1977. U.S. Army Activity in the U.S. Biological Warfare Programs. Annexes, vol. 2. U.S. Department of the Army Publication, Washington, DC. DTIC B193427 L, appendix IV to annex E.

U.S. Department of Defense, Office of the Under Secretary of Defense for Acquisition and Technology, 1998. The Militarily Critical Technologies List Part II: Weapons of Mass Destruction Technologies. Section III: "Biological Weapons Technology". ADA 330102.

U.S. Department of Health and Human Services, 2015. H5N1 Avian Flu (H5N1 Bird Flu). Available at: http://www.flu.gov/about_the_flu/h5n1/ (accessed 26.06.15.).

USA Today, August 17, 2014. Hundreds of Bioterror Lab Mishaps Cloaked in Secrecy. Alison Young Available at: http://www.usatoday.com/story/news/nation/2014/08/17/reports-of-incidents-at-bioterror-select-agent-labs/14140483/ (downloaded 26.06.15.).

USA Today, June 18, 2015. Army Lab Lacked Effective Anthrax-Killing Procedures for 10Years. Alison Young Available at: http://www.usatoday.com/story/news/2015/06/17/anthrax-shipments-bruce-ivins-emails/28883603/ (downloaded 26.06.15.).

Wheelis, M., 1999. Biological sabotage in world war I. In: Geissler, E., van Courtland Moon, J.E. (Eds.), Biological and Toxin Weapons: Research, Development and Use from the Middle Ages to 1945. Oxford University Press, New York, pp. 35–62.

World Health Organization, 2015a. Ebola Case Counts. Available at: http://www.cdc.gov/vhf/ebola/outbreaks/2014-west-africa/case-counts.html (accessed 26.06.15.).

World Health Organization, 2015b. Ebola Vaccines, Therapies and Diagnostics. Available at: http://www.who.int/medicines/emp_ebola_q_as/en/ (accessed 26.06.15.).

World Health Organization, 2015c. Middle East Respiratory Syndrome Coronavirus (MERS-CoV) – Republic of Korea. Available at: http://www.who.int/csr/don/23-june-2015-mers-korea/en/ (accessed 26.06.15.).

第二章　生物威胁的识别

生物体是非常复杂的机器。

诺贝尔奖获得者，约书亚·莱德博格博士

学习目标

1. 了解大多数生物病原因子的普遍性和共同特点。
2. 掌握病原体、毒素和毒力的定义。
3. 围绕细菌、病毒和立克次体的物理属性进行讨论。
4. 围绕细菌、病毒和立克次体之间的差异进行讨论。
5. 理解临床表现和诊断之间的差异。
6. 了解传染病的三级诊断及临床医生如何运用不同的方法进行诊断。
7. 围绕生物病原因子作为武器使用的优缺点进行讨论。

引　　言

大多数生物病原因子都有一些共同的特点。例如，首先，它们都来自自然界，并且可自行在自然界中引发疾病。因此，获取生物病原因子可能是一个相对容易的过程，尤其是当人们知道其可以在何处取得及如何恢复其活性时。其次，对人类而言，它们几乎是隐形的，不仅肉眼看不见，也无色无味。因此，生物病原因子的检测和相关疾病的诊断需要复杂的技术与仪器，这将会在后面的章节进行阐述。

但也有很多生物因子对人体是无害的，甚至还有一些生物因子对人体和动植物大有裨益。许多微生物对高等动植物来说都是必不可少的，例如，如果没有肠道细菌，动物的消化吸收功能就不能充分实现；一些植物依赖土壤中的固氮菌作为根系氮的来源；在有机物降解过程中，微生物则起到帮助腐烂的有机质成分重新回到土壤中的重要作用。

那些具有致病性的生物因子能够对宿主产生不利影响，如致残和致死。它们具有广泛的致病作用，可导致感染者出现各种症状，下至轻微的感冒样症状和腹泻，上至严重的癫痫发作、昏迷甚至死亡。微生物的致病能力被称为毒力，也就是微生物导致疾病的严重程度和侵入宿主组织的能力。疾病的严重程度与多重因素有关，如感染者的年龄和健康状态、所感染的致病菌种类、剂量和感染途径等。一般而言，细菌和病毒感染后不会立刻发病，因为它们在宿主体内需要一段时间进行扩增。从感染到发病之间的无症状时期，被称为潜伏期。

有些生物病原因子相对容易制备。如果能得到样本且知道如何培养(提供合适的培养环境和营养，让微生物进行自我复制)，就可以使用基本的培养设备和方法流程进行大量扩增。其间，一些生物武器计划也对大量生产培养病原生物的技术的发展起到了极大的促进作用。当然，大量培养微生物这样的行为，早在20世纪各种生物武器计划出现之前就已十分普遍，如啤酒发酵、酒精蒸馏、药品和化妆品的制造等都依赖于生物制品的大量生产。虽然生物制品的量产较为容易，但是将其武器化且长期稳定保存并非易事。

侵入途径

生物病原因子可以经由呼吸道吸入、消化道摄入或皮肤吸收及注入等方式侵入宿主。

吸入性感染是指病原体经由呼吸系统感染人体。目前，恐怖分子制备生物病原因子气溶胶的潜在可能性较大，此类气溶胶释放后，病原因子将进入受害者肺部并引发疾病，因此在生物战剂释放后的应急响应过程中应重点关注这一侵入途径。在理想情况下，雾化后的生物病原因子粒度在1～10μm。这种颗粒直径的大小刚好能够到达肺部的最深处，然而又不会被呼出。此外，这种性质的气溶胶无色无味，非常不易被察觉。在2001年秋季炭疽邮件袭击事件中，导致5名受害者死亡的感染途径正是呼吸道吸入。

消化道感染是经口摄入受污染的食物或水而导致的。由于这种方式的感染途径简单、容易实施，而且往往不需要复杂的专业设备和大量的资金支持，因此仅一名恐怖分子就可以轻松完成一次食物或水的投毒活动。引起消化道感染的生物病原因子可以是培养在简单肉汤培养基中的致病性微生物，也可是纯化、干燥和浓缩后的病原体，以上任何一种剂型均可有效污染食物和水源。正如第一章所述，邪教组织“奥姆真理教”的成员正是通过消化道感染的途径，用沙门氏菌感染了俄勒冈州的社区居民。

皮肤吸收是指有害物质通过皮肤直接进入体内。与化学试剂不同，大多数生物因子无法通过完整的皮肤，因为皮肤具有很好的生物防御屏障。然而，也有个别的罕见特例，如单端孢霉烯族毒素则可以直接通过皮肤吸收。据报道，这些快速起效的真菌毒素曾被苏联用来生产生物战剂，并能产生类似于糜烂性毒剂的效果。

注入途径是指物理性地直接刺破皮肤生理屏障并将一些物质或生物因子渗透到体内的过程。这种感染途径在病毒传播的疾病当中很常见，如通过昆虫(蚊子、鹿蝇等)或蜱叮咬传播病原体。战争中侵略者向特定的目标人群释放已被感染的蚊或蜱以感染大规模人群是有一定可能的，但这种做法不仅需要花费大量的金钱，还很费时间。然而，日本人在 20 世纪 40 年代早期就已大量生产感染鼠疫耶尔森菌的跳蚤，并把它们装进泥弹后投入中国的一些村落中。这种阴险的行为导致当时的中国东北暴发了严重的鼠疫并导致成千上万的无辜民众死亡(Alibek and Handelman, 2000)。

作为生物病原因子的一种递送方式，注入途径还可以利用注射器或其他机械设备来实现。例如，1978 年 9 月，保加利亚异见作家马尔科夫被内含致死剂量蓖麻毒素的伞尖刺中而身亡(Alibek and Handelman, 2000)。这一小规模事件与其说是生物恐怖主义，不如说是一次国际间谍活动和阴谋。虽然该活动的目标为处决一名受害者，但从这里我们可以看出，将注入途径作为生物病原因子的递送方式是可行且隐蔽的。图 2.1 描述了炭疽杆菌孢子进入人体的几种常见方式。

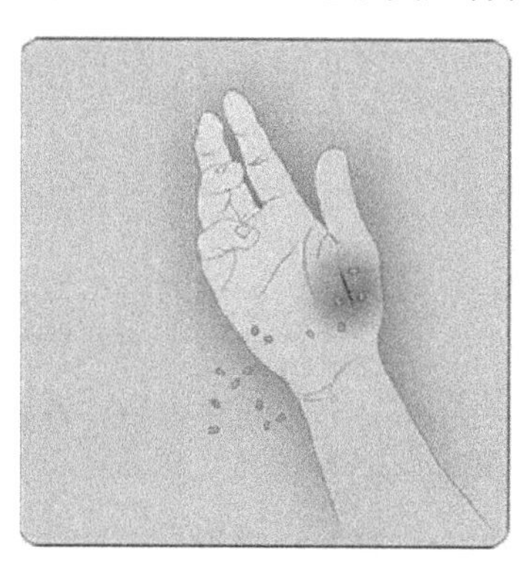

开放性伤口或破损

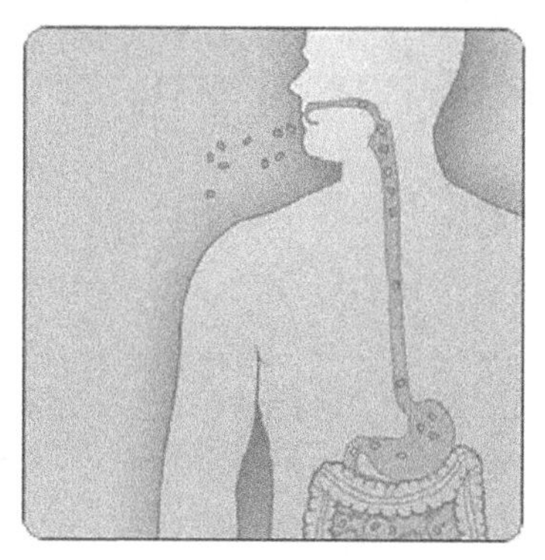

摄入消化系统

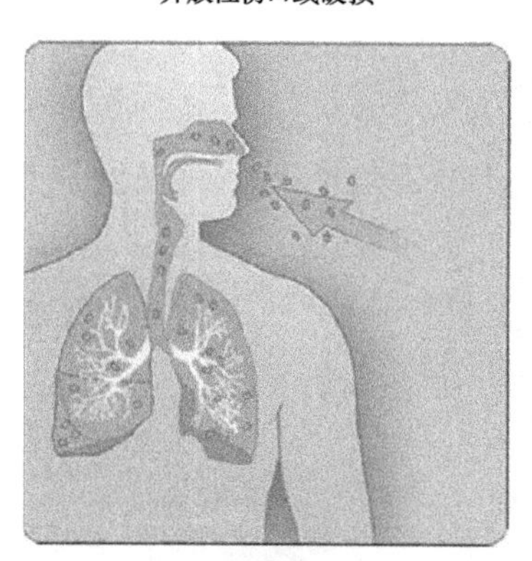

吸入呼吸道

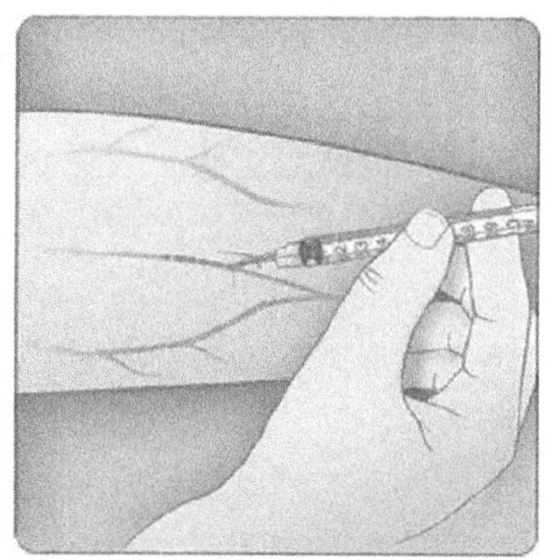

注射进入血液循环

图 2.1　以上 4 幅图像描绘了炭疽杆菌孢子进入人体并导致感染的 4 种途径：孢子或繁殖体细胞可以通过开放性伤口或破损进入人体(左上)，食用受污染的食物从而通过消化系统进入人体(右上)，由呼吸道吸入(左下)或可直接通过注入进入血液(右下)。图像资料由美国疾病控制与预防中心网站(http://www.cdc.gov/anthrax/)提供

批判性思考

生物病原因子也是自然界的一部分，然而为何在战争中使用这种“自然物质”却是错误的？

细菌性病原体

细菌是一类能够在动物、植物和人类中引起各种疾病的单细胞微生物，它们具有许多复杂的代谢功能，也可在人体内产生极具毒力的毒素。在实验室环境中，这些单细胞生物可以在营养培养基中进行培养，并生长成不同形状的有坚实表面的菌落。不同细菌生成的菌落形状和大小各不相同，有球形（球菌）也有长杆状（杆菌），这些形状都是由坚硬的细胞壁决定的。虽然细菌没有明显的细胞核，但其细胞内含有对生命必要的核质（DNA）、细胞质和细胞膜。回顾微生物学的历史，细菌可分为两个主要分支：革兰氏阳性菌和革兰氏阴性菌。这种分类是基于革兰氏染料对细菌染色后进行显微镜观察的结果。这个鉴别方法在几十年前非常有用，但随着技术的进步，如今在分子诊断学和细菌分类学的时代，这种方法逐渐不再被使用。图 2.2 描绘了过去使用显微镜来检验细菌病原体特征的情境。

图 2.2　这个极具历史性的图片记录了 20 世纪 30 年代实验室研究人员坐在凳上使用显微镜观察细菌轮廓的情境，圆圈里描绘的是显微镜下不同微生物的形态。图像资料最初由明尼苏达州卫生部 R. N. 巴尔图书馆提供，经由美国疾病控制与预防中心公共卫生图像库提供

在特殊情况下，一些细菌可以转化成孢子。孢子是细菌的休眠形式，类似于植物的种子，它们可以在条件适当时复苏。孢子的形成是细菌在一定条件下的自然反应，如极热和干燥等环境。细菌孢子比细菌本身更能够耐受寒冷环境、热环境、干燥、化学药品和辐射。细菌通常通过两种机制导致人和动物发生疾病：侵入宿主组织和产生毒素。许多病原体同时具备这两种致病能力。图 2.3 展示了显微照片拍摄的炭疽杆菌(炭疽芽孢杆菌)的繁殖体细胞和孢子。

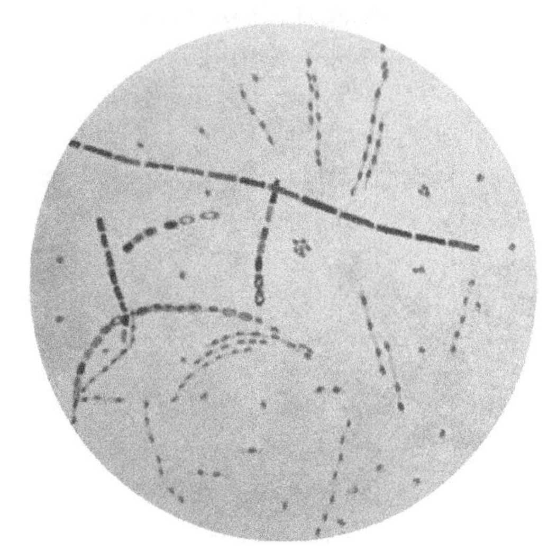

图 2.3　炭疽杆菌(*Bacillus anthracis*)，取自琼脂培养基。其中较大的杆状细胞是繁殖体，较小的是孢子(品红-亚甲蓝孢子染色)

一般来说，能够进入真核细胞并存活的细菌无法被抗体清除，只能经由细胞免疫应答消除。这些细菌必须有专门的机制来保护它们免受人体细胞内消化酶(溶酶体)的影响。一些细菌仅在宿主细胞内生长(如立克次体、柯克斯体和衣原体)；其他的如志贺菌和耶尔森菌是兼性细胞内病原体，当它们在宿主中具有选择性优势时能够侵入细胞。不管细菌的入侵和逃逸机制如何，在受感染个体内的细菌种群都会争夺营养，激发宿主的炎症反应，并导致宿主细胞死亡。大多数细菌感染可用抗生素药物进行有效治疗，如青霉素、环丙沙星或四环素。

立克次体病原体

立克次体是一种体积微小且需要寄居于宿主细胞内的革兰氏阴性细菌。感染后，立克次体侵入并生存于宿主细胞的细胞质或细胞核中，许多致病性立克次体能在红细胞和白细胞中定居。立克次体病原与节肢动物载体(如蜱和跳蚤)关系密切，通常能经由此类载体生物将立克次体传播给哺乳动物宿主。这时立克次体通过被蜱和跳蚤叮咬或虱粪便来感染受损的皮肤，进而感染血管内膜并通过血液系统进行传播。由于立克次体毒力和宿主因素(如年龄、性别、酗酒和其他潜在疾病)不同，立克次体病的临床严重程度各异。最严重的是流行性恙虫病，这种立克次体病可导致部分感染者死亡。通常如在立克次体病感染早期使用有效的抗菌剂(如强力霉素)进行干预，往往可获得很好的治疗效果。

病毒病原体

病毒是一种比细菌小得多的微生物(比细菌小2～60倍)。直到20世纪初，人们才认识到病毒是引起人类诸多疾病的病原体。像某些细菌一样，所有的病毒都是细胞内的寄生物，这就意味着它们需要活细胞作为宿主来实现自身繁殖。又由于它们缺乏自身的新陈代谢系统，因此不消耗任何营养成分。作为最简单的微生物之一，病毒由外部蛋白质层(核衣壳)和内含的遗传物质[核糖核酸(RNA)或脱氧核糖核酸(DNA)]组成。在某些情况下，病毒颗粒的核衣壳外还包裹了一层脂质层，这样的一个病毒颗粒被称为病毒粒子。考虑到这种完全依赖于宿主细胞进行繁殖的病原体几乎能感染所有的生物，包括人类、动植物甚至细菌，因此，可以说它们具有影响地球的整个生态链的能力。

病毒通常会引起宿主细胞的变化，并最终导致细胞死亡。在易感人群中控制病毒感染的最佳方法是预防性疫苗的接种。在美国，疫苗的使用导致麻疹、腮腺炎和风疹等病毒性疾病的发病率降低为不到原来的0.3%，并彻底消除了天花和脊髓灰质炎病毒的自然传播。图2.4是埃博拉病毒的电子显微照片。

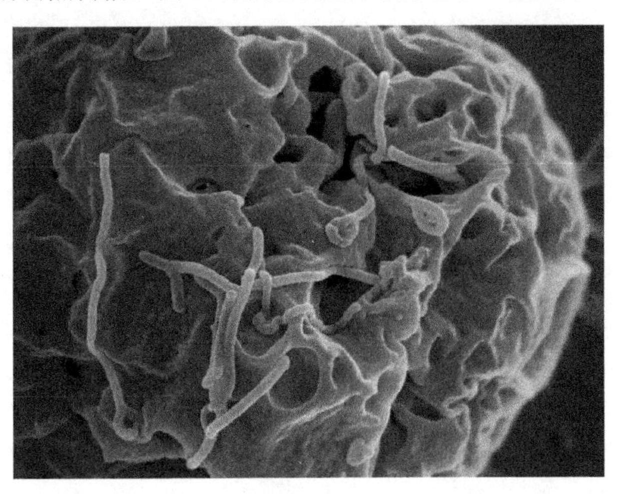

图2.4　这是一张数字化彩色渲染的埃博拉病毒颗粒(红色)从非洲绿猴肾细胞(vero 细胞)表面出芽的扫描电子显微照片。图像资料由美国国家过敏和传染病研究所及美国疾病控制与预防中心公共卫生图像库提供

朊　病　毒

上述的传统病毒并不是最简单的分子病原体。1982年，斯坦利·普鲁塞纳在研究一种慢性病毒性疾病时发现了一种仅由蛋白质组成的病原体——朊病毒(prion)。这一名字来源于传染性蛋白质颗粒(proteinaceous infectious particle)的缩写。朊病毒比已知的最小病毒还要小，其特征还没有被完全阐明。作为目前已知的最基本的病原体，朊病毒可在没有核酸基因组的情况下进行复制，可能是因为它们实际上会诱导其他正常蛋白质引起结构或构象的改变。关于朊病毒还有很多未知，目前最被广泛接受的理论就是朊病毒是一种突变的蛋白质。朊病毒引起人和其他动物的神经组织异常的神经性疾病，称为海绵状脑病(神经组织海绵状异常)。这些致命的神经变性疾病因其独特的生物特征和对公共卫生的潜在影响引起了广泛的关注(DeArmond and Prusiner, 1995)。

朊病毒可引起的疾病包括库鲁病、克罗伊茨费尔特-雅各布病(克-雅病)、Gerstmann-Straussler综合征、致死性家族性失眠症，以及羊和牛的海绵状脑病(如疯牛病)。人类朊病毒相关疾病的主要症状是痴呆，通常伴有运动功能障碍症状。这些症状在中期和晚期隐匿性发病，并持续数月至数年直到死亡。此外，这类异常的蛋白质具有很强的稳定性，它们不溶于除溶解性最强的化学溶剂之外的所有溶剂，并对蛋白酶的消化高度耐受，还能在机体死后的组织中存活，并且不被各种生物学过程破坏。该异常蛋白质极耐高温，不被普通杀菌过程破坏，不因曝晒失活。它们对大多数消毒剂也有很强的抗药性，而且在不同pH范围内均非常稳定。更关键的是，该异常蛋白质不会激起宿主体内的免疫或炎症应答，所以身体不会将它视为外来入侵者而做出相应反应。

真菌病原体

与细菌和病毒相比，真菌是相当复杂的微生物。许多真菌被称为霉菌或酵母菌，它们是一种通过出芽方式进行增殖的单细胞微生物。真菌在自然界中起着非常重要的作用，它们能够分解死亡生物组织中的有机物质，通过生态系统循环最终把营养物质归还给自然界。此外，大多数植物在没有共生真菌存在的条件下就不能生长，因为它们需要依赖共生真菌提供必需的营养物质。还有一些真菌能够为人类提供食物(如蘑菇、松露和羊肚菌)和关键药物(如青霉素)。

然而，真菌也会引起许多植物和动物疾病。例如，真菌能引起皮癣和足癣。

更重要的是，一些高度致病性真菌病原体能够在所有接触者中都造成感染(如组织胞浆菌和球孢子菌)。并且当人体免疫系统功能降低时，则容易出现真菌病原体机会性感染(如念珠菌和曲霉)。事实上，由于艾滋病患者的免疫系统无法抵抗感染，这些机会性感染的真菌已经成为导致许多艾滋病患者死亡的主要原因。此外，与其他微生物相比，真菌的生理特性与人类及其他高等动物更加接近，因此很难进行治疗。真菌还会引起一些非常严重的植物病害，包括黑穗病、锈病和植物叶、根、茎的腐烂等。因此，美国一些早期的生物武器计划曾致力于研究使用真菌病原体感染农作物。

生 物 毒 素

生物毒素是一种由各种生物(包括细菌、植物和动物)产生的强效毒素。其中一些生物毒素可称为目前已知的毒性最强的物质。生物毒素区别于化学毒素(如VX毒剂、氰化物和芥子气等)的特征包括：非人为性、非挥发性(无挥发的危险)、对完整的皮肤没有影响(真菌毒素除外)及毒性通常强于化学毒剂。此外，生物毒素还有一个重要的特性就是缺乏挥发性，这使得它们不会导致二次感染，也不会造成人与人之间的接触传播或持续的环境危害。

生物毒素是一种非常大且非常复杂的分子。其中，神经毒剂如沙林的分子量约为140；蓖麻毒素的分子量约为66 000；肉毒杆菌毒素是一种非常大的毒素，具有复杂结构的分子，其分子量高达150 000。A型肉毒杆菌神经毒素的复杂分子结构如图2.5所示。

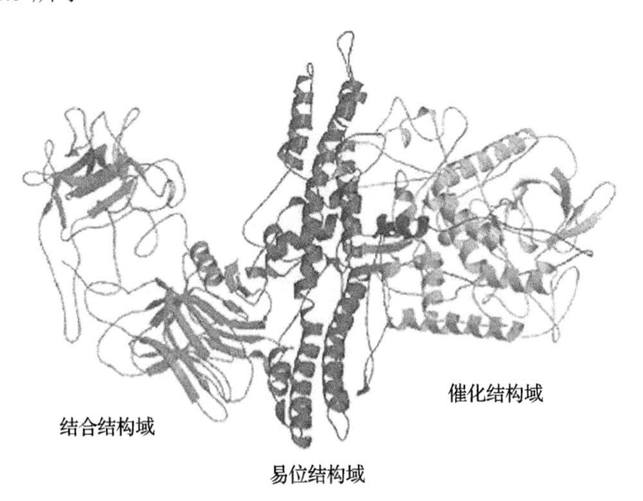

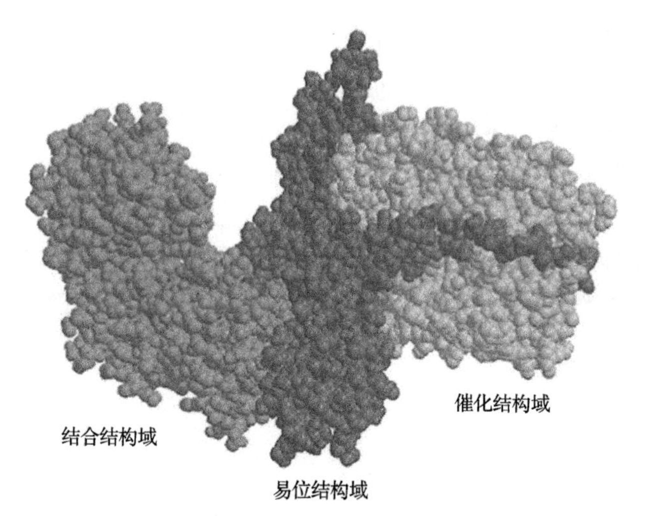

图 2.5　A 型肉毒杆菌神经毒素的原子结构。图中 A 型肉毒杆菌神经毒素 X 射线晶体结构的空间填充(底部)模型由结合结构域(binding domain)、易位结构域(translocation domain)和催化结构域(catalytic domain)组成。图像资料来自加利福尼亚大学旧金山总医院麻醉与药物化学研究所詹姆斯 • D.马克斯博士的 *Forensic Aspects of Biologic Toxins* 第七章——微生物物证检验

疾　　病

剑桥词典中将疾病定义为“人、动物和植物等的一种不健康状态，该状态是由感染或健康状况不佳而非别的意外事故所引起的。”这里我们需要对病原体和由特定病原体引起的疾病或综合征做出区分。引起传染病的病原体，通常称为病因性病原体。那么，到底是疾病还是病原体在传播呢？确切地说，进行传播的是病原体而非疾病。例如，炭疽的病原体是炭疽杆菌。但自 2001 年炭疽邮件袭击事件发生后，我们经常听到“炭疽热通过邮件传播”等类似的表达。其实这一表述是错误的，并不是通过邮件直接传播了疾病，而是通过邮寄方式传播了炭疽的病原体，也就是炭疽杆菌。然而，这样的说法现在也已成为普遍可被接受的表达方式了。

在日常医学诊断过程中，患者需向医生描述疾病的症状以便诊断。这时患者的陈述被称为临床表现。随后，医生则会用更为系统的方式对患者的情况进行描述。一种疾病可以有许多不同的临床表现，这取决于病原体的感染途径及疾病进展程度。例如，鼠疫有多种感染途径，会导致多种临床表现。因此，我们谈到鼠疫时，有败血症鼠疫、原发性肺鼠疫或继发性肺鼠疫之分。当我们观察特定疾病及其病因时，这就变得更加明显了。这里，病因学则被定义为对疾病病因的科学研究。

批判性思考

我们应该如何识别是否发生了生物袭击？哪类人员的感染风险最大？

分级诊断

任何可上报的不寻常疾病或罕见疾病的小型、大型暴发都应评估为潜在的生物恐怖袭击(Pavlin, 1999)。首先，应由临床医生针对患者的临床表现进行初步的调查和询问，这一步不需花费太长时间，也不必进行强制措施。这时临床医生应该设法探清疫情暴发的真实情况，以确定是否有任何看似不寻常的或是生物恐怖主义的迹象。疾病暴发的原因包括实验室事故、地方性自发疾病的出现、新发或复发疾病的出现及生物病原因子的蓄意施放。虽然流行病学家有许多方法可用来确定感染性疾病暴发的原因，但仍需要位于临床工作前线的卫生保健工作人员在发生异常情况的第一时间上报公共卫生机构。

疾病与诊断密切相关，确定关键治疗策略时都需要依靠准确的诊断。为了协助临床医生进行决策，各种疾病通常都有相应的诊断标准。诊断过程中，患者通常以一种诉苦的方式向临床医生描述目前主要的不适之处。在这个过程中，患者还会向临床医生详细描述他/她感受到的异常情况。患者不适症状的倾诉加上各种异常情况的描述共同构成了疾病的症状。随后，临床医生对患者机体的异常情况进行观察，这些观察结果则构成疾病的体征。这时，临床医生根据传染病患者主观描述的症状和临床检查到的体征进行汇总，并将其归类为一些综合征，如发热、皮疹、咳嗽等。此外，还可使用一些诊断性检测(或化验)对已收集到的信息和临床表现进行补充。这种诊断检测可以在医院进行，也可依托有更精良设施和技术支持的实验室完成(Snyder, 1999)。一旦临床医生收到检测结果，就可以结合检测结果和临床表现对患者的病情进行综合判断。

此外，医生通常还会考虑与初步诊断结果相类似的其他疾病的可能性。因此，还需要进一步鉴别诊断以排除其他疾病的可能性。随着更多诊断试验结果、其他体征和症状信息的收集，临床医生最终可以得出诊断结论。这种可对多种传染病进行诊断的方法将在分级诊断系统(tiered diagnostic system, TDS)中阐述，该系统对传染病的诊断分为疑似病例、可能病例和确诊病例。TDS 的三个级别具体内容如下。

1. 疑似病例。分级诊断系统中的第一级。疑似病例是指患者对疾病的临床症状描述与诊断标准相符合，并与疑似的传染源存在流行病学关联。例如，患者 X 的主要症状包括发热、乏力和持续咳嗽，且该患者几个月前曾与一名已确诊的肺结核患者有过接触。鉴于以上情况，医生可能认为患者 X 是结核病的疑似病例。

2. 可能病例。分级诊断系统中的第二级。可能病例是指来自上述的疑似病例同时具备了一些实验室检查结果为阳性这一条件。鉴于上述疑似病例中的情景，例如，临床医生已对患者 X 执行了结核菌素皮试，结果呈阳性；此外，患者 X 胸片检查显示左肺有一个斑点。那么，现在则认为该患者是结核病的“可能病例”。

3. 确诊病例。分级诊断系统中的第三级。确诊病例是指疑似病例或可能病例已有明确的、验证性实验室检查结果支持。在上述场景中，如果对来自患者 X 的痰液样本进行结核分枝杆菌培养，结果呈阳性，那么该病例就可以被确诊为结核病例。当然，还可以进行进一步的检测以确定病原体对特异性抗生素的敏感性。因为耐药结核病是一个日益严重的问题，还会给患者带来严重后果。

如果诊断结果是一种需要上报或罕见的疾病，那么医生则需要及时向当地公共卫生机构上报。这时一旦诊断明确，就可以开始治疗，且其感染后治疗可以在 TDS 诊断的任何时间阶段进行。通常情况下，抗生素可被用来治疗细菌感染患者，但其对病毒感染患者无效。为谨慎起见，临床医生和公共卫生官员也会对接触过感染者的人群进行筛查与治疗，这种类型的治疗被称为预防性治疗。预防性治疗的目的是防止暴露的个体出现症状进而传染给其他人，从而减少暴露人群感染的机会。由此我们也可以推测，应对生物恐怖主义的大规模预防计划不仅需要以有序和高效的方式向公众发放大量药物或疫苗，还必须要具备专业的医学知识、实验室和通信网络，因此可能非常具有挑战性。

与应对生物恐怖主义一样，在应对社区感染性疾病时，无论其生物威胁因子是自然来源的还是人为制造的，都需要以上资源。目前，美国疾病控制与预防中心已开发了一些可用来确证或排除某些对公众构成威胁的生物病原因子的诊断方法。在全国范围内，已由美国疾病控制与预防中心牵头构建了一个实验室网络，称为实验室响应网络（Laboratory Response Network, LRN），该实验室网络具有一系列专门针对生物威胁因子进行诊断测试的方法和程序，这些测试可用于临床和环境样品检测。接下来，将在第十二章中对实验室响应网络进行详细阐述。

使用的可能

无论是基于战略战术目的所使用的生物武器，还是来自恐怖分子的生物袭击，所有国家都很容易受到生物武器所带来的伤害。我们在生物武器面前之所以如此脆弱，是因为生物武器库中的大多数病原体都是一些能够导致罕见疾病的病原体，且具有高致命性、易感人群缺乏先天或群体免疫力等特点（Army, 1977）。现在我们已经知道了哪些类型的生物病原因子可被用于制备生物武器，同时我们也了解到，在这些病原体面前，人类普遍是很脆弱的。

然而，目前已经有许多大规模杀伤性武器可供潜在的恐怖分子或国家资助的侵略者所使用。例如，广泛用于战争的炸药，能有效造成人员伤亡并立即产生显著后果。那么为什么侵略者会选择使用生物武器？他们是出于什么考虑的？又是什么因素导致他们做出这样的选择？为了探索这一问题，我们必须从恐怖分子的角度来思考，并对使用生物武器的利与弊进行权衡。

美国生物武器计划最具讽刺意味的一点是，虽然它被设计用来应对生物威胁，但事实上在一定程度上给自己增加了这种威胁。如今，在美国军队关于战争和荣辱的法令中依然将使用生物武器看作一件非常消极与负面的事。法令中认为，生物武器的使用是不公平的，如缺乏荣辱感的敌人可能就会偷偷使用。此外，生物武器攻击所造成的心理影响与安全威胁往往不成比例。在生物武器造成的安全威胁中，心理恐惧因素是一大重要方面，因此，生物武器的主要作用通常被认为是引起大规模恐慌，而非大规模破坏。

根据恐怖分子行动的预期结果，部署和使用生物武器的侵略者理应能够获得巨大的战争优势。然而，使用生物武器时，也必须考虑到生物武器的各种缺点。由于生物武器的致病效果出现得较为迟缓且隐秘，当被施放方发现典型病例时，生物战剂早已被施放对象广泛吸收或吸入。因此与常规武器攻击相比，此类攻击方式则更为隐蔽和阴险。正因如此，在各种医学和非医学干预措施实施之前，生物武器攻击会导致更高的发病率和死亡率。施放者也可在极少的后勤支援下利用生物武器造成大面积范围内的人员伤亡。1970 年，世界卫生组织公布了一份相关文件，文件对化学武器和生物武器所具有的威胁及针对民众部署生物武器的可能方式进行了讨论。在这份报告中，世卫组织公布了一份伤亡评估表，该表对在理想天气条件下向一个拥有 50 万人口的城市中心投放约 50kg 的各种武器所能造成的伤亡人数进行了评估。表 2.1 显示了这些武器所能造成的大规模伤亡和潜在危害情况(WHO Report, 1970)。

表 2.1　一些特定生物武器造成大规模伤亡的可能性估计 [a]

疾病/病原体	下风范围(mi)	影响人数	
		死亡	失能
裂谷热/RVF 病毒	＞1	400	35 000
蜱媒脑炎/TBE 病毒	＞1	9 500	35 000
斑疹伤寒/立克次体	3	19 000	85 000
布鲁氏菌病/布鲁氏菌属	6	500	100 000
Q 热/贝纳柯克斯体	＞12	150	125 000
土拉菌病/土拉热弗朗西丝菌	＞12	30 000	125 000
炭疽/炭疽杆菌	＞12	95 000	125 000

a. 基于该假设的情况进行预估：飞机在沿着一条 2km(1.2mi)长的航线飞行，并沿途释放 50kg(110lb)武器化的生物病原因子。释放地点为某发展中国家一个拥有 50 万人口的城市中心。来源于世界卫生组织，1970。化学武器和生物武器的健康问题：一项世卫组织顾问团的报告，WHO，日内瓦，瑞士，第 98 页

一些潜在的敌人可能会通过使用廉价、易获取且非传统的武器的方式来克服他们传统军事能力的不足。比起化学武器或核武器，生产生物武器的成本要低得多。1969 年联合国的一份报告中就显示了生物武器巨大的成本优势：生物武器成本仅为 1 美元/km^2，而化学武器成本为 600 美元/km^2，核武器成本为 800 美元/km^2，常规炸药成本最高达到 2000 美元/km^2（SSNSFCPLW, 1969）。

此外，侵略者也很有可能会选择秘密部署生物武器的方式进行攻击，因为这种攻击方式下，在潜在威胁的检测及对预期受害者的治疗方面都存在巨大的困难。疾病暴发后，由生物武器造成的感染和伤亡具有不确定性，因此侵略者也很有可能对自己的所作所为矢口否认，甚至宣称该疾病的暴发是自发性的。加之严格的监管要求，新疫苗和预防治疗药物的开发与生产需要一定时间，因此对于受害人群的医疗措施往往需要等待相当长的时间才能提供（NATO, 1992）。

使用生物武器的利与弊

利

- 生产多种生物武器的成本低廉。
- 少量生物武器即可造成严重伤亡。
- 容易使易感人群丧失战斗能力甚至死亡。
- 易造成疾病传播。
- 生物武器造成的受害病例难以诊断。
- 会导致恐惧、恐慌和社会混乱。
- 生物武器受害症状和地方病或自然疫源性疾病具有相似之处。

弊

- 生物武器可能会对使用者自身的健康造成损害。
- 某些生物武器的获取途径可能很困难。
- 天气条件直接影响生物武器的扩散。
- 天气条件降低了某些病原生物的生存能力。
- 生物武器不会立即导致发病，具有潜伏期。
- 大多数生物武器需要先进技术才能生产。

对侵略者来说，生物武器可能是一个非常有吸引力的选择，它们具有的优势包括低成本、自然可用性、易于传播、难以检测、可否认使用，以及能够造成大规模伤亡、心理恐惧、恐慌和社会混乱。然而，生物武器也有许多缺点，主要的缺点是生物武器已被归类为大规模杀伤性武器，对一个主权国家使用生物武器可能会引起报复性攻击并导致军事冲突立即升级。由于人类普遍容易受到生物因素

的影响，因而无论过去还是现在使用的生物武器对使用者本身和目标人群都有很大的危险性。史实表明，生物武器的目标杀伤范围是很难控制的，因为一旦释放，病原因子也会在目标区域和非目标区域之间进行人与人之间的传播。

在 Ken Alibek 的 *Biohazard*(《生物危害》)一书(2000 年)中，作者对 1942 年夏天苏联政府在斯大林格勒战役中使用土拉热弗朗西丝菌所导致的相关事件进行了阐述。此次战役中，苏联政府原预定攻击目标是在前线驻守的数以千计的德军士兵。然而，施放土拉热弗朗西丝菌后，很多苏联士兵和苏联平民也感染了该细菌。此外，许多微生物在环境中是不稳定的，它们受环境条件的影响很大，如鼠疫杆菌，也就是鼠疫耶尔森菌，是一种非常脆弱的致病菌，当它们不在哺乳动物宿主体内而是暴露在阳光直射、干燥和极端温度等环境时通常会被杀死。但相比而言，细菌孢子对外界抵抗力则更强，它们在自然环境中存在数十年后仍然具有危险性和致命性，如被炭疽污染的苏格兰格鲁伊纳岛。

总　结

目前，可被开发用于制造生物武器最主要的病原因子包括细菌、立克次体、病毒、真菌和生物毒素。这些生物病原因子都很常见，并且易在自然界中获取。在潜伏期，受害者症状不明显，单凭人类的肉眼是无法看见病原体的。正因如此，生物武器可以被秘密部署，且短期内无法找到明显的使用证据。生物战剂进入宿主的 4 种途径包括呼吸道吸入、消化道摄取、皮肤吸收和注入。大多数生物战剂是通过呼吸道被吸入的，患者可以表现出相应疾病的体征和症状。根据临床表现结果，可以考虑对多种疾病的病原体进行鉴别诊断。当掌握患者的附加信息后可以使用 TDS 方法来做出疑似诊断、可能诊断和最终诊断。临床医生对于不寻常的疾病必须高度警惕，并考虑到这可能是生物恐怖袭击所导致的。过去的 5 年，生物战剂和新发疾病造成的威胁日益加剧，虽然人们在生物防御和生物安全方面已经做了很多工作，但我们在生物战剂面前都非常脆弱，其潜在威胁依然不容小觑。

基本术语

- 生物毒素：植物、动物、微生物(包括但不仅限于细菌、病毒、真菌、立克次体或原生动物)有毒的成分或产生的有毒物质，或有毒的感染性物质，或有毒的重组、合成的分子，不论其来源和生产方法，包括：
  - 由生物技术通过活的有机体产生的任何有毒的物质或生物制品。
  - 任何有毒的异构体或生物制品，包括其同源物或衍生物。

- 诊断：确定特定疾病或感染的存在，通常通过临床症状评估和实验室检查来完成。
- 鉴别诊断：根据体征和症状，以及实验室检查和其他适当的诊断结果来区分两种或多种有类似临床表现的疾病。
- 潜伏期：大多数生物战剂需要数天至数周才能发挥作用。一旦潜伏期结束，受害者将开始表现出相应的症状和体征。因为生物病原因子进入人体并造成伤害需要一定时间。受害者从感染暴露到发病所需的时间与感染的剂量及该病原体的致病性都相关。从暴露于毒素或病原体的几小时到病原体致病可能需要数天或数周时间。
- 感染后治疗：抗生素通常用于治疗细菌感染。然而，抗生素对病毒感染没有作用。
- 预防性治疗：对暴露于生物战剂人群的一般医疗干预。
- 体征：医疗工作者从患者身上观察到的疾病的表现。
- 症状：患者主观上的异常感觉或自身感知到的某些病态改变。患者通常会解释或描述他们的疾病或机能紊乱的状况。
- 分级诊断系统：在患者出现疾病的体征和症状后确定最终诊断的系统方法。在这种方法中，临床医生将体征和症状应用于病例定义以找到疑似病例的诊断。从这里，可以应用一些诊断方法来进行诊断。如果病原体测试结果是确证性的，最后可做出明确诊断。
- 病毒粒子：或称病毒体，即成熟的或结构完整、有感染性的病毒个体。
- 毒力：微生物的致病性程度，标志着微生物的致病能力，包括微生物导致的疾病的严重程度及其侵入宿主组织的能力。毒力通常以实验测定的半数致死剂量(LD_{50})或半数感染剂量(ID_{50})表示。广泛而言，毒力是任何感染因子产生病理效应的能力。

讨　　论

- 生物病原因子能以什么方式进入人体？哪些途径可能是实际可行的？
- 治疗细菌性疾病最常用的方法是什么？
- 预防病毒性疾病最好的方法是什么？
- 什么是分级诊断系统？
- 使用生物战剂作为生物武器的利与弊是什么？在回答这一问题时要站在恐怖分子的角度去思考。

网　站

Centers for Disease Control and Prevention, home page for information about bioterrorism: www.bt.cdc.gov/bioterrorism.

The Microbiology Information Portal: www.microbes.info.

The Microbiology Network: www.microbiol.org.

BiodefenseEducation.org is a biodefense digital library and learning collaboratory intended to serve as a source of continuing education on biodefense, bioterrorism, and biological warfare: www.biodefenseeducation.org.

National Biosecurity Resource Center: www.biosecuritycenter.org.

参考文献

Alibek, K., Handelman, S., 2000. Biohazard: The Chilling True Story of the Largest Covert Biological Weapons Program in the World—Told from the Inside by the Man Who Ran It. Random House, New York.

DeArmond, S.J., Prusiner, S.B., 1995. Etiology and pathogenesis of prion diseases. American Journal of Pathology 146 (4), 785–811.

Special Report to Congress Department of the Army, 1977. US Army Activities in the US Biological Defense Programs, 1942–1977, vols. 1 and 2. Department of the Army, Washington, DC.

North Atlantic Treaty Organization, 1992. NATO Handbook on the Medical Aspects of NBC Defensive Operations. AMed-P6, part 2, Biological. NATO, Brussels, Belgium.

Pavlin, J., 1999. Epidemiology of bioterrorism. Emerging Infectious Disease Journal 5 (4), 528–530.

Snyder, J.W., November 8, 1999. Responding to bioterrorism: the role of the microbiology laboratory. American Society for Microbiology News 65, 524–525.

Special Subcommittee on the National Science Foundation of the Committee on Labor and Public Welfare, U.S. Senate, 1969. Chemical and Biological Weapons: Some Possible Approaches for Lessening the Threat and Danger. US Government Printing Office, Washington, DC.

Taubes, G., 1986. The Game of the Name Is Fame. But Is It Science? Stanley Prusiner, "Discoverer" of Prions. Discover.

World Health Organization, 1970. Health Aspects of Chemical and Biological Weapons: Report of a WHO Group of Consultants. WHO, Geneva, Switzerland.

第二部分　人类健康面临的威胁

本书第二部分涉及一些对国家安全构成最高风险的生物病原因子及其相关疾病的基本且详细的信息。在美国疾病控制与预防中心公布的一份最新清单中，列出了如今人类可能面临的一些较为危险的生物病原因子。

该清单起源于1999年美国国会的一项提案。该提案旨在提高美国公共卫生机构应对生物恐怖主义的能力。据此，美国疾病控制与预防中心被指定为总体公共卫生规划的牵头机构。1999年6月，美国权威的传染病和公共卫生部门专家、卫生和公共服务局代表、军事情报专家及执法官员进行了会面，并对各种可针对民众使用的潜在生物武器进行了审查和评论。专家组也对与生物武器有关的因素进行了讨论，包括不同种类生物武器所导致的发病率和死亡率，基于稳定性和大规模生产与分配能力的生物武器散布的可行性，以及人与人之间传播的可能性。专家组还对生物武器可能导致的公众恐惧、恐慌和潜在的民事纠纷进行了评估。此外，基于库存需求、监测的加强或诊断的需求，特殊公共卫生准备应随着该列表的更新进行相应的改变。

专家组根据危险生物病原因子对公众卫生的影响水平将其分为A、B、C三类。这些需要高度注意的生物病原因子对国家安全具有一定威胁，因为它们：

- 很容易在人与人之间进行传播。
- 可引起高死亡率。
- 可能引起公众恐慌和社会混乱。
- 需要采取特殊行动以做好公共卫生准备。

这些生物病原因子中，威胁最为严重的被列入A类。A类生物病原因子及其造成的疾病对生物防御和生物安全计划极度重要。这些生物病原因子可以很容易地传播给许多人，并对公共卫生产生重大影响。

B类生物病原因子虽然不像A类那样对人类和动物极具威胁性，但这类生物病原因子中的许多成员被认为是生物武器的“适宜候选对象”，因为它们既容易传播又可对人和动物造成失能性的效果。毕竟如果战争一方在战斗中选择使用生物武器，那么他们可能希望生病的士兵比死亡的还要多，因为这将给对方带来巨大的负担。

C 类生物病原因子经常出现并导致疾病威胁。回想一下不久前严重的 SARS，或 1999 年夏天英国约克市神秘出现的西尼罗热。这些微生物可能不会被用来制作生物武器，但它们可能会被用来吸引民众和媒体的注意。

不难发现，在以上这些病原体所带来的疾病中，有许多是人兽共患的，或本来属于动物性疾病，但也会对人类产生一定影响。本书第一部分的内容已向我们解释为什么这些疾病及其病原体对人类具有毁灭性。因此，每当我们在开展生物安全和生物防御计划时，我们都应试图了解疾病动态、病原因子传播及使之自然发生的因素间的内部关联。同样，本书中只要详细介绍某种人兽共患病时都对以上内容进行了阐述。

一般情况下，针对人类的生物恐怖主义可能会对动物产生次级影响。这时，与受害者有密切接触的动物可能会更早地表现出间接的感染症状。因此，感染的动物可以被视为哨兵，提醒我们即将发生异常或罕见的疾病。事实上，一旦病原体进入动物种群，它们就可以持续存在，或使该地区的疾病持续时间更长。

相反，针对动物的农业恐怖主义则可能对生活在附近或与目标动物有工作接触的人员造成次级影响。这种情况下，人类可能会比动物宿主更早地表现出疾病症状。这时如果这些情况被忽视或被误诊，间接感染的人类可能会成为该区域疾病的传染源。虽然上述情况中正确地使用这些术语和方法可能对很多人来说都过于专业化，但急救人员、医护人员、公共卫生官员和动物卫生专业人员必须为各种常见与罕见生物致病因子做好准备，以共同做好防范应对措施。

第三章　A 类病原因子与疾病

如果人类继续在这个星球上占据主导地位，病毒将会是他们需要面对的最大的威胁。

诺贝尔奖获得者，约书亚·莱德博格

学习目标

1. 了解 A 类病原因子的分类准则。
2. 掌握炭疽、鼠疫、土拉菌病、天花、病毒性出血热及肉毒杆菌毒素中毒的症状和体征。
3. 掌握炭疽、鼠疫、土拉菌病、天花、病毒性出血热及肉毒杆菌毒素中毒的临床表现。
4. 掌握用以预防和治疗炭疽、鼠疫、土拉菌病、天花、病毒性出血热及肉毒杆菌毒素中毒的策略。
5. 了解公共卫生官员和应急管理人员在社区中出现被蓄意释放的 A 类病原因子时可能面对的挑战。

引　言

考虑到如果将 A 类病原因子用于恐怖袭击，它们的杀伤潜力将远超过其他任何一类武器，因此这类物质备受反恐专家的关注。这些病原体具有易传播、致死率高等特点，能够对公共健康产生严重影响，导致公众恐慌和社会混乱，所以需要采取特殊应对措施，以做好公共卫生防御工作(Rotz et al., 2002)。接下来，将对 6 种由 A 类病原因子引起的疾病(表 3.1)—— 炭疽、鼠疫、土拉菌病、天花、病

表 3.1　A 类疾病及病原因子汇总

疾病	病原因子	病原因子生物学类型	是否为人兽共患病	是否发生人际传染
炭疽	炭疽杆菌	细菌	是	否
鼠疫	鼠疫耶尔森菌	细菌	是	是，以肺炎的形式传播
土拉菌病	土拉热弗朗西丝菌	细菌	是	否

续表

疾病	病原因子	病原因子生物学类型	是否为人兽共患病	是否发生人际传染
天花	天花病毒	病毒	否	是
病毒性出血热	分属于沙粒病毒科、丝状病毒科、布尼亚病毒科和黄病毒科	病毒	是	是
肉毒杆菌毒素中毒	肉毒杆菌毒素	毒素	否	否

毒性出血热及肉毒杆菌毒素中毒，以及引起以上疾病的 A 类生物病原因子进行详细介绍。

炭　疽

炭疽是一种由炭疽杆菌感染人类或其他哺乳动物而出现的疾病。它不仅是微生物病原学正式鉴定的第一种疾病（1876 年），还是可被免疫接种的第一种细菌性疾病（1881 年）。虽然炭疽自古以来就已为人们所知，但是它与其他相似疾病并没有被清晰地区分开来。诸多学者曾将《圣经》中第五次和第六次鼠疫及荷马的《伊利亚特》中描述的"燃烧鼠疫"均归为炭疽。然而，维吉尔（公元前 70—前 19 年）在他的《农事诗》中对炭疽病的流行给出了最早和最详细的描述。维吉尔还指出，这种疾病可能蔓延到人类（Sternbach, 2003）。

在接下来的 1500 年中，欧洲见证了炭疽的零星暴发，其中最严重的暴发发生在 14 世纪的德国和 17 世纪的俄国、中欧。尽管这些疫情主要是对家畜构成威胁，但直到 1769 年吉恩 • 福尼耶才将这种疾病归类为炭疽，这个名字则来源于皮肤炭疽的黑色病变。炭疽通常也可被称为羊毛工病、拾荒者病、恶性痈和恶性脓疱。炭疽杆菌及其引起的疾病得名于希腊语中的煤或无烟煤，因为煤黑色的疮是这种疾病最常见的特征（Sternbach, 2003）。事实上，希腊语"炭疽病"（*anthrakôsis*）指的是"恶性溃疡"。

炭疽致病菌

炭疽杆菌是一种长约 4μm、宽约 1μm 的革兰氏阳性菌，几乎在世界各地都有发现，并在许多文字档案中有数百种不同菌株的记载。这种细菌可呈现两种形态——繁殖体和孢子，其中孢子对炭疽杆菌的生存能力起到了决定性作用。在受感染的宿主体内，孢子萌发转变为繁殖体形态，释放毒素并繁殖，最终杀死宿主。而一部分由濒死或已死亡的动物释放到环境中（通常是尸体下面的土壤）的繁殖体则形成孢子，继而可继续感染其他动物。炭疽杆菌繁殖体形态在一般的实验室琼脂培养基或肉汤培养基（如羊血琼脂、麦氏培养基、胰蛋白酶大豆肉汤）中很容易生长繁殖。

当条件不利于繁殖体的生长繁殖时，炭疽杆菌就会形成孢子，如高温、低湿度、营养不良的环境或有游离氧的存在。这些孢子对热、冷、干燥、pH 改变甚至一些用于消毒或去污的化学物质都具有抵抗力。因此，孢子可以在土壤中生存数十年，而炭疽通常就是通过接触孢子而感染的。

人类似乎对炭疽有一定的抵抗力。通过估算发现，不同人之间吸入炭疽杆菌孢子的致死剂量差异很大(在 2500～55 000 个孢子)。然而，由于这个结果是基于几十年前利用生物武器专家研制出的特定炭疽杆菌菌株进行的灵长类研究估算的，因此仍存在一定争议。

炭疽：一种真正的人兽共患病

炭疽是一种严重影响人类和其他动物的疾病。这种疾病通常发生在食草动物(如牛、绵羊、山羊、骆驼和羚羊)身上，但也可能发生在人类及其他恒温动物身上。食肉动物(如狗、猫和狮子)和杂食动物(如猪)则可能因食用受感染动物的生肉而感染得病，但是许多食肉动物对于炭疽似乎具有天然的抵抗力。当食草动物在土壤高度污染地区放牧时，就很可能因摄取孢子而感染(Dixon et al., 1999)。

炭疽在温带农业区最为常见。高风险地区包括美洲中部和南部、欧洲南部和东部、非洲、亚洲、加勒比海地区和中东。尽管在美国的加利福尼亚州、路易斯安那州、密西西比州、内布拉斯加州、北达科他州、俄克拉何马州、南达科他州和得克萨斯州都有炭疽暴发的相关报道，但相比于其他国家和地区，炭疽在美国的自然发病率极低。

人类炭疽主要有三种临床表现：皮肤炭疽、肺炭疽和肠炭疽。如果不予以治疗，以上三种表现形式都可能导致败血症和死亡。人类炭疽通常是通过职业接触而感染的，如处理受感染的家畜、野生动物或受污染的动物组织或产品。这一理论在 20 世纪 60 年代的研究中得到了很好的证明。相关研究结果表明，长期接触炭疽但未接种疫苗的牲畜处理工厂工人每年感染率为 0.6%～1.4%(Dahlgren et al., 1960)。在两家类似的工厂中的研究结果显示，健康工人的鼻腔和咽部炭疽杆菌阳性检出率均为 14%。另一项研究结果显示，两个牲畜处理工厂的工人每天工作时平均都会吸入 600～1300 个孢子，其中一个工厂中暴发了肺炭疽，而另一个工厂的工人却没有任何感染指征(Albrink et al., 1960; Brachman et al., 1966)。

皮肤炭疽在美国非常罕见，但在亚洲部分地区和撒哈拉以南的非洲地区却很常见。如图 3.1 所示，典型的皮肤炭疽通常是由炭疽杆菌通过表皮擦伤或伤口进入人体所引起的。肠炭疽则是由误食未煮熟的病畜肉所导致的(AVMA, 2006a)。与上述两种炭疽临床表现相比，肺炭疽的感染对象则更具有职业针对性，如屠宰场工作人员和纺织工人。但是由于西方国家人民广泛接种了炭疽疫苗，这类疾病对当地人民已不再具有威胁。然而，对于许多其他国家而言，炭疽杆菌对人们的健康仍具有很大的威胁，且很有可能被制作成通过气溶胶传播的生物武器，引起大范围的肺炭疽。

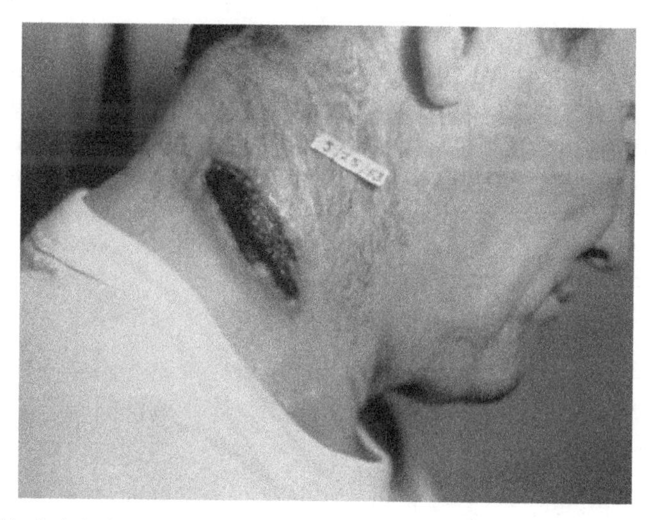

图 3.1　患者颈部皮肤炭疽病变的照片。这里可观察到典型的煤样外观病变。皮肤炭疽是炭疽最常见的临床表现，大多数患者是通过在工作过程中接触受炭疽杆菌污染或感染的动物产品而感染的。图像资料由美国疾病控制与预防中心公共卫生图像库提供

人类肺炭疽的潜伏期为 1～7 天。初期阶段，临床表现无特异性，包括轻度发热、不适、肌痛、干咳，部分患者出现胸痛或腹痛。2～3 天内，可进一步发展出现发热、剧烈咳嗽、喘息、纵隔扩大和胸部及颈部皮下水肿等症状。接下来 24～36 小时进入肺炭疽的第二阶段，其特征包括高热、呼吸困难、发绀(血液的氧饱和度不足导致皮肤和黏膜变蓝)和休克(Swartz, 2001)。胸壁水肿和出血性脑膜炎可在病程晚期出现。

炭疽杆菌用于生物恐怖袭击

炭疽杆菌之所以是一种可怕的生物战剂，是因为其具有以下特点：在孢子形式下非常稳定、易于培养和生产、可雾化、可引起严重疾病及疫苗储备量不足等(Eitzen, 1997)。

通常，如在感染早期及时使用抗生素治疗，皮肤炭疽和肠炭疽是可痊愈的，但肺炭疽仍存在一定的死亡率。虽然目前肺炭疽致死率的估算信息来源并不全面，但根据有史以来的自然发生或意外感染的情况我们可以清楚地看出，即使使用适当的抗生素和所有其他可用的治疗措施，其感染死亡率也仍然高达 75%(Cieslak and Eitzen, 1999)。在20世纪,共诊断出18例肺炭疽病例,其中16例死亡(Sternbach, 2003)。抗生素治疗肺炭疽的最佳窗口期是症状出现后的48小时内。有趣的是,美国最近发生的炭疽邮件事件中最初的10例感染患者存活率为60%(Thompson, 2003)。

20世纪初，美国平均每年有200例皮肤炭疽病例。到20世纪下半叶，每年皮肤炭疽的病例减少到大约6例。自2001年美国炭疽邮件袭击事件以来，已发生5例皮肤炭疽和1例肺炭疽感染病例[CDC, Morbidity and Mortality Weekly Report (MMWR) summaries]。所有这些炭疽病例均来源于皮鼓制造企业中处理感染炭疽杆菌的山羊皮的员工(MMWR, 2006; ProMED Mail, 2007)。

近年来，在吸毒人群中出现了通过注射的方式意外感染炭疽的病例。自2009年以来，欧洲海洛因使用者中便出现通过注射被污染的海洛因而感染炭疽的情况(Berger et al., 2014)。在2009年以前，这种感染方式只被报道了1例；然而2012～2013年，在丹麦、法国、德国和英国共诊断出70例新的注射性炭疽病例，其中有26例死亡(37%的病死率)。

动物炭疽

炭疽在动物中以多种形式出现，主要根据疾病的临床病程长度来定义。动物自然感染后的潜伏期为1～14天甚至更久，大多数为3～7天。牛和羊感染后的急性过程可能仅持续1～2小时，在此期间，被观察到的首要迹象可能是动物的突然死亡，而其他临床症状通常都没有被注意到，如高热至41.7℃、肌肉震颤、呼吸窘迫和抽搐。感染动物死后，尸体可能会出现各腔道出血、快速膨胀且不会变僵硬、血液不凝块的现象(AVMA, 2006a)。

反刍动物的炭疽急性期可持续24～48小时。感染动物可能表现出高热、严重厌食、腹泻、严重抑郁和精神萎靡等症状。如感染动物处在怀孕阶段，则可能流产；产奶期动物感染后产奶量严重下降，奶液可呈黄色或淡血色。

在美国，炭疽疫情的暴发常与碱性土壤有关，甚至在某些地区炭疽成为一种地方性流行病。而夏季或秋季中常见的紧随湿润天气结束袭来的炎热、干燥气候，则为家畜(主要是牛)感染炭疽提供了良好条件。

炭疽的诊断

通过从血液、皮肤病变或呼吸道分泌物中分离炭疽杆菌或通过检测疑似感染患者血液中的特异性抗体这两种方法，可对炭疽感染进行诊断。美国疾病控制与预防中心研发出了一种炭疽杆菌酶联免疫吸附测定法,并在2001年秋季的疫情期间很快完成了授权使用等工作(Quinn et al., 2002)。结果表明，该方法有很好的精确度、灵敏度、重复性和准确性。鼻拭子检测作为筛查手段，在2001年美国炭疽邮件事件暴发期间被用于检测那些与感染患者有过接触的人，从而确定该部分人群是否已经暴露于炭疽杆菌环境。在这种情况下，鼻拭子试验被用作进行人体炭疽接触情况的快速评估和环境快速评估的工具。当接触源未知时，鼻拭子试验可以帮助研究人员筛选出潜在的感染源接触者。然而，这些测试仅适用于筛查，并不可用于炭疽诊断。此外，鼻拭子试验在筛查可能暴露人员的过程中并不能做到100%有效。

生物恐怖活动

以往的生物恐怖活动规模很小。

潜在风险

美国国会技术评估办公室 1993 年的一份报告表示，如果在华盛顿特区逆风释放 100kg 雾化的炭疽杆菌孢子，可导致 13 万～300 万人死亡。

实际情况

在 2001 年炭疽邮件事件之后，美国疾病控制与预防中心对 40 名州和地区卫生官员进行了电话调查。调查结果显示，在 2001 年 9 月 11 日至 10 月 17 日，卫生部门收到了 7000 多份可疑粉末的报告。这些报告中大约有 4800 份需要电话随访，1050 份可疑粉末被送至公共卫生实验室进行检测。相比之下，1996～2000 年，向公共卫生当局报告的炭疽威胁数量每年不超过 180 起。

在 2001 年炭疽邮件事件发生后，政府为许多民众提供了环丙沙星。报告显示，共有 5343 人被要求坚持服用环丙沙星 60 天，但只有 44%的人坚持了下来。令人惊讶的是，服用该药的人中有 57%的人出现了服用该药的副作用(腹泻、腹痛、头晕、恶心和呕吐)。

一般选择抗菌药物治疗感染时，需要考虑药物的有效性、耐药性、副作用和成本等问题。几十年来，青霉素一直是炭疽的首选药物，并且在自然发生的炭疽感染的分离物中也很少出现青霉素耐药性。然而，近期一些来自佛罗里达州、纽约州和华盛顿特区炭疽杆菌分离株的初步数据显示，这些炭疽杆菌可能对青霉素有一定的耐药性，因此推荐使用环丙沙星(第三代喹诺酮类抗菌药)进行治疗。任何抗菌药物的广泛使用都会促进细菌耐药性的产生，而目前氟喹诺酮类抗生素耐药性尚不常见。但目前有证据表明，环丙沙星用于预防炭疽杆菌感染的效果与强力霉素没有任何差别。因此，为了保持氟喹诺酮类药物对抗其他感染的有效性，首选强力霉素对有感染风险的人群进行炭疽杆菌感染的预防可能是最好的选择。

目前，美国人用的炭疽疫苗是利用无毒菌株培养后的滤液制备的。该滤液既不含细胞又不含任何完整的炭疽杆菌。这种疫苗于 20 世纪五六十年代被发明出来，1970 年获得美国食品药品监督管理局授权的生产与使用的相关许可后由 BioPort 公司负责制造。从那时起，该炭疽疫苗就被用于接种有炭疽感染风险的毛纺工人、兽医、实验室工作人员、家畜饲养员和军事人员。其副作用包括注射部位的局部反应和全身反应，其中局部反应与其他疫苗的一般接种反应一致，大约 30%的男性和 60%的女性出现了轻微的局部反应；有 1%～5%的个体出现了中等程度的局部反应；强烈的局部反应发生率为 1%。除注射部位的局部反应外，5%～35%的人会出现发热、肌肉疼痛、关节疼痛、头痛、皮疹、发冷、食欲不振、不适和恶心等全身反应。极少数人(20 万例中可能发生 1 例)可能会因为严重的全身反应需要住院治疗。目前还没有关于该疫苗的长期、持续性或延迟副作用的相关记录。

鼠　　疫

鼠疫是由鼠疫耶尔森菌引起的一种烈性传染病。由于鼠疫耶尔森菌易生产、易雾化、可在人与人之间传播且其细菌样本广泛分布于世界各国的研究实验室中，鼠疫耶尔森菌也被认为是一种潜在的生物战剂。鼠疫耶尔森菌在日光直射或干燥环境下易被破坏，但其在土壤中的存活时间会略微延长，如果在感染组织或冻存组织中，其存活时间则会更长。此外，当鼠疫耶尔森菌释放到空气中时，其能够存活长达 1 小时(取决于环境条件)。这一特点可能会增强其作为潜在生物战剂的传播能力从而提升对人类的威胁能力。

鼠疫有着非常详尽和悠久的历史。纵观历史，鼠疫曾多次暴发(流行蔓延)，导致大量人口死亡(Riedel, 2005a)。例如，在公元 540～590 年，在查士丁尼大帝统治下的君士坦丁堡(现在的伊斯坦布尔)发生了鼠疫大流行。在最严重的时候，每天大约有 10 000 人不幸死去。不得不说，这一事件在很大程度上促进了罗马帝国的灭亡。到了 14 世纪，印度和中国各地纷纷暴发鼠疫，鼠疫耶尔森菌就跟随当时争相返乡的商人来到了意大利。不久之后，鼠疫很快蔓延到欧洲其他地区(Slack, 1998)。在此期间，威尼斯创立并实施了对停靠的船只进行为期 40 天扣留的政策，这一措施最后演变成如今我们所熟知的检疫期，尽管开展了这些措施，鼠疫仍然很快地蔓延到整个欧洲。在黑死病大流行期间，超过 1/3 的欧洲人口死亡，人口的骤降加速了封建政府体制的瓦解(Eckert, 2000)。另一次重大鼠疫疫情发生在 1665 年，虽然只发生在英国，但这次鼠疫暴发导致伦敦大约 10 万(总人口的 1/5)居民死亡。在这次鼠疫暴发期间，美国开创了一些现代公共卫生应急措施(如报告制度、封闭管理制度)。

大鼠疫

大鼠疫，又称黑死病，在 4 年内(1347～1350 年)夺去了欧洲近 1/3 人的生命。

美国尚未制定完善的措施以免除鼠疫的影响。1899 年，鼠疫耶尔森菌从夏威夷和旧金山进入美国(Link, 1955)，通过加利福尼亚州港口的船只上感染鼠疫耶尔森菌的老鼠传染给美国西部的本土野生啮齿动物，最后一次记录在案的人与人之间传播的鼠疫暴发于 1924 年的洛杉矶。

如今，世界卫生组织(WHO)把鼠疫归为 I 类检疫传染病，这意味着必要时可以对来自正在发生鼠疫地区的任何车辆或乘客进行拘留和检查。同时，美国疾病控制与预防中心检疫人员和全球移民司的工作人员有权逮捕、拘留、进行医学检查或有条件释放疑似患有这种疾病的人员。在美国，如有人感染鼠疫，需要及时上报；在许多州，动物感染鼠疫后也需上报。根据美国卫生和公众服务部的有关规定，所有疑似鼠疫病例应立即报告给当地和州卫生部门，并经由疾病控制与预防中心进行诊断。根据国际卫生条例的要求，疾病控制与预防中心应向世界卫生组织报告所有的鼠疫病例。

流行病学——自然疫源

人类通常是由被感染了鼠疫耶尔森菌的蚤叮咬而感染鼠疫的。首先，蚤在吸食鼠疫耶尔森菌感染后出现菌血症的动物血液时接触鼠疫耶尔森菌，随后鼠疫耶尔森菌在蚤的前胃棘间增殖，并造成前胃堵塞。当蚤试图再次进食时，它体内的鼠疫耶尔森菌将会回流到人类等哺乳动物宿主体内。蒙大拿的一种名为 *Oropsylla monana* 的蚤类，是鼠疫自然发生的主要媒介。这种跳蚤主要寄生在农村啮齿动物身上，尤其是新墨西哥州和亚利桑那州的岩松鼠(Orloski and Lathrop, 2003)。70 多年来，归功于良好的公共卫生监控和卫生措施，美国的城市中还没有发生过由鼠类造成的鼠疫传播。如果发生城市鼠疫事件(自然发生)，印鼠客蚤或“东方鼠蚤”是最可能的媒介。

当感染鼠疫耶尔森菌的蚤类或啮齿动物涌入城市区域时，就会发生城市(家庭的)鼠疫。例如，美国西南部一些地区开发和扩张时(如城乡交界处新建建筑)，就曾出现携带鼠疫耶尔森菌的野生蚤类或啮齿动物大量涌入城市的现象。这一现象引发的家畜流行病可能导致蚤类寄生的(家养)大鼠大批量死亡，从而迫使这些携带鼠疫耶尔森菌的蚤类寻找新的宿主，如人类或家猫。地处郊区的家猫可能在捕食啮齿动物的过程中感染鼠疫，或将啮齿动物身上的跳蚤带回家中，从而使主人暴露在鼠疫环境中，因此对人类健康有着重大威胁(AVMA, 2006b)。此外，贫民窟、脏乱的环境和流浪汉的存在都可能是导致城市鼠疫传播的原因。值得一提的是，鼠疫耶尔森菌最常见的天然宿主是地松鼠和林鼠。

流行病学——传播

鼠疫耶尔森菌可通过被感染的蚤类叮咬、呼吸道飞沫接触或与感染肺鼠疫的患者直接接触而传播。通过皮肤或黏膜与受感染动物的组织和体液直接接触发生的传播并不常见，而通过吸入感染性飞沫或气溶胶而自然感染鼠疫的情况则更为罕见。理论上，通过呼吸道的自然感染需要与患者或动物直接且近距离接触(2m以内)；在美国，经呼吸道感染鼠疫的情况近几十年都没有发生过，但这种途径最有可能被用于生物恐怖袭击。

鼠疫在美国的发病率

鼠疫于 1900 年开始在美国流行。在 1970～2003 年，每年有 5～15 例病例发生，感染患者中有 2%为肺鼠疫，83%为腺鼠疫，15%出现败血症。发病率最高的地区包括亚利桑那州、科罗拉多州和新墨西哥州。然而，这些感染大都发生在从太平洋沿岸地区向东到中央大平原各州的乡村地区。上一次在美国发生人与人之间传播鼠疫是在 1924～1925 年洛杉矶鼠疫大流行期间，在该次疫情中，共上报了 32 例肺鼠疫病例，其中 31 例死亡。人类鼠疫病例通常发生在 4～11 月，因为在这个时间段，蚤类及其宿主的生命活动最为活跃，人们户外运动的频率也更高。统计结果显示，美国有 93%的鼠疫病例发生在这一时期。

在世界范围内，鼠疫存在于所有有人居住的大陆的啮齿动物群中(澳大利亚除外)。且每年有 1500～3000 例鼠疫感染病例，其中大多数发生在非洲，亚洲和南美洲仅有少数的暴发。2006 年，在刚果民主共和国发生了 600 多起肺鼠疫疑似病例，其中 42 人死亡(WHO, 2006)。

人类鼠疫的临床表现

鼠疫的临床综合征通常表现为以下三种：腺鼠疫、鼠疫败血症和肺鼠疫。通过吸入少量鼠疫耶尔森菌气溶胶所引起的感染可导致肺鼠疫，这种鼠疫形式可在人与人之间传播，且具有高致命性。而自然流行的鼠疫主要是由感染鼠疫耶尔森菌的啮齿动物身上的蚤类传播的腺鼠疫(Boyce and Butler, 1995)。

腺鼠疫

腺鼠疫是鼠疫最常见的形式，约占病例总数的 80%。潜伏期为 2～6 天，临床体征和症状包括发热、不适、寒战、头痛、淋巴结肿大且疼痛(称为腹股沟淋巴结炎)，有时也可出现呕吐、腹痛、恶心和皮肤瘀斑等症状，如不给予治疗，死亡率将高达 50%～60%。腺鼠疫是通过被感染的蚤叮咬或破损皮肤与污染物质接触而感染的，不能在人与人之间进行传播。但是如果腺鼠疫没有得到治疗，那么细菌可能通过血液扩散并感染肺组织，从而引起肺鼠疫或鼠疫败血症的继发性感染。

鼠疫败血症

当鼠疫耶尔森菌进入血液循环并分散到全身时，就会出现鼠疫败血症。在大多数情况下，这一阶段通常是随着腺鼠疫的发展而出现的，但并非所有人都会出现腹股沟淋巴结炎。除上述症状外，还可见跛行、循环衰竭、感染性休克、器官衰竭、出血、弥漫性血管内凝血和肢体坏死等症状。其中肢体坏死常出现在指尖、鼻尖和脚趾。这是血栓阻塞毛细血管阻断了该区域供血的结果(图 3.2)。如不给予治疗，其致死率可达 100%。

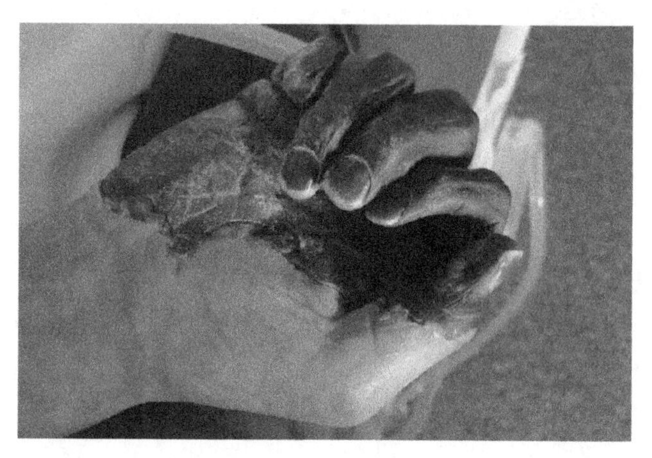

图 3.2　鼠疫患者手部肢端坏疽。坏疽是鼠疫的临床症状之一，也是“黑死病”这一说法的由来。图像资料由美国疾病控制中心公共卫生图像库提供

肺鼠疫

当吸入的鼠疫耶尔森菌直接进入肺部时，就会感染原发性肺鼠疫。肺鼠疫是鼠疫中最不常见的一种，但却是最致命的。肺鼠疫患者必须在出现症状的 24 小时内接受相应的医疗干预。如果没有及时救治，那么会因为呼吸衰竭和休克导致患者出现很高的死亡率。肺鼠疫可以以飞沫的形式通过近距离直接接触在人与人之间进行传播。

原发性肺鼠疫的潜伏期为 1～6 天。如果鼠疫败血症没有得到治疗，那么也可能发展成肺鼠疫(继发性肺鼠疫)。继发性肺鼠疫的患者可经由咳嗽以气溶胶的形式传播鼠疫耶尔森菌，感染他人。肺鼠疫的症状包括发热、寒战、头痛、败血症、呼吸窘迫和咯血。肺鼠疫是唯一一种可以在人与人之间进行传播的鼠疫形式，但

它通常需要与患者或动物有直接或近距离的接触。

对鼠疫患者进行治疗时，需要及时使用抗生素及相关治疗措施。如果不治疗，那么大部分类型鼠疫感染的致死率可达到 100%。目前，在美国收治的鼠疫病例中，死亡率大约为 14%(1/7 的病例)。如此高的死亡率往往是由排队就医时错过最佳救治时间或误诊所导致的。考虑到感染鼠疫后的严重性，那些与可能患有肺鼠疫患者近距离接触(如 2m 以内)的人应使用预防性抗生素。此外，虽然那些没有近距离接触肺鼠疫患者的人不大可能被传播，但仍应对其进行密切监测。由于青霉素和头孢类药物对鼠疫耶尔森菌无效，2015 年美国食品药品监督管理局批准使用拜复乐(莫西沙星)对鼠疫患者进行治疗(FDA, 2015)。

批判性思考

为什么纽约的某个医院急诊室只要出现 1 例鼠疫感染病例就会成为公共卫生部门的红色警报？

当发生自然感染鼠疫病例或利用鼠疫耶尔森菌进行生物恐怖袭击时，公共卫生部门需要立即开展侦检工作，识别出因近距离接触鼠疫耶尔森菌而需要进行疾病预防的民众，同时找出其他感染者，以便能够尽快对他们采取有针对性的治疗措施。根据定义，鼠疫接触者是指过去 7 天内距离有咳嗽症状的肺鼠疫患者 2m 以内的人。一旦发现接触者有发热或咳嗽等症状，就需要对他们进行检测与评估。那些没有出现发热或咳嗽症状的接触者则需要坚持服用抗生素 7 天，并对上述症状进行持续性监测。对于那些有抗生素服用禁忌的接触者，可以通过密切观察发热情况进行监控。

案例研究

2002 年 11 月 1 日，一对从新墨西哥州的圣塔菲前往纽约市的夫妇(男 53 岁、女 47 岁)因患病于 11 月 5 日前往纽约的某个急诊室就医。该男子主述：已连续 2 日出现发烧、疲劳和腹股沟区疼痛等症状。血液检查结果显示，该男子体内有严重的细菌感染。随后，通过血培养的方法确认其感染了鼠疫耶尔森菌。尽管医生随即选择联合使用多种抗生素(庆大霉素、强力霉素、环丙沙星和万古霉素)对其进行治疗，但他仍因鼠疫败血症而休克，最终住进重症监护病房(ICU)。该男子的妻子也出现了发热、疲劳、肌痛、腹股沟疼痛肿胀等症状，虽然其血液检测结果正常，但根据其丈夫的诊断结果，她也被认为患有鼠疫。通过抗生素治疗，该女子迅速痊愈，未出现并发症。该男子也通过在 ICU 中为期 6 周的治疗，顺利康复并转至长期护理康复机构。

新墨西哥州公共卫生部和疾病控制与预防中心对这对夫妇在新墨西哥州的住所进行了调查，主要对在该住所捕获的啮齿动物及啮齿动物身上的蚤类进行了鼠疫耶尔森菌的检测，结果发现，它们均携带鼠疫耶尔森菌，且该鼠疫耶尔森菌与从男性患者血液中分离出的鼠疫耶尔森菌一致。这也提示我们，每次在美国西南部以外的地区(非鼠疫流行地区)出现疑似或确诊鼠疫感染的病例时，都应对其感染来源进行探究。这个案例中的两名患者都来自鼠疫流行地区。如果他们是从波士顿来的，又应该作何考虑呢？

此外，这个案例也强调了早期检测和诊断的重要性。这不仅对患者的治疗和护理很重要，对于需要开展隔离或预防措施等工作的实施也很重要[病例详细资料内容来自参考文献：CDC *Morbidity and Mortality Weekly Review* 52(31)(2003), 725-728]。

土 拉 菌 病

土拉菌病的致病菌为土拉热弗朗西丝菌，简称土拉弗氏菌、土拉杆菌，是一种潜在的生物战剂。土拉弗氏菌是一种不产生孢子的胞内寄生革兰氏阴性菌，可在低温环境下生存数周。自然情况下，土拉菌病主要通过小型哺乳动物、土拉热弗朗西丝菌污染的食物、土壤或水资源传染给人，或通过吸入空气中的细菌颗粒感染，但不可在人与人之间进行传播(Dennis et al., 2001)。

土拉菌病也被称为兔热病和鹿蝇热，其病原体是人类已知的最具感染性的病原菌之一。即便经肺部吸入少于 10 个细菌，也足以产生致命的感染。细菌在白细胞(巨噬细胞)内繁殖，主要靶器官是淋巴结、肺、脾、肝和肾。土拉热弗朗西丝菌对环境具有一定的抵抗力，在泥土、水或动物尸体中可存活 3～4 个月，在–15℃下冷冻的兔肉中可存活 3 年以上。但水处理过程中的氯化反应可杀死土拉热弗朗西丝菌。土拉热弗朗西丝菌也可轻易被各种消毒剂杀灭，包括 1%次氯酸盐(漂白剂)、70%乙醇和甲醛。此外，还可以通过湿热灭菌法(121℃至少 15 分钟)和干热灭菌法(160～170℃至少 1 小时)灭活。土拉热弗朗西丝菌有几个亚型(或变种)，其毒力和分布地域各不相同。在 4 个变种中，引起人类疾病的主要是两种：美洲变种(或称杰里森 A 型，Jellison type A)和欧洲变种(或称杰里森 B 型，Jellison type B)，剩下两种分别为中亚变种(mediasiatica)和新凶手变种(novicida)。

土拉菌病首次出现于 1907 年。1911 年，随着美国加利福尼亚的松鼠患上了鼠疫样疾病，这种疾病在美国被正式发现。土拉热弗朗西丝菌最初以首次发生感染病例的加利福尼亚州的 Tulare 县命名，被称为 *Bacterium tularense*。在 20 世纪 30 年代和 40 年代，欧洲发生了大规模的水源性疫情。1947 年，为了纪念从 1914 年以来一直致力于土拉菌病各方面研究的美国公共卫生服务部外科医生爱德华·弗朗西丝，这个细菌被重新命名为土拉热弗朗西丝菌(*Francisella tularensis*)。到了 20 世纪 50 年代和 60 年代，美国军方开始致力于开发气雾化土拉热弗朗西丝菌的生物武器。

1966～1967 年，在瑞典暴发了有史以来通过空气传播的最大规模的土拉菌病，超过 600 人出现了 B 型菌株感染症状。调查显示，大多数感染者是在从事一些可能会产生土拉热弗朗西丝菌气溶胶的农活时感染的，尤其是将田间储藏的成捆干草(被啮齿动物啃咬过)转移到谷仓时。患者大多出现了典型的急性发热、疲劳、寒战、头痛和不适等症状。理论上通过空气传播的土拉菌病应该表现为胸膜肺炎症状，但只有 10%的患者出现肺部感染症状，如呼吸困难和胸痛。其他症状包括：各种皮疹(32%)、咽炎(31%)、结膜炎(26%)和口腔溃疡(9%)。总的来说，患者治疗效果良好，且未出现死亡病例。

土拉菌病是马萨诸塞州科德角海岸线之外的玛莎葡萄园岛的地方性流行病。在 20 世纪 30 年代，当地的一些俱乐部从阿肯色州和密苏里州(流行疫区)将棉尾兔带入科德角和玛莎葡萄园岛。不久后，玛莎葡萄园岛就出现了第 1 例土拉菌病。美国仅有的两次记录在案的肺型土拉菌病暴发，都分别于 1978 年和 2000 年发生在玛莎葡萄园岛。流行病学调查显示，1978 年土拉菌病暴发的源头是一条狗。当时，这条打湿了毛发的狗在室内甩身上的水时，产生了气溶胶化的土拉热弗朗西丝菌，从而导致房间内的 7 名住户吸入并感染。2000 年土拉菌病暴发时，共诊断出 15 例患者，11 例被确诊为肺型土拉菌病，2 例为溃疡型土拉菌病，剩余的 2 例患者只出现了发烧和不适的症状。流行病学调查显示，这些病例与患者的职业和所在的地区非常相关。例如，修剪草坪和灌木丛这一类工作就具有较高的感染风险，因为人们在工作过程中可能会将土拉热弗朗西丝菌气溶胶化。同时，调查结果也提出，土拉热弗朗西丝菌在被气溶胶化且被啮齿动物或人类吸入后，会大量出现在啮齿动物的排泄物和感染的人体内。曾经就有一个患者表示，他生病前在修理灌木丛时在附近发现了一只死亡的兔子。

令人难以置信的是，有 14 种蜱、6 种苍蝇、多种蚊虫、100 多种野生哺乳动物和 25 种鸟类是土拉热弗朗西丝菌的宿主。在俄罗斯和瑞典已提出了一种啮齿动物—蚊子的循环。然而，土拉菌病通常是通过被感染的蜱叮咬而传播的，且可以在蜱间经卵传播，这意味着病原体可以从成年雌蜱传给后代。一旦感染，蜱的一生都具有传染能力。苍蝇是一种不太常见的传染源，且只具有大约 14 天的传染窗口期。此外，土拉菌病很少通过狼、松鼠、臭鼬、猪、猫、狗的咬伤和抓伤而传播，即使这些动物啃咬过被土拉菌感染病死的动物(AVMA, 2006c)，但如果眼睛、嘴巴或破损的皮肤接触到被污染的血液、组织或水，则容易被传染和传播。目前也有因为处理或食用未煮熟的肉(尤其是兔子)而感染土拉菌病的记录。在乡村地区，如饮用水被土拉热弗朗西丝菌污染，则会导致水源性疫情。目前没有人与人之间传播土拉热弗朗西丝菌的记录，常见的经空气传播的病原体包括移动被啮齿动物污染的干草、脱粒玉米或实验室安全事故。

土拉菌病常发生在北半球的温带地区(北美洲、欧洲、中国和日本)。其中，美国每年大约有 100 例病例，并在全国范围内都被列为一种需要上报感染病例的传染病。虽然该疾病在美国境内全年都有发生，但大多数病例发生在 6～9 月(节肢动物活动高峰季节)，此外，随着冬季猎兔活动的开展，冬季土拉热弗朗西丝菌感染率也会略有增加。除夏威夷外，每个州都有土拉菌病的报道。通常有一半病例都来自阿肯色州、密苏里州、南达科他州和俄克拉何马州。在这些州，土拉菌病被认为是地方病，蜱和兔子通常是人类感染的来源。在犹他州、内华达州和加利福尼亚州，苍蝇则是常见的媒介；而在落基山脉沿线各州，蜱是主要的媒介。2000 年，土拉菌病成为美国全国范围内都需要上报感染病例的传染病。

人类感染土拉菌的严重程度和潜伏期根据病原体亚种、感染途径与感染剂量的不同而不同。土拉菌病的 6 种临床症状或表现取决于暴露于该病原体的方式，所有形式最初表现均类似流感症状，包括发热、寒战、头痛和肌痛。

溃疡型土拉菌病是土拉菌病最常见的表现形式，通常由节肢动物在叮咬感染动物后叮咬人引起。也有一些患者是在处理受感染的肉类时意外接触伤口或擦伤处而发生感染的。溃疡发生在感染部位，持续 1 周至数月，同时伴随局部淋巴结肿大(图 3.3)。此外，淋巴结还会出现疼痛、肿胀甚至破裂和溃疡。腺型土拉菌病没有明显的原发性溃疡，但会出现一个或多个淋巴结肿大的现象。溃疡腺型和腺型土拉菌病占自然发生的土拉菌病病例的 75%～85%。

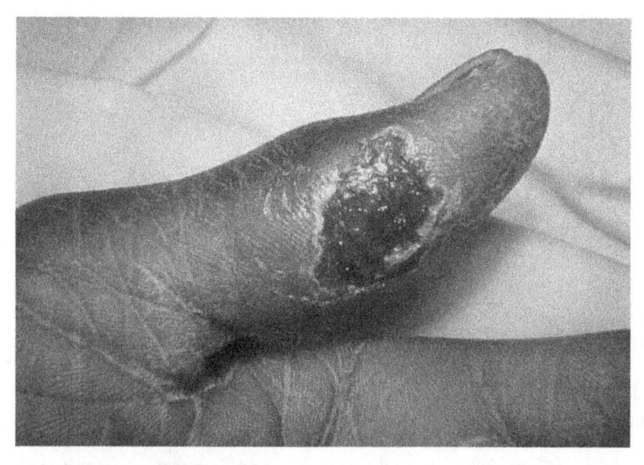

图 3.3　土拉菌病患者拇指的特征性病变。这是土拉菌病最常见的溃疡型形式。图像资料由美国疾病控制与预防中心公共卫生图像库提供

结膜感染土拉热弗朗西丝菌时则会出现眼腺型土拉菌病，这种病例比较罕见。可能发生的情境包括使用土拉热弗朗西丝菌污染的手指揉眼睛或受污染的物质溅入眼睛。例如，处理感染动物尸体或抓挠蜱叮咬的区域后用手接触眼睛，就容易感染眼腺型土拉菌病。相应的临床表现除最初的流感症状外，还伴有结膜炎和局部淋巴结的疼痛肿大。重者可能出现结膜溃烂和分泌大量眼部分泌物等现象。

食用未煮熟的肉（尤其是兔肉）或饮用土拉热弗朗西丝菌污染的水后，都可能出现口咽部土拉菌病。手与口之间的感染传播情况也可能出现。感染后可能出现咽炎（有或无溃疡）、腹痛、腹泻和呕吐等症状，并且有可能因为假膜覆盖扁桃体而被误诊为白喉。

土拉菌病最严重且最致命的形式是伤寒型和肺型。其中伤寒型可由口咽型土拉菌病进一步发展而形成，其主要症状为全身感染。肺型土拉菌病由吸入有感染力的病原体或病原体经血液循环到达肺部所导致。其中 10%～15%由溃疡腺型土拉菌病发展而来，50%由伤寒型土拉菌病发展而来。当动物被剥皮或被剖腹时，病原体就可能形成气溶胶。这时，如果吸入土拉热弗朗西丝菌气溶胶，那么就可能继发肺型或原发性败血症（伤寒型）综合征，如果不给予治疗，病死率为 30%～60%。尽管大多数病例可通过影像学检查发现土拉热弗朗西丝菌肺炎的三联征——卵圆形病变、胸腔积液和肺门淋巴结病变，但这些放射学表现出的敏感性和特异性不足以被用于进行土拉菌病的诊断。如果这时呼吸道症状和体征并不明显甚至完全没有，那么该病例往往是非特异性的。

土拉热弗朗西丝菌对许多抗生素都很敏感。虽然链霉素是治疗土拉菌病的首选抗生素，但是庆大霉素、强力霉素和环丙沙星也常被使用。土拉菌病的预后因疾病的表现形式和病原体亚种而异。A 型土拉热弗朗西丝菌毒性更强，总体病死率为 5%～15%。大多数病例为伤寒型和肺型。B 型土拉热弗朗西丝菌毒性较小，即使未经治疗，也几乎不会造成死亡，但如果不开展治疗，症状通常持续 1～4 周，也有可能持续数月。所有类型未治疗的土拉热弗朗西丝菌菌血症的死亡率均小于 8%，如给予治疗，死亡率则下降到 1%以下。然而，这类疾病常因误诊出现耽误治疗的情况。土拉热弗朗西丝菌感染恢复后，体内抗体可以持续多年，但抗体消失后，可能发生再次感染（Feldman, 2003）。

天　花

天花病毒很容易在人与人之间传播，很少有人对该病毒具有完全免疫力，且目前尚无有效的治疗方案，因此天花被认为是最危险的潜在生物武器之一。天花一词有两个来源，一个是拉丁语单词“varius”，意思是“着色的”。另一个是“varus”，意思是“皮肤上的痕迹”。它也被美洲原住民称为“腐烂的脸”。虽然通过 1977

年世界范围的免疫接种计划，天花已被根除，但是分别位于美国和苏联的两个安全设施中仍保存有少量的天花病毒。除此之外，世界上其他地方很可能也存在天花病毒，只不过未被人们所知。如今，一旦出现确诊的天花病例，将成为国际范围的紧急情况，应立即向公共卫生机构报告(Barquet and Domingo, 1997)。

天花病毒是正痘病毒属中的一种双链 DNA 病毒，主要分为重型天花和轻型天花。重型天花作为更为常见和更严重的类别，可引起广泛的皮疹和高热。轻型天花较少见，导致的症状也较轻微。同样属于正痘病毒属的还有牛痘、猴痘等。天花病毒在宿主体外也是较稳定的，且具有传染性。目前尚未发现动物感染或表现出天花的症状，因此可以说，天花并不是一种人兽共患病。

目前人们普遍认为，天花大约在公元前 10 000 年首次出现，当时非洲东北部已出现了第一个农业定居点。而最早的类似天花皮肤病变的证据是公元前 1570～前 1085 年木乃伊脸上的皮肤病变和公元前 1157 年去世的拉美西斯五世保存完好的木乃伊身上的皮肤病变。虽然人们从未在拉美西斯五世的组织样本中分离或鉴定过痘病毒，但其皮肤病变与天花是一致的(Riedel, 2005b)。

天花感染对人类毁灭性的影响，促成了历史上最早的生物战之一。1763 年，英军驻北美总司令杰弗里·阿默斯特爵士写信建议将撒有磨碎天花脓疱痂皮的毯子分发给有叛意的印第安部落。到了 18 世纪末，欧洲每年有 40 万人死于天花，1/3 的幸存者失明。天花的病死率在 20%～60%，婴儿的病死率更高，即便未死亡，幸存者大多也会留下导致他们毁容的疤痕，此外还有许多人由于角膜感染而失明。据统计，在 18 世纪，伦敦 80%和柏林 98%的感染此病的 5 岁以下儿童因此而最终死亡。

随着医生发现天花幸存者对这种疾病产生了免疫力，人痘接种的方法便逐渐开始被人们所使用，包括从轻度天花患者身上取样(小泡、脓、表皮结痂)并通过鼻子或皮肤将取得的样本接种于易感患者。在中国，则是用管子将粉状天花脓疱吹入健康人的鼻孔。同样在中国，早在爱德华·詹纳使用牛痘接种预防天花的 100 年前，就有健康人服用由牛身上的跳蚤制成的药物来预防天花的记录，这是有历史记载的第一个口服疫苗的例子。印度有多种人痘接种的形式，最常见的是将天花患者身上的痂或脓涂在健康人的完整皮肤或有破损的皮肤上。但儿童接触来自轻度天花患者的天花病毒或接种从天花患者身上获得的各种类型材料的方式都与健康成人接种的方式不同。人痘接种于 17 世纪早期在英格兰开始实行。随后，人痘接种方式也传播到新大陆，1721 年波尔斯通利用这种技术阻止了波士顿的天花流行。到了 1777 年，乔治·华盛顿在开始新的军事行动之前，让他的所有士兵都接种了人痘。

随后，英国格洛斯特郡的爱德华·詹纳发现，挤奶女工在得了牛痘后也能够对天花产生免疫。1796 年 5 月 14 日，詹纳从挤奶女工的牛痘脓疱中提取液体，并对一个健康的 8 岁男孩(詹姆斯·菲普斯)进行接种。6 周后，詹纳再次给这个孩子接种了天花，而这名小男孩没有产生任何反应。之后，詹纳和乔治·皮尔森及其他人一起利用牛痘发明了疫苗(图 3.4)，这一发明避免了使用天花制备疫苗可能会人为感染天花的情况。随后，用牛痘脓疱液接种预防天花的这一方法迅速扩散开来，到了 1800 年，它已经被大多数欧洲国家所使用，全世界大约有 10 万人接种了这种疫苗。19 世纪初，人们首次将牛用于疫苗生产。截至 1801 年年底，英国已有超过 10 万人接种了疫苗。1805 年，拿破仑本人坚持要求部队中所有没有患过天花的官兵都接种疫苗。一年后，他下令要求法国平民也进行接种。

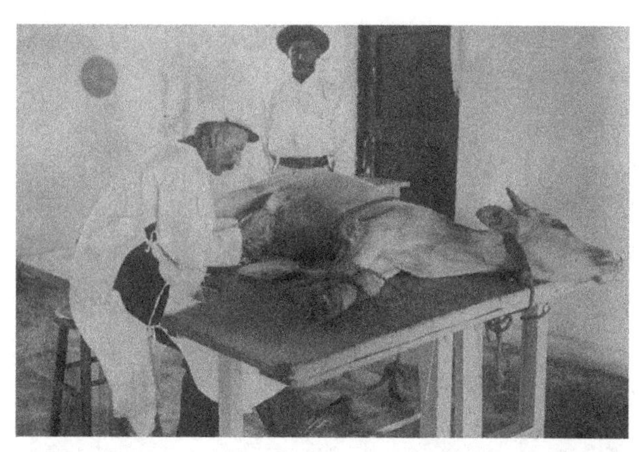

图 3.4　1796 年，爱德华·詹纳发现人们可以通过使用牛痘进行接种从而预防天花感染。在这张 20 世纪初的照片中，这名男子正在从感染的牛身上获取牛痘脓疱液。图像资料由国家卫生和医学博物馆武装部队病理研究所提供(No. 2611)

世界卫生组织于 1967 年开始了天花消灭计划(Fenner et al., 1988)。项目开始最初的一年间，共发生了约 1000 万例天花病例，其中 200 万人死亡。到了 1980 年，世界卫生组织正式宣布消灭了天花，实现了公共卫生史上最大的胜利。这个计划共仅花费了 4 亿美元左右。与美国花费 240 亿美元实现登月计划相比，天花消灭计划可以说非常经济了。美国早在 1972 年就已停止了天花疫苗的接种(World Health Organization, 1980)。

天花之所以可以被彻底消灭，有以下几个原因：有保护效果良好的疫苗可用；天花没有动物宿主；疫苗接种者容易识别，并且可以通过接触给朋友和家人“接种”；天花患者容易识别与诊断。

病毒如果要存活下来，必须在人与人之间不断传播，以形成持续的感染链，并且通常在 2m 或更近的距离内由飞沫通过呼吸道进行传播。一般来说，直接和长时间面对面接触天花患者，则一定会出现传染。天花也可以通过直接接触感染患者体液或受污染的物品进行传播，如床上用品或衣物。封闭环境中通过吸入空气中的天花病毒而感染的情况则非常罕见，如建筑物内、公共汽车中和火车车厢内。虽然天花不能通过昆虫或动物传播，但它可以在任何气候和地域传播，尤其是在寒冷、干燥的冬季。

天花患者有时在开始发热时(前驱期)就会具有传染性，传染性最强的时期通常是在开始出现皮疹之后(前 7～10 天内)。在这个阶段，感染者通常因为病情严重而不能四处活动。感染者的传染性将会一直持续到最后皮肤病变结痂脱落。天花的潜伏期为 7～17 天，大多为 12～14 天。口腔和舌头上的小红斑是天花的最初征兆。随后，患者出现口腔溃疡，面部皮肤上出现皮疹，逐渐蔓延到胳膊和腿上，再蔓延到手和脚。皮疹通常在 24 小时内扩散到身体的各个部位。当皮疹出现时，体温通常会降下来，患者可能会开始感觉好一些。

天花主要分为重型天花和轻型天花。重型天花会引起广泛的皮疹和高热(图 3.5)，是较为常见且更严重的类型。重型天花又主要有 4 种表现形式：普通型、变形型、扁平型和出血型。轻型天花不如重型天花那么常见，所致疾病也较轻。普通型的重型天花是最常见的天花疾病形式，脓疱之间较为分散，有一定距离。出血型天花在所有患者中的发生率不到 3%。根据出血发生时间的早晚，出血型天花又可分为早期型和晚期型。这类天花可出现广泛的瘀斑、黏膜出血和强烈的毒血症等症状；患者通常在典型天花病变出现前就已死亡(McClain, 1997)。

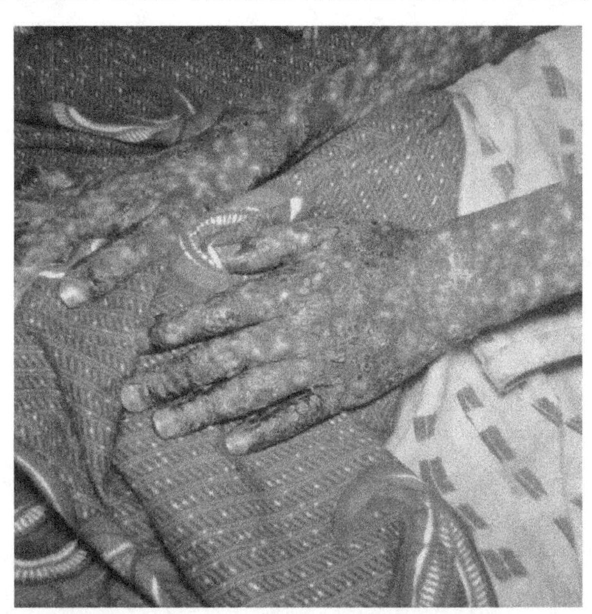

图 3.5　一位感染天花的女性的典型天花(重型天花)肢端病变。图像资料由疾病控制中心公共卫生图像库提供

通常水痘患者躯干部位会出现许多皮疹，手臂或手上很少。而天花患者身上的皮疹则更多地集中于手臂和腿部而非躯干部分。同时，天花患者的手掌和脚掌

通常也会出现皮疹，而水痘患者的手掌或脚掌可能几乎没有或完全没有病变。

如果一名患者接触天花病毒后尚未立即表现出任何疾病迹象，那么在接触后的 3 天内接种疫苗将很可能防止或显著减轻疾病的症状，并且可以几乎完全排除患者死于该病的可能性。在接触后 4～7 天内接种疫苗，则可能为患者提供一些保护，或可能改变疾病的严重程度。即使接种了疫苗，患者也仍应加以隔离和监测。如果患者出现天花的症状，则必须开始对其进行隔离和相关治疗。

由重型天花引起的天花病死率为 20%～40%，其中扁平型和出血型通常是致命的，而接种疫苗后感染的病死率约为 3%，后遗症包括失明和肢体畸形。轻型天花作为不太严重的疾病，病死率为 1%。尽管感染天花后康复的人具有持久的免疫力，但在 15～20 年后，如再次暴露于天花病毒，仍有 1/1000 再次感染的可能性。

预防天花的唯一方法是疫苗接种。用痘苗病毒作为天花疫苗进行接种的实践始于 20 世纪初。痘苗病毒的起源尚不清楚，但这种病毒与天花和牛痘不同，有人推测痘苗病毒是牛痘和天花之间的杂交种。直到 1972 年，来自小牛淋巴的痘苗疫苗才开始在美国使用。它是一种冻干的活痘苗病毒制剂，不含天花病毒。初次使用时需要将针浸入疫苗中，然后将针头在上臂(三角肌位置)戳 2 或 3 次(增强型为 15 次)。天花疫苗可提供 3～5 年的高水平免疫，其后免疫力下降。这时如再次接种疫苗，免疫力会持续更长时间。从历史上看，95%的疫苗接种者能有效预防天花感染。有证据表明，从某些方面看来，接种后对天花的免疫效果远长于 3～5 年。

如果疫苗接种成功，那么 3 天或 4 天后疫苗接种处就会出现一个红色、发痒的肿块。第一周，肿块将会变成一个充满脓液的大水疱。第二周，水疱开始变干结痂。结痂在第三周内脱落，留下一道小疤痕。通常第一次接种的人比再次接种的人的反应更强烈。

美国境内如出现天花病例，则会使用环形疫苗接种策略，即找出接触天花患者的人，并对其进行疫苗接种，接触了接触者的人也是一样的处理办法。这似乎是遏制疫情的最有效方法。如出现疫情，目前美国存有足够的疫苗可以对所有美国民众进行接种。

由于 2001 年 9 月 11 日恐怖袭击事件的发生，恐怖活动对美国的威胁被放大了，政府官员认为利用天花袭击美国的威胁确实存在。为了保护本国公民，布什总统于 2002 年 12 月 13 日提出，建议卫生保健人员和军队开始接种天花疫苗。2003 年 1 月，疾病控制与预防中心开始向各州分发天花疫苗和分叉针头，用以对自愿接种的卫生保健系统前线工作人员进行接种。此外，一种相对比较新的抗病毒药物——布林西多福韦，正在进行用于天花感染后的治疗评估，并于 2014 年开展了由食品药品监督管理局新药物申报项目所支持的III期临床试验（Chimerix Inc., 2014）。

病毒性出血热

病毒性出血热是指由几种来自不同病毒家族、可影响人类和人类之外的灵长类的病毒引起的一组疾病。病毒性出血热是一种以弥漫性血管损伤为特征的严重多系统综合征，常出现出血症状。此外，根据感染的病毒种类的不同，疾病致死情况也不一致。一些病毒性出血热仅引起轻微的疾病症状，而另一些则可能引起严重的症状甚至死亡。病毒性出血热包括由 4 种病毒引起的一组相似疾病。

- 沙粒病毒：包括阿根廷出血热、玻利维亚出血热、委内瑞拉出血热、拉沙热及萨比亚病毒相关的出血热。
- 布尼亚病毒：包括克里米亚-刚果出血热、裂谷热，以及汉坦病毒感染。
- 丝状病毒：包括埃博拉病毒病和马尔堡出血热。
- 出血性黄病毒：包括黄热病、登革出血热、基萨那森林病（又称科萨努尔森林病）、鄂木斯克出血热。

由于几乎没有针对以上几种病毒的疫苗或经证实的治疗方案，并且许多疾病是高度致命的，因此这些病毒都具有一定的被蓄意施放的风险。正常情况下，当人们接触被感染或作为媒介的啮齿动物或昆虫时，就会发生自然感染。随后，一些病毒性出血热可通过近距离接触或受污染的物品（如注射器和针头）在人与人之间传播。

病毒性出血热是由许多种类的病毒病原体引起的。在此，我们重点关注那些最有可能用于生物恐怖袭击或生物战的候选病原体。

导致病毒性出血热的病毒来源于 4 个不同家族：沙粒病毒、布尼亚病毒、丝状病毒和黄病毒。它们都是包裹在脂质层中的核糖核酸病毒。这些病毒能否存活取决于它们的天然宿主，而这些天然宿主在大多数情况下是动物或昆虫。

沙粒病毒

1933 年，圣路易斯脑炎病毒暴发时，沙粒病毒首次被分离出来。1958 年，鸠宁病毒从阿根廷平原的农民体内被分离出来。随着引起出血热的第一种沙粒病毒被发现，其他病毒也被陆续发现，包括 1963 年玻利维亚的马秋波病毒和 1969 年尼日利亚的拉沙病毒。自 1956 年以来，每隔 1～3 年就会发现一种新的沙粒病毒，但并非所有沙粒病毒都引起出血热。

自然界中的大鼠和小鼠长期感染沙粒病毒，且沙粒病毒家族中的大部分病毒都可以从成年宿主垂直传递给后代。成年啮齿动物也可通过相互咬伤和其他伤口发生沙粒病毒的传播。此外，啮齿动物的尿液和粪便排泄物则会将病毒释放到环境中。当人类接触到啮齿动物的排泄物或受污染的物质(如通过破损的皮肤或食用受污染的食物)就会感染沙粒病毒。当然，吸入啮齿动物的排泄物也可能导致疾病。在医疗卫生机构中，就曾出现通过与沙粒病毒感染患者密切接触、与感染患者血液和医疗设备接触而出现的人与人之间的传播案例。

沙粒病毒在世界各地都有发现，然而，引起出血热的病毒只限于两个大洲。拉沙病毒是西非地区的地方性病毒，而鸠宁病毒、马秋波病毒、瓜纳里多病毒和萨比亚病毒都分布在南美洲，后者被集体归为拉丁美洲出血热。与啮齿动物排泄物频繁接触的人患沙粒病毒感染的风险较高，其中农业和家庭暴露最为常见。沙粒病毒的病死率在 5%～35%，其中，拉沙病毒和马秋波病毒可能会导致严重的医院获得性暴发。沙粒病毒的潜伏期一般在 10～14 天。发病初期会出现发热和全身乏力等症状并维持 2～4 天。大多数拉沙热患者在此阶段后都会痊愈；然而，那些感染拉丁美洲出血热的患者通常会出现更严重的症状，如迅速发展至出血阶段，症状包括大量出血、神经性症状、白细胞减少和血小板减少等。

布尼亚病毒

1930 年，埃及在调查导致羊流产和高死亡率的大型流行病的过程中，第一次从受感染的新生羔羊中分离出裂谷热病毒。20 世纪 40 年代中期，在位于欧洲东南部黑海北部海岸的克里米亚半岛农业工人中大规模暴发了严重的出血热，随后首次发现了克里米亚-刚果出血热病毒。此次疫情共有 200 余例病例，病死率约为 10%。汉坦病毒的发现可以追溯到 1951～1953 年，在朝鲜和韩国边境冲突期间，联合国部队共发现 3000 余例急性发热病例，其中约 1/3 有出血症状，总死亡率为 5%～10%。该病毒科现发现有 5 属，其中包含 350 种病毒，是重要的人、动物和植物的病原体。

除汉坦病毒外，大多数布尼亚病毒都可以以节肢动物为载体在宿主之间进行传播。在某些情况下，成年节肢动物可将病毒传给后代。通常情况下，病毒传播的循环链是通过野生动物和家畜维持的，人类则是病毒传播的“死胡同”。克里米亚-刚果出血热病毒可通过蜱进行传播，家畜、野生动物(如野兔、刺猬和绵羊)充当扩增宿主和储蓄宿主。裂谷热病毒则是由伊蚊传播，并可在家畜中大规模流行。人类则是在被感染病毒的蚊叮咬或接触感染病毒的动物组织时，出现意外感染。目前认为这种病毒是通过蚊与其后代之间垂直传播而维持的。汉坦病毒在啮齿动物宿主体内循环，人类通过接触啮齿动物尿液而感染。病毒气溶胶化和暴露于受感染的动物组织也是某些布尼亚病毒种类不太常见的传播方式。

布尼亚病毒存在于世界各地，但其中大多种类都有一定的地域性。裂谷热主要分布在撒哈拉以南的非洲，直到 2000 年，裂谷热首次在非洲以外的地区——沙特阿拉伯和也门出现。人类感染裂谷热后，病死率约为 1%。克里米亚-刚果出血热病毒分布在撒哈拉以南非洲、东欧和亚洲的大部分地区，病死率约为 30%，并且有记载显示，曾出现因接触受感染的血液制品而发生医院内克里米亚-刚果出血热暴发的现象。汉坦病毒根据地理位置分为两组：东欧和东亚发现的“旧大陆”病毒，以及北美洲和南美洲发现的“新大陆”病毒。不同病毒的病死率也大不相同(1%～50%)。

大多数裂谷热患者在 2～5 天的潜伏期后出现流感样症状，且恢复后无并发症。在 0.5%的病例中，最初的发热阶段后期会发展为出血热。另有 0.5%的病例在感染后 1～4 周会出现视网膜炎或脑炎。大多数人类感染发生在家畜流产或生病后 1～2 周。与裂谷热相反，多数感染克里米亚-刚果出血热病毒的患者都会发展为出血热，该病的潜伏期为 3～7 天，大多数患者在发生流感样症状后 3～6 天会发展为出血热。汉坦病毒通常引起以下两种临床表现：①肾综合征出血热，一般由旧大陆汉坦病毒引起；②汉坦病毒肺综合征，一般由新大陆汉坦病毒引起。为期 7～21 天的潜伏期结束后，将会进入 3～5 天的临床阶段。疾病的严重程度取决于感染的病毒种类。

裂谷热在家畜中会引起严重疾病，感染后的流产率可达 100%，2 周岁以下动物的死亡率可达 90%以上，大多数动物在发热后 24～36 小时死亡。年长的动物感染发热性疾病后的症状可相对较轻，死亡率在 5%～60%。相比之下，克里米亚-刚果出血热病毒在大多数家畜物种中常引起临床症状不明显的疾病，并主要通过蜱在畜群中保存下来。啮齿动物可持续感染汉坦病毒，但不显示临床症状。这种病毒通过咬伤、抓伤和雾化的尿液在啮齿动物之间进行传播。

丝状病毒

马尔堡病毒于 1967 年首次从德国和南斯拉夫患出血热的几位实验室工作人员体内分离出来，这些工作人员日常工作中主要对乌干达进口的非洲绿猴组织和血液进行检测。埃博拉病毒(图 3.6)于 1976 年同时在扎伊尔和苏丹被首次报道，当时在两次流行的出血热中分离出两种不同的亚型，这两种亚型后来分别被命名为扎伊尔和苏丹，它们均可造成严重的疾病，并引起超过 50%的死亡率。后来分别在 1989 年从菲律宾进口到美国的猕猴和 1992 年从意大利进口的猕猴中发现了第三种亚型的埃博拉病毒(莱斯顿)，并导致四人出现无明显症状的感染。该四名患者最终痊愈，且感染期间无出血热迹象。1994 年，从科特迪瓦的一名动物工作者体内分离出第四种埃博拉病毒亚型(科特迪瓦)，该患者曾对一只受感染的黑猩猩进行了尸检。随着最近一次于 2014 年发生在西非的埃博拉疫情的暴发，零零散散的疫情一直在间歇性发生。在编写本书时，利比里亚、塞拉利昂和几内亚就有一些零星的病例。本书将把以上埃博拉暴发疫情作为重点个案研究内容归到“案例研究”章节进行阐述。

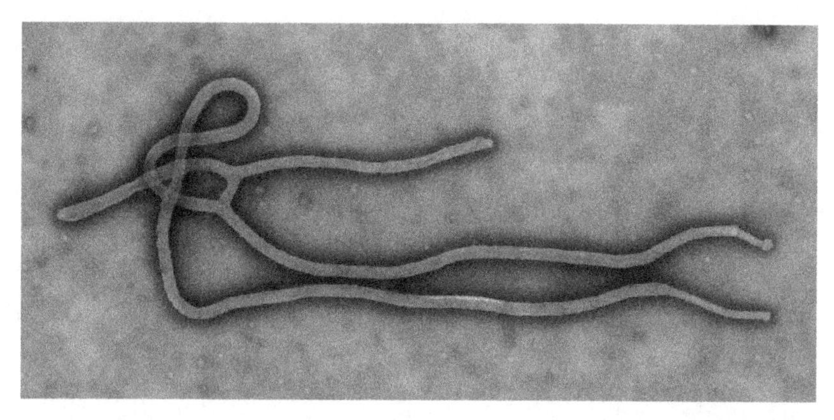

图 3.6 这张数字彩色电子显微照片描绘了引起病毒性出血热-埃博拉病毒病的病原体，即埃博拉病毒。埃博拉病毒是由丝状病毒家族中具有独特遗传特征的人兽共患的核糖核酸病毒引起的，马尔堡病毒是该病毒家族中唯一已知的其他成员。图像资料由美国疾病控制与预防中心公共卫生图像库提供，由辛西娅 • 戈德史密斯拍摄

研究表明，埃博拉病毒的宿主可能是几种不同的果蝠(Leroy et al., 2009)。同时蝙蝠也可能是马尔堡病毒的宿主(Towner et al., 2007)。人类主要通过近距离接触的途径感染丝状病毒，如非洲由于医疗机构条件简陋，存在重复使用针头和注射器且对受感染的组织、体液和医院材料缺乏防护措施等情况，因此医院传播一直是非洲埃博拉暴发的主要原因。目前已在灵长类动物中观察到埃博拉病毒可通过气溶胶传播，但这一传播方式似乎不是人类感染的主要方式。

马尔堡病毒和埃博拉病毒的苏丹亚型、扎伊尔亚型、科特迪瓦亚型似乎只发现于非洲，并且以上三个埃博拉亚型都只能从非洲裔患者体内分离出来。马尔堡出血热病例的死亡率为 23%～33%，埃博拉病毒病例的死亡率为 53%～88%，其中埃博拉病毒的扎伊尔亚型死亡率最高。菲律宾猕猴中埃博拉莱斯顿亚型的发现，标志着亚洲首次发现丝状病毒。不得不说，除主要的流行病外，自然界中人类疾病的模式仍然是相对未知的。

丝状病毒引起的出血热最为严重。其中马尔堡病毒和埃博拉病毒的潜伏期一般为 4～10 天，随后突然出现发热、寒战、不适和肌痛等症状。接下来患者病情将会迅速恶化，并发展为多系统的功能障碍，包括黏膜、静脉穿刺部位和胃肠道器官出血，随后发生弥散性血管内凝血。在 7～11 天，患者可能死亡或开始好转，但是出血热的幸存者在发热后的数周内通常还会饱受关节痛、葡萄膜炎、心理社会障碍和睾丸炎的折磨。

丝状病毒在人类以外的灵长类动物中也会引起严重出血热，并且其感染体征

和症状与人类也基本相同。唯一的主要区别在于埃博拉病毒莱斯顿亚型在灵长类动物中死亡率很高(82%)，而它对人类几乎没有致病性。

黄病毒

黄病毒可引起一系列临床表现，而我们主要关注它引起的出血热症状。首次发现黄热病是在1648年的尤卡坦，随后在17～20世纪，黄热病在美洲热带地区发生了大规模的暴发，也正是黄热病夺去了法国大量劳动力生命，所以他们没能完成巴拿马运河的建设工作。黄热病病毒是第一个被分离出来的黄病毒(1927年)，同时也是第一个被证明以节肢动物为媒介进行传播的病毒。登革热病毒作为另一个被发现通过节肢动物传播的病毒，于1943年被分离出来。主要的几次由登革热暴发引起的出血热分别发生于1897年的澳大利亚、1928年的希腊和1931年的中国台湾省。自从停止使用二氯二苯三氯乙烷(Dichlorodiphenyltrichloroethane，DDT)控制蚊类以来，登革热现已蔓延到世界大多数热带地区。

鄂木斯克出血热病毒于1947年在苏联的鄂木斯克和新西伯利亚州流行期间从一名出血热患者的血液中首次被分离出来。1957年，人们从印度科萨努尔森林中一只生病的猴子体内分离出科萨努尔森林病毒；自其被发现以来，每年都有400～500例病例被报道。

黄病毒以节肢动物为传播媒介，是一种主要在人类以外的灵长类动物中进行延续的人兽共患病。病毒通过感染蚊子叮咬在灵长类动物之间进行传播，这就是所谓的森林型传播链。当人类被感染黄病毒的蚊子(通常是埃及伊蚊)叮咬时，就会感染这种疾病，然后这种疾病就会再经由蚊子在人与人之间传播开来，这个周期被称为城市型传播链。登革热病毒主要通过由人传给蚊子然后再传给人这样的方式而在人群中留存下来并将感染病例集中在城市中。

科萨努尔森林病毒主要通过硬蜱叮咬进行传播。蜱可以将病毒从成虫传播给虫卵，并在虫卵不同阶段的生长发育过程中都存在于其体内。基本的传播链涉及硬蜱和野生脊椎动物(主要是啮齿动物和食虫动物)，人类可通过被携带病毒的蜱叮咬而感染。而鄂木斯克出血热病毒的基本传播链尚不清楚。

黄热病病毒遍布撒哈拉以南的非洲和南美洲热带地区，但其感染活性具有间歇性和局部性。每年全球黄热病发病数约为20万例，且其死亡率数据较为宽泛，很大程度上取决于流行程度，但在严重黄热病病例中死亡率可达50%。登革热病毒遍布美洲、非洲、大洋洲和亚洲的热带地区。在控蚊工作失败后，随着埃及伊蚊分布的增加，登革出血热的病例数也一直在增加。依赖于现有的治疗方法，登革出血热的病死率通常较低(1%～10%)。科萨努尔森林病毒仅限于印度迈索尔州，但目前也正在蔓延，其病死率为3%～5%。鄂木斯克出血热病毒仍然被隔离在苏联的鄂木斯克和新西伯利亚州，病死率为0.5%～3%。

黄热病可引起严重的出血热，其感染人类后的潜伏期为 3～6 天，临床表现从轻度至重度呈现不同的症状。严重的黄热病开始发病时便可突然出现发热、寒战、严重头痛、腰骶痛、全身肌痛、厌食、恶心和呕吐，以及轻微牙龈出血等症状。在患者发病 24 小时后，症状可能会出现一段时间的缓解，随后症状会继续加重，患者死亡通常是发生在发病后的 7～10 天。大多人在第一次感染登革病毒时仅会出现轻度的类流感症状。如果该患者二次感染了不同血清型的登革病毒，就可能发生登革出血热。登革出血热开始时通常类似于正常感染登革病毒的症状，潜伏期为 2～5 天，但很快会发展为出血综合征，并伴随着快速休克症状，但这一症状可以通过适当的治疗逆转。人类在感染科萨努尔森林病毒后的特征是发热、头痛、肌痛、咳嗽、心动过缓、脱水、低血压、胃肠道症状及出血等，患者在恢复期病情较为简单，且在恢复后通常不会出现持续的后遗症。感染鄂木斯克出血热病毒与感染科萨努尔森林病毒具有相似的表现，然而与科萨努尔森林病毒感染的患者不同，感染鄂木斯克出血热病毒的患者在恢复后通常存在听力降低、脱发和神经性精神疾病等症状。

黄热病广泛存在于人类以外的灵长类动物中，并且在不同的物种间黄热病感染症状差异较大。登革病毒已经从几种非洲的人类之外的灵长类动物中分离出来，但这些动物并没有任何临床症状。科萨努尔森林病毒感染家畜后可能发展成病毒血症，但一般也没有明显的临床症状。鄂木斯克出血热病毒通常留存于啮齿动物中，但也不会引起临床症状。

人类临床疾病

不同类型的病毒性出血热有着特定的体征和症状，但是最初的体征和症状通常包括明显的发热、疲劳、头晕、肌肉疼痛、无力和疲惫。更严重的临床症状包括皮肤下出血引起瘀点、瘀斑和结膜炎。内脏和五官（如眼睛、鼻子或嘴）也可能发生出血的情况。尽管身体广泛出血，但失血很少成为患者死亡的原因。

目前，美国的临床微生物学和公共卫生实验室尚未配备对这些病毒中任何一种进行快速诊断的设备，疫情发生时，临床样本需要送往位于马里兰州弗雷德里克的疾病控制与预防中心或美国陆军传染病医学研究所进行检测。以上两个是实验室响应网络中仅有的 D 级实验室，这些实验室可以进行病毒性出血热的病毒血清学检测、聚合酶链反应、免疫组织化学、病毒分离和电镜观察等检查。

目前尚无专门针对病毒性出血热的治疗方法，也没有经食品药品监督管理局批准使用的抗病毒药物，因此感染患者只能接受支持治疗，例如，维持液体和电解质平衡、循环容量、血压，以及一些并发症感染的治疗。恢复期血浆治疗法在一些阿根廷出血热（鸠宁病毒、马秋波病毒）和埃博拉出血热患者中已获得成功。如果怀疑感染了病毒性出血热病毒，则应立即向卫生当局报告，并需要严格隔离患者。

病毒性出血热的预防可通过避免与病毒宿主接触来实现。因为许多携带病毒性出血热病毒的宿主是啮齿动物，所以预防策略应该包括啮齿动物的控制方法。预防啮齿动物的步骤包括控制啮齿动物种群数量，阻止它们进入室内，以及在做好防护措施的基础上清理其巢穴和粪便。对于以节肢动物为传播媒介的病毒性出血热，预防工作应集中于对全社区的节肢动物进行控制。此外，应鼓励人们使用驱虫剂、穿长袖衣服及使用蚊帐、窗帘和其他昆虫屏障来避免被昆虫叮咬。

目前唯一研制成功并获得许可的疫苗是黄热病疫苗。该活疫苗安全有效，免疫效果持续 10 年以上。此外，一种对马秋波病毒可产生交叉保护效果的鸠宁病毒的实验型疫苗正在研究中。裂谷热、汉坦病毒和登革热的相关疫苗也进入了临床研究阶段。对于可在人与人之间传播的病毒性出血热病毒，包括沙粒病毒、布尼亚病毒(不包括裂谷热)和丝状病毒，应避免与受感染者及其体液近距离接触。隔离受感染个体以减少人与人之间的传播也是一种控制传染的方法。

此外，也可通过穿具有保护作用的衣物来减少人与人之间的传播。世界卫生组织和疾病控制与预防中心已经制定了切实可行、以医院为基础的指导手册，这些指导手册向包括非洲地区在内的卫生保健机构提供，用以对病毒性出血热感染控制工作进行指导。该手册能够帮助卫生保健机构识别病毒性出血热病例，并使用当地可获得的材料和极少的财政资源以防止医院获得性病毒性出血热进一步传播。其他感染控制建议包括适当使用、消毒和处理用于治疗或护理病毒性出血热患者的仪器与设备，如针和温度计。所有的一次性物品，包括亚麻布，都应放在一个双层塑料袋中，并用 0.5%的次氯酸钠(1∶10 稀释漂白剂)浸泡。尖锐物品应放置于利器盒中，并用 0.5%的次氯酸钠浸泡，利器盒用 0.5%的次氯酸钠进行擦拭。

肉毒杆菌毒素中毒

肉毒杆菌毒素是由可形成孢子的厌氧菌肉毒杆菌产生的，是一种高毒性物质，如被故意施放于环境中将会对社会造成重大威胁。肉毒杆菌毒素具有高度的致死性，易于产生并被释放到环境中，主要可经由黏膜表面吸收，并与周围胆碱能神经突触不可逆地结合。根据抗原类型的不同，肉毒杆菌毒素可分为 7 种类型(A～G)。这 7 种毒素导致的临床表现和疾病症状类似；其中肉毒杆菌毒素 A、B 和 E 是美国绝大多数食源性疾病的罪魁祸首。

肉毒杆菌毒素

肉毒杆菌毒素是已知的毒性最强的物质。其毒性比 VX 神经毒剂高 10～15 000 倍。

假设可以将肉毒杆菌毒素均匀地分散在环境中以被人类吸入，1g 纯肉毒杆菌毒素足以杀死 100 万人；然而，这种分散程度在技术上是不可能实现的。由于肉毒杆菌毒素能够不可逆地阻断周围神经乙酰胆碱的释放，从而导致吸入者肌肉麻痹最终死亡，因此它被许多政府列为生物武器研究项目进行开发。作为一种生物武器，它很容易被生产和运输。一旦其被使用，大量需要重症监护的受害者将会让美国的医疗保健系统不堪重负(Horton et al., 2002)。

肉毒杆菌毒素中毒是由肉毒杆菌产生的毒素引起的中毒。肉毒杆菌是一种革兰氏阳性、可形成芽孢的专性厌氧芽孢杆菌。其孢子普遍存在于土壤中，对热环境、光照、干燥和辐射有很强的抵抗力。虽然孢子在 100℃下煮几小时仍可存活，但其在 120℃下暴露于湿热环境 30 分钟就会死亡。此外，孢子萌发需要特定的条件，包括厌氧条件(如腐烂的尸体或罐头食品)、适宜的温度和弱碱性环境。

肉毒杆菌孢子萌发后就会开始释放神经毒素。根据其抗原类型，神经毒素可分为 A～G 型。通常不同类型的神经毒素会对不同的物种产生作用，只需几纳克就可导致非常严重的症状，如导致所有受影响的物种出现弛缓性麻痹。一般情况下，毒素产生于加工不当的罐头、低酸性或碱性食品中，以及未经冷藏的巴氏杀菌和轻度腌制的食品中，尤其是在气密包装食品中。

1793 年，德国医生贾斯蒂尼·奥克纳首次发现肉毒杆菌毒素中毒现象。由于他是在腐烂的香肠中发现了肉毒杆菌，因此称为“香肠礼物”。在那时，香肠是用肉和血液填满猪的胃制成的。制成后，将其在水中煮沸，并在室温下储存。这些刚好都是梭菌属孢子存活的理想条件。肉毒杆菌毒素这一名称来源于香肠的拉丁语“*botulus*”。1895 年，埃米尔·冯·埃门吉姆证实了肉毒杆菌为比利时肉毒杆菌毒素中毒暴发的实际来源。此外，美国几次肉毒杆菌毒素中毒的暴发，最终各项证据都指向联邦食品保藏规定。1919 年，导致 15 人死亡的橄榄罐头的肉毒杆菌毒素中毒事件最终促使高温灭菌被列入食品保存的产业标准。1973 年，罐装汤的肉毒杆菌毒素中毒事件导致罐头食品安全加工有了进一步的规定。

肉毒杆菌毒素中毒通常是由于摄取了肉毒杆菌、神经毒素或肉毒杆菌孢子而发生的。如果肉毒杆菌被食用，那么它可在胃中繁殖并产生孢子，孢子随后萌发并释放神经毒素。如果孢子被食用，也可在体内直接萌发并释放神经毒素。如果孢子在受污染的食物中萌发，那么患者则是因为直接摄入了神经毒素，从而会很快出现中毒症状。其他传播形式还包括伤口接触孢子，以及吸入神经毒素等方式。虽然这是最有可能被用于生物恐怖活动的施放方法，但目前暂未出现人与人之间传输的实例。

美国平均每年有 110 例肉毒杆菌毒素中毒病例。其中大约 25%是食物中毒，大约 72%为婴儿型肉毒杆菌毒素中毒，其余则是通过伤口感染中毒。迄今为止，美国最大的肉毒杆菌毒素中毒事件发生于密歇根，当时共有 1977 名中毒患者，其中有 59 人是因食用了保存不善的墨西哥辣椒而中毒。大约 27%的美国食源性肉毒杆菌毒素中毒病例发生在阿拉斯加，1950～2000 年，阿拉斯加的 114 起疫情中有 226 例食源性肉毒杆菌毒素中毒的病例，所有病例均为阿拉斯加原住民，并与他们食用发酵食品的文化有关。由于发酵过程的变化（使用封闭的储存容器），1970～1989 年，阿拉斯加肉毒杆菌毒素中毒的发生率逐年增加。

肉毒杆菌毒素引发的人体疾病主要分为三种形式：食源性肉毒杆菌毒素中毒、婴儿肉毒杆菌毒素中毒和创伤性肉毒杆菌毒素中毒。所有形式的肉毒杆菌毒素中毒都是致命的，并需要及时进行急救治疗。根据不同的疾病形式，肉毒杆菌毒素中毒的潜伏期差异很大（6 小时至 2 周）。然而，典型的中毒迹象常发生在毒素释放后 12～36 小时。人类可受 A、B、E 型神经毒素的影响，F 型中毒的情况比较少见。

食源性肉毒杆菌毒素中毒发生在摄入预先产生的神经毒素时。毒素最常见的来源是被污染的食物，通常来自制作不当的蔬菜罐头（图 3.7）或发酵鱼。美国 50%的食源性肉毒杆菌毒素中毒是由 A 型毒素引起的。最常见的神经毒素是罐头食品的 A 型和发酵不当的鱼产品的 E 型。

图 3.7　1977 年 4 月，在密歇根州庞蒂亚克暴发的肉毒杆菌毒素中毒事件中，被肉毒杆菌毒素污染的墨西哥辣椒瓶子。肉毒杆菌可产生一种导致罕见但严重的瘫痪症状的神经毒素。7 种肉毒素根据字母 A～G 进行命名；其中只有 A、B、E 和 F 会引起人肉毒杆菌毒素中毒症状。图像资料由美国疾病控制中心公共卫生图像库提供

人类肉毒杆菌毒素中毒最常见的形式发生在婴儿身上。美国每年的发病率是每 100 000 个活产儿中会出现 2 例。主要流程包括：孢子摄取，萌发，释放毒素，并定植于大肠。这种情况主要发生在小于 1 岁的婴儿（94%小于 6 个月）中。孢子来源广泛，包括蜂蜜、食物、灰尘和玉米糖浆。

创伤性肉毒杆菌毒素中毒较为罕见，肉毒杆菌、孢子和神经毒素不能穿透完整的皮肤，但当肉毒杆菌进入开放性伤口并在厌氧条件下繁殖时，则会出现创伤性肉毒杆菌毒素中毒，这时的肉毒杆菌通常来自地面的泥土或砾石。创伤性肉毒杆菌毒素中毒也可出现于黑焦油海洛因成瘾者，可能是由于这种海洛因在制备过程中易被灰尘或靴子抛光剂污染。在这些吸毒者中每年都有大量中毒病例，其中一部分死亡。

不同类型的人类肉毒杆菌毒素中毒的临床症状均相似。首先出现胃肠道症状(即恶心、呕吐和腹泻)，紧随其后的是神经系统症状，如双侧颅神经缺损。中毒者可出现双眼复视，看、说、吞咽困难，很快将会发展成一种对称性弛缓性麻痹。这种麻痹会影响呼吸肌，并导致死亡。

1岁以下的儿童如有下列临床症状应怀疑为婴儿肉毒杆菌毒素中毒(有时称为软婴儿综合征)。这些症状包括嗜睡、喂养不良、哭声微弱、延髓麻痹、发育不良和进展性虚弱。如果不及时治疗，那么可能导致呼吸受损，有时甚至死亡。

临床症状可为肉毒杆菌毒素中毒提供初步诊断。诊断项目包括血清检查，鉴定大便、胃抽吸物或可疑食物中的毒素(如果有的话)。粪便通常是食源性或婴儿肉毒杆菌毒素中毒最可靠的临床样本。此外，粪便培养或胃容物培养可能产生肉毒杆菌，但耗时较长，可能需要5～7天。此外，也可用肌电图进行诊断。最广泛使用且敏感的检测肉毒杆菌毒素的试验是小鼠中和试验，即将疑似存在肉毒杆菌的血清或粪便注射到小鼠体内，观察疾病的临床症状，48小时内即可获得结果。

空气释放肉毒杆菌毒素

据估计，点源释放气溶胶后，肉毒杆菌毒素可在释放点下游半千米内使10%的人丧失行动能力或死亡[*Journal of the American Veterinary Medical Association* 285(2001), 1059–1070]。疾病控制与预防中心具有完善的监测系统，用于及时发现此类事件并报告人类肉毒杆菌毒素中毒病例。

大多数肉毒杆菌毒素中毒病例需要立即进行重症监护治疗。由于其具有呼吸麻痹作用，因此如果发生呼吸衰竭，需要及时使用呼吸机。现有一种由各州疾病控制与预防中心和地方卫生部门针对实际病例提供的静脉注射马源肉毒杆菌抗毒素。此外，肉毒杆菌免疫球蛋白于2003年10月23日被批准用于治疗由A型和G型肉毒杆菌毒素引起的婴儿肉毒杆菌毒素中毒。

肉毒杆菌毒素已被试用作生物武器。1990～1995年，日本邪教组织“奥姆真理教”在东京的多个地点施放肉毒杆菌毒素气溶胶。幸运的是，这些尝试都以失败告终。作为一种潜在的生物恐怖剂，肉毒杆菌毒素是极度强力且具有致死性的，并易于生产和运输。假设出现通过气溶胶或食物的方式故意施放毒素，将会出现大量急性病例，且这些以集群形式出现的病例并非常见来源。此外，较为罕见的肉毒毒素类型，如C、D、F或G，也应该引起相关机构的怀疑。

批判性思考

请围绕为什么每一种A类生物病原因子都对社会具有一定威胁进行讨论，并将4个A类生物病原因子评判标准对应于本章节介绍的每种生物病原因子及其引起的疾病。

总　结

第三章对美国卫生和公众服务部定义的所有生物威胁中最严重的A类生物病原因子进行了全面概述。A类生物病原因子是指那些可以导致高发病率和高死亡率、容易在人与人之间进行传播、可能引起恐慌和社会混乱并需要公共卫生部门特别防范的生物病原因子。在这一章中，我们介绍了炭疽、鼠疫、土拉菌病、天花、病毒性出血热和肉毒杆菌毒素中毒的症状与体征，此外，还介绍了这些疾病的临床表现、预防方式及用于治疗这些疾病的医疗策略。通过学习，我们现在应该对公共卫生工作人员和应急管理人员充满感激，并可以基本了解他们在应对蓄意施放的A类生物病原因子时所面临的挑战。

基本术语

- 炭疽：一种由炭疽杆菌引起的严重的人兽共患病。炭疽杆菌是一种可形成孢子的细菌。人类炭疽有三种临床类型，分别为皮肤型、肺型和胃肠道型。通常，这种疾病会对疫区的牛和羊产生一定的影响。此外，炭疽不能在人与人之间进行传播。
- 肉毒杆菌毒素中毒：由肉毒杆菌产生的肉毒杆菌毒素引起的中毒现象。由于食品掺入杂质或处理不当，美国每年都会发生很多肉毒杆菌毒素中毒病例。
- 鼠疫：一种由鼠疫耶尔森菌引起的严重的人兽共患病。人类鼠疫的三个主要临床类型是腺鼠疫、肺鼠疫和鼠疫败血症。此外还有两种不太常见的形式：鼠疫脑膜炎和咽喉鼠疫。通常，这种疾病对啮齿动物有一定的影响，并通过感染的蚤类叮咬进行传播。此外，肺鼠疫在人与人之间具有高度的传染性。

- 天花：一种由天花病毒引起的严重疾病，现已被消灭。由于天花不是人兽共患病，且成功实施的疫苗接种计划将天花病毒彻底地从人类中消除了，因此这种病原体在自然界中已不复存在。如今，一旦发生一例天花病例，世界卫生组织就会宣布其为国际公共卫生紧急事件。
- 土拉菌病：一种由土拉热弗朗西丝菌引起的严重的人兽共患病。人类土拉菌病的 6 种临床类型包括：肺型、腺型、溃疡型、眼腺型、口咽型和伤寒型。通常这种疾病会对家兔产生一定的影响，并通过被感染的蚤叮咬进行传播。土拉菌病不可在人与人之间直接传播。
- 病毒性出血热(VHF)：一种由几种不同病毒家族引起的对人类和人类之外的灵长类动物具有一定影响的疾病。VHF 是一种以弥散性血管损伤为特征的严重多系统综合征，并经常出现出血症状。根据感染的病毒不同，其致死率也不同，一些 VHF 病毒仅引起轻微的疾病，而其他的一些则可能引起严重的症状甚至死亡。

讨　论

- 美国卫生和公众服务部关于 A 类生物病原因子的 4 个评判标准是什么？选择任意一个 A 类生物病原因子，并将其与 4 个标准相对应。
- 为什么在当下仅仅出现一例天花病例就会被认为是具有国家意义的重大事件，甚至是具有国际意义的事件？
- 鼠疫耶尔森菌为什么可以被用作生物武器？
- 什么是最致命的生物毒素，为什么使用它会对大量民众产生威胁？

网　站

US Department of Health and Human Services, Centers for Disease Control and Prevention, Emergency Preparedness and Response, Bioterrorism: A thorough listing of all agents covered in this chapter can be found at http://www.bt.cdc.gov/bioterrorism/factsheets.asp.

参考文献

Albrink, W., Brooks, S., Biron, R., Kopel, M., 1960. Human inhalation anthrax: a report of three fatal cases. American Journal of Pathology 36, 457–471.

American Veterinary Medical Association, February 22, 2006a. Anthrax Backgrounder. Biosecurity Updates from the AVMA. Available at: www.avma.org/reference/backgrounders/anthrax_bgnd.asp.

American Veterinary Medical Association, November 22, 2006b. Plague Backgrounder. Biosecurity Updates from the AVMA. Available at: www.avma.org/reference/backgrounders/plague_bgnd.asp.

American Veterinary Medical Association, November 27, 2006c. Tularemia Backgrounder. Biosecurity Updates from the AVMA. Available at: www.avma.org/reference/backgrounders/tularemia_bgnd.asp.

Barquet, N., Domingo, P., 1997. Smallpox: the triumph over the most terrible of the ministers of death. Annals of Internal Medicine 127, 635–642.

Berger, T., Kassirer, M., Aran, A., 2014. Injectional anthrax – new presentation of an old disease. Eurosurveillance 19 (32), 20877.

Boyce, J., Butler, T., 1995. *Yersinia* species (including plague). In: Mandell, G.L., Bennett, J.E. (Eds.), Principles and Practice of Infectious Diseases, fourth ed. Churchill Livingstone, New York, pp. 2070–2078.

Brachman, P., Kaufman, A., Dalldorf, F., 1966. Industrial inhalation anthrax. Bacteriological Reviews 30, 646–659.

Chimerix Inc., 2014. Brincidofovir for Smallpox. Available at: http://www.chimerix.com/discovery-clinical-trials/brincidofovir/brincidofovir-for-smallpox/.

Cieslak, T.J., Eitzen Jr., E.M., July 1, 1999. Clinical and epidemiological principles of anthrax. Centers for Disease Control and Prevention: Emerging Infectious Diseases.

Dahlgren, C., Buchanan, L., Decker, H., Freed, S., Phillips, C., Brachman, P., 1960. *Bacillus anthracis* aerosols in goat hair processing mills. American Journal of Hygiene 72, 24–31.

Dennis, D., Inglesby, T., Henderson, D.A., Bartlett, J., Ascher, M., Eitzen, E., Fine, A., Friedlander, A., Hauer, J., Layton, M., Lillibridge, S., McDade, J., Osterholm, M., O'Toole, T., Parker, G., Perl, T., Russell, P., Tonat, K., Working Group on Civilian Biodefense, 2001. Tularemia as a biological weapon: medical and public health management. Journal of the American Medical Association 285, 2763–2773.

Dixon, T., Meselson, M., Guillemin, J., Hanna, P., 1999. Anthrax. The New England Journal of Medicine 341, 815–826.

Eckert, E., 2000. The retreat of plague from Central Europe, 1640–1720: a geomedical approach. Bulletin of the History of Medicine 74, 1–28.

Eitzen, E., 1997. Use of biological weapons. In: Medical Aspects of Chemical and Biological Warfare. Government Printing Office, Washington, DC (Chapter 20).

Feldman, K., 2003. Tularemia. Journal of the American Veterinary Medical Association 222, 725–729.

Fenner, F., Henderson, D.A., Arita, I., et al., 1988. Smallpox and Its Eradication. World Health Organization, Geneva, Switzerland.

Horton, H., Misrahi, J., Matthews, G., Kocher, P., 2002. Critical biological agents: disease reporting as a tool for determining bioterrorism preparedness. The Journal of Law, Medicine & Ethics 30, 262–266.

Leroy, E., Epelboin, A., Mondonge, V., Pourrut, X., Gonzalez, J., Muyembe-Tamfum, J., Formenty, P., 2009. Human Ebola outbreak resulting from direct exposure to fruit bats in Luebo, Democratic Republic of Congo, 2007. Vector-Borne and Zoonotic Diseases 9 (6), 723–728.

Link, V., 1955. A History of Plague in the United States of America. Public Health Service Monograph No. 26. Government Printing Office, Washington, DC.

Morbidity and Mortality Weekly Report, March 17, 2006. Inhalation anthrax associated with dried animal hides—Pennsylvania and New York City, 2006. Morbidity and Mortality Weekly Report 55, 280–282.

McClain, D., 1997. Smallpox. In: Sidell, F.R., Takafugi, E.T., Franz, D.R. (Eds.), Medical Aspects of Chemical and Biological Warfare: A Textbook in Military Medicine. Office of the Surgeon General, Borden Institute, Walter Reed Army Institute of Research, Bethesda, MD (Chapter 27).

Orloski, K., Lathrop, S., 2003. Plague: a veterinary perspective. Journal of the American Veterinary Medical Association 222, 444–448.

ProMED Mail, September 5, 2007. Anthrax, Animal Skin. Connecticut, USA. Message No. 2930.

Quinn, C., Semenova, V., Elie, C., Romero-Steiner, S., Greene, C., Li, H., et al., 2002. Specific, sensitive, and quantitative enzyme-linked immunosorbent assay for human immunoglobulin G antibodies to anthrax toxin protective antigen. Emerging Infectious Diseases. (serial online), Available at: www.cdc.gov/ncidod/EID/vol8no10/02-0380.htm.

Riedel, S., 2005a. Plague: from natural disease to bioterrorism. Baylor University Medical Center Proceedings 18, 116–124.

Riedel, S., 2005b. Edward Jenner and the history of smallpox and vaccination. Baylor University Medical Center Proceedings 18, 21–25.

Rotz, L., Khan, A., Lillibridge, S., Ostroff, S., Hughes, J., 2002. Public health assessment of potential biological terrorism agent. Emerging Infectious Diseases 8 (2), 225–230.

Slack, P., 1998. The Black Death past and present. Transactions of the Royal Society of Tropical Medicine and Hygiene 83, 461–463.

Sternbach, G., 2003. The history of anthrax. The Journal of Emergency Medicine 24 (4), 463–467.

Swartz, M., 2001. Recognition and management of anthrax—an update. The New England Journal of Medicine 345, 1621–1626.

Thompson, M.K., 2003. Killer Strain: Anthrax and a Government Exposed. DIANE Publishing Company, Collingdale, PA.

Towner, J., Pourrut, X., Albariño, C., Nkogue, C., Bird, B., et al., 2007. Marburg virus infection detected in a common African bat. PLoS One 2 (8), e764. http://dx.doi.org/10.1371/journal.pone.0000764.

U. S. Food and Drug Administration, May 8, 2015. FDA approves additional antibacterial treatment for plague. FDA News Release. Available at: http://www.fda.gov/NewsEvents/Newsroom/PressAnnouncements/ucm446283.htm.

World Health Organization, 1980. Smallpox eradication. Weekly Epidemiological Record (55), 33–40.

World Health Organization, 2006. Plague, Democratic Republic of the Congo. Weekly Epidemiological Record 81 (42), 397–398. Available at: www.who.int/wer/2006/wer8142.pdf.

第四章　B类病原因子与疾病

感染性疾病是世界上少数遗存的真正挑战之一。

Hans Zinsser（1878—1940）

学习目标

1. 了解B类病原因子和B类病原因子定义的标准。
2. 掌握布鲁氏菌病、鼻疽、Q热、鹦鹉热、病毒性脑炎及蓖麻毒素中毒的体征和症状。
3. 掌握布鲁氏菌病、鼻疽、Q热、鹦鹉热、病毒性脑炎及蓖麻毒素中毒的临床表现。
4. 围绕用于治疗布鲁氏菌病、鼻疽、Q热、鹦鹉热、病毒性脑炎及蓖麻毒素中毒的预防与治疗策略进行讨论。
5. 了解公共卫生官员和应急管理人员在应对B类病原因子蓄意投放事件时面临的挑战。

引　　言

本章为读者提供了对国家安全构成中等风险的生物病原因子及其所致疾病的详细信息。正如在第二部分开篇所述，在美国卫生和公众服务部发布的一份分类清单中，列出了公共卫生专家认为我们今天所面临的一些更为关键的生物病原因子。其中，对人类威胁最大的A类病原因子，已经在“A类病原因子与疾病”章节中进行了详细讨论。接下来，我们将继续对威胁水平稍低一级的B类病原因子进行阐述，它们主要具有以下特点：

- 相对比较容易传播；
- 发病率适中，死亡率低；
- 对病原体诊断能力和疾病监测水平有更高的要求。

表4.1中对所有B类病原因子及相关疾病的一些信息进行了总结。本章节后续内容将会涵盖表中大部分的B类病原因子和疾病。其中，为了避免涉及类别过

多，食源性和水源性疾病的病原体及一些毒素(如葡萄球菌肠毒素 B 和梭状芽孢杆菌)的相关内容则不进行阐述。

表 4.1　B 类病原因子及相关疾病总览

疾病	病原因子	病原因子类型	人兽共患病	在人与人之间传播
布鲁氏菌病	布鲁氏菌	细菌	是	否
鼻疽	鼻疽伯克霍尔德菌	细菌	是	否
类鼻疽	类鼻疽伯克霍尔德菌	细菌	是	否
Q 热	贝纳柯克斯体	立克次体	是	否
鹦鹉热	鹦鹉热衣原体	细菌	是	否
食源性和水源性疾病[a]	沙门氏菌属； 1 型痢疾志贺菌； 大肠杆菌 O157:H7； 霍乱弧菌	细菌	否	否
病毒性脑炎	几种虫媒病毒(如 VEE、WEE、EEE、SLE)	病毒	是	否
ε 毒素中毒[a]	产气荚膜梭菌 ε 毒素	细菌来源的毒素	否	否
SEB 中毒[a]	葡萄球菌肠毒素 B	细菌来源的毒素	否	否
蓖麻毒素中毒	蓖麻来源的蓖麻毒素	植物来源的毒素	否	否

注：VEE. 委内瑞拉马脑炎；WEE. 西方马脑炎；EEE. 东方马脑炎；SLE. 圣路易斯马脑炎；SEB. 葡萄球菌肠毒素 B。a. 第四章未涉及

布鲁氏菌病

布鲁氏菌病是一种严重影响人类和动物的疾病。在人类医学中，布鲁氏菌病以前被称为马耳他热(Malta fever)，现在有时也被称为波状热(undulant fever)。而在动物医学中，布鲁氏菌病以前则被称为班氏病(Bang disease)(Vella, 1964)。布鲁氏菌病的病原体是布鲁氏菌属中一种需氧的革兰氏阴性小球杆状菌。这些细菌在不同温度、pH 和湿度等环境条件下存活情况有所差异。如果将其冷冻或保存在流产的胎儿体内或胎盘中，则可以无限期地存活下去。值得注意的是，大多数布鲁氏菌都是兼性的胞内病原体，因此一旦出现感染，就需要长期使用有效的抗生素进行治疗。

布鲁氏菌属的致病性与宿主种类有关。感染非原发性宿主后，疾病发生的可能性不定。表 4.2 总结了布鲁氏菌各致病株和变异株在人与其他主要宿主中的相对致病性，其中马耳他布鲁氏菌对人类的致病性最强，其次分别是猪种布鲁氏菌、流产布鲁氏菌和犬布鲁氏菌。

表 4.2 布鲁氏菌病：布鲁氏菌株与被影响的宿主

菌株	生物变种/血清型	天然宿主	人类病原体
流产布鲁氏菌	1～6，9	牛	是
马耳他布鲁氏菌	1～3	山羊，绵羊	是
猪种布鲁氏菌	1，3	猪	是
	2	野兔	是
	4	驯鹿	是
	5	啮齿类	是
犬布鲁氏菌	无	狗，其他犬科动物	是
绵羊布鲁氏菌	无	绵羊	否
鼠布鲁氏菌	无	沙漠林鼠	否
海兽布鲁氏菌	无	海洋哺乳动物	否

历史

布鲁氏菌病起源于地中海地区，是一种历史悠久的疾病。大约在公元前 400 年的希波克拉底时代，就出现了类布鲁氏菌病临床表现的相关记录。当时，希波克拉底清晰地描述了一种间歇性高热 4 个月后死亡的疾病症状，后来的医学历史学家认为他所描述的就是布鲁氏菌病(Vassalo, 1992)。在该疾病症状首次被记录的 2000 年后，医生根据病历上记录，将这种间歇性的发热症状定义为“波状热”。早在 1530 年，马耳他岛上就记录了这种传染性发热，在 17 世纪和 18 世纪的地中海地区，也有许多关于波状发热的报道。当时这种疾病在不同地方都有着不同的名字，如直布罗陀岩热、塞浦路斯热、地中海热和多瑙河热。而首次关于马耳他热的详细描述来源于一名英国外科医生 J. A.马斯顿对自己病情的记录(Vassalo, 1992)。1887 年，另一位英国军医 David Bruce 发现了引起马耳他热的微生物，并将其称为微球菌，他的研究表明山羊是该病原体的主要宿主，这就解释了为什么士兵喝羊奶更容易感染这种疾病。为了向 Bruce 博士致敬，布鲁氏菌病的微生物后来被重新命名为 *Brucella*(Ryan and Ray, 2004)。

1897 年前后，在医生开始注意到人类布鲁氏菌病的同时，Bernhard Bang 博士发现，丹麦一种持续了一个多世纪的牛流产疾病，正是由流产布鲁杆菌(布鲁氏菌的别称)所导致的。Bernhard Bang 博士还发现，这种流产布鲁杆菌对绵羊、山羊和马均有相似的影响，这种疾病后来被称为班氏病(Bang disease)。

1905 年，布鲁氏菌病随着马耳他出口的山羊正式登陆美国。随后，美国细菌学家爱丽丝·伊万斯注意到班氏病与马耳他热的病理学和引起这两种疾病的病原体的形态特征相似，从而建立了人与动物感染之间的联系。

传播

马耳他布鲁氏菌主要通过饮食感染患者，最常见的原因是食用未经巴氏灭菌的含病原体的牛奶及一些奶制品（Nicoletti, 1992），这也是美国法律不允许买卖生牛奶的主要原因之一。人类感染流产布鲁氏菌和猪种布鲁氏菌通常是由于接触了受感染动物的组织、血液、尿液及流产胎和胎盘。这时，布鲁氏菌可经由皮肤破损或眼结膜进入人体。除此之外，在清理有布鲁氏菌感染情况的动物圈或屠宰场时吸入含有病原体的气溶胶也有可能导致感染。人与人之间直接传播的病例非常罕见，主要可通过骨髓移植、母乳喂养、输血及受感染实验室工作人员与其配偶之间的性接触进行传播。相比而言，从事屠宰或加工猪肉工作的人感染猪种布鲁氏菌的风险要高得多（Doganay and Aygen, 2003）。

批判性思考

世界上许多地区都面临着严重的布鲁氏菌感染问题。而乳制品生产过程中的巴氏灭菌则大大降低了人类布鲁氏菌病的发病率。为减少动物布鲁氏菌病的发病率，现已开展了相关的监测项目。40 多年来，美国的动物卫生专业人员一直试图根除布鲁氏菌病（Cutler et al., 2005），为什么到目前依然很难实现?

是由于食用或接触感染动物的组织或体液是布鲁氏菌在动物中传播的主要原因。例如，绵羊、山羊和猪可通过性接触进行传播；食入胎盘和流产胎则是其他动物最重要的感染源。

发生率

布鲁氏菌病是全世界公认的法定报告传染病（Doganay and Aygen, 2003）。目前，通过各类举措，该疾病在一些国家已被彻底清除，但在另一些国家只是得到了一定的控制。少数地区甚至可能因为病例得不到确诊，而出现实际感染人数远高于报告病例数的情况。人类及其他动物的布鲁氏菌病病例数量目前在东欧、拉丁美洲、亚洲和非洲部分地区呈上升趋势。在地中海和中东国家，每年在每 10 万人中就会发生 75 例以上的病例（Pappas et al., 2006）。而在中东一些奶牛场密集作业的地区，马耳他布鲁氏菌的感染率则高于流产布鲁氏菌。此外，在世界上大多数生产猪肉的地方，都存在猪种布鲁氏菌感染的问题。

英国、丹麦、荷兰和加拿大没有布鲁氏菌病。澳大利亚和美国已将该病的患病率降低到非常低的水平，但该病仍然是一个长期存在的问题。由于猪种布鲁氏菌感染会发生在野生猪群中，因此两国的动物卫生官员认为，根除工作不太可能成功。

州联邦合作根除布鲁氏菌病计划已使流产布鲁氏菌感染在美国畜群中几乎绝迹。因此，人类因职业接触或食用食物而感染的风险也变得极低。事实上，美国大多数病例都与食用未经巴氏灭菌的进口奶制品有关。在美国，每年平均约有 100 例布鲁氏菌病的病例报告，其中大多数病例来自美国加利福尼亚州、佛罗里达州、得克萨斯州和弗吉尼亚州。图 4.1 为 1980～2010 年美国人布鲁氏菌病的发病概况。

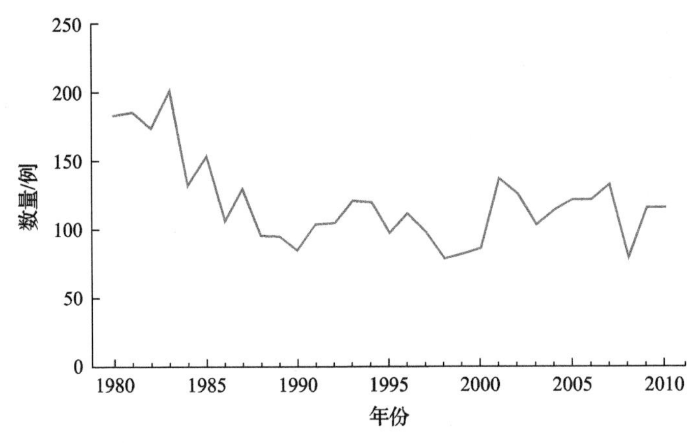

图 4.1　1980～2010 年美国人布鲁氏菌病的发病数。由于接触野生猪和生奶制品并感染其携带的马耳他布鲁氏菌与流产布鲁氏菌的风险持续存在，因此该法定报告传染病在美国仍然存在。图像资料由美国疾病控制与预防中心提供

临床表现

人类布鲁氏菌病的潜伏期大多为 7～21 天，也有些人潜伏期可达数月，这种较长的潜伏期可能对诊断造成一定困难。布鲁氏菌病可累及任何器官或系统，患者可表现出不同的临床症状和体征。所有患者的一个常见症状是持续时间不等的间歇性和不规则发热。急性期(发病后 8 周内)表现为非特异性流感样体征和症状，如发热、出汗、不适、厌食症、头痛、肌痛和背痛。慢性期(发病 1 年后)症状可能包括长期疲倦和抑郁发作。这种疾病可给患者带来非常漫长和痛苦的体验，甚至导致患者最终无法工作。

布鲁氏菌病的一个常见并发症还涉及骨骼和关节。主要症状有髋关节、脊柱、膝盖和脚踝关节等的炎症，同时伴有背痛和僵硬。此外，在大多数布鲁氏菌感染病例中，患者肝脏常受到一定影响，出现肝肿大或肝增大，有时甚至出现肝组织

质地变软等现象。当发生食源性感染时，胃肠道并发症可能包括恶心、呕吐、厌食、体重减轻和腹部不适。男性可能会出现泌尿生殖系统并发症，如睾丸变得红肿和柔软。尽管性传播途径还没有在人类中得到证实，但在精子库样本中已经发现了布鲁氏菌。

常见的布鲁氏菌感染并发症还包括神经系统并发症，如抑郁和精神疲劳。此外，虽然心血管并发症很少，但心内膜炎往往是患者感染后死亡的主要原因。事实上，未治疗病例的病死率为 2%或更低，且通常都是由布鲁氏菌感染引起的心内膜炎所致。

诊断和治疗

布鲁氏菌可从被感染宿主的血液、骨髓和其他组织中分离出来，但其在人工培养基中生长非常缓慢，这就导致在临床标本细菌培养结果确定为阴性之前必须培养 8 周之久。布鲁氏菌特异性抗体在感染后 7～14 天出现。流产布鲁氏菌感染、马耳他布鲁氏菌感染和猪种布鲁氏菌感染的鉴别诊断通常通过血清凝集试验来完成，犬类感染的测定则需要进行专门的试验。美国疾病控制与预防中心已开发了使用聚合酶链反应检测布鲁氏菌的方法，这些测试不仅快速，还具有很高的灵敏度(特异性和敏感性)，目前已在美国农业部的参考实验室中投入使用。此外，动物卫生专业人员目前正在使用卡片试验对动物的布鲁氏菌感染进行检测。卡片试验是一种快速、灵敏、可靠的布鲁氏菌感染现场诊断方法，类似于凝集试验，但使用的是试剂盒中的一次性材料。操作时，需要在试剂盒提供的白色卡片上将布鲁氏菌抗原添加到血清中，血清与抗原混合 4 分钟后，即可获得检测结果。

如前所述，长期使用有效的抗生素进行治疗是战胜这些细胞内病原体的必要条件。其中，盐酸多西环素(Doxycycline Hydrochloride，又名盐酸强力霉素)与链霉素联合用于治疗成年感染者的疗效最好；此外，盐酸多西环素与利福平联合使用 6 周也可起到良好的治疗作用。但是那些发生心内膜炎的患者则需要在长期治疗的同时接受外科手术以替换受损的心脏瓣膜。

一般情况下，如患者被准确诊断并给予合适的抗生素治疗，大多数布鲁氏菌病患者都有较好的预后效果。然而，根据不同患者感染部位的不同及对治疗反应的不同，这种疾病可能造成少数患者出现严重残疾。此外，大约 5%的患者在治疗结束几周到几个月后出现复发，这大多是由于患者使用抗生素不足疗程或感染已严重到需要手术治疗。目前已有报道证实了布鲁氏菌耐药菌株的存在，但我们对其临床重要性的认识还有待加强。

生物战中的布鲁氏菌

多起实验室获得性感染再次强调了病原微生物作为生物战剂的巨大潜力(Yagupsky and Baron, 2005)。相关机构也利用雾化马耳他布鲁氏菌对最佳气象条件下该菌顺着盛行风向线性传播的生物恐怖场景进行了评估。这里假定感染 50%的人群(ID50)需要吸入 1000 个感染性病原因子，且一旦扩散，微生物的环境衰退率约为每分钟 2%。此外，在场景构建的同时也做了一些假设。①投放点附近民众吸入的微生物数量为 ID50 的 1～10 倍。②50%受害者会接受为期 7 天的住院治疗或 14 次门诊治疗。其中门诊治疗注射庆大霉素 7 天后还需口服强力霉素 42 天。此外，大约 5%的患者会复发，且 1 年内需要门诊治疗 14 次。③病死率为 0.5%。在考虑其对经济的负面影响时，还需综合考虑患者早逝带来的经济损失和患者诊疗所消耗的医疗资源。模拟结果显示，一旦发生布鲁氏菌袭击，每 10 万名受害者耗费的最低费用约为 4.77 亿美元。

Kaufmann, A.F., Meltzer, M.I., Schmid, G.P., April-June 1997. The economic impact of a bioterrorist attack: areprevention and post-attack intervention programs justifiable? Emerging Infectious Diseases 3(2), 85.

鼻疽和类鼻疽

鼻疽和类鼻疽是由伯克霍尔德菌引起的两种严重的人兽共患病。伯克霍尔德菌普遍存在于世界各地的土壤和地下水中。由于多种伯克霍尔德菌能够对有毒物质进行分解，因此对环境起到了很重要的作用。然而，还有一些伯克霍尔德菌则是动植物致病菌。伯克霍尔德氏菌属名来源于研究员 Walter Burkholder，他无意间发现，一直以来被认为只会导致洋葱腐烂的植物病原体居然在纽约州的蔬菜种植者中引发了一场疫情(Moore and Elborn, 2003)。

伯克霍尔德菌是革兰氏阴性杆菌，在培养基中呈细长棒状，染色后呈双极性或安全别针状。在自然条件下，该细菌在温暖潮湿的环境中可存活几个月，在干燥环境下可存活 2～3 周，且容易被阳光和高温破坏。由于伯克霍尔德菌的高传染性和环境稳定性，两种伯克霍尔德菌已被开发为生物武器，并被认为很有可能被生物恐怖主义所使用。

鼻疽

鼻疽是一种由鼻疽伯克霍尔德菌(*Burkholderia mallei*)感染引起的传染病，在非洲、亚洲、中东和中南美洲的家畜中非常常见。其病原体主要对马造成较大影响，但也可以感染骡子、驴、山羊、狗和猫。病原体可通过皮肤、眼睛和鼻子进入人体，且症状往往取决于感染途径。鼻疽在人体中可表现为局限性感染、肺炎、菌血症或慢性感染（CDC, “Glanders,” pars. 1–12）。从 1954 年以后，美国就没有人类鼻疽病例了。

类鼻疽

类鼻疽是一种对人和动物均可产生严重影响的疾病，也被称为惠特莫尔病，其病原体是类鼻疽伯克霍尔德菌（*Burkholderia pseudomallei*）。易感人群感染后，可出现败血症和肺炎等症状（Godoy et al., 2003）。类鼻疽的临床症状和病理学特征与鼻疽相似，但其疾病生态学和流行病学与鼻疽不同，如类鼻疽一般发生于热带地区，特别是在流行该疾病的东南亚。其致病菌主要存在于受污染的土壤和水中，经由直接接触污染源传播给人和动物。

历史

第一次世界大战期间，德国人故意沿着东部战线将鼻疽引入苏联的马和骡群。他们这样做是为了影响苏联在整个战争期间运送补给、部队和大炮的能力。第一次世界大战期间和战争结束之后，苏联民众的鼻疽病例也有所增加。

此外，众所周知，日本在第二次世界大战（以下简称二战）期间故意用鼻疽伯克霍尔德菌感染马匹、平民和战俘。1943 年，美国生物武器计划曾考虑将伯克霍尔德菌作为一种细菌武器，但最终并未实施。同样，二战后，苏联生物武器计划的负责机构 Biopreparat 也对将鼻疽伯克霍尔德菌作为一种潜在生物武器颇有兴趣。

20 世纪 30 年代，鼻疽在美国被根除。然而，1945 年，6 名实验室工作人员在马里兰州德特里克营地的一个生物武器项目中又研发出了鼻疽伯克霍尔德菌。美国最近的一个鼻疽病例发生于 2000 年，患者来自德特里克堡的一个实验室。尽管根据患者的工作经历对病情有了一个大概的初步诊断，但依然是在症状出现 2 个月后才被确诊为鼻疽。这种诊断上的延误证实了 B 类疾病的第三个特征：它们对病原体诊断能力和疾病监测水平有更高的要求。

批判性思考

由于类鼻疽伯克霍尔德菌和鼻疽伯克霍尔德菌的施放不受时间、空间的限制，而且能够通过气溶胶传播，因此它们被认为是重要的生物恐怖主义战剂。根据不同的施放方式和环境，蓄意施放伯克霍尔德菌后感染人数可为几百或几千不等。假如真的出现伯克霍尔德菌袭击事件，美国的临床医生能成功地诊断出鼻疽病例吗？届时医疗保健系统会面临怎样的负担？

传播

尽管在实验室环境中，鼻疽伯克霍尔德菌可实现非常有效的传播，但鼻疽在人类中只是一种罕见的疾病，目前还没有关于该疾病在人类中流行的报道。人类可通过直接接触受感染动物的分泌物和组织感染，如由眼睛、鼻子和嘴唇的皮肤或黏膜裂口接触污染物质，或呼吸道吸入造成感染。目前尚无人类肠鼻疽病例的报道，由此可见，鼻疽伯克霍尔德菌可能不能经由食物摄入而引起感染。但是已有报道显示，鼻疽可以在人与人之间进行传播。

鼻疽的主要患病群体是马、驴、骡子和山羊。其中，驴和骡子被认为最有可能患急性鼻疽，而马则更有可能患慢性鼻疽。许多食肉动物如果食用污染的肉，则可能感染鼻疽。猪和牛都对鼻疽伯克霍尔德菌有一定的抵抗能力。

在动物中，马主要通过摄食感染鼻疽，如通过与患病动物共享饲料和水源就有可能出现鼻疽伯克霍尔德菌感染。此外，一些实验研究对其他可能的传播途径进行了讨论，如呼吸道感染和经由皮肤或黏膜感染。实验证据表明，吸入鼻疽伯克霍尔德菌不太可能引起典型的鼻疽病例，尽管在自然传播过程中几乎不存在经由皮肤或黏膜感染鼻疽的情况，但该感染途径仍有一定的可能性。

曾有一段时间，鼻疽在世界各地都很普遍。但通过努力，许多国家已经消灭了该疾病。近期，在中东、非洲、亚洲、巴尔干国家和苏联的部分地区出现了鼻疽病例，南美洲和墨西哥也有偶发病例。值得注意的是，鼻疽感染样本与类鼻疽伯克霍尔德菌特异性抗体的交叉反应，常导致检测结果不准确。

临床表现

在各行各业中，需长期与伯克霍尔德菌易感动物接触的人患鼻疽的风险最大，包括兽医、牧场主、牧马人和屠宰场工人等。人鼻疽有 4 种不同的临床表现，包括局限性皮肤型、肺型、败血症型和慢性型。一般症状则主要包括肌肉疼痛、胸痛、发热、肌肉紧绷和头痛。感染者偶尔会主诉流泪过多、对光敏感和腹泻。如果未及时开展治疗，死亡率可高达 95%。

当发生皮肤局部鼻疽时，感染细菌的第 1～5 天内会在接触部位发生局部感染并伴随炎症和溃疡。这种情况可能导致淋巴结病变(淋巴结肿大和结节形成)。涉及黏膜的感染会导致感染部位分泌更多的黏液。感染性结节沿着受感染的淋巴管出现，形成溃疡并产生具有高度感染性的渗出物。

肺型鼻疽可发生于吸入雾化的鼻疽伯克霍尔德菌后或细菌侵入肺部之后，潜伏期为 10～14 天，随后可能出现肺脓肿、肺炎和胸腔积液等现象。

当鼻疽伯克霍尔德菌大量进入血液循环导致菌血症时，就会出现鼻疽导致的败血症，这种形式的鼻疽有 7～10 天的潜伏期。鼻疽败血症可能独立发生，也可能是肺型鼻疽或皮肤局部鼻疽导致的继发性感染。症状包括高热、寒战、肌肉疼痛、胸痛、皮疹、心动过速、黄疸，以及对光敏感、腹泻等。鼻疽败血症是一种非常严重的疾病，即使使用抗生素治疗，死亡率也可高达 60%。

慢性鼻疽也可被称为皮疽病，主要表现为手臂和腿部肌肉的多发性脓肿。同样作为一种很严重的疾病，慢性鼻疽还可能导致肝、脾和关节形成脓肿，在合理治疗的情况下，其病死率约为 60%。此外，一些慢性鼻疽患者在治疗结束很长一段时间后可能会复发，但这并不代表前期治疗失败。

生物战中的鼻疽

鼻疽之所以成为生物战和生物恐怖的潜在战剂是因为其具有以下一些特点，包括：鼻疽伯克霍尔德菌易生产，且只需少量该病原体就可引起疾病。在 20 世纪 80 年代，苏联仅用了一年时间便生产了 2000 多吨鼻疽伯克霍尔德菌生物战剂；鼻疽伯克霍尔德菌气溶胶致死率高；此外，由于卫生保健人员和诊断人员对这种疾病缺乏认识，因此一旦发生此类生物威胁，无法展开及时准确的诊断和治疗；由于人类在细菌感染后，无法产生特异性抗体，因此该生物战剂可被二次使用。

诊断和治疗

在疾病诊断时，人鼻疽可能与其他多种疾病相混淆，如伤寒、结核、梅毒、雅司病和类鼻疽。实验室主要通过从宿主的血液、痰、尿液或皮肤损伤中分离出伯克霍尔德菌来诊断鼻疽。但是，与布鲁氏菌一样，伯克霍尔德菌在人工培养基中生长非常缓慢，因此体外培养的方法不如 PCR 等检测方法准确和方便。

关于利用抗生素治疗鼻疽的信息有限，因为这种疾病在抗生素出现之前就已基本消失。对于慢性鼻疽和肺型鼻疽来说，通常可能需要长达 12 个月的治疗。目前针对鼻疽尚无确定的暴露前或暴露后预防措施，但如果实验室工作人员需要进行涉及伯克霍尔德菌的实验操作，必须提前接受 3 级生物安全实验室操作（BSL-3）培训。在美国，一旦出现鼻疽病例，需向国家兽医办公室报告，且目前尚无被批准用于人类或动物的伯克霍尔德菌感染的预防性疫苗。

Q 热

Q 热是一种非常有趣的疾病，且其病原体曾被大量用于生物战中（Riedel, 2004）。此外，该病原体也曾是美国生物武器计划的主要候选对象。Q 热是由贝纳柯克斯体(*Coxiella burnetii*)引起的，1999年，Q热在美国成为了法定报告传染病，然而，在其他国家则不需要上报Q热病例。公共卫生相关工作人员认为，正是因为这种疾病的报告过少，所以Q热的真实发病率和流行程度尚不清楚。

贝纳柯克斯体是一种细胞内革兰氏阴性立克次体属的病原体，主要在宿主的白细胞(巨噬细胞和单核细胞)中进行复制。这种病原体具有显著的稳定性，并可在动物体内达到较高的浓度(Reimer, 1993)。贝纳柯克斯体可形成一种特殊的类孢子结构，这种结构有助于对抗一些极端环境和消毒剂。一般情况下，贝纳柯克斯体可在室温下存活10天左右，冻存于新鲜的肉中可存活1个月，在灰尘中存活时间可长达4个月，而在脱脂牛奶中其存活时间可超过40个月。幸运的是，这种病原体可由巴斯德杀菌法杀灭(Reimer, 1993)。

贝纳柯克斯体的主要宿主是牛、绵羊和山羊。然而，目前也有许多其他家畜和宠物感染贝纳柯克斯体的报道(Maurin and Raoult, 1999)。贝纳柯克斯体的芽孢耐高温、抗干燥，并且对许多常用的消毒剂不敏感，因此能够在环境中长期存活。人类对这种疾病非常易感，且感染阈值低。空气中的粗颗粒粉尘常被受感染牲畜干燥的胎盘、产液和粪便所污染，人类感染贝纳柯克斯体通常就是由吸入这种病原微生物而导致的。但是，其他一些传播方式并不常见，如摄入被污染的牛奶、被感染蜱叮咬和人与人之间的传播(CDC, “Q Fever,” pars. 1–12)。

历史

1935年，昆士兰州屠宰场的工人中暴发了几次发热疾病后，Q热首次在澳大利亚布里斯班被报道(Derrick,1937)，并由Burnet成功地从昆士兰州的患者样本中分离得到了致病微生物。随后，Davis和Cox从蒙大拿州的蜱中分离出了一种类似的微生物，后来发现与昆士兰州的这种致病微生物相同。为了纪念Burnet和Cox，该微生物于1938年被命名为贝纳柯克斯体。二战期间，英美在意大利及波斯湾地区驻军时，于1944年暴发了Q热。

批判性思考

由于Q热具有死亡率低且长期致病的特点，且贝纳柯克斯体孢子的生物战剂已非常成熟，因此，贝纳柯克斯体成为美国生物武器计划的主要对象。为了更好地理解这一生物战剂的优势作用，我们不妨设想：假设我们在战场释放一种致命的毒剂，可能会杀死1000名士兵；但如果我们改用Q热病原体，那么同样范围的攻击不仅会让1000名士兵生病几个月，还需要额外的10 000人来照顾他们。

传播

Q 热曾是一种动物疾病，随着动物被驯化并不断繁衍最终传播给了人类。其中，反刍动物是贝纳柯克斯体最常见的来源。通常 Q 热可通过许多方式传染给人类，然而，由于贝纳柯克斯体在环境中具有持久生存能力，干燥的感染性物质会污染灰尘或土壤，因此吸入贝纳柯克斯体芽孢是人类感染的最主要方式。目前，人们已经在被感染动物的体液和组织污染的空气微粒中发现了贝纳柯克斯体的存在，就是这些污染的空气微粒导致一些即使没有直接接触感染动物的人也会发病。据报道，在饲养受感染动物的农场下风区域的居民中就曾暴发了 Q 热疫情。

通常情况下，当健康动物直接接触患病动物的污染物或吸入病原体气溶胶时，就会感染贝纳柯克斯体。贝纳柯克斯体被释放到环境中的情况包括：感染动物分娩、感染动物被屠宰，同时感染动物的排泄物也会对环境带来进一步污染。因此，也可能存在水源传播。此外，贝纳柯克斯体还可存在于感染母牛的乳液中。多种节肢动物都可以作为贝纳柯克斯体的载体，从蜱、蟑螂、甲虫、苍蝇、跳蚤、虱子和螨虫中均可分离出贝纳柯克斯体，据统计，有超过 40 种蜱类可自然感染该病原体。

除经胎盘传播外，人与人之间的传播极为罕见。仅有少数通过输血和骨髓移植发生传播的相关报道。贝纳柯克斯体的性传播已在啮齿动物中得到证实，并有少数可疑的人类病例。然而作为最主要的传播源，家畜依然是一些城市暴发 Q 热的源头。

发病率

作为一种真正的人兽共患病，Q 热在世界各地、各大洲均有报道。贝纳柯克斯体的宿主有很多，包括野生和家养哺乳动物、鸟类及节肢动物。

通常认为，Q 热是直接接触家畜(如牛、羊和山羊)人群的职业病。这类人主要包括农民、动物卫生领域从业人员、屠宰场工人和进行贝纳柯克斯体培养与诊断工作的实验室工作人员。但是最近在一些与家畜基本没有接触或仅与宠物有过接触的城市人群中也出现了 Q 热的病例报道。

图 4.2 为美国境内 1998～2010 年向疾病控制与预防中心报告的 Q 热病例总数。尽管 Q 热在 1999 年就成为一种全美范围内的法定报告传染病，但由于这种疾病导致的症状大多并不严重，因此收集到的流行病学资料比较有限。1948～1977 年，美国疾病控制与预防中心共收到 Q 热报告 1168 例(平均每年 58.4 例)，其中 65%以上的病例来自加利福尼亚州。

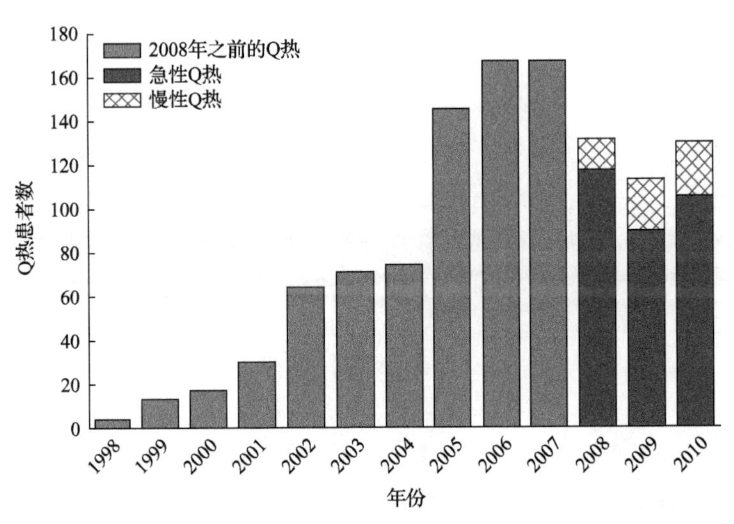

图 4.2　1998～2010 年，美国报告的 Q 热病例数。1999 年，随着 Q 热被列为法定报告传染病疾病之一，其病例定义被有意扩大化，以便获取尽可能多的案例。图中数据由美国疾病控制与预防中心提供

临床表现

多数 Q 热患者感染后无明显症状。医学专家估计，在所有感染贝纳柯克斯体的人当中，仅有一半会表现出临床症状。由于人类被认为是这种病原体的终末宿主，因此在其传播的自然史中并不重要。导致 Q 热的立克次体在人体当中的潜伏期为 2～40 天。该病一般有两种临床表现形式：急性 Q 热（病程持续时间＜6 个月）和慢性 Q 热（病程持续时间＞6 个月）。

急性 Q 热的症状在严重程度和持续时间上各不相同。急性 Q 热通常表现为自限性发热或流感样症状。患者会出现高热、发冷、大量出汗、疲劳、食欲不振、不适、肌痛、胸痛和眼周剧烈头痛等症状。急性 Q 热通常持续 1～3 周，大约一半有症状的患者会发展成肺炎。在严重的情况下，可能会出现干咳、肝炎和胸腔积液，只有 2%的急性感染患者需要住院治疗，大约同等比例的患者最终死亡。

慢性 Q 热相对少见，其病程持续时间超过 6 个月。慢性 Q 热通常发生于心脏病患者群体。此外，孕妇和免疫力低下人群风险也偏高。慢性 Q 热常导致心内膜炎、肝炎或肝硬化的发生。在一些患者中，骨骼和动脉系统受累的情况也已被报道。令人难以置信的是，一些急性 Q 热患者在首次感染 20 年后开始出现慢性 Q 热症状。

诊断和治疗

临床表现和病史在鉴别诊断过程中始终是非常重要的。目前已开发出几种可用于 Q 热鉴别诊断的血清学检测方法，包括免疫荧光试验(immunofluorescence assay, IFA)、补体结合试验和酶联免疫吸附试验(enzyme-linked immunosorbent assay, ELISA)。其中，间接免疫荧光试验是最可靠且应用最广泛的方法。此外，一些新型诊断方法也可用于检测患者样本中的贝纳柯克斯体，其中免疫组织化学(immunohistochemistry, IHC)和 PCR 的敏感性和特异性尤为突出。尽管分离贝纳柯克斯体是可行的，但由于该病原因子生物安全级别属于 BSL-3 级，这使得大多数研究机构无法展开该实验操作。

脱氧土霉素是用于治疗 Q 热的主要抗生素，其对发热患者治疗反应良好，早期诊断时使用疗效更佳。慢性 Q 热患者可能需要 2～3 年的抗生素治疗，如不给予治疗，通常会给患者带来致命后果。此外，慢性 Q 热并发心内膜炎的患者需要进行瓣膜置换术。这些患者的病死率可能高达 65%。

生物战中的 Q 热

由于贝纳柯克斯体具有高传染性、环境稳定性和可通过气溶胶途径传播等特点，因此被认为是生物战和生物恐怖主义的理想使用对象。虽然该病的总体死亡率很低，但能起到失能性战剂的作用。贝纳柯克斯体在美国生物武器计划中得到了广泛的研究，其中这个项目的关键人物——威廉·帕特里克，在研制该生物战剂的过程中起到了很大的促进作用。美国曾经有一个项目，计划投放贝纳柯克斯体和其他生物战剂以对古巴进行袭击(Miller et al., 2001)，显然，这个计划没有得到实施。世界卫生组织(WHO)估计，如果贝纳柯克斯体以气溶胶的形式在一个大约 500 万人口的城市被施放，将导致 12.5 万人患病、150 人死亡。而投放的贝纳柯克斯体将沿着风向扩散 20 余千米。

鹦　鹉　热

鹦鹉热是指人类感染鹦鹉热衣原体(*Chlamydophila psittaci*)后所患的疾病。而鸟类感染鹦鹉热衣原体后所患的疾病则为禽衣原体病，也可被称为鸟疫(avian chlamydiosis, 1996)。

鹦鹉热的病原是鹦鹉热衣原体。感染后会引起流感样症状，并可能导致严重肺炎和其他健康问题。但只要治疗得当，其病死率几乎为零。大多数人类感染原因多与接触宠物鸟、家禽或放养禽类有关。当人吸入从被感染鸟类的干燥粪便或呼吸道分泌物中雾化的未失活鹦鹉热衣原体时，就可能会发生感染（Smith et al., 2005）。

鹦鹉热衣原体是一种小型细菌，在宿主细胞的细胞质空泡内增殖，并会在生命周期中进行多次转化。当在宿主体外时，它将转化为原体（elementary body, EB）的形式。原体不具有生物活性，但能够抵抗环境压力，从而能够在宿主体外存活。原体由受感染的禽类排出，并被吸入新宿主的肺部。原体进入肺后，通过吞噬作用进入宿主细胞。然后将原体转换为网状体（reticulate bodies, RBs），并开始利用宿主细胞元件在细胞内进行复制。最终，网状体转换回原体，释放回肺部，并导致宿主细胞死亡。无论是在同一个宿主还是在新的宿主中，死细胞中释放出来的新的原体都能够感染新的细胞。至此，我们可以看出，鹦鹉热衣原体的生命周期中包含两种形式，即网状体和原体。网状体可以复制，但不能引起新的感染；原体可以感染新的宿主，但不能复制。

鹦鹉热衣原体对干燥环境有很强的耐受性。已有研究证实，原体状态可在金丝雀饲料中存活 2 个月，在家禽粪便中存活 8 个月，在稻草和坚硬的表面存活 2～3 周（Johnston et al., 1999）。

历史

鹦鹉热于 1879 年首次被发现。当时，Ritter 对近期接触过生病鹦鹉的 7 名患者的病情进行了记录。随后，1929～1930 年，由于欧洲和美国输入了大量来自阿根廷的感染珍奇鸟类，这些地区出现了历史上最大规模的鹦鹉热暴发，约 750 名患者（20%的感染者）死亡。自 1930 年鹦鹉热大流行以来，许多国家都禁止进口鹦形目鸟类。然而，由于从热带地区走私鸟类能带来很高的利润，因此这一行为仍屡禁不止。

发病率

1988～2002 年，美国疾病控制与预防中心共收到 923 例鹦鹉热报告。但该中心官员认为，这一数据肯定远低于实际患病人数，因为鹦鹉热很难诊断，很多病例往往未被报告。总的来说，在所有上报的病例中，绝大多数患者为宠物店的员工、宠物鸟的主人及家禽加工厂的工人。

图 4.3 展示了 1990～2010 年美国每年发生的鹦鹉热病例数。由于该疾病通常为周期性暴发，因此病例数每年都有显著差异。20 世纪 70～80 年代报告的病例数有所增加，这可能是由于美国在艾滋病流行开始后，在患呼吸道疾病的患者中增加了诊断测试。随后，可能由于诊断试验的改进和更好的疾病控制方法的出现，20 世纪 90 年代的病例数有所减少。

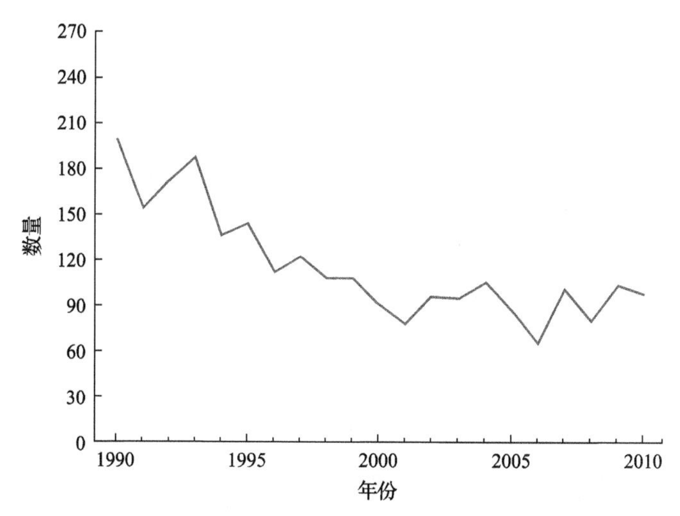

图 4.3 1990～2010 年美国每年发生的鹦鹉热病例数。如图所示，在这段时间内，每年上报的病例数均在 60～210 之间波动。这些病例大多与外来鸟类有关。图中数据由美国疾病控制与预防中心提供

传播途径

鹦鹉热衣原体可在感染鸟类的粪便和鼻腔分泌物中被检测到。其在湿润阴凉的环境(如鸟粪中)可存活若干个月。与大多数此类疾病一样，人类是偶然的终末宿主，且可由短暂接触感染鸟类或其粪便造成感染。因此，许多患者感染后都根本不记得自己曾接触过鸟类。主要感染途径为吸入感染鸟类的鸟粪气雾，其他接触途径包括嘴与鸟喙接触及接触受感染鸟类的羽毛和组织。目前尚无人与人之间的传播和食源性传播的相关记载。

批判性思考

没有任何证据表明有某个生物武器计划打算使用或批量生产鹦鹉热衣原体。那么，为什么它会被列入 B 类病原因子？

临床表现

鹦鹉热的潜伏期为 1～4 周，大多数患者在 10 天后出现症状。鹦鹉热患者的表现各异，可从轻微症状到严重伴有肺炎的全身性症状。其中，肺炎最常发生于老年人，患者最常见的症状包括发热、发冷、头痛、乏力、肌痛、干咳、呼吸困难和躯干皮疹，这种皮疹与伤寒患者的皮疹高度相似。有些患者还会变得嗜睡且

说话迟缓。此外，其他器官系统也可能受累，如心脏并发症、肝炎、关节炎、结膜炎、脑炎和呼吸衰竭，从而导致更严重的情况。

诊断与治疗

虽然鹦鹉热患者的呼吸道分泌物可培养出鹦鹉热衣原体，但受限于该过程的技术性要求和安全隐患，很少有实验室可进行此类操作。临床上通常可结合临床表现，利用血清学检查，如补体结合试验和微量免疫荧光检测进行诊断。此外，还可通过与患者面谈确定其是否有病禽接触史。

利用抗生素治疗鹦鹉热时首选四环素。一般情况下，患者可在 48～72 小时内出现好转，但也可能复发。即便未经专门的抗生素治疗，症状也可能会在几周到几个月内消失。经治疗和不经治疗的病死率分别为 1%～5%、10%～40%。

鸟类中的疾病情况

鹦鹉热衣原体是一种在鹦鹉及鹦鹉样鸟类中最常见的感染性病原体，尤其是鹦鹉和长尾小鹦鹉。在鸭子、火鸡、鸽子、鸡、海鸥和白鹭中也发现了这种微生物。此外，一些鸭场和火鸡场暴发的鹦鹉热衣原体感染已确认与人类鹦鹉热病例直接相关。

鹦鹉热衣原体存在于受感染鸟类的粪便和鼻腔分泌物中。与流感病毒一样，受感染鸟类可能看起来很健康，但实际上携带并能够播散鹦鹉热衣原体。鹦鹉热衣原体的隐性感染很常见，有些鸟类可能在接触病原体几个月到几年之后才出现疾病症状。发病率与死亡率因鸟的种类和鹦鹉热衣原体的血清型而异。患病的鸟类可表现出抑郁或紧张、羽毛皱缩、虚弱、流涕、呼吸困难、腹泻、结膜炎、鼻窦炎、厌食和体重减轻等症状，且病禽产蛋量可能下降。目前对感染禽类很难做出诊断，在治疗方面，感染的宠物禽类需要进行长期的治疗，但对家禽进行治疗则难以实现。此外，目前没有针对鹦鹉热衣原体的疫苗。

生物战中的鹦鹉热

鹦鹉热衣原体以前是美国资助的几种生物武器研究项目的研究对象之一。它的一些特性可能使其成为一种很有潜力的生物武器，包括它在环境中非常稳定、易于气溶胶化及流行范围广泛。

1993 年，随着《野生鸟类保护法》的实施，美国停止了大规模商业鹦鹉进口活动，但仍有少量的进口情况。虽然走私鸟类的情况很少见，但仍然是鹦鹉热的潜在来源。尽管美国农业部的动植物卫生检疫服务部门对禽类进口进行了严格管制，并确保相关规定的落实，但并不能从所有禽类中清除这种禽类衣原体病。

病毒性脑炎

病毒性脑炎是一种由病毒引起的脑部炎症。许多病毒都能够引起病毒性脑炎。这些病毒包括但不限于肠道病毒、单纯疱疹病毒、水痘-带状疱疹病毒、EB 病毒、腺病毒、风疹、麻疹和许多虫媒病毒。

虫媒病毒是一大类由节肢动物传播的病毒的统称。这些节肢动物中最常见的是吸血昆虫和蜱。在美国，虫媒病毒主要经由蚊类传播。鸟类通常是这些病毒的宿主，而蚊和蜱则作为鸟类储存宿主与次级宿主(马、人类或其他动物)之间的桥梁。除此之外，人类被认为是这些病原体的终末宿主，并不是疾病自然史的一部分。图 4.4 是典型的虫媒病毒生命周期演示图。

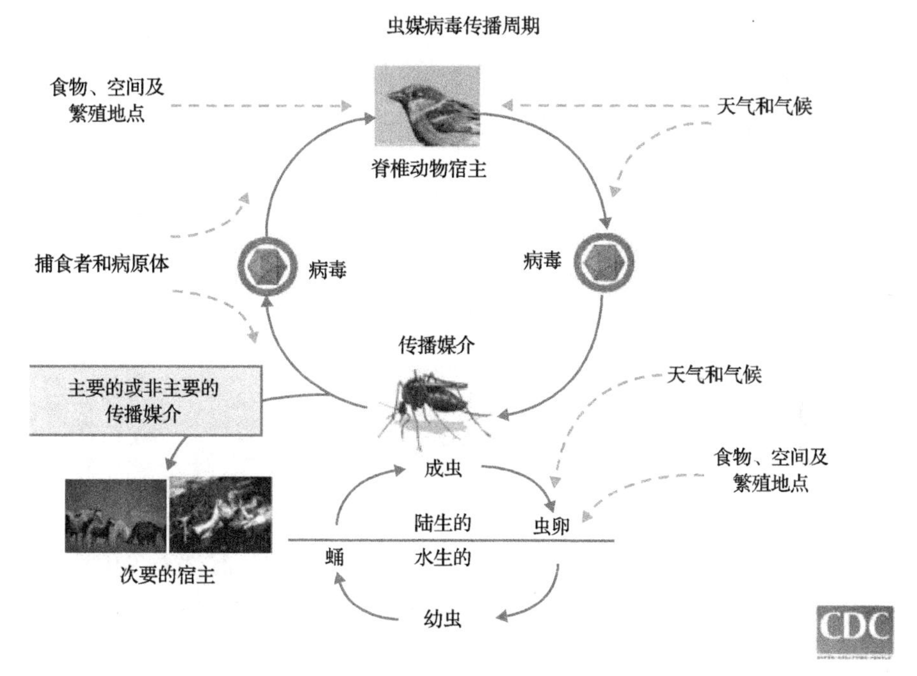

图 4.4　虫媒病毒脑炎在自然界通过多个储存宿主和媒介被保存下来。它们复杂的生命周期受到许多环境因素的影响，这些环境因素可以显著影响鸟类、人类和其他动物的病例数量。图像资料由美国科罗拉多州柯林斯堡疾病控制中心媒介传播传染病司提供

虫媒病毒的传播始于雌蚊吸食感染后的脊椎动物宿主(通常是鸟类)的血液。随后蚊子体内开始出现病毒血症，并具有足够的浓度水平和持续时间传播给其他蚊子，从而将这一传播链发展扩大，然后病毒颗粒可以在蚊子的唾液腺中复制，并传播给其他脊椎动物宿主或终末宿主，如人类和马，随后这些宿主会出现明显的疾病症状。

一旦病毒进入宿主血液，就会大量繁殖，并进入脊髓和大脑(中枢神经系统)。病毒主要通过血液或神经突破血脑屏障进入大脑，然后进入脑细胞。这会破坏、损伤并最终摧毁受感染的脑细胞。某些病毒“偏爱”大脑的不同区域，如单纯疱疹病毒倾向于攻击位于双侧耳上方的颞叶。这时，免疫系统的细胞进入大脑攻击病毒，就会导致特征性脑肿胀(脑水肿)。因此，可以说病毒性脑炎的症状是由感染和机体的抗感染反应共同造成的。

在这一章中，我们只关注病毒性脑炎的一种致病因子——委内瑞拉马脑炎(Venezuelan equine encephalitis, VEE)病毒。委内瑞拉马脑炎病毒是美国生物武器计划研究和考虑开发的少数病毒之一。此外，苏联也曾对委内瑞拉马脑炎病毒的制备和传播技术开展了相关研究。

历史

委内瑞拉马脑炎是一种蚊媒传播的病毒性疾病，在美洲广泛发生。与其他虫媒病毒一样，这种疾病原本只在蚊和鸟类之间循环，一些环境因素导致这种疾病播散到人类中。

由于委内瑞拉马脑炎病毒具有 6 个亚型(Ⅰ～Ⅵ)，因此其具有复杂的分类系统。从流行病学的观点来看，这些区别尤为重要，因为一些亚型会导致更为严重的疾病和流行病。例如，亚型Ⅰ的 6 个变种中，有 3 个具有流行的潜在可能。正常的地方性动物疫病毒株在美洲具有广泛的地理分布；但自 1971 年以来，这种致病性疾病在美国就没有再出现过。已知的流行性委内瑞拉马脑炎病毒毒株(Ⅰ-A、Ⅰ-B 和Ⅰ-C)可在马和人类中引起疾病。所有其他毒株，被称为动物疫病毒株，在人类中可引起间歇性疾病。

动物疫病毒株通常可从蚊(主要是库蚊)体内分离出来。这些毒株在美洲具有广泛的地理分布，并在各种雨林栖息动物中储存。而传播流行性委内瑞拉马脑炎病毒毒株的蚊种类则更为广泛，且在疫情暴发的情况下，该类病毒毒株可在马和驴体内增殖。奇怪的是，自 1973 年以来，这些流行性委内瑞拉马脑炎病毒毒株从蚊或脊椎动物宿主中没有再被分离出来过。

1938 年，委内瑞拉马脑炎病毒首次从一匹感染的马的大脑中被分离出来。随后，20 世纪 60 年代，哥伦比亚和委内瑞拉每年都会暴发委内瑞拉马脑炎疫情。这次暴发，导致 1962～1964 年共有 2.3 万多人感染委内瑞拉马脑炎病毒。然而，1967 年哥伦比亚再次发生了一场大流行，造成约 22 万人患病、6.7 万余人死亡。有史以来最大的一次委内瑞拉马脑炎疫情暴发发生于 1969 年，它起源于危地马拉，且在几年内向北传播到得克萨斯州，并导致了 1971 年美国唯一的一次委内瑞拉马脑炎病毒流行。这次暴发是由亚型 I -AB 引起的，并在马和人类中引起疾病。总的来说，1969～1971 年，人类感染委内瑞拉马脑炎病毒的病例数以千万计，并有超过 10 万的马匹死亡。

1995 年，委内瑞拉和哥伦比亚再次发生了委内瑞拉马脑炎病毒的大规模流行。在 8 个月期间，有超过 10 万人感染该病原体，感染马匹不计其数。为了控制此次暴发，当局进行了大规模灭蚊活动，并在空中喷洒除害剂。可惜的是，在感染暴发的早期没有使用有效的马用疫苗，而该疫苗本可以预防许多马匹的感染（Pan American Health Organization, 1995）。

临床表现

成人感染委内瑞拉马脑炎病毒通常表现为低死亡率（<1%）的流感样疾病。最初的症状持续 24～48 小时，包括发热、不适、头晕、发冷、头痛、严重肌痛、关节痛、恶心和呕吐。而嗜睡和食欲不振可持续 2～3 周。成人的严重疾病是由颅脑内和周围水肿导致的神经系统受累所引起的，因此一些患者会出现性格变化、疲劳、经常性头痛和感觉改变等症状，且不同患者预后存在一定差异。感染委内瑞拉马脑炎病毒的儿童常会发生严重脑炎，更有可能昏迷和死亡，孕妇感染委内瑞拉马脑炎病毒可导致胎儿在子宫内死亡或死产。

诊断和治疗

委内瑞拉马脑炎病毒感染后的诊断比较困难，通常需要结合临床表现和利用患者血清样本所做的血清学 ELISA 检测来完成。此外，研究实验室和实验室响应网络已经开发出相关的 PCR 检测方法，只需临床医生提供脑脊液就能进行分析。

治疗的大部分内容涉及支持性护理，其中疼痛治疗和甾体药物治疗可缓解症状，阿昔洛韦还可以阻断病毒复制。目前尚无获得美国食品药品监督管理局批准的委内瑞拉马脑炎病毒疫苗。虽然 1972 年美国陆军传染病医学研究所已研制出了一种委内瑞拉马脑炎病毒的减毒活疫苗。但该疫苗仍处于试验阶段，如需要使用，必须具有新药临床试验批文。

预防

现在已有针对马的有效的委内瑞拉马脑炎疫苗。对于蚊媒疾病的预防和控制包括减少源头、监测、生物控制、化学控制，以及教育公众使用驱蚊剂并减少夜间户外活动等。此外，美国大多数州和地方政府都有对虫媒病毒的环境监测项目。

这些项目通常包括对哨兵鸡进行血清学检测和对蚊虫进行诱捕检测，以监测疾病流行和病毒传播的情况。这些是针对西尼罗病毒、东方马脑炎病毒、西方马脑炎病毒和圣路易斯脑炎病毒的常见做法。

生物战中的委内瑞拉马脑炎

专家认为，如果利用病毒性脑炎致病菌进行生物恐怖袭击，最有可能选用的就是委内瑞拉马脑炎病毒。因为只需将该病毒颗粒雾化和播散，即可引发人类疾病。尽管马也容易受到感染，但是该疾病很可能在人和动物群体中同时发生。此外，人类的疾病症状与流感相似，很难区分。因此，委内瑞拉马脑炎袭击后的基础特征可能是某一地理区域内突然出现许多患者和患病马匹。

委内瑞拉马脑炎病毒之所以认为是具有一定军事效能的生物战剂的主要原因归结于，10～100 个该病毒粒子就可致人感染。当委内瑞拉马脑炎病毒作为生物战剂时，无论是对受感染蚊子的种群密度的需求，还是对病毒颗粒的气溶胶浓度的需求，都不会限制该病毒在生物武器攻击后的大规模传播。此外，由于委内瑞拉马脑炎病毒颗粒在环境中不稳定，因此它们不像引起 Q 热、兔热病或炭疽热的细菌那样具有持久性。

1969 年世卫组织估计，如果在一个 500 万人的城市中有效散布 50kg 雾化的委内瑞拉马脑炎病毒微粒，5～7 分钟在散布源下风口 1km 范围内将有 15 万人暴露于该病毒，并可能导致 30 000 人患病、300 人死亡。

蓖麻毒素中毒

正如在“生物威胁的识别”一章中所述，生物毒素可由多种细菌、蛇、贝类、霉菌、蘑菇和植物所产生。其中许多毒素极为致命，而另一些毒素则主要被动物用于麻痹攻击对象从而获取食物资源。其中，蓖麻毒素作为特别的毒素之一，最近受到了广泛关注，而这一毒素的“流行”主要是因为它相对容易生产。

蓖麻毒素是最致命、最容易获取的植物毒素之一，主要由蓖麻植株产生。虽然蓖麻会产生一种致命的毒素，但它主要还是被用于有益的用途。例如，由于这种植物可以长到 8 英尺[①]高，叶子颜色鲜艳，斑驳(图 4.5)，因此可被作为一种观赏植物或边界标记。此外，蓖麻籽还可被用来制作具有强效致泻作用的蓖麻油。

蓖麻毒素来源于蓖麻油生产过程中产生的发酵废液。这种毒素存在于整株植物中，但主要集中于蓖麻籽中。在提取和纯化之后，蓖麻毒素可以制成粉末、雾

① 1 英尺＝0.3048m

化剂或颗粒。由于该毒素具有水溶性，因此还可溶于水或弱酸。此外，蓖麻毒素还不受极端温度的影响，非常稳定。

历史

蓖麻毒素毒性大，易于生产，在美国生物武器研究项目中曾被考虑进行生产和制备。1978 年，在一起经典的国际间谍案中，蓖麻毒素被用来暗杀一名保加利亚叛逃者乔治·马尔科夫。据报道，刺客利用伪装成一把伞的特殊武器将一个装有蓖麻毒素晶体的小金属颗粒注射进马尔科夫的小腿肌肉。事发 3 天后，马尔科夫去世。虽然该行动是由保加利亚政府执行的，但相关核心技术由苏联提供。

图 4.5　蓖麻植株和蓖麻籽。艺术家林恩·雷尔斯巴克作品

1991 年，美国反政府极端主义组织爱国者理事会的 4 名成员于明尼苏达州被捕，罪名是密谋用蓖麻毒素杀害一名美国军官及其部分同事。该小组计划将蓖麻毒素的一种粗制制剂与二甲基亚砜混合，然后将其涂在该名军官的汽车表面。但是这个计划最终暴露，4 名成员均被逮捕，同时他们成为依据 1989 年《生物武器反恐怖主义法》在美国被起诉的第一批人。

2003 年，美国发生了一系列与蓖麻毒素有关的小规模事件。当时，由南卡罗来纳格林维尔某邮局寄出的一个包裹中被发现含有蓖麻毒素，在寄往白宫的一个小瓶中也含有该毒素。之后，在 2004 年 2 月，参议院多数党领袖比尔·弗里斯特的办公室里也发现了一封含有蓖麻毒素的信件。但是始终未抓获任何嫌疑人，也没有人受伤。这些事件和其他事件都将在“案例研究”一章中进行介绍。

批判性思考

目前我们能够轻易买到蓖麻种子。种下后，这种植物可长到 8 英尺高，成为一种美丽的装饰性植物，并能产生数百颗种子。这时，仅需一些溶剂和基本的化学设备，我们就可参照互联网上的参考资料从蓖麻籽糊中提取出相当纯的蓖麻毒素。既然美国许多生物犯罪都涉及蓖麻毒素，且完全告别这种植物并不会影响人类生存，那为什么依然可以购买蓖麻种子呢？

中毒

毒素通常不具传染性，也不会蔓延，因此，并不会出现人与人之间的传播。目前已知的三种毒素接触途径包括：呼吸道吸入、消化道摄入和注射。蓖麻毒素会在细胞水平上不可逆地阻断蛋白质合成，注射 500μg 蓖麻毒素足以杀死普通成年人，通过吸入或摄入杀死一个人则需要更大的剂量。

就像所有有毒物质一样，中毒对剂量有很强的依赖性。蓖麻毒素的潜伏期取决于它如何进入受害者体内。如果经呼吸道吸入，大约 8 小时后便会出现中毒症状。如果经口摄入，由于消化过程和肠道吸收缓慢，中毒症状会在数小时到数天后发生。如果在皮下注射蓖麻毒素，潜伏期则根据注射部位和注射毒素的剂量不同而不同，因此也可能会立即出现中毒症状。

吸入蓖麻毒素的最初症状是虚弱、发热、咳嗽、恶心、肌肉疼痛、胸痛和发绀。吸入后 18～24 小时发生肺水肿，次日发生严重的呼吸窘迫和低氧血症，最终可能死亡。

蓖麻种子漂亮的外观使得它们在服装珠宝业中也有一定用处。一些有杂色图案的种子看起来像吃饱了的蜱。不幸的是，对于儿童来说，它们看起来很好吃，这也是为什么儿童经常成为蓖麻毒素中毒的受害者。人在摄入后的几小时内，会出现严重的肠道痉挛、恶心、呕吐和头痛。随后，可出现腹泻、胃肠出血和瞳孔扩张等症状。受害者最终将经历心血管系统的衰竭，大约 3 天后死亡。

生物战中的蓖麻毒素

由于蓖麻毒素极易生产，且具有广泛的可用性和效力，因此被列为生物恐怖主义潜在的生物战剂。一种非常粗糙的蓖麻毒素制备方法是用咖啡豆研磨机和自动滴落式咖啡机对蓖麻籽进行加工。

诊断和治疗

蓖麻毒素中毒的诊断通常需要结合临床症状与血清学、呼吸道分泌物毒素含量的检测结果。这时，那些基于 DNA 的技术起不到任何作用。蓖麻毒素具有极强的免疫原性，因此可以通过血清学检测毒素。此外，使用抗原捕获 ELISA 和 IHC 对受感染组织进行检测也有很高的灵敏度。当然，这些方法只能在最先进且经过认证的实验室中进行，如实验室响应网络或国防部专用实验室。

由于目前尚无可用的蓖麻毒素中毒的治疗方法或疫苗，因此只能根据接触途径给予患者支持性护理，包括对吸入暴露者进行呼吸支持，当怀疑有消化道摄入时进行洗胃和使用泻药，以从肠道清除毒素。

总　　结

本章介绍了多种疾病和病原因子。其中涉及的所有疾病都是人兽共患病(布鲁氏菌病、鼻疽和类鼻疽、鹦鹉热和病毒性脑炎)。显然，所有这些疾病都是由复杂的疾病传播动力学和生命周期相互交错而产生的严重问题。一般来说，这些生物病原因子引起的疾病死亡率低、发病期长，且发病率相对较低甚至罕见。这意味着临床医生对它们的认识可能并不普遍，这使得准确诊断成为挑战。此外，蓖麻毒素的易得性使蓖麻毒素成为业余生物恐怖分子的首选。这也许可以解释为什么过去几年里出现了大量涉及蓖麻毒素的生物犯罪。无论如何，所有 B 类病原因子都有可能被生物恐怖主义利用，并导致社会恐慌和混乱。

基 本 术 语

- 虫媒病毒：一种由节肢动物传播的病毒，通常经由蚊子传播，其生命周期复杂，涉及哺乳动物贮主和宿主。
- 布鲁氏菌病：一种人兽共患的疾病，通常影响牛、山羊、绵羊和猪；可由布鲁氏菌属的多种细菌引起。
- 鼻疽：一种人兽共患病，通常影响马、骡子和驴；由鼻疽伯克霍尔德菌引起。
- 类鼻疽：一种人兽共患病，影响多种动物和人类；由类鼻疽伯克霍尔德菌引起。类鼻疽伯克霍尔德菌通常在热带地区被发现，它会引起一种类似于鼻疽的疾病，但其生态学与鼻疽不同，主要通过接触受污染的土壤和水进行传播。

- Q 热：一种可形成孢子的贝纳柯克斯体引起的人兽共患病，通常影响牛和羊。
- 病毒性脑炎：由病毒感染引起的“脑水肿”。涉及以虫媒病毒为主的多种病毒，可能会在人类中引起这种病症。其中最引人注目的当属曾经被列入生物武器项目的委内瑞拉马脑炎病毒。
- 鹦鹉热：指人类鹦鹉热衣原体感染。当鸟类感染鹦鹉热衣原体时，会使用禽衣原体病这个术语。这种鸟类疾病也被称为鸟疫。
- 蓖麻毒素：一种来自蓖麻的生物毒素。

讨　论

- 请对虫媒病毒的生命周期进行描述。哪一种病毒性脑炎的病原体曾在生物武器计划中被开发利用?
- 是什么导致蓖麻毒素在近来许多生物犯罪中被使用?
- 请结合本章涉及的疾病对 B 类生物病原因子的属性进行阐述。
- 布鲁氏菌通常以何种方式传播给人类?
- 故意施放所致的 Q 热暴发会以何种方式导致医疗和公共卫生体系不堪重负?

网　站

Centers for Disease Control and Prevention, disease information: Brucellosis. Available at: http://www.cdc.gov/brucellosis/.

Centers for Disease Control and Prevention, disease information: Glanders. Available at: http://www.cdc.gov/glanders/.

Centers for Disease Control and Prevention, disease information: Melioidosis. Available at: http://www.cdc.gov/melioidosis/.

Centers for Disease Control and Prevention, Viral and Rickettsial Zoonoses Branch: Q fever. Available at: http://www.cdc.gov/qfever/.

Centers for Disease Control and Prevention, disease information: Psittacosis. Available at: http://www.cdc.gov/pneumonia/atypical/psittacosis.html.

Centers for Disease Control and Prevention, Division of Vector-Borne Diseases, disease information: Arboviral Encephalitides. Available at: http://www.cdc.gov/ncezid/dvbd/.

Centers for Disease Control and Prevention, Emergency Preparedness and Response: Ricin. Available at: http://www.bt.cdc.gov/agent/ricin/.

参考文献

Avian chlamydiosis. In: Charlton, B.R., et al. (Ed.), 1996. Whiteman and Bickford's Avian Disease Manual, fourth ed. American Association of Avian Pathologists, Kennett Square, PA, pp. 68–71.

Cutler, S.J., Whatmore, A.M., Commander, N.J., 2005. Brucellosis: new aspects of an old disease. Journal of Applied Microbiology 98, 1270–1281.

Derrick, E.H., 1937. "Q" fever, a new fever entity: clinical features, diagnosis, and laboratory investigation. Medical Journal of Australia 2, 281–299.

Doganay, M., Aygen, B., 2003. Human brucellosis—An overview. International Journal of Infectious Diseases 7, 173–182.

Godoy, D., Randle, G., Simpson, A., Aanensen, D., Pitt, T., Kinoshita, R., Spratt, B., 2003. Multilocus sequence typing and evolutionary relationships among the causative agents of melioidosis and glanders, *Burkholderia pseudomallei* and *Burkholderia mallei*. Journal of Clinical Microbiology 41, 2068–2079.

Hippocrates. 400 BC. Of the Epidemics, Trans. Francis Adams. Available at: http://classics.mit.edu/Hippocrates/epidemics.html.

Johnston, W., Eidson, M., Smith, K., Stobierski, M., 1999. Compendium of chlamydiosis (psittacosis) control, 1999. Psittacosis Compendium Committee, National Association of State Public Health Veterinarians. Journal of the American Veterinary Medical Association 214 (5), 640–646.

Maurin, M., Raoult, D., 1999. Q fever. Clinical Microbiology Reviews 12, 518–553.

Miller, J., Engelberg, S., Broad, W., 2001. Germs: Biological Weapons and America's Secret War. Simon and Schuster, New York.

Moore, J., Elborn, J., 2003. *Burkholderia cepacia* and Cystic Fibrosis [Online]. Northern Ireland Public Health Laboratory, Northern Ireland Regional Adult Cystic Fibrosis Centre, Belfast City Hospital, Northern Ireland, United Kingdom. Available at: www.cysticfibrosismedicine.com.

Nicoletti, P., 1992. The control of brucellosis—A veterinary responsibility. Saudi Medical Journal 13, 10–13.

Pan American Health Organization, 1995. Brote de encefhalitis equine venezolana, 1995 (Outbreak of Venezuelan equine encephalitis, 1995). Epidemiological Bulletin 16 (4), 9–13.

Pappas, G., Papadimitriou, P., Akritidis, N., Christou, L., Tsianos, E., 2006. The new global map of human brucellosis. Lancet, Journal of Infectious Diseases 6, 91–99.

Reimer, L., 1993. Q fever. Clinical Microbiology Review 6, 193–198.

Riedel, S., 2004. Biological warfare and bioterrorism: a historical review. Baylor University Medical Center Proceedings 17, 400–406.

Ryan, K.J., Ray, C.G. (Eds.), 2004. Sherris Medical Microbiology, fourth ed. McGraw Hill, New York.

Smith, K., Bradley, K., Stobierski, M., Tengelsen, L., 2005. Compendium of measures to control *Chlamydophila psittaci* (formerly *Chlamydia psittaci*) infection among humans (psittacosis) and pet birds, 2005. Journal of the American Veterinary Medical Association 226, 532–539.

Vassalo, D., 1992. The corps disease: brucellosis and its historical association with the Royal Army Medical Corps. Journal of the Royal Army Medical Corps 138, 148–150.

Vella, E.E., 1964. The British Army Medical Service and Malta fever. Military Medicine 128, 1076–1090.

Yagupsky, P., Baron, E., 2005. Laboratory exposures to *Brucellae* and implications for bioterrorism. Emerging Infectious Diseases 11 (8), 1180–1185. Available at: www.cdc.gov/ncidod/EID/vol11no08/04-1197.htm.

第五章　C 类病原因子与疾病

望远镜的终点和显微镜的起点分别在哪？哪一个的景色更为壮观？

维克多·雨果

学习目标

1. 围绕美国卫生和公众服务部所划定的 C 类病原因子的重要性进行讨论。
2. 列出在美国卫生和公众服务部 C 类目录中近期发现的最重要的病原体。
3. 了解尼帕病毒、汉坦病毒、西尼罗病毒和冠状病毒（引起严重急性呼吸综合征和中东呼吸综合征的病原体）的暴发史。
4. 了解尼帕病毒感染、汉坦病毒感染、西尼罗病毒热、严重急性呼吸综合征和中东呼吸综合征的临床症状、诊断与治疗方法。
5. 了解当 C 类病原因子被蓄意施放时公共卫生官员和应急管理人员可能面临的挑战。

引　　言

C 类病原因子目录包括一些新发传染病和病原体。无论是由受污染的莴苣、食源性肉毒杆菌毒素中毒引起的肠道疾病，还是禽流感，任何疾病的暴发或流行都逃不过媒体的报道。正如劳里·加勒特在发人深省的《逼近的瘟疫》（*The Coming Plague*, 1995）一书中所说的那样，我们似乎生活在一个失衡的世界里。我们这个时代的特征很可能是新发疾病的暴发、原有疾病流行蔓延到新的地区、由技术进步引发的新疾病及随着文明发展逐渐侵入那些人类从未涉足过的生态系统，并从昆虫及其他动物身上感染新的疾病（Garrett, 1995）。尽管随着历史进程的发展，这些情况一直在不停发生，但现阶段的新型技术则能为这些问题提供更敏锐的定义手段。例如，我们目前所拥有的确定病原体、宿主和疾病之间因果关系的能力，在很大程度上依赖于科学和工程领域不断发展所带来的前沿技术。当然我们也不能否认一些经典技术的关键作用，直到今天，显微镜仍然是这一领域的主要工具。此外，电子显微镜在发现那些致病病原体时，更是提供了强有力的视觉证据（图 5.1）。

图 5.1　坐在透射电子显微镜前的美国疾病控制与预防中心的生物学家——辛西娅·戈德史密斯。在过去的 20 年中，戈德史密斯女士作为一名电子显微镜专家，在快速识别包括汉坦病毒、尼帕病毒和导致严重急性呼吸综合征的变种冠状病毒在内的新发病原体方面多次发挥了关键作用。图像资料由美国卫生和公众服务部公共卫生图像库提供

C 类病原因子目录会随着世界流行病的暴发情况而发生变化。生物恐怖主义协调员、应急管理人员和公共卫生官员应定期对美国疾病控制与预防中心网站的更新情况进行检查，并了解最新情况。自从致死性 H5N1 型流感病毒（又称禽流感）开始出现并传播，便受到了广泛的关注。在过去的 12 年中，人类感染 H5N1 型禽流感的确诊病例有 800 多例，且一半以上人类病例的发生直接导致约 4 亿家禽患病死亡或死于疫情扑杀措施。目前，公共卫生官员对 H5N1 型病毒可能引发的下一次大规模流行持非常担忧的态度。由于这次疫情暴发对家禽业产生了巨大的影响，因此由 H5N1 型病毒导致的禽流感将在“农业面临的生物威胁”和“近期的动物疾病暴发事件及经验教训”章节中进行详细阐述。

2015 年引起公共卫生官员关注的 C 类病原因子如表 5.1 所示。潜在的恐怖分子或流氓国家可能会利用各种新兴病原体或新发传染病疫情来制造更多的恐惧、恐慌和社会混乱。C 类病原因子的存在可归结于新兴病原体的潜在开发。本章主要围绕过去 20 年间出现的 5 种新发疾病病原体进行了介绍，包括：尼帕病毒、汉坦病毒、西尼罗病毒、严重急性呼吸综合征病毒和中东呼吸综合征变种冠状病毒。

表 5.1　2015 年 7 月列出的 C 类病原体

病原体或疾病	人兽共患病	传播给人的途径
尼帕病毒和亨德拉病毒	是	人与人之间传播
蜱传播的出血热病毒	是	蜱叮咬
黄热病病毒	是	蚊叮咬
结核病，包括耐药结核病	否	人与人之间传播
禽流感病毒	是	人与人之间传播
狂犬病病毒	是	动物咬伤
朊病毒	是	摄食
基孔肯雅病毒	是	蚊叮咬
球孢子菌属	否	呼吸道吸入
严重急性呼吸综合征(SARS)	否	人与人之间传播
中东呼吸综合征变种冠状病毒(MERS-CoV)	否	人与人之间传播

注：表中许多是人兽共患病，但是这些病原体的传播途径差异很大，包括从传播媒介传人、人传人、呼吸道吸入和消化道摄入

尼帕病毒

1998 年，在马来西亚半岛地区暴发了一场令公共卫生官员感到意外的神秘疫情(CDC, 1999)。这场疫情的暴发持续了 8 个月。当疫情结束时，超过 100 万头猪被处死。此外还有 257 例人类感染病例，其中 105 人死亡，病死率为 41%。大多数的人类感染病例来自与活猪有直接接触的肉猪产业工作人员(Parashar et al., 2000)。这场疫情的暴发对马来西亚国民的心理和国家经济发展造成了深远的影响。

研究表明，此次疫情暴发的始作俑者是一种科学家之前完全不知道的病原体——尼帕病毒(图 5.2)。疫情暴发后，研究人员采用分子生物学方法对该病原体进行鉴定，结果表明该病原体是亨尼病毒属的副粘病毒(Wong et al., 2002)。此外，尼帕病毒与最近出现的另一种病原体——亨德拉病毒非常相似，亨德拉病毒能够感染马和人，并引起严重的呼吸道症状和脑炎。

尼帕病毒感染人体后，将会引发严重且病程进展迅速的脑炎。感染猪后则主要引起严重的呼吸系统疾病和神经系统并发症。当人类与病猪近距离接触时，将面临一定感染风险。目前，尼帕病毒在宿主体外的生存能力尚未被确定。

1998 年 9 月，马来西亚卫生部收到了来自三个不同地区的数个高致死率发热性脑炎人类病例报告。卫生部相关部门最初认为，此次疫情暴发是由一种由蚊传播的 RNA 病毒——日本脑炎病毒引起的。然而，经过几个月的疫苗接种和灭蚊工作，并未能有效阻止疫情的蔓延。研究人员注意到，该次疫情暴发的许

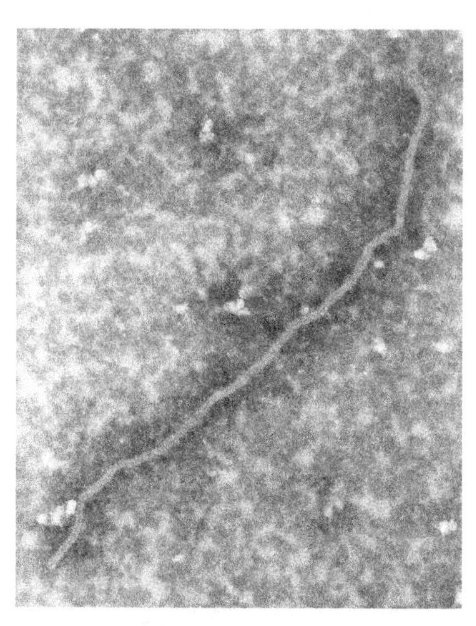

图 5.2　在 16.8 万倍高度放大的视野下，透射电镜图像显示了尼帕病毒（一种以它最初在马来西亚被分离出来的地点所命名的病毒）核衣壳蛋白超微结构的细节。图像资料由美国卫生和公众服务部公共卫生图像库提供

多流行病学特征与以往日本脑炎（简称乙脑）疫情暴发不同，人类患者与同一时间发生严重呼吸系统疾病的受感染猪具有一定的相关性，而在儿童中未见发病现象。随后的血清学检查和流行病学调查结果显示，马来西亚人并没有感染乙脑。通过组织分离培养的方法，研究人员最终找到了导致此次疫情暴发的真正原因（Chua et al., 1999）。尼帕病毒得名于首例病例报告的村庄名——Sungai Nipah。1999 年 3 月，新加坡暴发了一起由接触马来西亚进口猪导致的相关疫情。此次疫情很快得到了确认并被扑灭。

传播

尼帕病毒的天然宿主为狐蝠科的果蝠，扩增宿主为猪（Calisher et al., 2006），其中果蝠体内还被发现存在亨德拉病毒。目前，在马来西亚已发现了许多种类的果蝠。已有两种飞狐——岛飞狐（小狐蝠）和马来亚飞狐（马来大狐蝠）被证明是无症状的病毒携带者，此外，尚未发现该病毒的中间宿主。

目前，研究人员还没有确定尼帕病毒是如何从蝙蝠传染至猪的。他们怀疑，可能是由于蝙蝠在猪圈附近的果树上采食，随后部分水果上沾染了蝙蝠的尿液或唾液并被猪食用，从而实现了病毒的近距离接触传播。大多数人类病例（约 93%）曾与猪有直接接触或与猪的体液、尿液或粪便有间接接触（Calisher et al., 2006）。在 1998～1999 年暴发的疫情中，尚未发现尼帕病毒可在人与人之间传播。

在马来西亚暴发的尼帕病毒疫情中，随着病猪的运输，疫情在农场间迅速蔓延开来。疫情暴发前，马来西亚境内饲养的猪数量为 240 万头，全年生产总值约为 4 亿美元，出口总值约为 1 亿美元。疫情暴发以后，约有 110 万头猪被强制扑杀，仅此一项造成的损失约为 2.17 亿美元。此外，在疫情暴发期间，马来西亚镜内的猪肉消费下降了约 80%(Food and Agriculture Organization of the United Nations, 2002)。

2004 年孟加拉国暴发了尼帕病毒疫情。尽管只发现了 34 例人类感染病例，但死亡率高达 75%以上(Hsu et al., 2004)。尼帕病毒的另一次暴发发生在 2005 年初孟加拉国的坦盖尔，当时有 13 人在饮用棕榈果汁后患病并失去知觉。据推测，这些水果可能受到了感染尼帕病毒的果蝠粪便的污染。这些患者的血液样本被送往疾病控制与预防中心进行感染病原体检测，其中有 1 例被确诊为尼帕病毒感染阳性(Luby et al., 2006)。

临床表现、诊断及治疗

通常认为尼帕病毒在人体内的潜伏期为 3～14 天，最初的症状是发热和头痛。随后患者会出现头晕、嗜睡、定向障碍和呕吐等症状。尼帕病毒对人体的影响十分广泛，可导致血管内皮细胞坏死和神经元损伤。其中，由于内皮细胞参与维持血管的通透性，因此内皮细胞损伤可导致血管通透性升高，最终可出现低血容量休克。病情严重者还可出现脑炎、抽搐和昏迷。在马来西亚疫情暴发期间出现的常见并发症还包括败血症、肠出血和肾损害(Wong et al., 2002)。

尼帕病毒被列为生物安全等级 4 级病原因子，感染后实验室诊断方法包括血清学、组织病理学、免疫组织化学、PCR 检测和病毒分离培养。目前尚无治疗尼帕病毒感染的方法，常规临床治疗手段为维持治疗，相关疫苗正在研发。

尼帕病毒与生物战

尼帕病毒已被美国疾病控制与预防中心列为 C 类潜在生物恐怖用生物战剂。它作为一种新兴病原体，对人类健康具有重大影响，同时具有潜在的高发病率和死亡率。目前该病原体的传播主要与近距离接触猪类有关，但生物恐怖主义很可能通过气溶胶的方式来施放该病毒。这种病毒具有大范围感染宿主并在人类中造成大量死亡的潜在可能，因此这种新兴病毒成为了影响公众健康的问题之一。由于一旦发生感染，需要对所有感染该病毒的猪进行识别并扑杀，因此假如用这种病原体进行生物袭击可能会对一个国家的猪肉产业产生严重影响，并引发民众恐慌，如在尼帕病毒疫情暴发期间马来西亚境内就曾发生了群体性的恐慌事件，直到疫情得到控制才结束。

汉 坦 病 毒

1993 年在新墨西哥州暴发了群聚性的严重发热性疾病。一个由科学家、公共卫生学专家和流行病学专家共同组成的工作组经过调查发现，这场疫情是由汉坦病毒引起的。汉坦病毒是引起人类汉坦病毒肺综合征和肾综合征出血热的病原体(Duchin et al., 1994)。据目前所知，这种病原体自然存在于北美洲和南美洲的大部分地区，能够通过空气传播。在缺乏及时有效的医疗护理的情况下，感染该病毒通常是致命的。汉坦病毒可谓是病原体戏剧性地进入现代人类社会，并带给人类诸多挑战的一个完美例子。由于汉坦病毒的特性及其暴发的突然性，它被美国卫生和公众服务部门列入 C 类目录。

汉坦病毒是布尼亚病毒科的一种 RNA 病毒，含三个分节段的 RNA 基因组。一些啮齿动物是汉坦病毒在自然界的天然宿主，人类则通过吸入天然宿主粪便和尿液干燥后产生的雾化病毒颗粒被感染(LeDuc et al., 1992)，该病毒引起的人类汉坦病毒肺综合征和肾综合征出血热被认为是共同面对的人兽共患病。汉坦病毒有 25 种以上具有不同抗原种类的病毒类型。表 5.2 按照病毒类型、流行地区和啮齿动物宿主对汉坦病毒进行了分类。

表 5.2　根据汉坦病毒类型、流行地区和宿主对汉坦病毒进行分类

汉坦病毒类型	流行地区	啮齿动物宿主物种
安第斯病毒	阿根廷/智利	长尾侏儒米鼠
牛轭湖病毒	美国东南部	稻鼠
污黑小河沟病毒	美国东南部	棉鼠
多不拉伐病毒	欧洲巴尔干半岛	黄颈姬鼠
汉滩病毒	亚洲，远东，俄罗斯	黑线姬鼠
Hu39694	阿根廷中部	未知
茹基蒂巴病毒	巴西	未知
拉古纳内格拉病毒	巴拉圭/玻利维亚	草原暮鼠
莱奇瓜纳斯病毒	阿根廷中部	浅黄小啸鼠
莫农加希拉病毒	美国东部，加拿大	鹿鼠
纽约病毒	美国东部，加拿大	白足鼠
奥兰病毒	阿根廷西北部	长尾侏儒米鼠
普马拉病毒	欧洲	红堤岸田鼠
汉城病毒	全世界范围	挪威褐家鼠，屋顶鼠
无名病毒	美国中西部，加拿大	鹿鼠

汉坦病毒外层包有脂质包膜，因此它们很容易被常见的消毒剂破坏，如丙酮、碘、乙醇和有效氯(Kraus et al., 2005)。此外汉坦病毒在紫外线、低 pH 和 37℃以上的环境中也会失活。

东半球引起肾综合征出血热的汉坦病毒包括多不拉伐病毒、汉滩病毒、普马拉病毒和汉城病毒。啮齿动物感染后终生都会携带病毒，并可在种群间进行传播，但它们通常不受汉坦病毒的影响。自然界啮齿动物宿主以外的其他动物是否也具有流行病学方面的重要性目前尚不清楚。许多其他类型的汉坦病毒已被分离并加以鉴定，但尚未发现它们与人类疾病之间的关联。在北美洲地区，大多数感染汉坦病毒的人类病例都与棉鼠亚科的啮齿动物有关(Childs et al., 1994)。曾在一个地区同时流行三种汉坦病毒，且每一种病毒都有单独的啮齿动物宿主。除作为汉坦病毒的主要储存者之外，啮齿动物还可作为病毒的运输者发挥重要作用(汉坦病毒的常见宿主见图 5.3)。

图 5.3　刚毛棉鼠(*Sigmodon hispidus*)，栖息地包括美国东南部和南美洲中部。棉鼠是汉坦病毒的携带者，当其进入农村和郊区的人类聚居地时就会给人类带来一定的威胁。汉坦病毒感染是一种由受感染啮齿动物通过尿液、粪便或唾液传播的致命性疾病，人类在吸入雾化的病毒颗粒时就会感染这种疾病。所有已知的能够引起汉坦病毒肺综合征的汉坦病毒都是由棉鼠亚科的鼠类所携带的，其中至少包括 430 种广泛分布在北美洲和南美洲的种系。图像资料由美国卫生和公众服务部公共卫生图像库提供

历史

目前研究者认为，美国内战期间暴发的疫情正是由汉坦病毒所引发的，此外，两次世界大战期间都有肾综合征出血热流行的记录。1913 年俄罗斯首次暴发了由汉坦病毒引起的肾综合征出血热疫情。1931 年中国首次发现了汉坦病毒感染的病例。据报道，1932 年日本军队在中国东北地区也曾遇到一些汉坦病毒感染的病例。20 世纪 50 年代早期，朝鲜战争中有记录的联合国军部队内发生的急性发热性疾

病的病例共计 3200 余例，感染患者都是驻扎在有争议的朝韩边界散兵坑里的士兵，所以这种疾病当时被称为朝鲜出血热(Ricketts, 1954)。由于该病的死亡率高达 10%～15%，美国陆军医学部成立了专门的出血热委员会对其进行了流行病学调查。该委员会的调查结果将传染源指向了一种名为 *Apodemus agrarius coreae* 的田鼠，认为正是这种田鼠携带的病原体造成了此次出血热疾病的流行。然而直到 1977 年，这种传染性病原体才被分离出来，并根据朝鲜和韩国之间三八线附近的汉滩江将这种病毒命名为汉坦病毒(Lee et al., 2004)。当时，出血热委员会保存了 245 名士兵的 600 多份血清样本。在疫情暴发近 40 年后，调查人员于 1990 年对这些样本进行了汉坦病毒抗体的筛查，结果显示，汉坦病毒抗体阳性检出率为 94%。1979 年一种类汉坦病毒在实验室工作人员中引起出血热流行。随后该病毒根据最初的研究地点而被命名为汉城病毒，并感染了一批实验用的挪威大鼠和家鼠。最终，这些被运往日本和欧洲的感染实验动物的跨国运输导致汉城病毒被散播开来。

四角地的疫情暴发

1993 年，新墨西哥州纳瓦霍族印第安人聚居地暴发了一场疫情，导致若干人死亡。随着疫情的蔓延，美国 4 个州交界的四角地也开始出现类似病例(Chapman and Khabbaz, 1994)。该地区得名于其完美的正方形地形，标志着美国亚利桑那州、科罗拉多州、新墨西哥州和犹他州之间的边界地区。这些病例后来被认为是感染了一个新的汉坦病毒变种所致的汉坦病毒肺综合征。事实上，这并不是什么新的病毒。该病毒在那片地区可能已经存在了很多年，只是过去并没有引发如此明显的人类疾病的流行。

1993 年 5 月，几名年轻的纳瓦霍族成员因突发呼吸衰竭而向印第安卫生处的医生寻求医治。到 1993 年 6 月，已有 12 人死于该疾病。这种疾病最初被诊断为不明原因的急性呼吸窘迫综合征。患者表现为突然发热、剧烈头痛、肌痛和咳嗽，接着迅速发展为肺水肿(Stelzel, 1996)，仅需 2～10 天，病情便进展为呼吸衰竭、低血压甚至死亡。由新墨西哥州的公共卫生官员和疾病控制与预防中心的调查人员共同组成了一个研究小组，并建立了疫情监测和实验室检测系统。该研究小组发现，这些患者的血清中含有可对汉坦病毒、汉城病毒和普马拉病毒的抗原产生交叉反应的抗体，但这些患者的病情不同于其他任何一种汉坦病毒感染后所表现的肺综合征。研究小组同时也对疫情暴发地区的野生动物和家畜进行了检测(Calisher et al., 1999)。流行病学专家很快发现，这种病毒是经由一种名为 *Peromyscus mice* 的小鼠干燥后的粪便和尿液进行传播的。所以部落成员必须接受研究小组对所有类型的啮齿动物种群进行处置的行为，包括诱捕、房间清洁和清除老鼠的栖息地。不幸的是，纳瓦霍族认为是老鼠把种子带到了地球上，使人类得以生存下来，因此老鼠在纳瓦霍族的文化中受到高度尊敬，这使得疾病的控制工作变得十分艰难。

汉坦病毒相关疾病的暴发通常也与天气原因有关。干旱会导致植物死亡，进而导致啮齿动物的数量减少。相反，大雪和春雨会让植物繁茂生长，使啮齿动物数量激增。这些啮齿动物数量的激增会导致它们在接下来干燥的几个月里为食物和自我保护而展开竞争。这种竞争向一些感染汉坦病毒的啮齿动物施加了生存压力，迫使它们生活在人类住所周围的环境中，从而使更多的民众面临被感染的风险。因为啮齿动物在春季和夏季最为活跃，所以汉坦病毒肺综合征在这两个季节最为常见。虽然流行地区发生汉坦病毒肺综合征的总体风险相对较低，但病毒感染与房屋内外啮齿动物数量的增加紧密相关。例如，接触啮齿动物的粪便、尿液或筑巢材料等行为将增加被感染风险；室内暴露感染(尤其在冬季)与家中或住所附近的啮齿动物有关；清理闲置了一段时间的建筑(如小屋、谷仓和仓库)，也会增加暴露感染的风险。

相比而言，居住环境恶劣的人、农业工作者及在病毒流行地区参加野外露营等户外活动的人感染汉坦病毒的风险更大。例如，背包客和露营者在啮齿动物聚居地附近驻扎或露营时，就可能会被感染。此外，建筑工人和维修工人在有老鼠出没的房屋下方的狭窄空间工作时，也可能会被感染。研究表明，许多汉坦病毒肺综合征患者都是在长时间频繁接触啮齿动物或其粪便后感染了该病毒(Centers for Disease Control and Prevention, Special Pathogens Branch, 2007)。

在世界范围内，每年大约有 15 万人因肾综合征出血热而住院，其中大多数病例来自中国。韩国每年大约有 500 例出血热病例报告。总的来说，在亚洲和欧洲暴发的许多肾综合征出血热疫情都是由人们种植和收割那些被田鼠接触过的农作物所导致的。

传播

由于啮齿动物感染汉坦病毒后一般无明显症状，并可在同一种群之间进行水平传播，因此成为了该病毒的理想宿主。啮齿动物感染后，其尿液、粪便和唾液中都含有这种病毒。人类则主要通过吸入由啮齿动物排泄物雾化的病毒颗粒而被感染。该病毒从啮齿动物传播到人类的方式包括：人类进入啮齿动物的生存环境中并吸入感染性的病毒颗粒；虽然可能性较低，但汉坦病毒也能通过破损的皮肤感染人体；病毒颗粒也可以污染食物，人在食用受到污染的食物后也可能发病；虽然可能性极低，但被受感染的啮齿动物咬伤也可能会导致汉坦病毒感染。此外，尚未出现汉坦病毒在人与人之间进行传播的报道。目前，已发生多例实验室获得性肾综合征出血热的病例。因此需要注意的是，在进行汉坦病毒培养和感染性动物实验时，该病毒被列为生物安全等级 4 级病原体。

临床表现、诊断及治疗

汉坦病毒感染的潜伏期通常为14～17天。随后，汉坦病毒肺综合征患者会出现头痛、疲劳、发热、呼吸频率和心率加快，以及大腿、臀部、背部和肩部的大块肌肉疼痛的症状。大约一半的患者还会出现头晕、发冷和各种胃肠道症状（如恶心、呕吐、腹泻和腹痛）。

在初始症状发生后的4～10天，患者开始咳嗽，听诊可闻及肺部啰音，并可由严重低血压导致呼吸急促和迅速进行性肺水肿，这时则需要立即住院并进行机械通气治疗。大约40%的汉坦病毒肺综合征患者在感染后48小时内死于缺氧和休克。

美国疾病控制与预防中心针对汉坦病毒肺综合征开展了一项国家监测项目。为协助医生进一步认识该疾病，他们还给出了汉坦病毒肺综合征病例的诊断标准：如此前无基础疾病的患者出现高热（≥38.3℃）伴有不明原因急性呼吸窘迫综合征，且入院一周内出现双侧肺间质浸润，并发生呼吸系统损伤需给氧治疗，则可诊断为汉坦病毒肺综合征。如果患者在给氧前猝死，且尸检发现不明原因的非心源性肺水肿，则可诊断为汉坦病毒肺综合征（Centers for Disease Control and Prevention, 1997）。

确诊汉坦病毒肺综合征时需要满足特定的诊断标准并附有实验室阳性检测结果。目前，疾病控制与预防中心可采用酶联免疫吸附试验对患者急性期血清中的汉坦病毒特异性免疫球蛋白IgM进行检测，或根据恢复期患者血清中的IgG抗体滴度是否增加为急性期的4倍来进行诊断。在缺乏血清样本时，可以使用免疫组织化学技术对福尔马林固定的组织进行汉坦病毒抗原的检测。此外，也可从全血或血清中分离病毒或进行病毒的PCR检测。

汉坦病毒肺综合征的治疗需要从早期开始采取积极的重症监护措施，重点是维持血氧饱和度、电解质的平衡和血压的稳定。美国四角地疫情暴发时，由于当时的卫生保健人员不了解正确的处理方法，即使许多患者已及时就医，但仍面临预后极差的情况。如今，根据患者的接触史，通常就能够支持传染地区的医生更迅速地做出诊断。早期积极的支持性护理是成功进行救治的必要因素。如果不进行治疗，汉坦病毒肺综合征的预后将十分严重。通过支持性护理和对症治疗，患者通常都能痊愈。慢性的肺损伤和心脏损伤的发生，则取决于早期的支持治疗是否积极有效。

西尼罗病毒

西尼罗病毒是黄病毒科的一种单链RNA病毒，是蚊媒黄病毒科日本脑炎病毒家族中的一员，该家族还包括圣路易斯脑炎病毒、昆津病毒和墨累谷脑炎病毒，这 4 种病毒同属一个血清群。

1937 年，西尼罗病毒首次从乌干达西尼罗地区的一名发热患者身上分离出来。随后，西尼罗病毒又陆续分别从非洲、东欧、西亚和中东地区的蚊、人类、鸟类及其他脊椎动物的体内被分离出来(Murgue et al., 2002)。1975～2015 年，西尼罗热曾多次暴发。20 世纪 50 年代在埃及进行的研究表明，这种疾病在不同地区的自然感染史差异很大。例如，在一些定期出现西尼罗病毒流行的地区，西尼罗热是一种轻微且常见的儿童疾病，并且很容易与其他疾病的发热症状混淆。这些地区的高感染率提高了人群的基础免疫力，并随着年龄的增长而不断增加，在这种情况下，西尼罗热和西尼罗脑炎较为罕见。然而，在一些很少发生或没有发生过西尼罗病毒感染的工业化城市地区，老人和免疫力低下的儿童可能是第一次感染西尼罗病毒，于是就导致了该地区西尼罗热的流行，并可出现大量西尼罗脑炎病例(Knudsen et al., 2003)。

世界各地曾多次暴发西尼罗病毒疫情。与埃及相似，以色列在 20 世纪 50 年代也暴发了西尼罗病毒疫情。1957 年，以色列数家疗养院报告了由西尼罗热导致的严重神经系统疾病和死亡的病例。此外，罗马尼亚地区曾暴发的一次疫情被认为是之后在大型工业化城市地区发生多次疫情的催化剂。

1999 年，美国首次出现西尼罗病毒的流行。在此次疫情中，纽约市及其周边地区有 62 人感染、7 人死亡(病死率 11%)；马、乌鸦及来自动物园的外来鸟类也被发现感染了该病毒。在从人和动物的样本中分离得到西尼罗病毒之前，圣路易斯脑炎病毒曾被认为是此次疫情中人们感染发病的原因，这一发现标志着在西半球首次出现了西尼罗病毒(Jia et al., 1999)。

有许多人对西尼罗病毒是如何被引入美国的这一问题非常好奇，但没有人知道确切的答案。然而 1999 年疫情暴发后分离得到的病毒株与 1997～2000 年在以色列流行的病毒株有一定的相似性(Ebel et al., 2001)。2002 年疾病控制与预防中心的官员证实，他们于 20 世纪 80 年代和 90 年代曾为伊拉克的科学家提供了西尼罗病毒的分离株。这让一些人认为，西尼罗病毒有可能是被蓄意引入美国的。但考虑到蚊媒疾病的特点，更合理的解释是——这一情况很可能是偶然发生的，也许是由感染的蚊或宿主通过国际运输或贸易途径将该病原体引入了美国。

自 1999 年首次在美国发现西尼罗病毒的感染病例以来，患病人数和死亡人数几乎每年都在急剧增加，并在 2006 年时达到顶峰。表 5.3 展示了 1999～2014 年美国报道的西尼罗热感染病例数。

与其他家畜相比，马更容易感染西尼罗病毒。在 2003 年，共有 4554 匹马被诊断为临床表现症状明显的西尼罗病毒感染。西尼罗病毒的天然宿主则包括渡鸦、松鸡和乌鸦。此外，某些主要以鸟类血液为食(嗜鸟性)的雌性蚊子则起到了在禽

表 5.3　根据临床表现对 1999～2014 年疾病控制与预防中心报道的西尼罗热感染确诊的患病人数和死亡人数进行划分

年度	神经系统感染性疾病		非神经系统感染性疾病		总数	
	病例数	死亡人数(%)	病例数	死亡人数(%)	病例数	死亡人数(%)
1999	59	7(12)	3	0(0)	62	7(11)
2000	19	2(11)	2	0(0)	21	2(10)
2001	64	10(16)	2	0(0)	66	10(15)
2002	2 946	276(9)	1 210	8(1)	4 156	284(7)
2003	2 866	232(8)	6 996	32(<1)	9 862	264(3)
2004	1 148	94(8)	1 391	6(<1)	2 539	100(4)
2005	1 309	104(8)	1 691	15(1)	3 000	119(4)
2006	1 495	162(11)	2 774	15(1)	4 269	177(4)
2007	1 227	117(10)	2 403	7(<1)	3 630	124(3)
2008	689	41(6)	667	3(<1)	1 356	44(3)
2009	386	32(8)	334	0(0)	720	32(4)
2010	629	54(9)	392	3(1)	1 021	57(6)
2011	486	42(9)	226	1(<1)	712	43(6)
2012	2 873	270(9)	2 801	16(1)	5 674	286(5)
2013	1 267	111(9)	1 202	8(<1)	2 469	119(5)
2014	1 347	87(6)	858	10(1)	2 205	97(4)
总数	18 810	1 641(9)	22 952	124(<1)	41 762	1 765(4)

注：表中数据来自美国疾病控制与预防中心虫媒病毒病科的 ArboNET(一个基于互联网的由州卫生部门和疾病控制与预防中心处理的报告虫媒病毒的监测系统)

类宿主中传播并维持西尼罗病毒的作用。其他在血液采食上无特殊偏好的雌性蚊子也能通过吸食感染鸟类的血液而携带病毒，并通过叮咬其他动物将病毒传递出去。马或其他哺乳动物的病毒储蓄能力及相关研究表明，哺乳动物无法充当西尼罗病毒的储蓄宿主，只能作为该病毒的终末宿主(McLean et al., 2001)。

批判性思考

西尼罗热就像一场缓慢蔓延的野火，在大约 4 年的时间里从纽约市蔓延到加利福尼亚州的海岸线。只有通过临床医生、公共卫生官员、蚊虫控制专家和动物卫生专业人员的共同努力，才能减轻这种新发疾病给美国带来的影响。尽管各机构已经做了很多工作，但这种严重的疾病似乎已经在美国扎根，2006～2007 年西尼罗热患者人数仍在大幅度增加。1999 年疫情首次在美国出现时，一些政府官员对于这种病原体是如何进入美国的这一问题一直迷惑不解，这可能是某种蓄意行为造成的吗？

传播

在世界范围内，已经发现有许多不同种类的蚊能够传播西尼罗病毒。在欧亚大陆地区从蜱类中分离得到了西尼罗病毒，但它们在病毒自然传播中的作用仍不明确。在北美洲地区，已经在40多种不同的蚊体内检测到西尼罗病毒。库蚊属的蚊是自然界维持西尼罗病毒传播最重要的媒介，但没有人知道哪一种蚊在将西尼罗病毒传播给人的过程中起到了最主要的作用。

目前还不完全清楚西尼罗病毒如何在环境中持续存在，但有研究显示，也许是通过几种可能的机制共同发挥作用，为病毒的生存和发展提供必要的机会。例如，1999年美国疫情暴发后，在纽约市进行的环境监测研究结果表明，库蚊能够在纽约市的下水道系统中度过整个冬天；实验室研究表明，西尼罗病毒有可能通过杂鳞库蚊经蚊卵进行传播；对鸟类的研究表明，鸟类之间可能会发生接触传播，候鸟可能在西尼罗病毒及其载体传播到未感染地区的过程中发挥一定的作用(Centers for Disease Control and Prevention, 2000)。

目前，在实验室获得性感染的案例中，已有西尼罗病毒感染的案例发生。2002年美国疾病控制与预防中心对两名实验室工作人员感染西尼罗热的情况进行了详细记录。其中，第一例病例是一名实验室工作人员在用手术刀取感染蓝松鸡脑组织时不小心割伤自己而导致的。第二例病例是一名实验室工作人员在取感染小鼠脑组织时发生了意外针刺而导致的。2002年，人们发现，西尼罗病毒还可存在于血液中。23名被献血者在输入16名西尼罗病毒感染患者的血液后被感染。这一发现促使血库开始对献血者开展健康筛查。然而，第二年仍有737份献血者的血液样本被发现为西尼罗病毒阳性，并确诊了两起与输血有关的西尼罗热病例。这促使相关机构暂停了无偿献血的活动。针对西尼罗病毒开展的全国性的血液筛查活动在预防输血传播西尼罗病毒方面取得了一定成功(Stramer et al., 2005)。但正与其他血液筛查一样，尽管血液提供者的检测结果是阴性的，但接受输血的人仍可能小概率感染西尼罗病毒。虽然输血传播导致的西尼罗病毒感染病例很少，但自2002年以来出现的少数病例已经让人们认识到临床病原鉴别、有效的血液筛查策略和协作调查的重要性(Pealer et al., 2003)。

2002年8月，4名接受了来自同一器官捐赠者的器官移植患者被诊断为感染了西尼罗病毒，随后其中一人死于该疾病。这名器官捐赠者曾因在事故中受伤而接受了63名献血者提供的血液。讽刺的是，最后一次输血的血液来自一名西尼罗病毒感染者。此外，西尼罗病毒可能通过胎盘进行传播，虽然这被认为是几乎不可能发生的，但在2002年确实确诊了一例胎盘传播的病例。

临床表现、诊断及治疗

西尼罗病毒感染的潜伏期为 3～14 天。流行病学家认为，大约 80%的西尼罗病毒感染者是无症状的携带者。大约 20%的感染者会患上一种被称为西尼罗热的轻度疾病。轻度西尼罗热的初始症状通常包括突然发热、头痛、淋巴结肿大和肌肉疼痛，且通常伴有胃肠道症状。急性发作通常会持续 3～6 天，且伴有持续性的疲劳感。在早期以西尼罗热为主要症状的感染中，几乎一半的患者会出现斑状丘疹。

不到 1%的西尼罗病毒感染会导致严重的神经系统疾病，这些严重的感染形式被称为西尼罗脑炎、西尼罗脑膜炎或西尼罗脑膜脑炎。这里脑炎是指脑实质的炎症，脑膜炎是指脑和脊髓周围被膜的炎症，脑膜脑炎是指脑实质及脑膜的炎症。这些严重感染的症状包括头痛、高热、颈部僵硬、麻木、定向障碍、昏迷、震颤、抽搐、肌无力和瘫痪。各个年龄段的患者都可能发生由西尼罗病毒感染引起的严重神经系统疾病，此外，在某些地区，全年都存在西尼罗病毒的传播。

严重急性呼吸综合征病毒

2003 年，中国境内突然暴发了 SARS 疫情。SARS 是 C 类疾病目录中的一个典型例子，因为它似乎是凭空冒出来的。因此对于这种新发疾病，政府机构面临着许多挑战。究竟是什么原因导致了这种以前从未见过的冠状病毒(图 5.4)的出现呢？引起 SARS 的冠状病毒具有很强的传染性，本次疫情中就有一些患者因为传染了许多民众而被称为超级传播者。2003 年 5 月，引起全世界关注的第一次 SARS 疫情在中国香港暴发，但流行病学调查显示，此次疫情真正的源头来自中国广东。

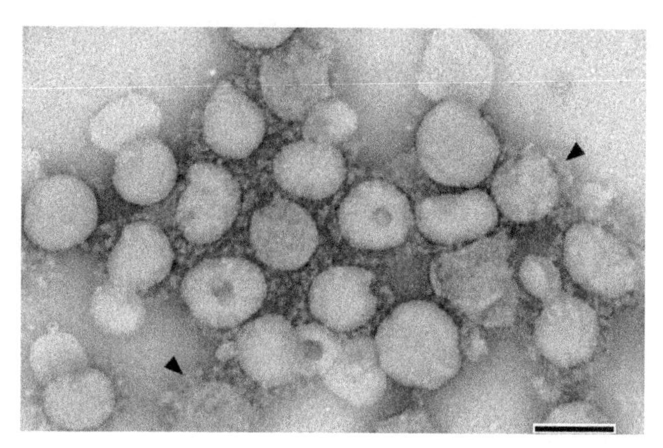

图 5.4　负染色透射电镜下一些由组织培养分离获得的 SARS 病毒颗粒。图像资料由美国卫生和公众服务部公共卫生图像库提供

广东省是中国国内比较发达的省份之一。它可以被描述为一个“被肥沃的农田包围和点缀着的工业综合体”的区域，这里的人们在工作和生活中都与动物有着比较密切的接触，甚至可以说，动物是广东人民生活中一个重要的组成部分。事实上，中国南方大部分地区都以活体动物市场而闻名。在这些地区，人们认为吃新鲜的野生动物对人体的活力和健康有很好的促进作用。在活体动物市场上，可以买到猫、狗、蛇、蝙蝠和果子狸。购买后，卖家会帮消费者完成宰杀工作。

人们认为，SARS 病毒首次出现在广东省当地的活体动物市场或养殖场中。2002 年 11 月 16 日，广东省佛山市(340 万人口)一名 45 岁的男子患上了一种不寻常的呼吸道疾病(Knobler et al., 2004)。没有人知道他到底是在哪里或如何染上这种病的。他没有旅行经历，但他最近食用了鸡、猫和蛇。流行病学调查显示，许多早期的 SARS 患者都与食用野生动物有关。这名男子是该省的一位地方领导，已婚，有 4 个孩子。几星期后，他的妻子、侄女、姑妈和姑父也都相继病倒了(Xu et al., 2004)。该名首例患者和他的 4 名家庭成员被认为是 SRAS 传播的第一个集群，直到 2003 年夏天 SARS 疫情被控制住之前，该病原体在全球范围内共感染了 8096 人，并导致 774 人死亡(病死率为 9.5%)。广东省地区受灾尤其严重，估计有 1500 多人被感染，其中 58 人死亡。

世界各地的卫生局花了几个月的时间才认定这是一种新发疾病，并对这种病毒的特征有了一定的了解，从而得出了疫情应对与防控措施(Goldsmith et al., 2004)。在疫情发生早期，人们对这种神秘的疾病所知甚少，医务人员没有该病的诊断标准或临床记录，也不明确该疾病的潜伏期时长。由于疾病的传播方式无法确定，防护设备的有效性和安全性也无法被保证。因此，SARS 逐渐从佛山市蔓延到广东省的其他地区。2003 年 1 月广东省广州市开始出现了 SARS 病例，当地的医护人员也受到了传染。

SARS 的暴发是一场悲剧。仅仅几个月的时间，这种致命的疾病就从局部地区首次出现的几个病例发展为若干个国家共同面临的问题。在加拿大，共有 3300 多人感染 SARS 病毒。安大略省的南部是除亚洲以外受影响最严重的地区，共有 375 人感染，44 人死亡(SARS Commission, 2006)。

这种新发的疾病给感染者及其家属带来了难以言喻的痛苦，迫使数千人被隔离，使多伦多地区和安大略省其他地区的卫生系统瘫痪，并严重影响了该国其他地区卫生系统的运转。此外，由于在世界卫生组织和美国疾病控制与预防中心发布的旅行建议中建议人们不要去安大略省旅行，这对当地的经济也带来了巨大的损失。护士们每天都生活在恐惧中，担心自己会患病死亡或者把这种致命的疾病传染给家人。呼吸科的医疗技术人员、医生、医院工作人员、护理人员和家庭护理人员也生活在同样的恐惧中。在安大略省将近 375 名 SARS 病毒感染者中，有 72%是在医疗机构中被感染的；在这 72%的感染者当中，又有 45%是医疗工作者

(McDonald et al., 2004)。受感染的人大多是护士，他们的工作迫使他们会与患者有比较密切的接触。然而，这还并不是SARS病毒对护士、护理人员和其他卫生工作者造成的全部负担。在许多情况下，护士是通过与漏检的SARS感染者接触而被传染，一些情况下甚至会死亡，并可能将SARS病毒传染给他们的家人(SARS Commission, 2006)。

SARS与公共卫生

令人感到不可思议的是，致命的SARS病毒很快就得到了控制并被扑灭。在几个通过国际航线与中国相连通的国家内已经有数百起病例得到了有效的处理。SARS的病死率非常高，感染控制、隔离和检疫都是控制疫情的必要措施。全球公共卫生界做出了惊人的努力，这充分说明了公共卫生教育、监测和现代技术的重要性。这是否暗示着我们应同样处理所有的新发疾病威胁?

从SARS中得到的经验教训

- 通过世界范围内多个卫生团体的协作，一个实验室联盟在几天内成功完成了对这种新发现病原体基因组的测序工作，从而开发出了快速诊断和检测的工具。
- 国际旅行促进了SARS病毒的传播。这提示我们，致命的病原体依托现在的交通水平可以在数小时内从世界的一端传播到另一端。
- 医疗卫生机构在一定程度上促进了SARS的流行。感染SARS冠状病毒的患者很有可能会前往医疗机构就诊，如果患者没有被识别出感染了SARS病毒，那么这些患者就可能会传染给医护人员和其他患者。在大多数重大SARS疫情报告中，医护人员的感染都占了很大的比例。
- SARS的暴发是一个巧合吗？部分患者体内并没有检测到SARS病毒的抗体，而部分患者被检测出SARS病毒抗体阳性却没有明显的发病迹象。这一发现仍令许多人感到困惑。由于疫情暴发的时间很短，我们不知道这种疾病在人群中大量传播会造成什么影响，也不知道无症状或亚临床患者在疾病传播动力学中发挥什么作用。
- 艾滋病患者似乎没有受到SARS冠状病毒的影响。这一情况给研究人员带来了许多困惑。

中东呼吸综合征

中东呼吸综合征(Middle East respiratory syndrome, MERS)是一种由冠状病毒

引起的呼吸道疾病，这种冠状病毒被称为中东呼吸综合征冠状病毒(Middle East respiratory syndrome coronavirus, MERS-CoV)。图 5.5 为中东呼吸综合征冠状病毒的彩色电镜图像。与 SARS 相似，中东呼吸综合征患者也会出现严重的呼吸道疾病症状，感染后的致死率约为 40%(Jalal, 2015)。

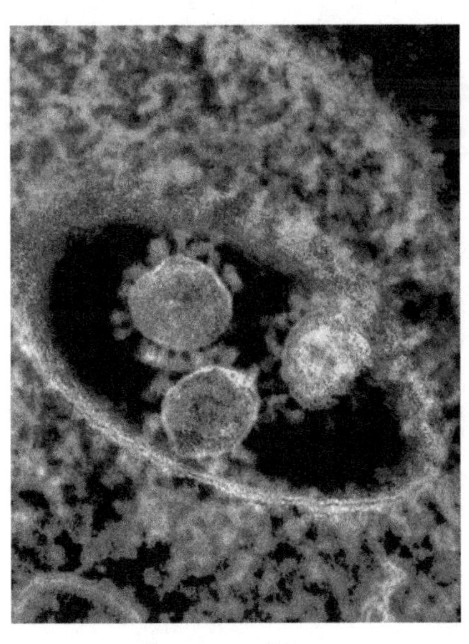

图 5.5 这张高度放大的彩色数字透射电镜图像中的几个红色球状体表现出了中东呼吸综合征冠状病毒颗粒超微结构的细节。它与严重急性呼吸综合征病毒的外部结构相似。图像资料由美国卫生和公众服务部公共卫生图像库提供

2012 年 9 月在沙特阿拉伯地区首次暴发了这种新发的严重的呼吸道疾病(Hui, 2013)。然而通过回顾性调查，卫生官员后来确认首例已知的中东呼吸综合征病例早已于 2012 年 4 月在约旦出现。自首次暴发以来，中东呼吸综合征冠状病毒已传播到阿拉伯半岛的许多其他国家及欧洲、美国和韩国等地区。

传播

中东呼吸综合征冠状病毒的主要传播途径是在人与人之间进行传播，尤其是通过咳嗽飞沫传播。中东呼吸综合征冠状病毒可通过密切接触由感染者传播给其他人，如照顾感染者或与感染者在一起生活的人，或由感染者传播给医院等卫生医疗机构中的其他人。但相关研究人员并没有发现该病原体在社区中有持续传播的现象(Cotton et al., 2013)。大多数感染患者都长期居住于阿拉伯半岛，或近期曾前往阿拉伯半岛旅行。也有少数人与近期从阿拉伯半岛旅行归来的感染者密切接触后被传染。到目前为止，所有中东呼吸综合征病例都与阿拉伯半岛及其附近国家有关。

临床表现、诊断及治疗

大多数被确诊感染中东呼吸综合征冠状病毒的患者都有严重的急性呼吸道症状，症状表现为咳嗽、高热和呼吸急促。一些患者还可能会出现腹泻、恶心和呕吐等胃肠道症状。最严重的病例还会出现严重并发症，如肾衰竭和肺炎。事实上，大多数的死亡病例都是由于患者自身存在潜在的健康问题，轻症患者通常都能痊愈(Hui, 2013)。

目前认为，患有基础疾病的患者(如糖尿病)或免疫力低下的人更容易感染中东呼吸综合征冠状病毒，或在感染后更容易发展为重症。通常认为中东呼吸综合征的潜伏期为5天或6天，但事实上其潜伏期可从2天到14天不等(Zumla et al., 2015)。

目前尚无被美国食品药品监督管理局批准的中东呼吸综合征检测技术。因此，现主要由疾病控制与预防中心或世界卫生组织的参考实验室开展相关实验室检测。分子生物学检测，如实时逆转录聚合酶链反应(rRT-PCR)检测，可被用于诊断中东呼吸综合征患者的活动性感染。世界卫生组织目前对中东呼吸综合征冠状病毒感染的病例进行实验室诊断的标准为：至少需要两个特定的基因组靶标的rRT-PCR结果为阳性；或一个特定的基因组靶标的rRT-PCR结果阳性，同时对第二个靶标进行测序比对。血清学检测可用于对那些以前可能接触过该病毒的人进行既往感染的检查(中东呼吸综合征冠状病毒抗体)。如果中东呼吸综合征冠状病毒抗体的检测结果为阳性，则表明这个人以前曾感染过这种病毒，并产生了免疫反应。

目前尚无针对中东呼吸综合征的特异性抗病毒治疗建议。但一旦出现感染，患者需要迅速进行确诊并实施医疗隔离。目前对重症患者的治疗主要是支持治疗，特别强调对重要器官(如肝、肾、肺等)功能的支持治疗。

总　　结

这些新发疾病给公共卫生官员和传染病专家带来了非常大的挑战。也许这些新发疾病的病原体已经和我们在一起共存了数百万年，只是一直潜伏在黑暗的角落里，等待着从自然传播周期进入人类宿主的机会。当然，它们也可能是一些全新的物质。无论其来源如何，一旦出现了一种新发疾病，分子生物学专家和微生物学专家必须迅速对其病原体进行鉴定，流行病学专家小组则需要针对疾病的传播动力学进行调查，疫情第一线的临床医生则需要制定合适的治疗方案，公共卫生官员必须迅速制定出疾病预防策略并发布风险通报。最终，通过媒体对新发疾病暴发的关注，促使各级政府官员采取有计划有准备的措施来解决这一问题并保护公众健康。C类目录中的病原因子可能被恶意利用的方式与2001年美国炭疽邮件事件后的粉末骗局事件非常相似。此外，恐怖组织和“流氓国家”可能会利用这些特殊病原体，故意将一种新发疾病引入某一地区，从而导致当地民众恐惧和恐慌并造成社会混乱。

基本术语

- 新发疾病：各种原因所导致的在人类中新出现的或正在迅速扩大其传播范围的疾病。
- 汉坦病毒：布尼亚科病毒家族4个属。汉坦病毒通过啮齿动物进行传播，靶器官是肾、肺和心脏。汉坦病毒这个词来源于汉滩江，汉滩病毒就是在这里首次被分离出来的。与汉滩病毒有关的疾病被称为肾综合征出血热。
- 尼帕病毒：尼帕病毒是副粘病毒科亨尼病毒属的一种病毒。尼帕病毒的特点是体积大，长期存在于狐蝠科果蝠体内，最近成为能够在家畜和人类中引发疾病与死亡的人兽共患病原体。
- 中东呼吸综合征(MERS)：由MERS-CoV冠状病毒引起，2012年首次出现在沙特阿拉伯地区，但据说同年起源于约旦地区。与SARS相似，它能够引起严重的呼吸道疾病和肺炎，死亡率很高。这种新发疾病所有疫情的暴发都可以追溯到阿拉伯半岛。
- 严重急性呼吸综合征(SARS)：SARS是一种非典型形式的肺炎，因此也被称为“非典”。它于2002年11月首次出现在中国广东省。SARS是由一种新型变种的冠状病毒——SARS病毒所引起的。
- 西尼罗热：西尼罗热是一种由西尼罗病毒引起的发热疾病，它通过被感染蚊类的叮咬从鸟类传播给人类。该病毒与其他黄病毒密切相关，包括引起圣路易斯脑炎、日本脑炎和墨累谷脑炎的病毒。

网　　站

Food and Agriculture Organization (FAO), Manual for Diagnosis of Nipah Virus Infection in Animals. http://www.fao.org/docrep/005/ac449e/ac449e00.htm

World Health Organization, Nipah Virus Overview. http://www.who.int/csr/disease/nipah/en/

Centers for Disease Control and Prevention. Facts About Hantavirus. http://www.cdc.gov/hantavirus/pdf/hps_brochure.pdf

Centers for Disease Control and Prevention, Division of Vector-Borne Diseases, West Nile Virus home page. http://www.cdc.gov/westnile/index.html

参考文献

Calisher, C., Childs, J., Field, H., Holmes, K., Schountz, T., 2006. Bats: important reservoir hosts of emerging viruses. Clinical Microbiology Reviews 19, 531–545.

Calisher, C., Sweeney, W., Mills, J., Beaty, B., 1999. Natural history of Sin Nombre virus in western Colorado. Emerging Infectious Diseases 5, 126–134.

Centers for Disease Control and Prevention, May 02, 1997. Case definitions for infectious conditions under public health surveillance. Morbidity and Mortality Weekly Report 46 (RR10), 1–55.

Centers for Disease Control and Prevention, 1999. Outbreak of Hendra-like virus—Malaysia and Singapore, 1998–1999. Morbidity and Mortality Weekly Report 48, 265–269.

Centers for Disease Control and Prevention, March 10, 2000. Update: surveillance for West Nile virus in overwintering mosquitoes—New York, 2000. Morbidity and Mortality Weekly Report 49, 178–179.

Centers for Disease Control and Prevention. Facts about Hantavirus. Available at: http://www.cdc.gov/hantavirus/pdf/hps_brochure.pdf.

Chapman, L., Khabbaz, R., 1994. Etiology and epidemiology of the Four Corners hantavirus outbreak. Infectious Agents and Disease 3, 234–244.

Childs, J., Ksiazek, T., Spiropoulou, C., Krebs, J., Morzunov, S., Maupin, G., Gage, K., Rollin, P., Sarisky, J., Enscore, R., et al., 1994. Serologic and genetic identification of *Peromyscus maniculatus* as the primary rodent reservoir for a new hantavirus in the southwestern United States. Journal of Infectious Diseases 169, 1271–1280.

Chua, K.B., Goh, K., Wong, K., Kamarulzaman, A., Tan, P., Ksiazek, T., Zaki, S., Paul, G., Lam, S., Tan, C., 1999. Fatal encephalitis due to Nipah virus among pig-farmers in Malaysia. Lancet 354, 1257–1259.

Cotten, M., Watson, S., Kellam, P., Al-Rabeeah, A., Makhdoom, H., Assiri, A., Al-Tawfi, J., Alhakeem, R., Madani, H., Al-Rabiah, F., Hajjar, S., Al-Nassir, W., Albarrak, A., Flemban, H., Balkhy, H., Alsubaie, S., Palser, A., Gall, A., Bashford-Rogers, R., Rambaut, A., Zumla, A., Memish, Z., 2013. Transmission and evolution of the Middle East respiratory syndrome coronavirus in Saudi Arabia: a descriptive genomic study. Lancet 382, 1993–2002.

Duchin, J., Koster, F., Peters, C., Simpson, G., Tempest, B., Zaki, S., Ksiazek, T., Rollin, P., Nichol, S., Umland, E., et al., 1994. Hantavirus pulmonary syndrome: a clinical description of 17 patients with a newly recognized disease. New England Journal of Medicine 330, 949–955.

Ebel, G., Dupuis, A., Ngo, K., Nicholas, D., Kauffman, E., Jones, S., Young, D., Maffei, J., Shi, P., Bernard, K., Kramer, L., July–August 2001. Partial genetic characterization of West Nile virus strains, New York state, 2000. Emerging Infectious Diseases 7 (4), 650–653.

Food and Agriculture Organization of the United Nations, 2002. Regional Office for Asia and the Pacific Animal Production (RAP) and Health Commission for Asia and the Pacific. Manual on the Diagnosis of Nipah Virus Infection in Animals. RAP publication no. 2002/01. Regional Office for Asia and the Pacific Animal Production, Rome.

Garrett, L., 1995. The Coming Plague: Newly Emerging Diseases in a World Out of Balance. Farrar, Straus and Giroux, New York.

Goldsmith, C., Tatti, K., Ksiazek, T., Rollin, P., Comer, J., Lee, W., et al., 2004. Ultrastructural characterization of SARS coronavirus. Emerging Infectious Diseases. Available at: http://www.ncbi.nlm.nih.gov/pmc/articles/PMC3322934/.

Hsu, V., Hossain, M., Parashar, U., Ali, M., Ksiazek, T., Kuzmin, I., et al., 2004. Nipah virus encephalitis reemergence, Bangladesh. Emerging Infectious Diseases. Available at: http://www.ncbi.nlm.nih.gov/pmc/articles/PMC3323384/.

Hui, D., 2013. Tracking the transmission and evolution of MERS-CoV. Lancet 382, 1962–1964.

Jalal, S., 2015. The emerging threat of MERS. Journal of the Pakistan Medical Association 65, 310–311.

Jia, X., Briese, T., Jordan, I., Rambaut, A., Chi, H., Mackenzie, J., Hall, R., Scherret, J., Lipkin, W., 1999. Genetic analysis of West Nile New York 1999 encephalitis virus. Lancet 354, 1971–1972.

Knobler, S., Mahoud, A., Lemon, S., Mack, A., Sivitz, L., Oberholtzer, K. (Eds.), 2004. Learning from SARS: Preparing for the Next Disease Outbreak. Workshop Summary, Forum on Microbial Threats, Board on Global Health, Institute of Medicine of the National Academies, Washington, DC (National Academies Press).

Knudsen, T., Andersen, O., Kronborg, G., 2003. Death from the Nile crosses the Atlantic: the West Nile fever story. Scandinavian Journal of Infectious Diseases 35, 820–825.

Kraus, A., Priemer, C., Heider, H., Kruger, D., Ulrich, R., 2005. Inactivation of Hantaan virus-containing samples for subsequent investigations outside biosafety level 3 facilities. Intervirology 48, 255–261.

LeDuc, J., Childs, J., Glass, G., 1992. The hantaviruses, etiologic agents of hemorrhagic fever with renal syndrome: a possible cause of hypertension and chronic renal disease in the United States. Annual Review of Public Health 13, 79–98.

Lee, H., Lee, P., Johnson, K., 2004. Isolation of the etiologic agent of Korean hemorrhagic fever. Journal of Infectious Diseases 190, 1708–1710.

Luby, S., Rahman, M., Hossain, M., Blum, L., Husain, M., Gurley, E., et al., 2006. Foodborne transmission of Nipah virus, Bangladesh. Emerging Infectious Diseases. Available at: http://www.ncbi.nlm.nih.gov/pmc/articles/PMC3291367/.

McDonald, L., Simor, A., Su, I., Malone, S., Ofner, M., Chen, K., et al., 2004. SARS in healthcare facilities, Toronto and Taiwan. Emerging Infectious Diseases. Available at: http://www.ncbi.nlm.nih.gov/pmc/articles/PMC3323242/.

McLean, R., Ubico, S., Docherty, D., Hansen, W., Sileo, L., McNamara, T., 2001. West Nile virus transmission and ecology in birds. Annals of the New York Academy of Sciences 951, 54–57.

Murgue, B., Zeller, H., Deubel, V., 2002. The ecology and epidemiology of West Nile virus in Africa, Europe and Asia. Current Topics in Microbiology and Immunology 267, 195–221.

Parashar, U., Sunn, L., Ong, F., Mounts, A., Arif, M., et al., 2000. Case-control study of risk factors for human infection with a new zoonotic paramyxovirus, Nipah virus, during a 1998–1999 outbreak of severe encephalitis in Malaysia. Journal of Infectious Diseases 181, 1755–1759.

Pealer, L., Marfin, A., Petersen, L., Lanciotti, R., Page, P., Stramer, S., Stobierski, M., Signs, K., Newman, B., Kapoor, H., Goodman, J., Chamberland, M., West Nile Virus Transmission Investigation Team, 2003. Transmission of West Nile virus through blood transfusion in the United States in 2002. New England Journal of Medicine 349, 1236–1245.

Ricketts, E., 1954. Report of the clinical and physiological research at Hemorrhagic Fever Center, Korea, fall of 1953. The Medical Bulletin of the United State Army Far East 2, 29–31.

SARS Commission, 2006. Final Report, Vol. 2, Spring of Fear. The Story of SARS. SARS Commission, Toronto, Canada.

Stelzel, W., 1996. Hantavirus pulmonary syndrome: epidemiology, prevention, and case presentation of a new viral strain. The Nurse Practitioner 21, 89–90.

Stramer, S., Fang, C., Foster, G., et al., 2005. West Nile virus among blood donors in the United States, 2003 and 2004. New England Journal of Medicine 353, 451–459.

Wong, K., Shieh, W., Kumar, S., Norain, K., Abdullah, W., Guarner, J., Goldsmith, C., Chua, K., Lam, S., Tan, C., Goh, K., Chong, H., Jusoh, R., Rollin, P., Ksiazek, T., Zaki, S., Nipah Virus Pathology Working Group, 2002. Nipah virus infection pathology and pathogenesis of an emerging paramyxoviral zoonosis. The American Journal of Pathology 161, 2153–2167.

Xu, R.-H., He, J.-F., Evans, M.R., Peng, G.-W., Field, H.E., Yu, D.-W., et al., 2004. Epidemiologic clues to SARS origin in China. Emerging Infectious Diseases. [serial online] (June). Available at: http://www.ncbi.nlm.nih.gov/pmc/articles/PMC3323155/.

Zumla, A., Hui, D., Perlman, S., 2015. Middle East respiratory syndrome. Lancet. Available at: http://dx.doi.org/10.1016/S0140-6736(15)60454–8.

第六章　识别、规避、隔离和通告

最危险的情况是你身处危险之中却没有意识到危险的存在。

鲁道夫·朱尼亚尼

学习目标

1. 了解 RAIN 的概念与含义。
2. 围绕如何识别生物威胁因子及由生物威胁因子导致的疾病进行讨论。
3. 了解现场检测生物威胁因子的方法。
4. 针对现场检测生物威胁因子的方法及手段的局限性进行讨论。
5. 针对规避生物威胁因子污染的方法及策略进行讨论。
6. 针对生物威胁因子与受感染人兽的隔离方法及策略进行讨论。
7. 针对生物威胁因子播散至人群或动物群后的通告程序及注意事项进行讨论。

引　　言

在 20 世纪 90 年代后期，人们对大规模杀伤性武器可对西方文明构成的威胁产生了新的认识。几次重大事件引发的政治反应促使各国开始积极展开各项应对大规模杀伤性武器的准备工作。其中，值得一提的是 1995 年发生的三大事件。其一，3 月 20 日，恐怖分子奥姆真理教对东京地铁系统实施了沙林毒气攻击；其二，4 月 19 日，蒂莫西·麦克维轰炸了俄克拉何马城的艾尔弗雷德·P. 默拉联邦大楼；其三，白人至上主义者拉里·韦恩·哈里斯因以欺诈手段向位于弗吉尼亚州的美国菌种保藏中心（ATCC）购买鼠疫耶尔森菌（鼠疫杆菌）而被联邦调查局逮捕。目前还不清楚他打算如何使用它们，但他所犯的邮件和电信欺诈行为已足以对他进行逮捕并定罪。不仅如此，随着 1991 年苏联解体，该国库存的大规模杀伤性武器现在被掌握在一些政治和经济动荡的独立国家中，这些国家手握生物武器这一现状令世界各国均感到担忧。美国政府官员因此提出这样的疑问：所有的苏联生物武器都被安全存放且有专人负责看管吗？这些生物武器是否有落入恐怖组织或“流氓国家“手中的可能？

1996 年通过的 *Nunn-Lugar-Domenici Defense against Weapons of Mass Destruction Act of 1996*（美国公法 104-201 号）提出对美国 120 个人口较多的城市进

行生化武器防护培训（Socher and Leap, 2005）。在 1998 年的拨款法案中（美国公法 105-119 号），国会议员对恐怖主义可能使用生化武器带来的灾难性后果表示担忧。国会表示，尽管联邦政府能够对这些威胁进行积极预防和快速响应，但当事故发生时，各州和地方公共安全部门的全体成员才是第一响应人（GAO Report, 1999）。因此，国会授权司法部长协助各州和地方公共安全部门全体工作人员（一线应急响应人员）获得应对与处理大规模杀伤性武器恐怖事件时所需的专业培训及安全设备。1998 年 4 月 30 日，司法部长授权司法部司法项目办公室为国家和地方应急机构进行专业培训与设备援助，以更好地为应对这一威胁做好准备。为此，司法项目办公室设立了国内备灾办公室，以制定和管理国家备灾计划（1999）。

社区响应组织

对恐怖主义大规模杀伤性武器的威胁及其破坏性进行分析和评估是制定应急响应计划的第一步。考虑到大规模杀伤性武器攻击的复杂性，每一个社区都应该制定一个应急计划以将这种灾难性的影响降到最低。

危险物质，是指可对员工健康和安全造成不良影响的物质。1980 年《综合环境反应、赔偿和责任法》第 101（14）条规定了危险品的范围：①可能导致死亡、疾病或其他健康问题的生物或致病因子；②美国运输部根据《联邦法规》第 49 章第 172.101 条及其附录所认定的危险物质；③属于有害废物的物质。

应急响应或突发事件应对，是指来自事故发生地点以外的工作人员或其他指定的应急人员（如互助组、地方消防部门等）对导致或可能导致危险物质失控释放事件做出的响应。如果意外释放的危险物质可被吸收、中和或由紧急疏散区的工作人员以其他方式加以控制，对该物质的响应则不视为本标准范围内的应急响应。如释放危险物质后没有潜在安全或健康危害（如燃烧、爆炸或化学接触等），对此进行的响应也不被列为应急响应[参照标准：《联邦法规》第 29 章 CFR, 1910.120（a）（3）]。

在处理化学、生物、放射性/核、爆炸（简称化生放核爆，CBRNE）等危险物质时，应急者有不同的分工（图 6.1）。《联邦法规》第 29 章第 1910.120 条中对应急者的操作要求及其必要的培训有以下规定：

- 第一响应识别者是“最可能目击或发现危险物质被释放的人，并且接受过相关训练，能够按照规定迅速向相应部门进行通告，从而启动应急响应工作程序。除了将消息通告给相关部门，他们无需采取进一步行动”[1910.120（q）（6）（i）]。

图 6.1　事故发生后，应急响应人员会从不同层面履行各自的职责。上图是美国国民警卫队民事支援队的应急人员在一次训练演习中进入模拟灾区时的情况。他们在危险环境作业时穿着的是 B 级个人防护装备。图像资料由美国国防部提供

- 第一响应操作者是“当危险物质被释放或存在释放的潜在可能时立即做出响应的人。作为对事发现场做出最初响应的一部分人，他们的目的是保护附近的民众、房屋或环境免受危险物质释放的影响，他们需要做的是防御性的反应，而不是试图让危险物质停止释放。主要任务是将释放物控制在安全范围内，防止其扩散，并防止人员暴露于该危险物质”[1910.120(q)(6)(ii)]。
- 危险物质技术人员是“当危险物质被释放或存在释放的潜在可能时立即做出响应以阻止危险物质释放的人员。在操作层面，他们承担着比第一响应者更危险的任务，因为他们需要接近危险物质释放点，以便堵塞、修补或以其他方式阻止危险物质的释放”[1910.120(q)(6)(iii)]。
- 危险物质专家是“与危险物质技术人员协作响应，并为其提供支持的人。他们的职责与危险物质技术人员类似；但这些专家还需要对危险品可能包含的各种成分有更直接或更详细的了解。危险物质专家还将针对现场状况与联邦、州、地方和其他政府当局进行现场联络”[1910.120(q)(6)(iv)]。
- 现场事故指挥员是“根据国家突发事件管理系统(NIMS)和突发事件应急指挥系统(ICS)的原则，对事故现场进行控制并对应急响应者的安全和整体运转结构负责的工作人员。他们需要针对威胁的各个方面进行培训，既要有超出第一响应识别者的警觉意识，又要能够达到第一响应操作者的操作水平”[1910.120(q)(6)(v)]。

当医院接收到暴露于化学、生物或放射性有害物质的患者时，尤其是在发生大规模伤亡事件时，医务工作者面临着以上有害物质的职业暴露风险。这些医院工作人员虽然在远离危险物质释放点的地点工作，但也可被称为第一接触者。他

们可能接触的有害物质主要集中于入院就诊患者的皮肤、头发、衣服或个人物品等（Horton et al., 2003）。由于接触污染物的位置及来源不同，因此第一接触者明显区别于第一响应者（如消防员、执法人员、护理人员等），后者通常需要对事故现场做出响应和处理（Occupational Safety and Health Administration, 2005）。

RAIN 的概念

应急响应团队主要由经过培训的具备警觉意识的人员组成。该级别的应急工作人员尚没有资格及资质对大规模杀伤性武器事件的现场进行指导及支援[OSHA 1910.120（q）（6）（i）]。因此，警觉意识培训计划的关键，是使第一响应者和第一接触者具有敏锐的意识与常识框架，以便他们在有害物质释放时知道该如何行动。

基于对生物病原因子的充分了解，培训方案中应强调知识和技能的运用，以便每一名应急工作人员都做好迅速响应的准备。他们需要做到的内容包括：对潜在危险进行识别、避免自身被污染、对污染地区进行隔离并发出准确合理的通告。因此，缩写词 RAIN 的含义，也就是识别（recognition）、规避（avoidance）、隔离（isolation）和通告（notification）。在大规模杀伤性武器事件中，RAIN 可被响应人员和信息接收人员用于快速收集与处理信息，并利用这些信息保护民众生命安全。这一概念和首字母缩略词是备灾培训人员在为最初的美国备灾计划（1999）制定培训指南和课程时所提出的（Socher and Leap, 2005）。

简而言之，RAIN 可通过以下方式进行应用。

- 识别危险或威胁（所观、所听和所闻的内容中哪些信息提示有生物威胁存在的迹象？）。目标是让第一响应者和第一接触者快速地知晓发生了怎样的可疑事件。
- 规避危险、污染或伤害（应该远离什么？）。为第一响应者和第一接触者提供避免受到可能有害的液体、粉末或蒸汽伤害的行动指南。TDS（time, distance, and shielding）是“时间”“距离”和“防护”三个英文词的简写，指避免暴露于威胁中的时间，保持人与威胁之间的距离，以及使用防护设备进行防护。TDS 的概念通常被用于放射性危害的防护，但如果知道危险物质的释放地点，TDS 也同样适用于生物威胁因子危害的防护。
- 隔离危险区域（应该对谁进行保护？）。第一响应者和第一接触者在疫区隔离、疫区处理、疫区人员转移和疫区封锁时需采取什么措施？
- 发出通告，寻求适当的援助（应该向谁报告？）。需要采取什么行动才能通知到有关部门和机构，并为他们提供尽可能多的事件相关信息？

识 别

由于生物武器攻击具有隐蔽性，目前我们在识别生物威胁这一方面还存在一定的困难。回顾历史可以发现，只需要极少量的生物病原因子就可进行大规模的生物攻击，且大多数生物病原因子在受害者出现明显症状前都有一个潜伏期。此外，最初的症状往往具有非特异性(类似于感冒样的)，受害者可能会认为只是普通症状，而不会特别注意。由于生物病原因子的传播很有可能会在事发几天后才被发现，因此通常没有第一应急响应。事实上，生物安全事件最初的迹象可能是由 911 接线员、急诊室人员或医疗机构尤其是当地医院的急诊科所发现的。有警觉意识且经过专业训练的应急响应人员可作为生物安全事件的第一道防线，及时对可疑物品或行动进行上报，并对人、动物或某些区域发生的异常迹象进行识别。

如果在一个特定的区域或社区内集体发生类似的症状或相关的迹象(如致电 911 寻求援助并报告高热、呕吐等症状人数激增；前往当地应急护理机构及急诊室人数激增)，则表明可能已经发生了生物安全事件。一旦证实上述迹象确实存在，第一响应者或公共卫生官员将立即对患者、患者家庭成员及可能的接触者进行随访，以搜集患者最近的旅行经历、交际情况、就业情况及参加的社会活动等方面的信息。

受制于法律、舆论和公约，生物病原因子的恶意施放很可能秘密进行。尽管如此，在事故发生前后，仍会有一些预警信号或线索提示生物袭击的潜在可能。例如，生物恐怖袭击发生前，恐怖分子可能会发出口头或书面威胁；一种将生物战剂封装于小型炸弹中而形成的生物武器在施放时，一般不会造成强烈的爆炸或燃烧。因此，如果现场存在爆炸性能较低且能释放粉状物质或薄雾的装置，则意味着该地区很可能被实施了生物武器攻击。此外，如果在某些不应存在喷雾装置的地点发现了废弃的喷雾装置，则该地区也可能存在被蓄意释放生物病原因子的情况；应急人员如发现曾展开过生物病原因子制备活动的秘密实验室，也意味着有人可能恶意实施生物威胁行为。这时制备现场还可能会发现未经批准的生物生产设施，如生物安全柜、培养箱、活性培养产物和大量培养基。

如发生以下迹象则提示可能发生了生物武器攻击

- 发现多起由当地原本不存在的病原体引起的疾病。
- 当多名患者同时发生多种疾病，提示在恐怖袭击中可能使用了混合性病原因子。
- 位于同一地区的军队和平民均出现大量伤亡。

- 来自生物感应器的数据表明出现了大规模点源暴发式的疫情。
- 由明显的吸入感染途径引起的大规模疾病暴发。
- 与高风险人群相比，发病率和死亡率较高。
- 疾病发生于局部或受限制的地理区域。
- 在有空气过滤设施或封闭通风系统区域的工作人员受到攻击的概率更低。
- 多类别和数量的前哨动物发生死亡。
- 疫区出现非自然传播媒介(对于在自然界中需媒介传播的病原体)。

Wiener, S., Barrett, J., 1989. Biological warfare defense. In: Trauma Management for Civilian and Military Physicians. W.B. Saunders, Philadelphia, pp. 508–509.

抽样和检测方法

如前所述，应急响应人员一般不会到达生物病原因子释放现场。事实上，在生物病原体因子释放后的数小时到数天内，生物安全事件发生的第一个真正指标可能来自急救医疗人员和医疗社区，特别是当地医院的急诊科。训练有素且具有高度警觉性的应急响应人员作为第一道防线，可对可疑物品或活动进行及时报告，并识别出人、动物或某些地区出现的异常情况。

大多数第一响应识别者并不能进行现场生物病原因子的检测。但可由经过培训的危险物质技术人员从事故现场采集样本，使用各种检测技术和工具进行分析。这些技术包括手持检测、免疫学检测和较为复杂的核酸检测。在本书作者看来，其实很多现场检测的设备和技术的准确性要么被夸大了，要么是未知的。

批判性思考

生物病原因子的威胁具有延迟效应。响应者很可能不是第一个注意到事件已经发生的人。相反，医务人员可能是第一个通过病例报告发现异常情况的群体。美国 9 · 11 事件后发生了一起重大的生物恐怖事件，即美国炭疽邮件袭击事件(Amerithrax)，美国炭疽邮件袭击事件又是如何被揭露出来的？

采样

在执法人员和公共卫生官员力求将生物攻击的影响降到最低并逮捕肇事者的同时，生物病原因子给他们带来了新的挑战。在过去，执法人员和公共卫生官员通常都是单独开展调查行动。然而，生物袭击发生时，则需要这两方面的专业人士高度合作，以实现它们各自的目标，包括识别生物病原因子、防止疾病传播、防止公众恐慌和逮捕肇事者。在这个过程中如果缺乏相互认识和理解及缺乏既定的沟通程序，都可能影响执法部门和公共卫生部门相互独立但又彼此交叉的工作效率。由于随时都可能出现生物袭击，在生物安全事件发生期间有效利用所有资源，对确保做出有效和适当的应对行动起到至关重要的作用。

当发生生物犯罪时，响应者可能需要按要求收集和保存微生物司法证据(Schutzer et al., 2005)。这对后续的调查和溯源至关重要。如果没有进行证据采集或证据已降解消失，又或是证据在收集、处理、运输或存储的过程中受到污染，那么归因分析的结果可能会受到一定影响。许多专家认为，在面对生物恐怖主义事件时，既定的犯罪现场处理标准规程在很多实际操作中可能并不灵便且难以遵循，在某些情况下还可能会影响证据的收集。因此，参与应对的不同部门应根据既定准则进行协商并提出最佳方案。该方案可以在对犯罪现场进行详细调查后进行修改，也可以在调查过程中获得更多信息后再进行修改。如果取证时使用的方法符合已被验证的样本采集的标准方法或取样策略，那么取样范围将更明确且更具有针对性(Budowle et al., 2006)。本指南的主题之一就是为在坚硬物体表面发现可疑粉末的情况提供样本收集的方法。

正如那句格言所说，“不要把不好的样本用于好的检测中”。因此在进行检测之前，我们必须采集高质量的样本。这就要求操作过程中应尽量保证采样效率且确保所使用的采样和测试方法都已经过验证。这里可能存在的问题包括，取样工具和取样过程中使用的材料可能与检测方法不兼容，如某些缓冲液可能会导致待测物质或病原体降解或变性；对物体表面进行取样时，大部分病原体可能会被取样工具所吸附，而该工具取样后并不能浸入样品溶解液，从而降低了取样的准确性。除考虑物理和化学因素外，还需通过研究确定采样和检测方法组合的整体有效性。目前联邦政府领导机构(疾病控制与预防中心、国防部、联邦调查局等)已对生物病原因子取样和采集临床样本的方案与设备进行了验证。不同的检测方法可能常需要不同的取样方法。

研究人员在分别采集环境样本和临床样本时，所采用的方法是截然不同的。此外，在对样本进行检测前，往往还需要多个关键的制备步骤。理想情况下，采集的样本应是无菌且不含任何抑菌剂的，但事实上这种状态很难实现。例如，在一种检测水中炭疽杆菌孢子的特殊测试方法中，样本母体(所有类型样本的总体)为看似简单的水，但由于水又有许多不同类型，因此可能会非常复杂。如果检测样本为处理水、废水、雨水或循环水，则很可能不能使用基于蒸馏水进行核酸检测的方法对样本中的病原体进行测定。同样，对粪便样本或血液样本进行检测也存在相应的问题。在检测粪便样本时，必须把病原体从其他微生物中分离出来。在这个过程中，还可能存在一些会破坏检测试剂性能的抑制剂。检测血液样本时，则需要从样本中除去红细胞，然而红细胞中的血红素对某些检测试剂有很强的抑制作用。以上就是样本制备时常见的问题。

批判性思考

哪些混杂因素可能会影响环境中样本的采集？

“不要把不好的样本用于好的检测中”这句话应该怎么理解？

要得到一个好的样本是非常困难的。例如，在对样本进行检测之前，需要进行样本的制备。一些基于核酸的检测方法需消耗几小时进行核酸抽提，这些步骤都增加了检测的复杂性。缺乏相关专业技术的人员，在实地工作中可进行的操作非常少，为此，美国卫生和公众服务部于2002年发表声明，不建议第一响应者在现场进行炭疽的快速检测。直到目前为止，美国卫生和公众服务部都没有撤销这一声明。

临床样本成分复杂，环境样本的变数更大。正如上文所述，环境样本常有许多不同的类型，如不同类型的水和土壤。此外，环境样本中还可能含有一些可能会影响或破坏采样和检测的物质，如污染物、重金属和有机化合物(如腐殖酸)。然而，在微生物学家看来，没有什么比从环境中分离培养出纯净的有害微生物更加令人激动了。因此，在许多环境测试项目中，微生物培养仍然是金标准。在很大程度上，其他技术都是对病原体的存在进行的一种推断，但通过培养分离物，我们可以得到一个直观的结果并可以进行一系列理化检测。微生物法医学和流行病学调查通常都会使用皮氏培养皿或显微镜载玻片上微生物的照片进行举证，这也说明了获得实验室分离物的重要性。此外，如果获得了某种病原体的纯化培养物，那么能进行一些基因检测以协助确定致病病原体的种属。事实上，在马里兰州的德特里克堡就成立了一个新的联邦组织，专门从事生物取证工作，协助联邦调查局、疾病控制与预防中心和国防部调查潜在的生物恐怖主义行为。

上报和初步行动

美国国家应急预案(National Response Plan, NRP)的生物事故附录中清楚地阐明了与需要联邦援助的生物病原体或疾病暴发有关的行动、角色和职责(US, DHS, 2004)。然而不管有没有被列入《斯塔福德法案》，或是由卫生和公众服务部部长声明的公共卫生紧急事件，美国国家应急预案仅被用于国家级别的重大事件。每年都会发生许多“白色粉末”事件，而其中的大多数很可能被宣布为不具有威胁的恐怖事件。

如果事件中涉及蓖麻毒素或炭疽，那么就极有可能是人为的恐怖事件。因此，涉及生物病原因子的突发事件应视为恐怖主义事件及刑事案件来对待，除非查明是由别的原因引起。这样的情况就要求通告到联邦调查局，然后联邦调查局再通告到国土安全部行动中心。美国国家应急预案的恐怖主义事件执法附录为联邦调查局在调查恐怖主义事件方面提供了更多的信息。

对于确定的生物病原体造成的恐怖威胁，参与行动的危险物质处理小组还应通过当地程序通告给当地公共卫生和应急管理官员，当地公共卫生官员应报告给疾病控制与预防中心，疾病控制与预防中心再上报给卫生和公众服务部总部。最后经由国土安全部行动中心通报给卫生和公众服务部及由美国海岸警卫队人员组成的国家应急中心。

应对生物威胁的框架体系

当涉及应急响应时，生物威胁对于当地责任机构来说似乎总是有点神秘或令人费解。因此，联邦、州与地方政府的利益相关者、公共卫生部门工作人员、第一响应人员及相关产业应认识到开发应对可疑粉末和包裹的任务能力的必要性。这促使由国土安全部牵头的跨部门工作组尽心尽力地建立了一个针对生物威胁现场的应对工作框架(DHS, 2011)。该文件中明确了应对此类事件所需的关键技术和能力，以下摘录的内容取自该文件中阐述这项工作主要目的的执行摘要。

> 无论是基于现场还是基于实验室，每项任务能力都需要 5 个关键的任务要素，这 5 个关键的任务要素不仅能够确保各级响应者之间进行协调和交流，还能增强响应者的信心。这些应对生物威胁任务能力的关键要素包括:
>
> 1. 能够支持现场检测的开展，并对管辖区内主要利益相关者应对操作权限进行协调的运作指南(concept of operations, ConOps)。
> 2. 现场检测最终使用者通过培训并获得相关资质证明。
> 3. 对现场最终使用者所掌握的能力进行测试。
> 4. 采样标准和处理标准。
> 5. 检测方法均已通过有资质的第三方验证，并证实这些检测方法的性能均已满足或高于国家相关标准。

这些关键要素已成为许多工作组的目标，旨在为响应者提供必要的工具、技术和规程，以安全有效地对生物恐怖主义行为做出反应。图 6.2 显示了第一响应者在面对涉及生物病原体的事件时做出适当响应所必需的关键要素。

建立生物病原因子样本采集方案

世界上最大的自发制定标准的机构之一——美国材料与试验协会宣布：一种用于采集、封装和运输疑似生物病原体可见粉末样本的新标准已被批准并投入使用(ASTM international, 2006a)。作为第一个处理此类样本的标准，ASTM E-2458 制定了从无孔(硬质)物体表面对疑似生物病原体的可见粉末进行大样本采集和拭子样本收集的操作规程。该标准通过结合参考指南，以遵守有关生物安全和生物安全的相关联邦法规。注意，本标准仅适用于无孔物体的表面(图 6.3)。

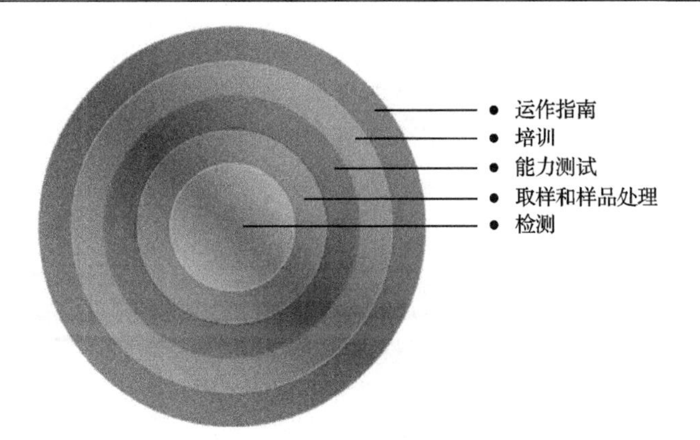

图 6.2　对可能发生的生物威胁事件做出适当的应急响应所需的关键要素。相关资料链接地址：http://www.aoac.org/imis15_prod/AOAC_Docs/SPADA/FrameworkforBiothreatFieldResponseMission-Capability.pdf。图片内容来自 2011 年美国国土安全部的“生物威胁现场应对任务能力框架”

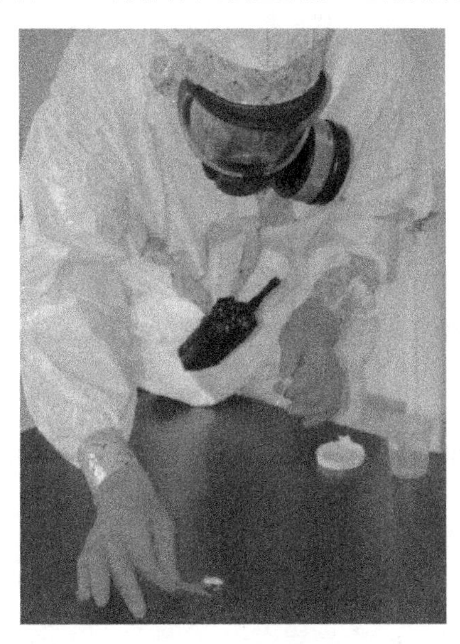

图 6.3　危险物质技术人员根据 ASTM 两步法操作规程(E-2458)从无孔物体表面采集粉末状生物病原体样本。图像资料由美国国土安全部、太平洋西北国家实验室(PNNL)提供

采样标准的制定工作是由美国国土安全部发起的，旨在解决样本采集和筛选过程中存在的一些问题。为了制定采集疑似生物病原体粉末的标准方案，美国国土安全部指派国家标准与技术研究所牵头组建了一个工作小组，并委托美国分析化学家协会对该工作小组的研讨会议和方案效度分析进行组织安排。

美国分析化学家协会采样标准工作组成立于 2005 年 4 月，由来自美国联邦调查局、美国疾病控制与预防中心、美国环境保护署、国际消防协会、美国各州卫生部门、美国陆军各部门不同领域的专家组成。该小组研究形成的最终文件作为制定统一标准的基础提交给国土安全部美国材料与试验协会 E54 委员会(ASTM International, 2006b)。随后，E54 委员会对该标准草案提出了关键的意见和反馈，引发了几百条评论并针对该草案进行了三轮投票。最后，美国材料与试验协会在综合考量国土安全工作之后制定出相关的标准，前后总共耗时约 1 年。

两步法操作规程

E-2458 是一种在初步风险评估后对疑似存在生物威胁的可见粉末进行检测的两步法操作规程。操作规程的第一步，或称步骤 A，包括从固体无孔(硬质)物体表面对可疑的可见粉末进行大部分样本的收集和封装。这种样本采集和运输的方式能够确保公众健康与安全，同时可以保证执法机构能够获得足量的原始样本用于检测分析和法医检验。第二步，也就是步骤 B，包括对残留可疑粉末进行拭子取样，以开展用于推定生物病原因子的现场筛查。

样本采集操作规程的有效性证明

2006 年 3 月，研究人员在美国陆军杜格威试验场进行了一项研究，以验证样本采集操作规程的可靠性。研究表明，在模拟的紧急情况下，经过训练的应急响应人员可以使用该采样操作规程有效回收样本。并且即使在收集了所有的大样本之后，应急响应人员也还是可以检测到足够数量的炭疽杆菌孢子，以作推测性的现场检测。该评价研究旨在确定不锈钢、食品级油漆木材、橡胶、瓷砖、混凝土、成品木材、塑料这 7 种材料表面的样本回收效果。共有 6 个工作小组参与了这项研究，其中包括 4 个国民警卫队民事支援队、海军化学生物事故响应部队和 1 个来自佛罗里达州危险物质响应机构的小组。在整个研究过程中，研究小组成员都穿着 C 级个人防护装备(personal protective equipment, PPE)，以便尽可能在接近真实的条件下对采样程序进行测试。

采样试剂盒

现有几种采样试剂盒被用于 CBRNE 材料的采样，此类试剂盒可供专业的应急响应人员在采样或收集证据时使用。需要注意的是，这些采样试剂盒及采集设备通常不能完全确保能鉴定出生物病原体，或是鉴定出可疑生物病原体的种类。应用这些试剂盒的目的，主要是让工作人员能够安全、准确地收集疑似 CBRNE 材料的样本，以便运送到实验室进行最终鉴定。很多时候样本分析结果不准确的原因是使用了错误的采样方法，因此即便是简单的采样工具包，也需要提供具体且详细的样本采集和样本管理说明。太平洋西北国家实验室(Pacific Northwest National Laboratory, PNNL)的一组科学家通过一个由国土安全部资助的项目对一些采样试剂盒进行了技术评估。这些评估的结果都可在太平洋西北国家实验室的网站上查到，详细内容可参阅本章末的参考网站。

病原体检测技术

生物病原体检测并不是一个简单的问题，其主要的难点在于一些病原体的高致死率。某些病原体的效力是化学武器的百万倍。例如，吸入性炭疽的致死量约为 5000 个孢子，大约是 10^{-9}g，因此检测装置必须特别灵敏，才能检测出低浓度的病原体；此外，对于这些致命的病原颗粒的检测还会受到空气中大量背景颗粒的影响。通常情况下，我们可能需要在数百个背景颗粒中识别出一个目标颗粒。更糟糕的是，在大量背景颗粒中，花粉或一些良性细菌也具有与生物病原体本身相似的生物学特性，导致很难对它们进行区分。

理想的解决方案是实现生物威胁病原体的即时特异性检测。然而，目前一系列相互竞争的技术都在速度、特异性和成本之间有自己的优势与劣势。其中敏感性和特异性最高的(见插图)技术可能当属聚合酶链反应，这是一种从样本中匹配并扩增目的核酸片段的生物技术方法。该方法具有惊人的敏感性，然而，检测单个细胞大约需 30 分钟，这对于检测-预警的原则来说太长了。此外，还有特异性免疫学分析方法。但是，特异性免疫学分析的主要缺点是需要专门的化学耗材，使用该方法时每小时耗资可达数百美元，这大大增加了运行的成本和负担。

批判性思考

第一响应人员有太多的生物病原体快速检测工具可选择。然而，生物威胁病原体的最终鉴定必须由有权限的实验室(如 CDC 实验室响应网络)完成。各级响应组织在使用这些快速工具筛查现场样本之前，应该考虑哪些因素呢？

市面上的技术和设备只能为现场的响应人员提供有限的支持，这些设备和工具通常可提供一些生物学或非生物学的线索，而大多数现行的响应策略要求将样本送往经过认证的实验室，以获得有保障的测试结果。因此，对每种设备的局限性、敏感性和用途加以甄别是很重要的。此外需要注意的是，这些技术可能需要对使用者进行大量培训，其检测结果可能还依赖于操作者对结果的解读。应急响应人员和实验室用于检测、识别生物威胁病原因子的常用技术详细介绍如下。

检测系统的敏感性

以炭疽杆菌孢子为例，由于较低剂量炭疽杆菌孢子就能导致感染，因此检测系统必须对炭疽杆菌孢子有较高的敏感性，才能进行有效的识别检测。敏感性是指在系统噪声之上，能够得出正确检测结果，且结果可重复的目标病原体的最小量。系统噪声是指检测器反应的随机波动，通常与电子输出信号的微小变化有关。由于存在干扰因素时，系统需要更多的目标病原体才能将其与潜在的干扰区分开来，因此这些因素的存在会导致敏感性大大降低。

检测系统的特异性

检测系统的特异性是指系统对目标病原体与环境干扰因素的鉴别能力。干扰因素对检测系统特异性的影响程度取决于检测的类型。通常，选择性越强的系统需要越多的样本处理器和多重检测器(DARPA, 2006)。

生物检测试剂盒

目前普遍认为，对于生物病原因子的检测和识别比危险化学物质的检测更加困难。市面上的非特异性(图 6.4)和特异性(图 6.5)检测产品种类繁多。在应急响应部门选择一个或多个检测产品用于操作使用之前，响应人员应该熟悉这些检测产品的功能、局限性和操作规程。

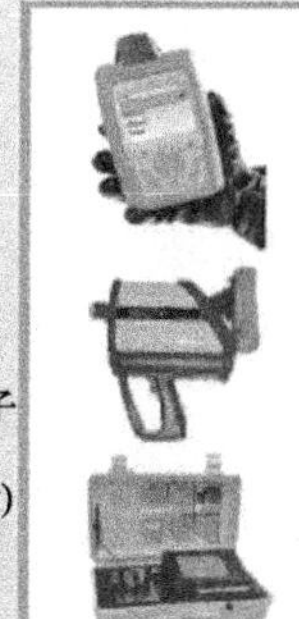

图 6.4　非特异性检测通常只能做出基本的粗略判断，但这些结果也可能存在一定用处。例如，一种基本的蛋白质检测试剂盒，阳性结果表明可疑样本(粉末)可能是一种生物病原体。如果该试剂盒的检测结果为阴性，那么可疑物质极有可能不含有任何生物物质，因为所有生物病原体都含有蛋白质。对于其他一些非特异性的检测方法，在图中也有所描述。图像资料由美国国土安全部、太平洋西北国家实验室提供

免疫分析

关键特征

- 中度特异性和中度敏感性
- 偶有假阳性(粉末干扰物)和假阴性(粉末干扰物和钩状效应)
- 使用方便
- 适用于各种病原体和毒素
- 检测时间：5~15分钟
- 检测极限：10万~1 000万个孢子
- 保质期1~2年

单项测试

- 试纸费用：25~30美元
- 检测器费用：5 000~10 000美元
- 检测器提高了灵敏度和准确性，并可能有助于识别钩状效应
- 厂家：BADD、BioDetect, 其他

多重测试

- 3~8项联合检测卡
- 检测卡费用：70~100美元
- 厂家：Pro Strips；RAID，其他
- 5项检测器(7 500美元)
- NIDS公司出品

自动分析系统

BIOSENSOR 2200R(MSA)

- 2项(细菌、蓖麻毒素)
- 检测极限：10 000个孢子
- 仪器费用：16 000美元
- 试纸费用：50美元

RAPTOR(Research Int.)

- 4项
- 仪器费用：49 500美元
- 试纸费用：200美元

PCR

关键特征

- 高度特异性和高度敏感性
- 检测所需时间：30~60分钟
- 检测极限：TBD(100~1 000个孢子)
- 一次性使用检测试剂盒

- 6样品孔：单项检测
- 仪器费用：45 000美元
- 试剂费用：30美元
- 保质期：18个月
- BioSeeq PLUS (Smiths Detection)

- 4样品孔：单项检测
- 仪器费用：16 000美元
- 试剂费用：12美元
- 保质期：12个月
- T-COR 4 (Tetracore)

- 单样品孔(10种混合检测)或双样品孔(单种检测)
- 仪器费用：38 000美元
- 试剂费用：180~200美元
- 保质期：6个月
- RAZOR EX(Idaho Technologies)

- 单样品孔
- 每个样本可进行17种检测
- 仪器费用：49 000美元
- 试剂费用：180美元
- 保质期：6个月
- 未来会有更多芯片项目的开展
- FilmArray(Idaho Technologies)

图 6.5　利用某一病原体的特异性生物标记物所构建的检测方法为特异性生物病原体检测。两种主要的方法分别是：针对生物病原体特异性抗原的免疫检测法和针对生物病原体特异性 DNA 或 RNA 的 PCR 检测法。图像资料由美国国土安全部、太平洋西北国家实验室提供

目前市场上有几种不同的生物检测试剂盒，价格从 20 美元到几千美元不等。虽然许多试剂盒没有在实际条件下进行完整的现场试验，但这些试剂盒可用来评估未知环境中粉末样本是否存在生物物质。生物检测试剂盒使用方便、技术要求低，通过简单的分析，如 pH 测定和蛋白质含量测定，用户便能确定未知物质中是否包含生物物质。

便携式免疫层析法检测

便携式免疫层析法(immunochromatographic, ICT)检测所使用的工具是一种

用于生物战剂推定检测的快速检测试纸条。其利用抗原-抗体相互作用，在15分钟内就可以得出结果。并且这些试纸条或检测卡不需要活的生物体就可以进行检测。最近，经过不断改进，这项技术的敏感性和特异性已大大提高，但其准确性仍存在一些问题，尤其是在野外环境中。

尽管它们的敏感性有所提高，但检测的每一份样本仍需要含有大约1克的生物病原因子。在气溶胶释放的情况下，受影响地区的一些表面拭子样本可能无法检测出阳性结果。相比而言，该方法用以检查含有可疑物质的包裹应该会产生更好的效果。目前市面上已有可用于数种生物病原体检测的便携式检测系统。

便携式荧光直接和间接检测系统

便携式荧光检测系统由两个组件组成：一个包含用于特定分析ICT试纸条的一次性检测卡和一个便携式荧光检测器。使用时，需将样本放入检测卡的样本孔中。如果样本中存在待测抗原，那么当样本沿着试纸移动时，涂有抗原特异性抗体的荧光染色乳胶颗粒将与抗原结合。随后抗原结合颗粒将会在检测区被特异性抗体捕获，多余颗粒将于质控区被抗免疫球蛋白捕获。检测器根据检测区和质控区内的抗原抗体复合物发出的荧光，计算其读数之间的比值。使用检测器进行分析可以大大降低结果的主观性，增加设备的敏感性。

聚合酶链反应

聚合酶链反应(polymerase chain reaction, PCR)是一种基于DNA的技术，该技术最初被设计用于扩增生物体特有的特定DNA序列。目前，美国疾病控制与预防中心的实验室响应网络、美国国防部和许多其他机构的大部分生物威胁病原体的检测项目都依赖于该技术。聚合酶链反应具有高度的灵敏度和准确性，尤其是使用多组基因序列以鉴别一些特定生物病原体时。美国邮政局的邮件分拣设施中所安装的生物危害检测系统就是依靠一个自动化的实时PCR装置来检测空气中是否存在炭疽杆菌孢子。

自动化检测系统

如今自动化系统研究正处于生物威胁检测的顶峰。本书的“生物恐怖主义的后果管理与典型范例”章节中就围绕着其中的一种自动化检测系统——生物危害侦测系统进行了详细的阐述，该系统目前已被用于整个美国邮政系统中。此外，生物监测(BioWatch)计划已经在美国多个城市部署了哨点系统，以自动收集空气样本，并在实验室响应网络的实验室机构中开展进一步检测。

生物检测设备的特殊注意事项

所有这些技术产品几乎都有限定的保质期，通常为1年或更短，有的还需要冷藏。在确定响应小组库存中所需设备的种类和数量时，生物危害侦测系统的成本和性能等所有的有利和不利因素都必须纳入综合考量范围。在应对疑似生物安全事件时，参与行动的危险物质技术团队成员都需经过专项的样本采集培训，以为进一步的实验室分析提供样本，同时该团队成员还需全面熟悉证据收集的操作程序，以确保所采集的样本可用于法律证据研究和罪犯的刑事起诉。目前对大多数应急响应人员来说，生物病原体的现场检测并不实用。

在现场应该进行的主要工作包括：采集样本、遵守证据采集规定和条例，以及保持样品监管链(图 6.6)。此外，在现场采集的样本被送往高精密度的实验室之前，还需完成一项非常重要的任务——对样本进行化学、爆炸和放射性威胁因子的检查。随后，实验室中的研究人员就会对这些样本进行生物分析、免疫学分析、核酸分析和活体培养等多项检测。

图 6.6　在得克萨斯州圣安东尼奥布鲁克斯县基地进行为期两周的联合作战测试中，联合生物病原体识别和诊断系统测试参与者正在收集现场可疑生物病原体的样本。采样方案和样本处理测试程序对于准确识别生物威胁性至关重要。图像资料由美国陆军提供

测试准确性

我们不能假定某一种测试方法是完全准确的。准确性是指一种诊断测试所表现出的敏感性和特异性程度。事实上，测试表现出的性能或准确性是由几个重要术语定义的(Douglass, 1993)。我们衡量这些检测工具的标准，通常是与金标准或参考方法相比较得出的。当生物病原体实际上存在并能被检出时，我们称其为真阳性。当生物病原体不存在且检测结果为阴性时，我们将其称为真阴性。当生物病原体存在但未能检测到时，我们将其称为假阴性。当检测结果为阳性而生物病原体实际上不存在时，我们称为假阳性。正确使用这些术语很重要。图 6.7 中的

矩阵显示了如何在一个简单的方案中计算所有性能指标。

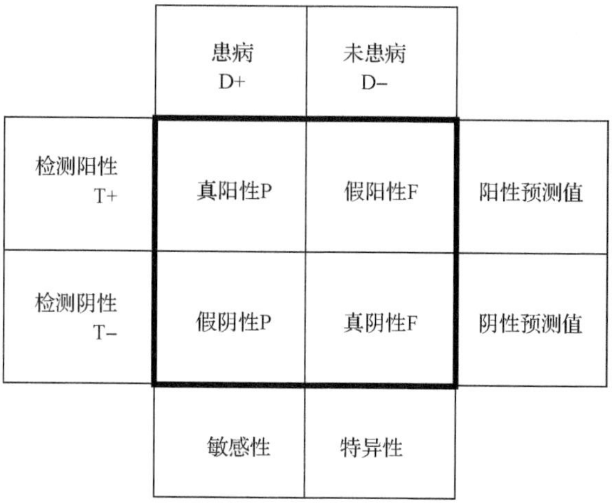

	患病 D+	未患病 D−	
检测阳性 T+	真阳性P	假阳性F	阳性预测值
检测阴性 T−	假阴性P	真阴性F	阴性预测值
	敏感性	特异性	

敏感性=TP/(TP+FN)
(真阳性率)

特异性=TN/(TN+FP)
(真阴性率)

阳性预测值(PPV) = TP/(TP+FP)
阴性预测值(FPV) = TN/(TN+FN)

图 6.7　上图给出了用于描述或定义诊断测试准确性的指标(敏感性、特异性、阳性预测值和阴性预测值)。危险物质技术人员和其他应急响应人员应当对现场样本筛查中所使用的任意一种现场快速测试的性能特点都了如指掌。此外，他们还应该能够分析结果的真假阳性和真假阴性。TP，真阳性；TN，真阴性；FN，假阴性；FP，假阳性

此外，我们需要理解错误检测结果会导致什么样的后果。例如，假阴性会导致漏诊及感染者未能得到及时的合理治疗。在环境检测中，错误的阴性结果可能会导致事故指挥员宣布某一地区“一切正常”并将人们置于危险之中。假阳性可能会导致某人在未患某种疾病时接受不合理或不必要的治疗。环境检测的假阳性则可能导致出现 2001 年纽约市炭疽恐慌期间数百人采取不必要的预防措施的情况。

敏感性是指当样本中存在生物病原体时，测试产生真实阳性结果的概率。这通常是通过与参考方法或金标准的直接比对来确定的。例如，假设使用某个测试方法对 100 个阳性样本进行检测，只检测出 52 个样本为阳性，那么这个测试的敏感性则为 52%，也就是说该检测方法的正确率过低，检测结果并不可信。特异性是指在对不含该生物病原体的样本进行检测时，测试产生真实阴性结果的概率。这也是通过与参考方法或金标准的比对来确定的。生物威胁病原体检测的有效性测试通常是对同一病原体的不同菌株及几个相关和不相关的生物体进行检测来评价的(最近邻测试)。以炭疽杆菌孢子测试为例，一个完整的有效性测试操作规程

包括利用大约含 100 株炭疽杆菌的样本进行一组敏感性测试，利用炭疽杆菌的非致病性菌株、其他类别的杆菌、其他种类细菌及一些可能用作恶作剧的常见粉末状物质进行一组特异性测试。

其他常用的检测指标还包括阳性预测值(positive predictive value, PPV)和阴性预测值(negative predictive value, NPV)。PPV 指当观察到阳性检测结果时，存在生物病原体的概率。相反，NPV 指当观察到阴性检测结果时，不存在生物病原体的概率。这些指标在对生物恐怖主义进行后果管理时非常有用。

规　　避

规避的关键是个人防护和安全区域的建立。安全性的考虑不仅对应急响应人员非常必要，对一般公众也是如此。在有事故应急响应计划时，所有进入潜在污染区域的人员都必须遵守当地的事故应急响应程序。

批判性思考

当响应人员或任何个人意识到某件事可能存在危险时，他们应该怎么做？

在应对生物威胁物质的过程中，最关键的防范措施是对空气中的小颗粒进行防护。因此，被派遣执行潜在生物威胁任务的第一响应者应配备个人防护装备，包括带有职业安全与健康管理局批准的 CBRNE 过滤器的负压空气净化呼吸器、杜邦 Tyvek 防护服、乳胶手套及长筒靴(图 6.8)。当怀疑存在雾化的未知生物威胁

图 6.8　北卡罗来纳州夏洛特市第 42 民事支援队的美国空军士官、空军国民警卫队队员肯·雅各布森中士正穿着B级个人防护装备在模拟灾区进行生物威胁病原因子和危险化学物质的检测操作。图像资料由美国国防部提供

物质时，建议使用带有独立呼吸器的完全密闭式个人防护装备。当生物威胁物质不再扩散或雾化时，较低级别的个人防护装备可能就足够了。对于怀疑含有生物威胁物质的信件、包裹或粉末物质，可以使用带P100过滤器的全罩式呼吸器或带高效微粒空气过滤器的电动空气净化呼吸器进行个人防护。另外，受到污染的设备还需要进行净化处理。响应人员在治疗患者时应始终将病原体的普遍预防作为第一道防线，如在处理事件后出现流感样或其他异常症状应立即就医；响应人员如果怀疑自己受到感染，也应立即就医。

隔　离

该阶段所面临的挑战包括确保现场安全、对受害者进行识别和治疗、人员的洗消和病原因子的中和。如有已知或可疑的泄漏源，必须通过禁止进入该区域、设立安全区域范围等必要操作以确保现场和下风危险区的安全。各级应急响应人员应联合行动，协助事故指挥官执行事故处理的行动计划，按照程序进行隔离援救。作为事故指挥官，则需要迅速行动，通过划分灾区、除污区、支援区以对该区域进行隔离(图6.9)。

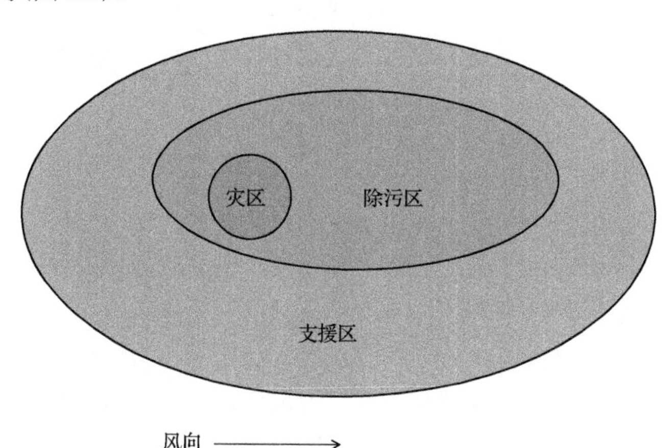

图 6.9　假设图中地区发生了生物威胁物质施放事件。事故指挥官在生物威胁物质施放地点周围划定出灾区，这个区域的半径取决于几个因素，并可利用应急响应指南或专门的软件程序进行估算。在灾区之外，事故指挥官会划定一个除污区，以进行洗消处理和取样处理。最后，还需在除污区之外建立支援区。支援区可被认为是一个安全区域，可利用这一区域进行行政后勤管理，并防止公众进入危险区域

蓄意施放生物病原因子会使施放区域成为犯罪现场。第一响应者需对犯罪现场进行保护并保留物证。物证有可能在全面调查和指证犯罪行为方面发挥关键作用。

犯罪现场有两个通用的注意事项。第一个通常被认为是关键指导原则，规定响应人员应避免破坏任何有嫌疑的物品，除非是为了履行职责不得已而为之，且还需在执法机关认同的前提下进行。第二个是事件应涉及尽可能少的人员。为了保护民众，可能需要将部分受害者隔离在灾区内，在进行必要的医疗评估和洗消之后才可决定他们是否可以离开该区域，同时也要阻止灾区外的人员进入灾区。

批判性思考

参考应急响应指南（US Department of Transportation, 2012）中关于生物病原体施放事件中隔离区域和保护区域的使用，该指南所指明的隔离区域范围是否在任何情况下都适用？什么环境条件会影响隔离区域的范围划定？

当地联邦调查局现场办公室、证据响应小组、监督特勤人员或主管助理特勤人员的工作都应当遵守大规模杀伤性武器证据管理的标准操作规程。由这些机构成立的协调小组将共同负责对犯罪现场证据的保存和收集进行规划与协调。

洗消包括一系列的活动。例如，受到危害物质污染的应急人员需要进行个人洗消，包括脱下衣物并用适当的消毒物质进行洗消，然后在寻求医疗救助之前，将自己暂时隔离起来。

通　　告

怀疑发生了生物袭击的应急响应人员必须按照当地规程通告给应急服务和应急支持人员。随后，构建一个包含指挥当局的指挥系统，并按照当地突发事件计划进行通告。这时，相关医疗、卫生和应急人员之间的沟通至关重要，尤其是为了促进早期治疗和预防。生物恐怖主义行为被认为是大规模杀伤性武器事件，当生物恐怖主义事件发生后，该地区便成为联邦犯罪现场；因此，联邦调查局对这起事件具有法律管辖权，国土安全部将会任命一名主要联邦官员负责事故应对和灾后重建工作。

在事故发生之前，应急响应人员就应该熟悉当地和国家的相关资源，以及与各机构的对接联络方式。响应机构的领导者，尤其是州级领导，必须与美国卫生和公众服务部或 CDC 的官员建立联系。在条件允许的情况下，事故指挥官需要知道如何联系联邦调查局的大规模杀伤性武器协调员，并确定国民警卫队民事支持小组何时协助处理和收集来自灾区的样本（Hurston et al., 2006）。

总 结

由于生物武器攻击是很隐蔽的，因此它们可能被秘密部署，并在生物病原因子的潜伏期至最初病例开始表现出来前的几天或几周内，可能都不会留下任何外部迹象。在这种情况下，医务人员必须保持警惕，注意A、B和C类病原因子感染与疾病的症状体征。此外，也可能出现某种外部迹象表明已经有人使用了生物战剂，如炭疽邮件袭击事件中包含该生物病原体的信件就是一种警告。无论如何，都必须对第一响应者和第一接触者进行适当的培训，以确保他们能够保护自己并做好疫情控制工作。RAIN 计划提供了一个指导他们行动的基本框架。识别是有效应对的关键，一旦了解到问题的存在，就会催生出大量需要各级机构共同参与的行动。有关响应措施的更多信息详见“国家和地方层面的对策”一章。RAIN的概念就介绍到这里，以便它可以应用于后面的案例研究。

基本术语

- 准确性：测试结果与金标准结果之间的相关性。
- 第一接触者：在紧急事故中(事故发生地是医院以外的地方)，当受害者被危险物品污染，对受害者进行洗消和治疗的工作人员。这些员工是第一响应者中的一部分。
- 第一响应者：有责任对紧急情况进行最初响应的人员，如消防员、危险品小组成员、执法人员、救生员、林业人员、救护人员和其他公共服务人员。在发生紧急事故时，这些人员通常在事故发生地点做出响应处理。
- 金标准：被公认的可供参考的方法，是一种被广泛接受的规程或检测方法，也是被认为可用的最佳方法，可被用于与新措施进行比较。它在研究诊断测试的准确性方面尤其重要。
- RAIN：这是一个首字母缩写，代表识别(R)、规避(A)、隔离(I)和通告(N)，它为响应人员在面对威胁生命的情况时采取适当的行动提供了一个框架。
- 敏感性：当试样中存在生物病原体时，测试产生真实阳性结果的概率。
- 特异性：当样本中不含生物病原体时，测试产生真实阴性结果的概率。

讨 论

- 我们可能以何种方式识别下一个重大的生物恐怖主义行为？
- 救援人员接到报警电话，一幢高层办公楼发现了成分可疑的白色粉末。他们需要什么可靠的工具来确定这些可疑物质是否含有生物威胁病原体？

- 取得好的样本的重要性体现在哪些方面？
- 有什么生物取样指南可供救援人员遵循？进行互联网搜索，以确定是否有一种从无孔的物体表面对粉末进行取样的方法。
- 围绕在涉及疑似的生物病原体大规模杀伤性武器事件中现场救援人员可能遇到的一些迹象和线索进行讨论。
- 应急响应人员需要什么现场工具来检测生物病原体？它们的实用性和准确性如何？是否经过了国土安全部的批准？
- 假阴性的现场检测结果可能会导致什么样的后果？

网　站

ASTM International standards for sampling biological agents in the field. Available at: http://www.astm.org/SNEWS/AUGUST_2006/locascio_aug06.html.

Health and Human Services Health Emergency Response Resources Compendium. http://www.phe.gov/emergency/hhscapabilities/Pages/default.aspx.

Information regarding personal protective equipment for responders can be found at the following websites:

Centers for Disease Control and Prevention. http://www.cdc.gov/niosh/topics/emres/ppe.html.

National Institute for Occupational Safety and Health recommendations for respirators and personal protective equipment against biological agents. http://www.cdc.gov/niosh/docs/2009-132/.

National Fire Protection Agency recommendations for personal protective equipment for first responders. http://www.nfpa.org/press-room/news-releases/2007/.nfpa-standards-for-first-responder-personal-protective-equipment-adopted-by-us-department.

Pacific Northwest National Laboratory website for biodetection and sampling equipment. http://biodetectionresource.pnnl.gov/.

参考文献

49 Code Federal Regulations (CFR) 172.101. Research and Special Programs Administration. Department of Transportation. Hazardous Materials Table.

ASTM International, 2006a. Technical Report E 2458-06. Standard Practices for Bulk Sample Collection and Swab Sample Collection of Visible Powders Suspected of Being Biological.

ASTM International, 2006b. ASTM 2770-10 Standard Guide for Operational Guidelines for Initial Response to a Suspected Biothreat Agent. AOAC International.

Budowle, B., et al., 2006. Quality sample collection, handling, and preservation for an effective microbial forensics program. Applied and Environmental Microbiology 72 (10), 6431–6438.

29 Code Federal Regulations (CFR) 1910.120. Occupational Safety and Health Administration. Department of Labor. Hazardous Waste Operations and Emergency Response.

Comprehensive Environmental Response, Compensation, and Liability Act, 1980. (CERCLA, 42 U.S.C. §§9601–9675), enacted by the United States Congress on December 11, 1980.

Defense Advanced Research Projects Agency (DARPA), 2006. Chemical and Biological Sensor Standards Study. Available at: http://www.dtic.mil/dtic/tr/fulltext/u2/a458370.pdf.

Domestic Preparedness Program, 1999. Training Overview DPT 8.0 [CD-ROM]. U.S. Army Soldier and Biological Chemical Command, Edgewood, MD.

Douglass, C., 1993. Evaluating diagnostic tests. Advances in Dental Research 7, 66–69.

Government Accountability Office, 1999. Report to Congressional Requesters. Combating Terrorism: Opportunities to Improve Domestic Preparedness Program Focus and Efficiency. General Accounting Office, Washington, DC.

Horton, D.K., Berkowitz, Z., Kaye, W., 2003. Secondary contamination of ED personnel from hazardous materials events, 1995–2001. The American Journal of Emergency Medicine 21, 199–204.

Hurston, E., Sato, A., Ryan, J., September/October 2006. National Guard Civil Support Teams: their organization and role in domestic preparedness. Journal of Emergency Management 4 (5), 20–27.

Nunn-Lugar-Domenici Defense against Weapons of Mass Destruction Act of 1996 (Public Law 104–201).

Occupational Safety and Health Administration, 2005. OSHA Best Practices for Hospital-Based First Receivers of Victims From Mass Casualty Incidents Involving the Release of Hazardous Substances. OSHA, Washington, DC.

Schutzer, S., Budowle, B., Atlas, R., 2005. Biocrimes, Microbial Forensics, and the Physician. PLoS Medicine 2 (12), 1242–1247.

Socher, M., Leap, E., 2005. Training preparedness for terrorism. In: Keyes, D. (Ed.), Medical Response to Terrorism. Preparedness and Clinical Practice. Lippincott, Williams and Wilkins, Philadelphia, pp. 329–347 (Chapter 33).

U.S. Code of Federal Regulations, 29 CFR, Part 1910.120. Occupational Safety and Health Administration. Department of Labor. Hazardous Waste Operations and Emergency Response.

U.S. Department of Homeland Security, December 2004. Biological Incident Annex, National Response Plan. Department of Homeland Security.

U.S. Department of Homeland Security, 2011. Framework for a Biothreat Field Response Mission Capability. Available at: http://www.aoac.org/imis15_prod/AOAC_Docs/SPADA/FrameworkforBiothreatFieldResponseMissionCapability.pdf.

U.S. Department of Transportation, 2012. Emergency Response Guidebook: A Guidebook for First Responders During the Initial Phase of a Dangerous Goods/Hazardous Materials Incident. U.S. Department of Transportation, Washington, DC. Available at: http://phmsa.dot.gov/pv_obj_cache/pv_obj_id_7410989F4294AE44A2EBF6A80ADB640BCA8E4200/filename/ERG2012.pdf.

Wiener, S., Barrett, J., 1989. Biological warfare defense. In: Trauma Management for Civilian and Military Physicians. W.B. Saunders, Philadelphia, pp. 508–509.

第七章 案例研究

其实世界上所有邪恶的事物都对人类战胜自己、超越自己起到了帮助作用，鼠疫也是如此。

阿尔贝·加缪《鼠疫》(1947 年)

学习目标

1. 结合对自然发生、偶然发生、蓄意人为的生物安全事件的理解，分析生物安全事件监测、发生后的隔离和减灾措施等方面所面临的挑战。
2. 围绕本章中 6 个案例研究的重要性进行讨论。
3. 明确面临一种新发疾病时的机遇和挑战。
4. 比较自然发生、偶然发生和蓄意人为的生物安全事件中疾病传播的不同。
5. 对自然发生、偶然发生和蓄意人为的生物安全事件所产生的经济与社会影响进行比较。

引言

本章的 6 个案例研究中，首先应被关注的是监测系统的弱点，其次是后续的控制和减灾措施所产生的结果。从系统角度来看待这些事件，我们应当意识到，系统的失能所显示出的弱点是由此系统某个或某些部分失效所引起的。“系统”是一种由各个组成部分和整个进程相互作用的动态秩序(von Bertallanfy, 1968)。因此，对于阅读本章的所有专业人员来说，确保系统中各组成部分的正常运行、各组成部分之间的交互及整个进程的秩序都是必要的。

本章中案例研究的呈现和描述方式有点类似于“趣闻”，因此可能会被一些纯粹主义者所摒弃。但作者认为，任何人都可以从公开的资料中很容易地检索到更为详细和精确的参考文献，因此，在本书中完全重现或按照历史记录来描述本章中讨论的 6 个案例研究是没有什么意义的。为了让大家能够对本章中所描述的事件进行额外、深入的探索，本章末尾也提供了大量的参考文献和网站。

早期察觉到生物安全事件的发生，有时依赖于一种天生的能力，这种能力能够对看似微妙而随机同时又缺乏科学合理解释的事件进行梳理与解答。医学实践就是这样的一个例子，它需要医生在将科学经验与直觉相互结合的背景下制定诊疗计划，毕竟很少有患者能够自发地将临床表现和疾病病因按照教科书般的内容进行病情描述。1973 年，萨克斯写下了这样的话：

除了传统医学，我们还需要一种更为深入理解有机体和生命的医学。经验主义的科学也是一种重要的学识，这种广义的知识能够赋予我们战胜自然的力量。然而，智慧的关键在于对细节的了解。

读者应当根据自身的职业背景对这些材料进行筛选和解读。通过对这些经验教训的学习，希望能够使我们的下一代人受益。不管他们将来选择何种职业，都能够尽早地察觉生物安全事件的发生并能够取得更好的处理结果。毫无疑问，对于一些人来说，未必能够轻易做到把群体的健康和安乐优先于个人的权利与安危。无论如何，结果的改善意味着发病率和死亡率的下降，以及所导致的社会或经济影响的最小化，这对于每一个人而言都具有重大的意义。

1979 年苏联炭疽泄漏事件

1979 年 4 月，在苏联莫斯科以东 140km、人口 140 万的斯维尔德洛夫斯克发生了一场不同寻常的炭疽疫情（Meselson et al., 1994）。在事件发生后不久，苏联官员站出来解释称疫情的源头与食用受污染的肉类有关。根据他们提供的报告，在斯维尔德洛夫斯克南部受到污染的动物和肉类共导致了 96 人感染炭疽（Meselson, 1988）。其中皮肤炭疽 17 例，胃肠炭疽 79 例；在 96 例感染者中，有 64 例胃肠炭疽的感染者死亡。当时，来自其他国家的政府官员对这次疫情的暴发是否真的是由苏联秘密制造的生物武器所引发的存在激烈的争论。

下面的报告来自最近解密的国防情报局 1980 年 3 月 21 日的情报信息报告。

1979 年 4 月下旬的第四条原始资料报告，一架喷气式飞机发生大爆炸，导致民众被惊醒。4 天后，七八名军事基地的工作人员被送往位于军事基地所在地郊区的第 20 号医院。他们出现的症状为高热（40℃）、耳朵和嘴唇发绀，并伴有呼吸困难和窒息。这些工作人员在入院后的 6～7 小时内死亡，尸检显示患者存在严重的肺水肿和严重的毒血症症状。在首例病例出现的 6 天后，该地区的流行病学专家将该医院和其他一些医院的医生召集到一起共商对策。之后，死亡人数出现急剧的上升。到该消息公布为止，死亡人数已达到 40 人。流行病学专家宣布炭疽疫情的暴发，并针对这种疾病作了报告。他认为该传染病是由斯维尔德洛夫斯克东北约 10km 处的一个小镇非法屠宰患有炭疽的奶牛所引起的。专家表示，在发生死亡事故的郊区中早已有这种被非法屠宰的牛肉被售卖，但这一解释并没有被与会的医生所接受，因为死亡病例是由肺炭疽引起的，而不是由胃肠炭疽或皮肤炭疽引起的。如果是因为食用或接触了被炭疽杆菌污染的牛肉而导致死亡，那么胃肠炭疽或皮肤炭疽感染发生的可能性应该更大，但结果并非如此。

随着越来越多的报告浮出水面，美国情报部门调取了1979年春的卫星图像和窃听的通信信号，结果发现了一起严重事故的确凿证据。在斯维尔德洛夫斯克地区被称为19号场地的军事基地周围发现了被设置的路障和洗消卡车。此外，官员们还获悉在事件发生后不久苏联国防部部长就对该地区进行了视察。鉴于苏联长期大规模将炭疽杆菌制造成生物武器的历史，这种炭疽杆菌感染的解释似乎也说得通了(Wampler and Blanton, 2001)。

美国情报部门的官员认为这起事故应该归因于患者吸入了这个城市中生化武器秘密制造工厂释放出来的炭疽杆菌孢子。患者临床表现为严重的呼吸窘迫，并且在症状出现后几天内就会死亡。这种看法源自流行病学数据，数据中显示大多数的患者都居住或工作在从生物武器工厂到城市南部边界之间的一个狭长的区域。此外，位于工厂释放点下风向的生活扩展区域内的牲畜也出现了因炭疽感染而死亡的情况，这个区域的位置恰好与疫情暴发不久前盛行的北风风向相符(Meselson et al., 1994)。其他科学家对美国官方的指控提出质疑，他们指出这场炭疽杆菌孢子释放的事故可能与一项防御性生物武器的研究项目有关，而该项目符合1972年的公约并得到了批准。最后得出的结论是，军事基地内炭疽杆菌的气溶胶泄漏导致了此次疫情的暴发。

在苏联入侵阿富汗后，苏美关系又回到了一个新的冷战时期。而有报道称在斯维尔德洛夫斯克可能有炭疽疫情暴发，并且可能与苏联一处可疑的生物武器工厂事故有关，这进一步加剧了苏美关系的恶化。在20世纪80年代，里根政府执政期间，斯维尔德洛夫斯克事件成为美国指控苏联的主要论点之一，指控苏联违反了1972年苏美共同签署的《禁止生物武器公约》中对生物武器的使用和储存禁令。尽管西方科学家有证据指认苏联，但苏联(图7.1)拒绝讨论这场疫情，并坚持

图 7.1　苏联胜利的标志由两颗五角星、锤子和镰刀组成。图像资料由美国疾病控制与预防中心提供

他们的立场——他们并没有任何生物武器的开发和生产计划。事实上，在斯维尔德洛夫斯克地区附近19号军事基地中制造的炭疽杆菌836株被专家认为是苏联兵工厂中最具有杀伤力的武器。

批判性思考

这种对疫情暴发源头的隐瞒是否具有正当合法的涉及国家安全的原因存在？如果有的话，那么这样做对于识别、控制和缓解生物危害存在什么潜在影响？

直到1991年年底苏联解体，鲍里斯•叶利钦以俄罗斯政府新任领导人的身份上台，这件事才取得了最后的突破性进展。在炭疽疫情暴发时，叶利钦曾是该地区的共产党领导人，他认为当时克格勃和军方对于疫情暴发的真实原因没有说实话。在5月27日的一次采访中，叶利钦公开透露了他与布什总统的私人对话：

> 我们已经圈定了民众在炭疽疫情中的暴露时间，并通过定位发现几乎所有的受害者都出现在从19号军事基地向东南方向延伸到附近陶瓷厂的狭长区域中。我们也已经理清了动物死亡和人类死亡时间的关系，并得出结论：两者几乎是同时暴露在炭疽杆菌之中的。所有来自采访、文件、清单、尸检和传言的数据现在都能像拼图一样组合在一起。这一切证据都证明炭疽疫情的暴发来自19号军事基地。
>
> Wampler和Blanton(2001)

斯维尔德洛夫斯克事件是一个具有代表性的事件，可以算是不知情的民众群体受到生物病原因子泄漏影响最显著的例子。很明显，此次炭疽泄漏是偶然发生的；然而究竟有多少炭疽杆菌被泄漏出来，它传播的距离有多远，以及有多少人受到了炭疽杆菌泄漏的影响，这些问题仍然没有答案。

1984年罗杰尼希教(奥修教)生物恐怖攻击事件

1984年9月9日，美国俄勒冈州沃斯科县城达尔斯一名男子因强烈的胃痉挛、恶心和高热而住进了该区唯一的医院。他的两个朋友也出现了类似症状，这三人当天都在当地一家餐厅用过餐。在接下来的一周内，该餐厅的13名员工和数十名顾客也都出现了类似的严重症状，许多人都打电话投诉了该餐厅。

在首位患者被医疗专家收治的48小时后，哥伦比亚中部医学中心的一位病理学家才确定病因是由感染沙门氏菌而发生的食物中毒。然而直到整整一周之后，关于此次食物中毒暴发事件的相关信息才被上报给当地卫生部门。到9月21日，新发病例的报道已逐渐减少，国家实验室也已鉴定出了此次被施放并导致疫情暴发的沙门氏菌菌株。但就在这时，疫情出现二次暴发，两天以后当地医院的所有床位都挤满了沙门氏菌感染的患者。城镇中1/3的餐厅(共10家)被牵连其中，这足以让达尔斯的经济基本止步不前，很多餐厅都将倒闭。

9月25日，当地卫生部门向疾病控制与预防中心求助。到首批疾病控制与预防中心的工作人员到达为止，县卫生部门已经确认了60例鼠伤寒沙门氏菌感染者。同时，他们发现了主要的流行病学关联，大多数患者都在县城的沙拉吧用过餐。当疾病控制与预防中心的主要技术力量抵达时，县卫生部门已经完成了阻止疫情暴发的主要工作。

达尔斯疫情暴发时的关键行动

- 事件发生后，当地公共卫生办公室立即开始通过被动监测对患者感染前的经历进行追踪。每个患者都提供了自己前三天的饮食记录。这些溯源的回访很快表明，大多数患者都在同一家沙拉吧用过餐，事后证明该餐厅确实是被施放病原体的餐厅之一。随后，公共卫生部门要求当地所有餐厅关闭沙拉吧，该县城的38家餐厅也都立即执行了此项命令。
- 工作人员拜访并检查了该地区的餐厅，但他们没有发现任何证据可以表明这10家餐厅是如何通过相同的病原菌导致了此次疫情的暴发。
- 调查发现，受影响的10家餐厅的食材分别来自几个不同的食物供应商，但没有任何一家供应商与4家以上的餐厅对接。此外，流行病学调查发现，不同时期的危险因素是不同的食物。第一波疫情暴发的诱因是如土豆沙拉之类的餐食，第二波疫情暴发的诱因则是蓝纹奶酪。对经销商或供应商进行的调查也均未发现重大的违规行为。
- 所检测的样本分别取自为该地区餐厅提供服务的供水系统，包括餐厅本身和市级的供水系统。检查发现这些样本中的细菌指数均为阴性，且颜色和所含的有效氯也处于正常水平。

尽管公众提出质疑且缺乏其他合理的解释，但流行病学调查结果未能证明此次疫情是有人蓄意造成的。由于该州政府不希望民众认为该事件的发生是因为发展落后或对奥修教毫无防范，调查取证过程可能受到了政治压力的影响。因此责任部门坚称，事发当地存在多重巧合性的交叉感染。

批判性思考

奥修教事件发生在 1984 年。然而，如果这一事件发生在 2001 年炭疽邮件袭击事件之后，你认为调查人员还会如此迅速武断地否认这是蓄意的恐怖袭击吗？继 2001 年恐怖袭击事件已经过去了很多年，你认为我们对该类事件的警觉性会存在一定的期限吗？

此次事件中，约有 12%的居民患病，在 1000 多名患者中共有 751 例患者被确诊为沙门氏菌感染。虽然此次疫情暴发同时发生于分散在该区内的 10 家不同餐厅，但国家卫生部门的流行病学调查得出结论：本次疫情的暴发是由餐厅工作人员不卫生的洗手方法所导致的，并且刑事调查的初步结果与卫生部门得出的结论相一致。一年以后，一名奥修教代表宣称，该教的成员曾在当地餐厅的沙拉吧投放沙门氏菌，试图以此影响当地的选举，使该教的候选人胜出(图 7.2)。

图 7.2　薄伽凡・室利・拉杰尼希，奥修教的领袖，1984 年他的追随者在俄勒冈州进行了美国最大的生物恐怖主义犯罪活动。图像资料由俄勒冈州管教部提供

后续的刑事调查发现，该教确实曾以邮递的方式于一家获批的商业实验室公司订购了沙门氏菌的标准菌株。而当疾病控制与预防中心对数据进行分析后，得出了完全不同的结论。餐厅的员工与顾客几乎在同一时间发病，且此次疫情暴发的沙门氏菌菌株与近年来在其他地区发现的菌株完全不同。此外，此次疫情只有一次投放事件但是分两次暴发。在这种情况下，最初的国家卫生报告否定了当地执法部门的结论，并重新展开调查以寻找导致疫情的原因。

虽然已经有强有力的证据表明这是一次蓄意的袭击，但调查人员最初也不愿相信这个结论，并给出了他们得出结论的几个原因，包括：此次事件没有明显的动机、没有人声称对此事负责且以前从未发生过类似的事情。然而卫生部门根据数据分析得到的结论认为，依然需要保持高度怀疑，并根据流行病学线索对这次不寻常的疫情暴发做出合理的解释。执法人员早期调查的结论和推断可能过于主观，因此有必要对前期的调查做出合理的质疑。

如果调查人员使用更积极的监测技术来收集更丰富的信息(如对患者接诊医生进行调查)，他们可能会获取到更多的信息，并有足够的证据来证明该次疫情暴发是一场意外还是有人蓄意造成的。此外，居民调查报告显示，许多患者并没有前往医疗机构住院治疗，而是选择在家自行治疗(personal communication, J. Glarum)。

1994 年印度苏拉特市肺鼠疫的自然暴发

第二次世界大战结束后，印度古吉拉特邦西部的苏拉特市人口急剧增长。随着该市人口从 23.7 万增加到 150 万左右，城市也被重新规划为两个部分。旧城区也称为市中心，仍然是人口最密集的地区，人口数量占城市总人数的 77%。新城区也称为城市外围，则普遍缺乏完整的城市规划：工业区和底层住宅混建在一起，缺乏适当的污水处理设施，每天产生的生活垃圾中只有 60%能够被定期集中收集和处理(Shah, 1997)，且只有不到一半的城市区域能够得到经过处理的饮用水供给。苏拉特市恶劣的卫生条件和工作环境常被公共卫生官员认为是导致城市定期暴发疟疾、肠胃炎、肺炎和腹泻等流行病的主要原因。

1993 年 9 月苏拉特市发生了一场地震，约 2 万人死亡。由于贫困，许多死者的遗体没有被妥善掩埋处理。1994 年 8 月的一场洪水又将人类的排泄物、垃圾及地震后残留的人类遗体和动物尸体混在了一起。这些事件的发生，加上恶劣的垃圾清理和污水处理服务，为老鼠和其他害虫提供了充足的食物来源。一些新闻报道了鼠疫发生前的先兆案例，如在马马拉村发现了大量死去的老鼠，数量庞大的老鼠从椽梁上掉落、死亡(John, 1994)。到 9 月中旬，尽管已经找到部分流行病学的线索，但是仍有 10%的村民染上了鼠疫。

疫情发生初期，印度政府表现出一副没有能力或不情愿阻止疾病蔓延的态度。由于对疫情风险的相关信息沟通不畅，感染区内的居民为保证自身的安全而选择离开家乡，将疾病传播到了原本未受影响的地区。随后，没有在第一时间内完成接触者追踪工作，从而导致了疾病的进一步传播。一旦这种疾病肆虐开来，印度政府便没有任何办法对其进行控制。恐慌随之而来，更多的人逃离家乡，也将鼠疫带到了更多的地区。据估计，当时该地区 150 万人中约有 1/4 逃离了家乡。

防疫封锁线(一种法语术语，也可翻译为“卫生绳”。它用以表示公共卫生部门采取大规模的防疫措施以限制疾病传播时使用的一种极端的隔离手段。基于这种情况，城市的一小部分地区被隔离开来。但是正如人们所想象的那样，实施和执行起来很有难度）已经被证实在控制鼠疫的扩散方面可能有所帮助，但是这无疑将会给位于贫民窟地区中的印度钻石切割和丝绸生产中心带来一定的影响。例如，如果将该区域与其他区域之间进行隔离，工人将无法进入工厂，不仅切断了他们的收入来源，还导致生产的速度减慢(图 7.3)。此外，旅游业是印度主要的经济支柱产业之一，随着假期的临近，会吸引大批游客前来，届时也会举办大型的国际会议。按以往的惯例会有成千上万的国际游客前来旅游，一旦设置防疫封锁线，将对旅游业造成巨大的冲击。这与中国应对 SRAS 疫情暴发时所处的困境相似。

对下列传染病的检疫和隔离已由联邦政府授权：

- 霍乱
- 白喉
- 传染性肺结核
- 鼠疫
- 天花
- 黄热病
- 病毒性出血热
- 严重急性呼吸综合征(SARS)
- 可导致大范围流行的流感

联邦政府的隔离与检疫措施，由总统发布行政命令进行授权。
只有总统可以通过发布行政命令来修改这份清单。

图 7.3　联邦政府提供的需进行隔离和检疫的疾病种类清单。隔离可作为一种公共卫生疾病的控制措施。在疫情严重暴发时马上采取隔离措施可能实施起来有难度，并会引来争议。在 1994 年苏拉特市的鼠疫暴发事件中，隔离措施的实行在这个人口密集的城市中造成了恐慌

此外，一些国家对来自印度的旅客也进行了限制，如莫斯科对所有来自印度的游客实施了为期 6 天的隔离观察，并禁止民众前往印度旅游。仅苏拉特市的商业损失估计就超过 2.6 亿美元。据估计，印度在出口收入方面的损失至少超过 10 亿美元，而这其中有 40%～60%是以往预期内的旅游业收入(Steinberg, 1995)。数百万人因无法工作而失去经济来源，超过数百万人惊慌失措、颠沛流离，成千上万的棚户区接受了政府的检查并被征用。作为一个国家，印度发现自己的现代化进程、工作效率、卫生管理方面和对地方的治理都遭到了质疑。当地的农副产品出口经销商发现他们的股票价格暴跌，因为一些国家不仅拒绝了印度出口的农产品进入本国，更暂停了两国间的通商。据报道，由于担心鼠疫会通过邮件传播，阿拉伯联合酋长国甚至切断了与印度的邮政联系。

在这种经济动荡的背景下，人们注意到虽然被感染的患者总人数多达 900 余人，但死亡人数仅有 56 例。问题的关键在于，对疫情风险的信息沟通不畅导致的恐惧和惊慌，以及政府采取的一定程度上的隔离措施，给当地金融市场和经济发展带来的问题比疾病造成的影响更为严重。控制此类疫情暴发的工作必须包括完整的有选择性的隔离措施、密切追踪接触者、积极开展治疗和预防，同时要消除潜在的传播媒介和动物宿主。

事后回想起来，调查人员曾在 9 月 12 日将一名 35 岁的男子确认为首例病例，他在 4 天前因呼吸道症状和发热而住进医院(Shah, 1997)。在接下来直到 9 月 20 日的一周左右的时间内，大约有 15 名患者被送往不同的医院，其中大部分人被诊断为疟疾并接受治疗。直到 9 月 21 日鼠疫疫情暴发的推测才被公布，随后，公共卫生部门接到警告通知，消息开始在医疗系统传播开来，并有一家医院被指定专门接收疑似感染鼠疫的新发病例。城市重灾区的商店开始暂停营业，医护人员逐渐逃离，四环素在当地药店也被卖到脱销。随着住院患者的不断增加，公共卫生部门几乎无法找到足够的抗生素来治疗患者并用于预防医护人员感染。在 3 周内，感染者的死亡率已经从 80%下降到 10%。在政府开始供给足量的四环素之前，苏拉特市约有 30%的人口选择了逃难，导致企业停工、公共设施(学校和游泳池等)关门。到 9 月底为止，通过足量的四环素供应、应急预案的实施和医护人员的努力，疫情才得到了控制(Shah, 1997)。

现代公共卫生医学能够通过将医学筛查、免疫接种、抗生素治疗和维持治疗有机结合的方法对鼠疫之类的细菌性疫情暴发进行有效干预。即便缺乏有效的医疗干预，恰当的处理措施如避免与患者接触，也能够大大改变疾病的发展周期。但如果这些处理措施在实施过程中没有被重视或实施不力，就很容易导致疫情的隔离控制进度缓慢或几乎无效。

2001 年美国炭疽邮件袭击事件

2001 年 9 月下旬，一位闲暇时喜欢园艺和钓鱼的户外运动爱好者动身前往北卡罗来纳州度假。身为一名照片编辑，他大部分的工作时间都花在了审阅通过邮件或网络发送而来的照片上，所以毫无疑问，他十分期待这次旅行。但就在到达北卡罗来纳州后不久，他就开始出现肌肉疼痛、恶心和发热之类的症状。并且在这三天的旅途中，这些症状跌宕起伏，交替出现。

在他回到家后的第二天，他因为发热、呕吐和精神错乱而在睡眠中被惊醒，随即被送往佛罗里达医疗中心急诊科进行救治。由于他在医院叙述具体情况时精神恍惚，因此无法提供较多的相关信息。在对患者进行腰穿检查之前，已经按照推测的细菌性脑膜炎这一诊断采取了静脉注射头孢噻肟和万古霉素进行治疗

(Malecki et al., 2001)。

在进行体检时，该名患者全程昏昏欲睡，精神恍惚。检查结果显示，其体温高达 39℃，血压 150/80mmHg，脉搏每分钟 100 次，呼吸每分钟 18 次，没有呼吸窘迫症状，动脉血红蛋白氧饱和度为 97%。对耳鼻喉方面的检查并没有发现分泌物或炎症迹象的存在，胸部听诊也未闻及啰音(Bush et al., 2001)。

最初的胸片检查显示肺下部有液体浸润、纵隔增宽(图 7.4)。头部 CT 扫描结果正常。在患者陈述病情的数小时后，医疗人员对他进行了透视引导下的脑脊液穿刺检查，结果采集到浑浊的脑脊液。

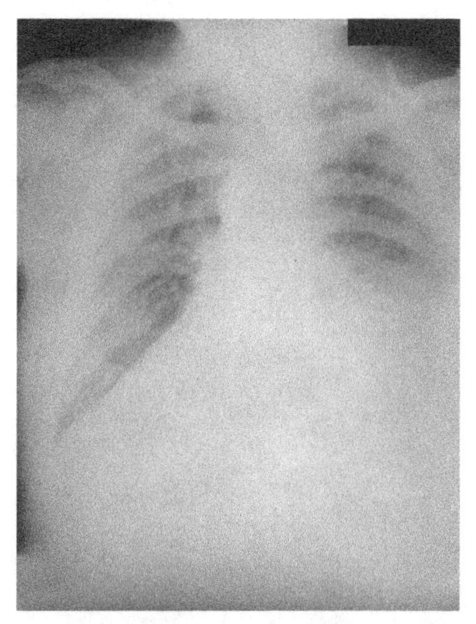

图 7.4　一起吸入性炭疽感染病例的典型胸部 X 线检查结果。图示可见纵隔增宽(肺叶间膜下可见较低的分隔)和胸腔积液(右下方不透明区域)。图像资料由美国疾病控制与预防中心提供

因此该名患者被诊断为脑膜炎而住院观察，并在服用了一剂头孢噻肟(一种广谱头孢菌素)后，开始服用多种抗生素。不久之后，患者出现全身抽搐症状，给予气管插管以维持气道通畅。第二天，在使用一种新的抗生素取代之前的治疗方案对其进行治疗后，患者仍高热不退，对深刺激没有反应。随着病情日益加重，患者开始出现了低血压和肾功能衰竭，最终于 10 月 15 日死亡，尸检结果显示患者胸部淋巴结有明显的出血性炎症并伴随多器官的炭疽杆菌浸润(Bush et al., 2001)。

在患者死亡之前，脑脊液革兰氏染色中显示有大量多形核白细胞和大量的单个或呈链状的革兰氏阳性杆菌存在。当时结合患者脑脊液外观，医疗人员曾考虑过炭疽感染的可能，并在相应的抗生素治疗方案中增加了大剂量的青霉素 G 用于静脉注射。之后在羊血琼脂平板上进行脑脊液接种实验，结果培养出了革兰氏阳性杆菌的菌落。

医疗中心的检验科在接种实验后 18 小时鉴定出该微生物的确是炭疽杆菌，佛罗里达州卫生管理局也对这一鉴定结果进行了证实。很显然，得出炭疽杆菌感染的诊断意味着非常严重的后果。虽然该病例在最初被怀疑是炭疽杆菌感染时已经向当地的公共卫生部门报告，但是在向民众公布之前，仍需要对这一结果进行最终的实验室确认。

实验室检测结果显示，从患者家中和旅游目的地采集的大量环境样本均呈炭疽杆菌阴性。但在患者工作的地区和当地邮政中心检测到了炭疽杆菌，这意味着传染源可能是一个或多个被邮寄的信件或包裹(图 7.5)。据患者的同事说，患者大约在 9 月 19 日即发病的 8 天前，曾收到并仔细检查了一封装有粉末的可疑信件。这个特殊的案例强调了医生对生物恐怖主义相关疾病的诊断及治疗能力的重要性。

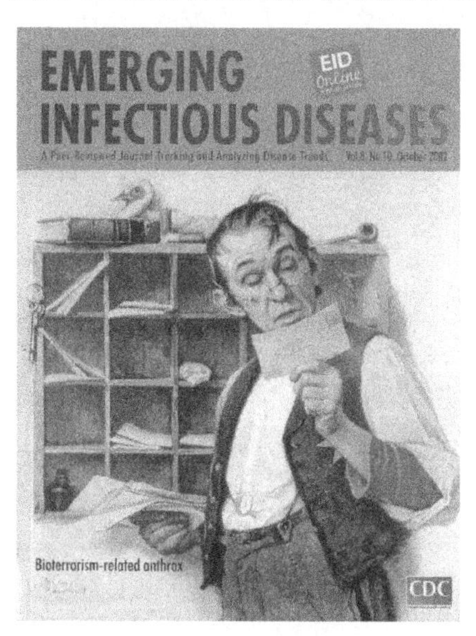

图 7.5　2002 年 10 月疾病控制中心出版的 *Emerging Infectious Diseases* 的封面。它描绘了当时的国民情绪，一些像打开一封邮递信件这样看似无害的动作都可能会威胁到自己的生命。图像资料由美国疾病控制与预防中心提供

批判性思考

根据你对吸入性炭疽感染的了解，如何通过指示病例的临床表现来推断疾病的潜伏期及最终结局？

最后，官方认为共有 5 封这样的信被寄出，其中 4 封被成功追缴收回。已知其中两封信的邮寄时间是 2001 年的 9 月 18 日和 10 月 9 日。然而，寄往本案例的

发生地——佛罗里达州艾米大厦的信没有追回(图 7.5)。9 月 18 日寄出的信件被送到美国全国广播公司(NBC)演播厅和纽约时报的办公室，10 月 9 日寄出的信件则是寄给了美国参议院的达施勒和莱希参议员，这些信件中含有的炭疽杆菌孢子的质量为 1～2g。

这场炭疽疫情的暴发集中在以下 6 个地点：佛罗里达州、纽约州、新泽西州、华盛顿特区的国会山、华盛顿特区的偏远地区(包括马里兰州和弗吉尼亚州)和康涅狄格州。疫情共造成 22 人被感染，其中 11 人是皮肤性感染、11 人是吸入性感染，共有 5 人死亡。然而，处理该次事件对公共卫生资源的需求量远超出 6 处疫情暴发的范围。当政府官员意识到在已经被污染的邮政设施中处理邮件可能会导致交叉污染并可能蔓延到全国时，人们开始将带有可疑粉末的邮件样本递交官方进行检测，并对他们日常的书信往来感到担忧。

在应对这场疫情的危机中，当地的公共卫生应急响应部门和联邦政府的处理能力存在明显的不足。例如，公共卫生官员并未充分认识到处理这场疫情的响应者之间需要的沟通、协调和合作，此外，在找到能为他们提出指导意见的临床医生方面也存在许多困难。美国联邦调查局(FBI)在 2008 年才得出结论，造成这场疫情的凶手是美国陆军传染病研究所的生物防御研究科学家布鲁斯·艾文斯博士，然而仍有一些专家认为联邦调查局的调查结论在技术方面有缺陷，因此对该调查结果留有争议。

2003～2004 年美国非专业生物恐怖分子蓄意投递蓖麻毒素事件

2003 年 10 月，一封寄往美国交通部的可疑信件被美国邮件检查员截获。经检查信件内容后，邮件检查员发现该信件中有一个含有蓖麻毒素的金属瓶和一张威胁字条，字条内容威胁道：如果限制商业卡车司机工作的法律不尽快进行修正，将会发生更多的恐怖袭击事件(图 7.6)。

2004 年 2 月，在德克森大厦内威廉·弗里斯特参议员的办公室内发现了蓖麻毒素。在参议员办公室的拆信机里发现这种毒素之后，联邦调查员检查了约 2 万封往来信件，希望找到蓖麻毒素的来源，但一无所获，也没能找到相关的犯罪嫌疑人。他们无法确定这些蓖麻毒素在被办公室的实习生发现之前，是否已经存在了几小时、几星期甚至几个月。

当时应急响应处理的报道之间存在相互矛盾，无法统一。一些参议院工作人员称，在蓖麻毒素被发现后的几小时出现了骚乱，弗里斯特参议员办公室附近的一些员工在事件发生后没有进行任何医学方面的检查就径直回家了，还有一些人员没有按照建议执行的洗消程序的情况下就开始自由活动。

SPECIAL REWARD
up to $120,000

A reward of up to $120,000 is being offered by the U.S. Postal Inspection Service, Federal Bureau of Investigation, and U.S. Department of Transportation-Office of Inspector General for information leading to the arrest and conviction of the person(s) responsible for mailing letters containing the poison ricin and ricin derivative. The vial pictured below was accompanied by a threatening letter addressed to the U.S. Department of Transportation and was discovered at the Greenville, SC, Post Office on October 15, 2003.

The person(s) responsible for these threats may be connected to the trucking or transportation industry, but you should report any potential leads.

Metal vial:

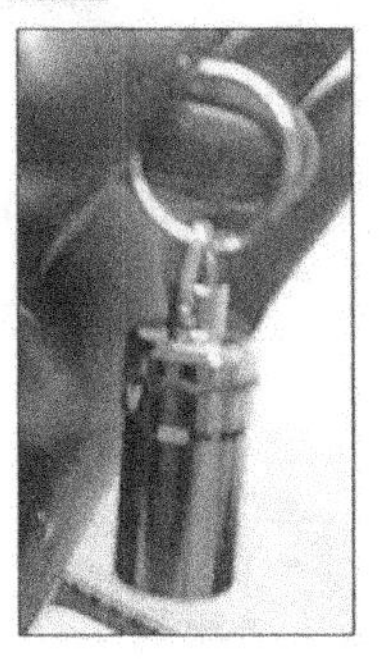

Typewritten on the exterior of the envelope was the following warning:

caution RICIN POISON
Enclosed in sealed container
Do not open without proper protection

The following is a representation of the language contained in the threat letter.

to the department of transportation: I'm a fleet owner of a tanker company.

I have easy access to castor pulp. If my demand is dismissed I'm capable of making Ricin.

My demand is simple, January 4 2004 starts the new hours of service for trucks which include a ridiculous ten hours in the sleeper berth. Keep at eight or I will start dumping.

You have been warned this is the only letter that will be sent by me.

Fallen Angel

Public health information regarding ricin can be found at the Centers for Disease Control and Prevention Web site (www.cdc.gov)

图 7.6　海报宣称，任何人只要能够为抓捕 2003 年 10 月发生的蓖麻毒素投递事件的直接责任人提供有价值的线索，都将获得一份报酬奖励。海报正文译文：美国邮政检查局、联邦调查局及美国交通部共同提供 12 万美元奖金，征集能对邮寄蓖麻毒素及蓖麻毒素衍生物的罪犯实施抓捕和定罪的线索与信息。罪犯将恐吓信和下方图中的小瓶子一起寄往了美国交通部，这封恐吓信及装有蓖麻毒素的小瓶子于 2003 年 10 月 15 日在南卡罗来纳州格林维尔市邮局被截获。恐吓信原文译文：致交通部：我是一名卡车公司的司机。我有途径可以轻易拿到蓖麻籽，如果你们不接受我的要求，我将会以蓖麻毒素作为回应。我的要求很简单，2004 年 1 月 4 日开始将卡车司机工作时间中每天的强制休息时间由 10 小时改回 8 小时，否则我将开始我的行动。在下次行动的时候，我不会再给出书面上的警告和提醒。图像资料由美国司法部提供

而根据有关当局的说法，周一下午 3 点首次发现这种物质时，一个有害物质救援小组被派往了位于德克森大厦的弗里斯特办公室。救援小组在初步确定检查结果为阴性后，对办公室进行了完全彻底的检查。这种情况在国会的办公室中并不罕见，因为他们经常收到可疑邮件，但通常这些邮件都是无害的。

批判性思考

如果每次政府部门在发现可疑物品时，都采取过度的响应措施并设置隔离区会存在什么风险？

当进行后续的全面检查又发现存在蓖麻毒素时，国会警察再次返回了大厦并将人们疏散到大厦内的其他区域。在场的工作人员表示，当天有很多人离开。那些在弗里斯特参议员办公室附近办公并留在大楼内的人被统一安排在德克森大厦和哈特参议院办公楼之间的走廊中临时搭建的洗消间进行淋浴洗消处理。随后，他们向警察做了笔录，并允许回到自己家中。

调查人员对这种可能具有致死性的粉末是如何进入参议院多数参议员的办公室一无所获。调查的焦点集中在一位神秘的署名为“堕天使”的嫌疑人身上，他威胁说，如果不取消新的货运规定，他将把蓖麻毒素作为武器使用。然而，第一起案件与署名“堕天使”的信件之间并没有明显的关联(图 7.4)。这些信件是在南卡罗来纳州负责格林维尔-斯帕坦堡国际机场和白宫地区的邮政设施中发现的。

2014 年西非地区的埃博拉病毒暴发

2014 年初，世界上暴发了迄今为止规模最大的埃博拉疫情。研究人员称，此次疫情的首发病例是西非国家几内亚盖凯杜省梅里安达村的一名 1 岁的小男孩。研究人员了解到，梅里安达村的孩子们曾在一株巨大死树的树洞附近玩耍，树内寄居着一群蝙蝠，这些蝙蝠携带埃博拉病毒(Marí-Saéz et al., 2015)。目前人们认为，蝙蝠在埃博拉病毒的兽疫传播循环中起到重要作用(图 7.7)。而前面提到的那个 1 岁的小男孩当时则死于一种神秘的发热性疾病，他的家人也被这种疾病所传染，同时传给了其他村民，随后传播到了村庄以外。

2014 年 3 月 23 日，世界卫生组织接到了几内亚暴发埃博拉疫情的通知。当时埃博拉疫情已经传播到了邻近的其他非洲国家(利比里亚、尼日利亚、塞内加尔和塞拉利昂)。有限的公共卫生资源(图 7.8)和由志愿者组成的医疗小组试图平息这场迅速蔓延的疫情，但是面对为数众多的患者及其密切接触者，可用的人力和医疗资源不堪重负。直到 2014 年 8 月 8 日，世界卫生组织才宣布埃博拉疫情已成为一件受到国际关注的突发公共卫生事件(WHO Report, 2014)。这就引出了一个显而易见的问题：世界卫生组织为什么要花将近 5 个月的时间才做出一份这样的声明？

图 7.7　埃博拉病毒的地方性(自然性)和家畜流行病循环(自然史)。图像资料由美国疾病控制与预防中心提供

图 7.8　西非的一个村庄里，一个卫生小组在离开现场前进行消毒。所有个人防护装备上都喷洒了强力消毒液用以杀灭病毒，以防止将病毒传播给自己或他人。图像资料由美国疾病控制与预防中心提供

2014 年 9 月 20 日，利比里亚人托马斯·埃里克·邓肯从利比里亚前往得克萨斯州的休斯敦市。在从利比里亚登机之前，邓肯曾帮助一名生病的孕妇从出租

车上下来，并将其送进当地医院。人们后来才知道，这名孕妇是一名埃博拉病毒感染者，但当时邓肯并没有意识到这一点。邓肯在到达休斯敦市时并未感觉出任何异常，也没有出现发热或其他症状。6 天以后，他开始感觉到不适并前往得克萨斯州休斯敦市的一家医院就医。当时他并没有提及自己的旅行经历，因此在急诊科被诊断为常规疾病，在服用了一些抗生素后就离开了急诊室。然而，在他回到公寓几天后，病情变得非常严重，于是他向达拉斯市的得克萨斯长老会医院急诊科报告了自己的情况，在那里，他被诊断为疑似埃博拉病毒感染，并随即被送进了重症监护病房，最后住进了隔离病房。他的病情迅速恶化，不久就去世了。同时，由于这家医院的传染病防治标准不完善，两名护士妮娜·范和安步尔·文森也感染了埃博拉病毒，所幸她们的治疗过程都很成功，并于两周后完全康复。

美国的媒体和公众对这三起病例(邓肯和受到感染的两名护士)的反应是明确的。许多州级和联邦级的政客都对强制执行的隔离措施表明了立场，国家和地方的媒体也试图让公众对这种致命的埃博拉病毒的严重性保持持续关注。可以肯定地说，由于这次事件的政治化和故事性，增加了民众的恐惧和惊慌。与此同时，得克萨斯州的政府官员和地方官员也有另外一件事要进行处理，应急管理部门和公共卫生机构必须共同努力以确保邓肯的住所不会再导致更多的新发埃博拉感染病例的产生。所有与邓肯接触过的人都必须被严格隔离和观察。隔离期过后，这间公寓成为一处需要危险物质专业处理人员进行彻底洗消处理的灾区(图 7.9)。隔离观察结果显示，邓肯在医院外接触的所有人都没有被感染，同时邓肯所居住的公寓和公寓内他曾接触过的物品都经过了专业的洗消程序而变得安全。

图 7.9　来自 Cleaning Guys 有限责任公司的危险物质专业处理人员为邓肯在得克萨斯州休斯敦市曾居住过的公寓进行洗消处理。图像资料由 Cleaning Guys 有限责任公司埃里克·麦卡勒姆提供

批判性思考

少数的埃博拉病例进入美国或其他发达国家后导致的 2014～2015 年的埃博拉疫情暴发教会了我们什么？在思考这个问题时，建议参考 A 类生物病原因子应急预案标准。

在作者编写这一章节时，疫情还没有被完全控制住。截止到 2015 年 8 月，共有 15 190 名患者被确诊为感染了埃博拉病毒，其中 11 288 例死亡(WHO Sitrep Ebola Summary; 2015 年 8 月 28 日)。目前，埃博拉的疫情仅局限在人们公认的这场疫情暴发的源头国家，也就是西非的几内亚。令人担心的是，埃博拉病毒目前正在几内亚国内蔓延，虽然患病人数随季节变化而有所波动，但患者始终存在。

西非埃博拉疫情暴发的规模和影响均前所未有，这让人们重新拾起了对全球卫生安全保障的定义、含义及项目和政策的实际影响等的关注。例如，政府如何开始按照国际卫生条例的要求来加强自身处理核心公共卫生事件的能力？全球卫生安全保障关注的具体问题是什么？在全球卫生治理包括世卫组织改革的背景下，从埃博拉疫情暴发中吸取教训将是非常重要的。*The Lancet* 杂志邀请了一批德高望重的全球卫生工作人员来反思这些经验教训，共同探讨全球卫生安全保障的理念，并为下一步行动计划提出参考意见。这些工作人员抱着为人类健康和安宁建立一个可持续发展、适应力更强的社会的共同目标，描述了一些对个人和全体人类健康存在的主要威胁，以及未来在应对这种威胁时应首先考虑的建议和权衡的因素，并提出了许多不同的观点和看法(Heymann et al., 2015)。埃博拉出血热等 A 类病原体疾病大规模暴发对地理政治学方面的影响，将成为一项有意义的疫情后研究的内容。我们应时刻谨记，一次简单的入境或国际航班的航行都可能是下一次疫情的开端。

总　　结

本章简要介绍的 6 个案例应该能促使读者对每个事件的细节进行更深入的思考和研究。斯维尔德洛夫斯克炭疽泄漏事件说明了制造生物武器所带来的危险。看似简单的一起涉及少量生物病原因子的泄漏事故就可能导致无法想象的结果。想象一下在这个我们都参与其中的信息时代，如果同样的事情发生在美国或欧洲，又会造成怎样的后果？蓄意使用细菌污染食物的奥修教事件是在美国发生的最大规模的生物恐怖主义案件。获得病原菌来源的合法性、制造过程的简单性及袭击的隐蔽性，都强调了生物恐怖主义做事肆无忌惮和阴险的本性。尽管许多人尽了最大的努力来处理此事，但还是花了一年多的时间，并且是在行凶者主动承认自己所犯下的罪行的情况下，才让政府官员相信这起事故是有人蓄意而为的。

印度的苏拉特肺鼠疫疫情的暴发则证明了在一种具有高度传染性和致死性的疾病自然暴发时采取迅速而果断的行动的重要性。如果这是一起蓄意引发的疫情，那么最初会有更多的病例或受害者出现，并会导致疫情在更大范围内进行扩散。此次事件强调了早期检测和制定隔离标准的重要性。2001 年的美国炭疽袭击事件使我们认识到，一个国家在面对少量的特殊生物病原体时是多么的易受攻击。回顾那段时间发生的这些事件，随着它们的逐一展开，似乎有些超越了现实。很难相信，我们正在遭受生物武器攻击，也没有人知道这场袭击的范围有多广，什么时间才会真正结束。许多人因不满政府对事件的处理方式而抨击政府官员，然而我们认为公共卫生官员采取行动已足够迅速，并对疫情发生的信息进行了通告，提高了公众(潜在受害者)的意识和医务人员(警戒人员)的警觉性。

由于互联网上传播着大量关于蓖麻毒素的生产、自制和散播的文档，业余的恐怖分子恰好能够将其作为工具使用。客观地说，天然存在的蓖麻毒素并不是一种可怕的威胁，但如果以某种方式将其传播给那些潜在的受害者，它就可能产生致命的效果。生产、持有和散播蓖麻毒素都是非法行为，应当得到迅速而强有力的处置，那些违反法律的人应该受到法律的严惩。

2014 年埃博拉疫情大规模暴发表明，在出血热病毒面前公共卫生条件不足的国家是多么的脆弱无力。从这次事件中所吸取的经验教训充分表明了全球监测和卫生安全的重要性。为此国际社会应采取更加迅速的行动，提供充足的资源并召集专家小组，以在下一次疫情暴发时能够在早期阶段对其进行控制。一旦这种病毒性出血热从一个小的村落扩散到大城市，那么公共卫生的控制措施即使并非不可能也会变得极其难以实现。我们希望埃博拉病毒不会在西非地区继续流行，因为这些受影响的国家往往需要数年时间才能在疫情过去后恢复经济发展。

基 本 术 语

- 防疫封锁线：来自法语的一个专业术语，用于表示在公共卫生部门实施大规模的隔离措施以控制疾病传播时所采用的一种极端隔离手段。在这种情况下，城市的一小部分区域将被隔离出来。正如人们所想象的那样，这在现代环境中难以实施。

讨　　论

- 当疫情的暴发是由自然因素、偶然因素或蓄意人为因素所引起的，它们在哪些方面是相似的？在哪些方面是不同的？

- 对于前面提到的那些最初响应阶段，当疫情的暴发分别是由自然因素、偶然因素或蓄意人为因素中的某一种所引起时，是否有区别？如果有区别，这三种情况之间的响应阶段存在什么区别？如果没有区别，为什么？
- 自动化的生物监测项目对非常规传染病暴发时医务人员的警惕性有什么影响？提高、降低还是没有任何关系？

网　站

The National Security Archive, November 15, 2001. Anthrax at Sverdlovsk. 1979. In: Wampler, Robert A., Blanton, Thomas S. (Eds.), US. Intelligence on the Deadliest Modern Outbreak, National Security Archive Electronic Briefing Book No. 61, vol. 5. Available at: www.gwu.edu/~nsarchiv/NSAEBB/NSAEBB61/#8#8.

Hoffman, R., Norton, J., November–December 2002. Lessons learned from a full scale bio-terrorism exercise. Emerging Infectious Diseases 6 (6), 652–653. Available at: http://www.ncbi.nlm.nih.gov/pmc/articles/PMC2640923/pdf/11203432.pdf.

Mavalankar, D., 1995. Indian "plague" epidemic: unanswered questions and key lessons. Journal of the Royal Society of Medicine 88 (10), 547–551. Available at: http://www.ncbi.nlm.nih.gov/pmc/articles/PMC1295353/pdf/jrsocmed00065-0007.pdf.

Blanchard, J., Haywood, Y., Stein, B., Tanielian, T., Stoto, M., Lurie, N., 2005. In their own words: lessons learned from those exposed to anthrax. American Journal of Public Health 95 (3), 489–495. Available at: http://www.ncbi.nlm.nih.gov/pmc/articles/PMC1449207/pdf/0950489.pdf.

World Health Organization. Ebola Virus Disease Outbreak. Available at: http://www.who.int/csr/disease/ebola/en/.

参 考 文 献

Bush, L., Abrams, B., Beall, A., Johnson, C., 2001. Index case of fatal inhalational anthrax due to bioterrorism in the United States. The New England Journal of Medicine 345, 1607–1610.

von Bertallanfy, L., 1968. General System Theory. Brazillier, New York.

Defense Intelligence Agency, March 21, 1980. Possible BW Accident Near Sverdlovsk. Intelligence Information Report.

Heymann, D., Chen, L., Takemi, K., et al., 2015. Global health security: the wider lessons from the west African Ebola virus disease epidemic. Lancet. 385: 1884–1901.

John, T., 1994. Learning from plague in India. Lancet 344, 972.

Malecki, J., Wiersma, S., Chill, H., et al., 2001. Update: investigation of bioterrorism-related anthrax and interim guidelines for exposure management and antimicrobial therapy. Morbidity and Mortality Weekly Report 50 (42), 909–919.

Marí-Saéz, A., Weiss, S., Nowak, K., Lapeyre, V., Zimmermann, F., Düx, A., Leendertz, F.H., 2015. Investigating the zoonotic origin of the West African Ebola epidemic. EMBO Molecular Medicine 7 (1), 17–23.

Meselson, M., Guillemin, J., Hughes-Jones, M., et al., 1994. The Sverdlovsk anthrax outbreak of 1979. Science 266, 1202–1208.

Meselson, M., September 1988. The Biological Weapons Convention and the Sverdlovsk Anthrax Outbreak of 1979 Federation of American Scientists Public Interest Report 41. p. 1.

Sacks, O., 1973. Awakenings. Pan Books, London.

Shah, G., 1997. Public Health and Urban Development: The Plague in Surat. Sage Publications Pvt. Ltd, New Delhi, India.

Steinberg, F., 1995. Indian cities after the plague—what next? Trialog 43, 8–9.

Wampler, R., Blanton, T. (Eds.), 2001. Anthrax at Sverdlovsk, 1979. The National Security Archive, vol. 5. U.S. Intelligence on the Deadliest Modern Outbreak. National Security Archive Electronic Briefing Book No. 61. Available at: http://nsarchive.gwu.edu/NSAEBB/NSAEBB61/.

World Health Organization. Ebola Sitrep Summary Report. Available at: http://apps.who.int/gho/data/view.ebola-sitrep.ebola-summary-latest?lang=en (accessed 28.08.15.).

World Health Organization Ebola Response Team, 2014. Ebola virus disease in West Africa – the first 9 months of the epidemic and forward projections. The New England Journal of Medicine 371, 148. Available at: http://www.nejm.org/doi/pdf/10.1056/NEJMoa1411100 (accessed 28.08.15.).

第三部分　农业面临的威胁

农业可以有很多定义。一般来说，它代表了土地耕作和动物饲养所需的知识、科学和实践。农业对人类社会的发展和维持至关重要。例如，农业系统能够使现代社会安全而低成本地养活民众。而农业系统发展尚未成熟的国家则无法维持大型城市的修建，无法汇集民众，也无法推进其技术进步。

农业对国家经济的增长至关重要。美国农业部最新的估计显示，农业产业约占美国国内生产总值(gross domestic product, GDP)的13%以上，拥有美国就业人口总数的17%，约占美国出口总额的20%。因此，农产品不但对人类生存至关重要，而且对经济的繁荣发展至关重要。

动植物疫情的暴发会严重威胁到国内生计和国际贸易必需品的生产能力，也有可能造成重大的经济损失。我们最关心的就是外来的动植物疾病，而美国及其盟国的地方性传染病病原体一般都具有高度的传染性和高致病性。谈到食品安全和农业安全，我们还必须考虑到那些经自然传播和偶然引入的病原体。此外，由于恐怖主义依然存在，其潜在威胁不容忽视，我们必须要警惕利用病原菌对农业进行打击的蓄意行为。一场有针对性、精心策划的蓄意行动可能会带来灾难性的后果。

正如我们在“毁灭的种子”一章中所学到的，人类大约在12 000年前就开始发展农业。贾里德·戴蒙德在其著作《枪炮、病菌与钢铁》中讨论了农业是如何使人类能够定居，并有效维持部落的发展壮大，开发出新型工具，在与游牧民族和邻近部落的竞争中获得优势的。然而这些方面的进步并非没有代价。戴蒙德也提到驯养的动物仿佛是一种“致命的礼物”，因为它们给人类带来了新的病原体。

在一篇关于禽流感的意味深长的文章中(*Avian influenza: Virchow's reminder*, American Journal of Pathology, 168[2006]: 6–8)，科里·布朗博士强调指出，如果想在人类中控制禽流感的传播，必然需要在动物中控制该病毒的传播。为了阐述她的观点，她带我们回顾了德国内科医生鲁道夫·菲尔绍在1855年对人兽共患病的定义：

“高致病性禽流感已成为过去 10 年间的人兽共患病，希望在本世纪内不会发生大流行。”在相对医学的话题上，菲尔绍写道：“在动物医学和人类医学之间，没有分界线，也不应该有分界线。”菲尔绍是所有病理学家都熟悉的一个名字，他因阐明了疾病的细胞学本质而受到赞誉，被广泛认可为现代病理学之父，他的发现彻底改变了现代医学的发展进程。然而，他对跨物种疾病的关注可能是他留下的最持久的遗产。

无论如何，农业的生物威胁有可能使我们无法养活自己，动摇我们对政府的信心，破坏经济发展，并对人类健康构成威胁。基于这些原因，本书的这部分重点关注生物病原因子对农业的威胁。“农业面临的生物威胁”一章包括了对驯养动物的威胁和对农作物的威胁，并概述了在疾病控制中所使用的应对方法和控制措施。“近期的动物疾病暴发事件及经验教训”这一章则简要介绍了国外动物疾病对农业产业造成巨大损害的 4 个实例。

第八章 农业面临的生物威胁

在我看来，从食品方面进行袭击是最简单易行的袭击方式，但不知道为什么恐怖分子尚未选择这一方式。

美国卫生和公众服务部前部长汤米·汤普森

学习目标

1. 讨论农业和粮食供应对国家的重要性。
2. 描述生物威胁可能对农业及食物供应造成危害的不同方式。
3. 了解农业恐怖主义的定义。
4. 讨论农业恐怖主义的潜在影响。
5. 讨论生物安全对农业部门的重要性。
6. 了解在面对外来动物疾病暴发时国家的应对策略。

引　　言

克林顿执政期间的一个专家小组评估发现，美国政府在未来10年面临的最大挑战之一，是如何有效地保护美国的关键基础设施。委员会对国家通信系统、供电系统、交通运输系统、油气输送系统、储存系统、水净化及输送机构、银行和金融中心，消防、警察、应急管理及灾害系统，以及其他一些政府服务的安全问题进行了研究。第7号国土安全总统令(Homeland Security Presidential Directive, HSPD)详细描述了保护美国关键基础设施的规范。在第7号HSPD颁布不久，政府官员就意识到，美国的命脉——农业从列表中被移除了。直到2003年12月，农业和粮食才被重新列入国土安全总统令。第9号国土安全总统令进一步加强了对食品系统和农业的保护，并“建立了一项国家政策，以保护农业和食品系统免受恐怖袭击、重大灾害及其他紧急事件的影响”(HSPD 9, January 2004)。

2002年《关键基础设施信息保护法》(CII Act of 2002)的颁布为保护国家基础设施、联邦机构之间共享的基础设施信息，以及联邦机构与私营企业之间共享的基础设施信息提供了保障。该法案创建了一个新的框架，使私营机构能够自发为国土安全局提供有关国家关键基础设施相关的敏感信息；如果这些信息符合CII法案的要求，那么这些信息将会得到保护，免遭披露。一些非常可能受到生物威胁影响的关键基础设施包括供水系统、应急响应服务（公共安全和公共卫生）及政府运作体系。可能有人会说，农业和食品系统并不会因为这些问题而受到更严重的打击与影响。实际上，农业和食品系统容易受到疾病、虫害或有毒物质的侵害，而这些灾害可能自然发生，也可能被意外引入，或通过恐怖主义行为故意传播。农业和食品系统的覆盖范围十分广泛，是一个开放、多样化且各方面相互关联的复杂结构，很容易成为动植物疾病的攻击目标。无论何种原因，大范围的疾病暴发都将会对公众健康和经济造成巨大的影响。

批判性思考

最初，农业和食品系统并未被列入美国的国家关键基础设施范围，为什么会出现这样的疏忽呢？是因为它们不属于关键基础设施？还是因为它们与其他的关键基础设施有什么差别之处？

农业的重要性

目前，农业仅吸纳了美国约 1%的劳动力，在美国 GDP 中所占比例不足 1%。然而，农业与各个行业都相互关联，它对国民经济产生的影响远不仅于此。例如，农民在种植农作物和饲养牲畜时，还需要机械、肥料、种子、饲料、劳动力、金融服务、运输、加工、包装及其他的投入。1996 年，美国农业及其相关产业的总产值占当年 GDP 的 13.1%（9977 亿美元）；同年，美国食品和纺织工业系统雇佣将近 2300 万人，占美国总劳动力的 17%（US Department of Agriculture, 2006）。

当今世界人口已超过 72 亿（US Census Bureau, 2015）。据估计，2025 年将达到 80 亿，2050 年将达到 90 亿。如果这个预测是准确的，那就意味着在短短 50 年内，人口将增加 50%。难以想象养活未来世界人口这个任务将会多么艰巨。下面这句话很贴切地描述了我们将面临的挑战："在接下来的 50 年里，人类所消耗的食物将是人类自 1 万年前开始农业生产以来所消耗食物总量的两倍"（James, 2000）。

关于美国农业的一些重要事实

- 美国土地面积近 139.6 亿亩[①]，其中农业用地近 72.9 亿亩。
- 农业部门是美国贸易平衡最大的积极贡献者。
- 美国出产占全球总量近 50%的大豆、40%以上的玉米、20%的棉花、12%的水稻，以及 16%以上的肉类。

① 1 亩≈666.7 平方米

- 美国有超过 200 万个农场，总面积超过 18.2 亿亩。
- 在一些州内，农业占就业和州生产总值的 10%以上。

农业保护部门

农产品对我们的生存和经济至关重要，如农产品约占美国所有出口产品的5%(Amber Waves, 2007)。美国有超过 200 万个农场，总面积将近 18.2 亿亩，这些农场种植的农作物和饲养的动物，能够源源不断地为美国民众提供低价、优质和安全的食品。此外，在粮食生产方面，美国在世界上遥遥领先。在 2005 年和 2006 年，美国每年都有将近 700 亿美元的农产品出口(Amber Waves, 2007)。在 2006 年，美国的谷物和饲料销售额近 184 亿美元，大豆销售额为 63 亿美元，红肉产品销售额为 49 亿美元，家禽销售额为 24 亿美元(AoTab27, USDA 网站)。

由此可以看出，无论什么原因引起的动植物疾病暴发，都能轻而易举地给农产品出口贸易带来巨大冲击，从而造成重大经济损失。谈到农业和食品安全时，我们总是更关注外来的动植物疾病。但不得不说，很多可引起严重后果的病原体在美国本土也非常常见，并且我们很少对蓄意的、人为的生物安全问题有所担忧。然而，最近的一些自然发生和意外引入的动物疾病已推动美国正式开始使用国家动物卫生应急管理系统(National Animal Health Emergency Management System, NAHEMS)，同时这也让我们意识到一个被精心策划且抱有影响农业生物安全目的的行为将会具有怎样的破坏性。无论疾病暴发的原因是什么，我们都应当尽一切努力保护农业部门免受这些威胁性生物因子的潜在破坏。

外来动物疾病

许多外来动物疾病(foreign animal disease, FAD)或美国目前不存在的一些严重动物疾病，都是美国动物卫生官员所重点关注的对象。因此美国农业部动植物卫生检验局与国家动物卫生官员和兽医合作，力求能够鉴别、控制和根除这些疾病(Critical Foreign Animal Disease Issues for the 21st Century, 1998)。

在国际方面，世界动物卫生组织，又称国际兽疫局，是一个拥有 155 个成员国的政府间组织，负责动物疾病信息收集、监管、指导及制定对策。世界贸易组织表示，世界动物卫生组织是为开展国际贸易制定动物卫生标准的国际机构。该组织会对世界各地的疾病进行追踪，并为动物迁徙和疾病控制提供对策，包括检测方法和疫苗，并持续对成员国的动物疾病与疫情暴发进行追踪。世界动物卫生组织罗列了一份“传染性疾病清单”(http://www.oie.int/en/animal-health-in-the-world/oie-listed-diseases-2015/)。根据之前旧的分类方式，清单中的疾病被分为 A、B 两类。A 类疾病是一些不分国界、可能会导致严重后果并迅速传播的疾病，这些疾病会对社会经济和公共卫生产生严重影响，并在国际动物和动物产品贸易中具有重要意义。清单中任何一种 A 类疾病(表 8.1)的暴发都会导致出口禁运，因此 A 类疾病会对农业市场造成严重影响。旧分类方式中的 B 类疾病清单则包括各种对国内经济或公共卫生方面存在重要影响并在国际贸易中具有重要意义的疾病。由于 B 类疾病过多，在此则不一一列举，读者可参考世界动物卫生组织网站中的旧系统疾病清单进行查阅(请参阅章节末尾部分网站)。

表 8.1 所列举的疾病主要是通过三种途径传播的病毒性疾病。大多数病毒可通过直接接触进行传播，有些能以气溶胶的形式在空气中进行远距离传播。其余的一些病毒，如蓝舌病毒、非洲猪瘟病毒，则是以昆虫作为媒介进行传播。

表 8.1 世界动物卫生组织列出的 A 类疾病名称(按英文名字母顺序排序)

- 非洲马瘟
- 非洲猪瘟
- 蓝舌病
- 典型猪瘟
- 牛传染性胸膜肺炎
- 口蹄疫
- 山羊痘和绵羊痘
- 高致病性禽流感
- 牛结节疹
- 新城疫
- 小反刍兽疫
- 裂谷热
- 牛瘟
- 猪水疱病
- 疱疹性口炎

注：这些都是可快速传播的严重动物疾病，不分国界，均会对社会经济或公共卫生产生影响，并会给动物和动物产品的国际贸易带来重大影响

- 动物疾病的空气传播方式。口蹄疫(foot and mouth disease, FMD)、高致病性禽流感及外来的新城疫均可通过空气中的气溶胶进行远距离传播。1981 年，法国布列塔尼暴发了口蹄疫，3 天后在英吉利海峡另一边的怀特岛上出现了散发病例。盛行风模式证实病毒以气溶胶的形式在空气中传播

了 175km 的假说(foot and mouth disease, 2008)。空气传播性疾病极难控制，疫情一旦暴发，将带给应急响应人员巨大的挑战。这些疾病同样也可通过直接接触进行传播。

- 动物疾病的直接传播方式。牛瘟、疱疹性口炎、猪霍乱和非洲猪瘟等疾病可通过动物之间的直接接触及污染物接触进行传播。例如，健康动物接触被感染动物使用过的饲料槽、水槽和挤奶器时，则很可能被传染。除此之外，这些病毒也可以通过沾染在人的衣服、鞋子和设备上，通过健康动物再接触进行传播。因此，为了更好地限制疫情的暴发范围，应实施必要的生物安全措施，如确保动物饲养环境的清洁、限制饲养环境周围不必要的人员通行及车辆往来。
- 动物疾病的媒介传播方式。有些疾病是通过昆虫媒介进行传播的。例如，蜱或蚊从一种动物身上获得病原体，通过叮咬将病原体传染给另一种动物。在这种情况下，疾病的防控主要依赖于虫害的防治。

列入世界动物卫生组织清单的标准

2006 年 1 月，世界动物卫生组织官员将 A、B 两类疾病合并为一份综合清单，并根据受感染的宿主类别(如绵羊、山羊、牛、马、猪、蜜蜂、鱼、软体动物、甲壳动物和兔子等)进行了划分。该清单的纳入标准包括 4 个考虑因素：国际传播潜在可能、在幼龄动物群中的重大传播、人兽共患的潜在可能及是否新发疾病。图 8.1 解释了如何应用这些标准来编制疾病清单。

美国国内对于世界动物卫生组织的执行情况

在美国境内，由国家动物健康检测系统项目小组负责对美国国内家畜种群的健康和健康管理进行全国性研究。在涉及美国动物健康检测相关活动时，则由国家监控部门作为协作单位，通过评估、设计、分析、排序和整合来改善与推进动物健康的监测。美国国家动物健康报告系统(National Animal Health Reporting System, NAHRS)是在美国动物健康协会、美国兽医实验室诊断医师协会和美国农业部动植物卫生检验局共同努力下建成的，该系统旨在成为一个全面、综合的动物健康监测系统的一部分。由国家动物卫生官员获取畜牧、家禽及水产品养殖的物种中存在的疾病情况，然后由 NAHRS 将确认的疾病数据报告给世界动物卫生组织。这里美国国家动物健康报告系统需要报告的是是否存在根据世界动物卫生组织要求需要报告的疾病，而不是疾病的流行情况。在某个州内，有关动物疾病发生的数据需要从尽可能多的可验证来源进行收集。这些数据将会在经过验证、总结后被合并到每月提交给国家监控部门的报告中。其适用范围包括牛、绵羊、山羊、马、猪、商业性家禽及可食用鱼类。

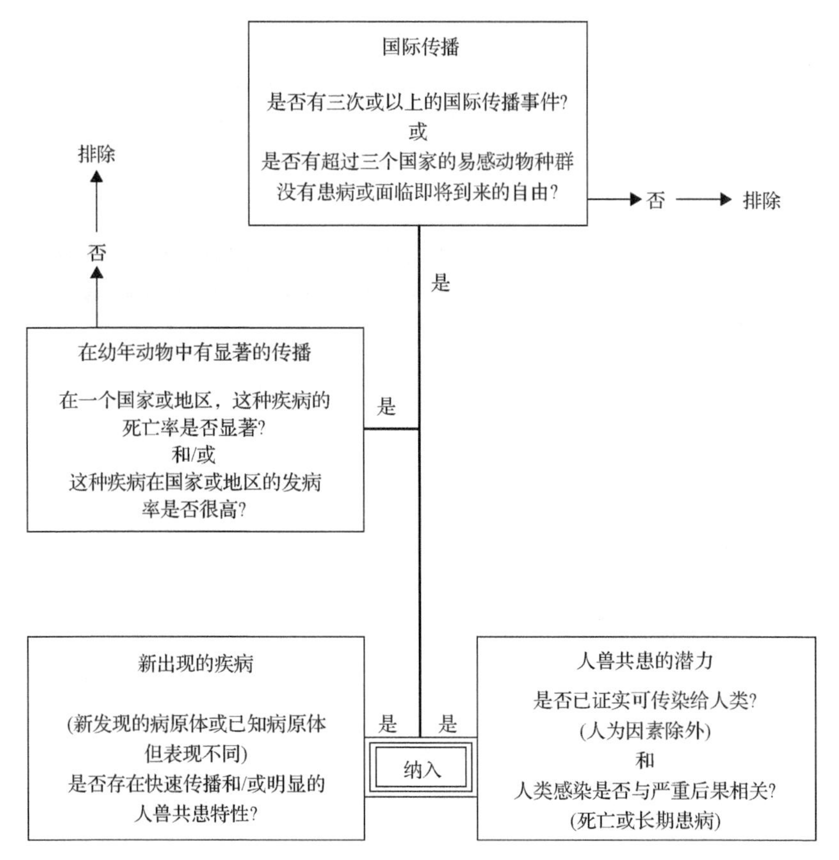

图 8.1　该图展示了应如何应用世界动物卫生组织列出的疾病的 4 个纳入标准进行决策

批判性思考

毫无疑问，外来动物疾病可对国家经济及食品供给造成巨大的威胁。那么，识别外来动物疾病所需的最基本的要素是什么？请将 RAIN(识别、规避、隔离、通告)套用于一种外来动物疾病疫情，并围绕 RAIN 的适当行动措施进行讨论。

在美国，外来动物疾病暴发所造成的最直接、最严重的后果之一就是对出口市场的影响；一旦发生，其他国家可能将禁止进口美国动物或动物产品，如同在华盛顿发现的美国首例疯牛病(bovine spongiform encephalopathy, 2008)之后的情况。为了保护美国畜牧业的长期健康及盈利能力，必须迅速遏制、控制并消灭这些疾病；但疾病的消灭工作必定会给整个产业和政府增加近期及远期成本。这就需要经认证的兽医必须对所有可能诊断为外来动物疾病的病例进行上报；接受过美国农业部培训的外来动物疾病诊断专家按标准化规程进行调查，并向美国农业部国家兽医服务实验室提交诊断材料。

影响外来动物疾病预防、控制、管理、恢复的因素很多，包括自由贸易协议、自由贸易区、疾病的地区化、日益增加的国际旅客、畜牧业生产的密集化、传播媒介的不断演变及生物技术、生物恐怖带来的不确定影响。

植物病原体与农作物安全

当植物病原体大范围损害农作物时，将带来毁灭性的灾难。大多数植物病原体都只针对特定的植物物种和群体；但也有少数情况，植物病原体可能产生对人体有害的毒素(如真菌毒素)。与畜牧业养殖一样，农作物通常被大范围且密集地种植于广阔的土地上，这使农作物极易成为病原体攻击的对象，谷类作物尤其如此。大米和小麦是世界上提供日常所需大部分卡路里的两种主要农作物，任何针对这两种作物的病原体都可能对人们的经济和食物营养状况产生严重影响(Crop Biosecurity：Are We Prepared？2003)。

纵观历史，植物病虫害的例子不胜枚举。在本书中，我们列出了分别影响 4 种不同作物的 4 种疾病：小麦的腥黑穗病、水稻的稻瘟病、核果的李痘病毒感染和大豆的锈病。

腥黑穗病

腥黑穗病是小麦的一种真菌性疾病，最早发现于印度的小麦种植区。从那时起，印度、巴基斯坦、伊拉克、阿富汗、南非部分地区及墨西哥等地的小麦种植区也先后发现了这种疾病。1996 年，美国首次出现了这种小麦疾病，该疾病是否会对作物产量造成严重影响目前尚不清楚，但由于该病被列入了国际监管清单，因此一旦暴发会对国家小麦出口能力产生严重影响(US Department of Agriculture, 2015b)。美国农业部会利用一项全国性的年度调查来证实美国小麦没有感染腥黑穗病，法律也严令禁止在国内运输受到这种感染的谷物和种子。

大豆锈病

亚洲大豆锈病是一种严重的大豆病害，由大豆锈菌(真菌)引起。另一种与之相似的名为层锈菌的真菌也能感染大豆，但其主要出现在西半球地区，并且毒性要小得多。大豆锈菌和层锈菌都感染了大量豆科植物宿主，区分这两种锈菌很重要，目前只能通过分子生物学技术来区分这两种病原体。尽管这种疾病最近才在西半球地区出现，但是早在 2001 年该病就已经传播到了南美洲地区。截至 2004 年，亚洲大豆锈病在美洲的阿根廷、玻利维亚、巴西、巴拉圭和乌拉圭相继被发现。2004 年 11 月，在路易斯安那州首次发现这种亚洲大豆锈病，不久之后，在美国东南部其他州也发现了这种大豆锈病(US Department of Agriculture, 2015a)。

稻瘟病

水稻是世界上最重要的农作物之一，由稻瘟病菌引起的稻瘟病也是对农业发展最具破坏性的疾病之一。这种疾病很普遍，对没有灌溉的旱地水稻尤其具有破坏性，一旦发生，会造成严重的损失。由于该病广泛分布于85个国家和地区，在适宜的环境条件下可造成极大的破坏，因此许多水稻科学家认为稻瘟病是世界范围内对水稻影响最大的疾病。此外，该疾病的发生和严重程度与年份、地点有关，甚至因种植地的环境条件及农作物的管理而存在差异。世界上该病导致不同地区的产量损失从1%到50%不等。这种真菌能够在水稻嫩芽上造成感染并产生病灶。据报道，在加利福尼亚州的一个区曾发生过稻瘟病(Scardaci et al., 1997)。

李痘病

李痘病是发生在核果类果树上的一种病毒性疾病，如李树、桃树和杏树。蚜虫被认为是李痘病毒在树与树之间传播的主要媒介。自20世纪初以来，李痘病毒导致的感染在欧洲一直是一种破坏性疾病。1992年，该病首次在南美洲的智利出现。1999年，李痘病毒首先发现于北美洲宾夕法尼亚州亚当斯县的一个桃园中。不久之后的2000年，在加拿大安大略省和新斯科舍省也发现了这种疾病。2006年，在纽约和密歇根也发现了这种病毒。目前在美国，这种疾病还仅限于局部地区，有望能够控制其对美洲大陆其他地区的进一步传播。

农业恐怖主义

由于恐怖组织通常缺乏足够人员和武器，无法对正规军队发动大规模袭击，因此，他们通常以小规模组织的形式对目标进行袭击，如游击战和暴动。这种战争方式可使恐怖组织能够利用他们的弱点来攻击有组织的正规军队，并被称为不对称战争。美国国防部将不对称战争定义为“利用自身的弱点通过意想不到或非传统的途径来规避或削弱对手的力量”(Ancker and Burke, 2003)。历史上美国对于这种不对称的威胁几乎没有防护措施。这个词也可以指恐怖分子使用常规武器以外的新技术或意想不到的技术或手段。例如，2001年9月11日的恐怖分子利用美国安全系统的弱点，使用非传统武器(飞机)出乎意料地对无辜的平民展开了袭击。此外，食品和农业部门也是一个可能被恐怖主义认定为弱点的潜在目标(Pate and Camerson, 2001)。

农业恐怖主义是指恐怖分子针对农作物或畜牧业蓄意使用生物病原体的行为。农业恐怖主义并不是一个新概念，古往今来一直都存在。长久以来，粮食作物都很容易受到入侵者的攻击。随着人们受教育程度的提高，人们的注意力转向增加致病生物数量的手段，以及开发在敌人中传播疾病的方法。第一次世界大战初期，德军对当时处于中立状态的美国发动了一场生物战。攻击目标是协约国在美国购买以供其在欧洲军队使用的役畜、马匹和骡子。当时德军计划用鼻疽伯克霍尔德菌和炭疽杆菌感染这些动物，但在第一次尝试时因微生物死亡导致计划失败，随后德军在纽约市和马里兰州进行了第二次尝试，同时在其他国家也采取了类似的行动。此外，军事力量并不是唯一被应用于农业恐怖主义活动的力量，一些个人或小团体也曾试图实施农业恐怖主义行动(Carus, 2001)。早在1915年就有关于使用生物病原因子对农业经济进行攻击的具体记录。表8.2列出了已知或已报道的以农业为目标开展的生物攻击事件。

表8.2 1915～2000年针对农作物和牲畜的生物攻击事件汇总表

年份	地点	事件
1915～1917	阿根廷 美索不达米亚 挪威 罗马尼亚 美国	第一次世界大战期间，德国特务部门秘密开展了一场生物行动，利用鼻疽伯克霍尔德菌和炭疽杆菌感染那些协约国在欧洲作战时使用的役畜，包括马匹和骡子。德国人似乎还尝试使用了一种小麦真菌
1943	怀特岛 (英国)	英国著名自然学家理查德·福特(Richard Ford)指责德国在二战期间把装有科罗拉多马铃薯甲虫的炮弹投放到英国，导致当时在英国部分地区出现了异常现象。据福特介绍，这些炮弹是用硬纸板做成的，里面装有50～100只甲虫
1950	东德	1950年6月15日在林业部的一份报告中，东德政府指责美国在1950年5月和6月将科罗拉多马铃薯甲虫散布在当地的马铃薯作物上
1952	肯尼亚	茅茅党在英国一个传教站用一种被认为是当地有毒的植物——非洲牛奶树毒死了33头公牛
1962～1997	古巴	古巴指责美国在多达21个不同场合对古巴的农作物或牲畜进行袭击。根据Raymond Zilinskas的说法，在少数可获得信息的事件中，其中包括纽卡斯尔病(1962年)、非洲猪瘟(1971年、1979～1980年)、烟草蓝霉病(1979～1980年)、甘蔗锈病(1978年)和牧草虫虫害(1997年)。只有在牧草虫虫害一案中，古巴才正式提出申诉。根据古巴方面的说法，在美国国务院的操纵下，一种给农作物喷洒农药的飞机飞过古巴上空并释放了这些昆虫
1982～1984	阿富汗	“Biopreparat”机构的第一负责人肯·阿利贝克声称，他从一名高级军官那里得知，苏联不止一次用信笺袭击了阿富汗圣战者。根据阿利贝克的说法，这些信笺不仅会导致圣战者生病，还会导致他们的马匹死亡，而马匹是他们主要的运输方式
1983～1987	斯里兰卡	泰米尔激进组织威胁说，要对斯里兰卡的僧伽罗人和农作物施放生物病原体，并使当地的茶树感染一种外来疾病，同时还会使橡胶树感染缩叶病
1984	昆士兰 (澳大利亚)	昆士兰州州长收到一封威胁信，寄信人表示，如不在12周内实施监狱改革，则会用口蹄疫感染野猪，并且该疾病有可能传染给当地的牛羊。最终，这起事件被证明是一场骗局，因为肇事者是一名37岁的杀人犯，当时正在当地一家监狱服无期徒刑
1996	佛罗里达州 (美国)	佛罗里达大学的一位教授告诉中央情报局，佛罗里达柑橘溃疡病的暴发是古巴生物武器行动的结果。尽管中央情报局无法证实这一说法，但确实对此案进行了调查

注：该清单包括指控、威胁及经证实的蓄意使用生物病原体对农作物或牲畜进行破坏并造成经济损失的事件。

资料来源：W. Carus，1998年8月，Bioterrorism and Biocrimes. The Illicit Use of Biological Agents Since 1900.(2001年2月修订)。美国国防大学防扩散研究中心，华盛顿特区

农业恐怖主义之所以被认为是恐怖分子企图破坏美国社会的一个特别可取的选择，包括以下几个原因。第一，这些致病菌存在于自然宿主中，只需大量培养或掌握其培养方法，就能将其武器化并使疾病广泛传播。第二，美国农业非常脆弱，农业设施安全性相当低，这些致病病原体通过简单接种的方式就能进行传播。一旦这些致病病原体进入动物或农作物种群中，就可能引起迅速广泛的传播。农产品从一个地区运送到另一个地区时有极大的流动性，也使疾病更容易引起广泛传播。第三，对作物和牲畜施放生物病原体时可以隐匿进行。从生物病原体的施放到疾病暴发有一段时间差(即潜伏期)，而潜伏期的存在使罪犯有足够时间逃离犯罪现场。第四，这些畜群和农作物之所以对恐怖分子有如此大的吸引力，原因就在于它们的商业特性。这些农业资产代表了我们的基础财富和物质财富，是美国的“粮仓”。这些作物、牛群、羊群为了便于管理，被高密度地集中在一起，最大限度地利用饲养空间，这种情况使传染性病原体的侵入和传播成为更大的威胁。第五，生物攻击将对美国造成重大的经济损失。最近欧洲和亚洲牲畜疫情的自然暴发表明，农业疾病很可能会带来非常重大的经济损失。根据几项研究估计，假如美国发生一起口蹄疫病例，将会造成120亿～200亿美元的经济损失(Schoenbaum and Disney, 2003)。

利用植物病原体作为武器

20世纪一些国家使用植物病原体的历史表明，用生物病原因子攻击农业是可行的。长期以来，牲畜和农作物都被认为是可被攻击的目标，很多国家都曾开发或使用过植物病原体。

1939年，法国主要针对德国进行了一项反农作物计划，使用马铃薯甲虫对德国人的主要农作物进行破坏。而德国人则是在第一次世界大战期间便首次制定了农业生物战计划，并在二战期间为了进一步提高对抗植物病原体的能力，分别对马铃薯甲虫、象鼻虫、鹿角蛾、马铃薯茎腐病和马铃薯块茎腐烂进行了实验。二战期间，日本人还对中国东北和西伯利亚地区种植的几乎所有谷物及蔬菜投放了真菌、细菌、线虫。

二战后期，美国曾认真考虑过用一种真菌来破坏日本的水稻，然而最终还是未付诸实践。在此期间，美国研制出了几种能破坏农作物和感染动物的病原体，包括禾柄锈菌、稻瘟病菌和牛瘟病毒。1951～1969年，美国陆军在马里兰州德特里克堡和科罗拉多州丹佛附近的落基山军火库进行了至少31次破坏农作物的病原体试验，并在这两处储藏了水稻和小麦的稻瘟病菌株。1955年，小麦秆锈病成为第一个被防化部队标准化的植物病原体。最近，在波斯湾战争期间，伊拉克对小麦秆锈病和骆驼痘(Ban, 2000)进行了试验。

尽管一些病原体(如小麦黑穗病或稻瘟病)似乎比其他病原体毒性更大，但是对于植物来说，可以使用的病原体几乎是无穷无尽的。此外，气候、季节和农作物的生长阶段都对农业生物袭击中所使用病原体的有效性具有重要影响。

生物战中的植物病原体

已被武器化或正在研制的武器化植物病原体包括：

- 稻瘟病(稻瘟病菌，*M. grisea*)
- 小麦秆锈病(禾柄锈菌，*Puccinia graminis* f. sp. *triciti*)
- 小麦黑穗病(禾本科镰刀菌，*Fusarium graminearum*)

其他具有武器化潜力的植物病原体包括：

- 小麦病原体，包括小麦矮缩病毒(geminivirus)和大麦黄矮缩病毒(*Pseudomonas fascovaginaei*)。
- 玉米病原体，包括大麦黄矮病毒(*P. fascovaginaei*)、棕色条纹霉菌(*Sclerophthora rayssiae*)、甘蔗霜霉病菌(*Peronosclerospora sacchari*)、玉米霜霉病菌(*Phyllachora maydis*)。
- 大豆病原体，包括大豆矮缩病毒(*Luteovirus*)和红叶斑瘸(*Pyrenochaeta glycines*)。

资料来源：Kortepeter and Parker(1999)

1977 年，美国国防部在发布的一份报告中(US Department of Defense, 1977)指出，生物武器计划包括破坏农作物病原体的测试、生产和存储(图 8.2)，并对过去在生物武器项目中做出的努力进行了讨论：1951～1969 年，测试人员共在 23 个地点进行了 31 次破坏农作物的病原体传播试验。1951～1957 年，小麦秆锈病孢子和黑麦茎锈病孢子被生产并转运到埃奇伍德兵工厂，以进行分类、干燥和储存。

图 8.2　德特里克堡农作物部门的美国陆军工作人员正在温室中进行测试。图像资料由美国陆军提供

1962～1969 年，小麦秆锈病孢子被生产并转运到落基山兵工厂，以进行分类、干燥和储存。在此期间，查尔斯辉瑞公司根据合同要求生产出了稻瘟病孢子，该病原体则被运往德特里克堡进行分类、干燥和储存。1973 年 2 月，作为完成生物战废除计划进程的一部分，所有储备的反农作物生物病原体被全部销毁（Covert, 2000）。

农业恐怖主义的巨大潜在威胁

农业恐怖主义与其他任何形式的恐怖主义一样具有毁灭性，此类行为可以导致以下后果：①破坏或削弱一个国家的经济；②破坏人们的生活；③食品供应可能在很长一段时间内都面临着一定风险；④未被发现前能够快速传播，从而达到难以控制的水平；⑤在目标人群中造成较高的发病率和死亡率；⑥需要耗资数十亿美元来控制、清理和消毒受感染的场地、房屋。简单地说，对食品产业的任何环节进行攻击，都可能对国家的整个经济造成灾难性的影响（Wilson et al., 2000）。

批判性思考

农业恐怖主义行为发生的可能性有多大？在你看来，它是实际存在的还是只是危言耸听？

美国农业产业很容易受到人为的蓄意破坏，无论是在生产过程中直接对食物进行蓄意破坏，还是通过释放生物病原体进行破坏，都可造成动物或植物疾病。然而，农业恐怖主义目标不限于动物或植物，还包括运输系统、供水系统、粮仓等仓储设施、农业生产者、农场主、农场工人、餐馆及餐饮从业人员、杂货店、粮食和农业研究实验室，以及包装和加工设备。

如果上述任一商品或环节受到生物恐怖主义事件的严重影响，都将带来灾难性的结果。并且这种对粮食供应发动的袭击所带来的影响不仅局限于农业工作者和农业供应商，还会给交通运输、食品杂货店、餐馆、设备分销商，以及最终的消费者带来严重影响。小城镇可能会变得荒芜，粮食供应将暴露于风险之中，且这种情况一旦发生，可能会持续很长时间。

对动物或农作物的攻击通常被认为比让人类死于直接袭击更温和，攻击性更小。并且农业恐怖主义的目的不是杀死动物，而是以此来破坏经济。为此，国外的恐怖分子更喜欢使用外来疾病的病原体对美国的畜禽业和农业发动袭击。

农业恐怖主义因以下特征而对恐怖分子具有吸引力

- 经济影响：农业恐怖主义会对经济造成严重负面影响。

- 更低的人体风险：与人体病原体或其他化生放核爆物质相比，传播植物或牲畜疾病的微生物对人体的影响较小，不易对恐怖分子自身造成损伤。
- 引发较少的愤怒和不满：农业恐怖主义不会像使用大规模杀伤性武器一样造成公众的巨大反应和不满。
- 与自然暴发相似：使用植物或动物病原体可以造成自然暴发的假象，从而降低早期被发现的风险。
- 技术门槛较低：所需的材料相对容易获得。病原体所需数量较少，也极易运输到预定的投放地区。少量的动物或植物感染就能引起疾病成片的大规模暴发。例如，将感染新城疫病毒的禽鸟粪便放入家禽食槽就可能会导致新城疫疫情的流行，或者只需从感染口蹄疫动物的舌头上刮下少许碎屑并放入大型生猪生产区的通风系统中，都可能造成疾病的暴发流行。

自然界中可感染动物的外来病原体随处可见，它们可能来自较低安全级别的实验室，或经商业流通进行传播，此外，将这些病原体偷运入国内也不需要付出太大的努力或承担太大的风险。大多数外来动物疾病的病原体对人体健康没有危害，因此，恐怖分子处理和传播这些病原体时也会觉得很安全。农业恐怖主义事件一旦发生，可能在几天到几周内都不会被发现，因此，等到疾病暴发时，很难确定该事件是蓄意人为的还是自然发生的(Sutmoller et al., 2003)。

从农田到餐桌的生物安全

为了对农产品和粮食供应提供全面的保障，民众的食物供应链全程都应实施生物安全措施。例如，当考虑整个食品生产计划时也应考虑到来自生物病原体的威胁，包括农产品收割前后、加工、包装和配送等过程中的此类威胁。这里“从农田到餐桌”就可以非常形象地表达这一理念。其中农场生物安全是一种通过一个维护设施限制生物有机体(病原体和害虫)在最小范围内活动从而预防疾病传播的管理方法。目前，生物安全保障是最有效、花费最低的疾病控制手段。如果没有良好的生物安全措施，任何疾病预防规划都难以起到预防作用。

此外，生物安全威胁的准确识别，是防止疾病病原体造成严重危害的关键因素。常见的威胁包括以下几方面。

- 人、动物、车辆、设备。
- 受污染的饲料或水。
- 与其他动物的接触。

生物安全包括三个主要组成部分：隔离、交通管制和环境卫生。本节主要对每个组成部分的一些原则进行讨论。

隔离

农业工作者和生产者应把他们的生产区域视为绿洲，并采取积极的态度防止外界的生物威胁对这片区域进行侵犯。就如同一句老话所说，“有好的篱笆才有好的邻居”，同样的道理也适用于农场。高产农场应尽可能与外界环境隔离开，并持续保持良好的物理屏障，且要有明显的提醒标识。图 8.3 为一个典型的生物安全区的边界标识牌。

图 8.3 位于加利福尼亚州的一个农场利用生物安全区边界标识牌对边界进行了标识，以防止动物疾病侵入。通过这样的方式，生产者可以限制进出这些区域的人类和动物。这个简单的措施只是组成生物安全元素的无数最佳实践中的一个。STOP：停止；KEEP OUT：不得入内；BIOSECURE AREA：生物保护区；Trespassing is a violation of Section 602, California Penal Code, and punishable by fine and/or imprisonment：擅自闯入的行为将会违反加利福尼亚州刑法第 602 条，并可能受到罚款和(或)拘留处罚。图像资料由加利福尼亚农业部提供

生物安全区内，所有人员、动物、车辆和设备的进出必须加以控制，以减少病原体传播的风险。这可能还需包括一些安全措施，如在入口处设置警卫、封锁无人看守的入口、巡逻和及时对边界围栏进行检查与修复等。然而，这些区域的工作人员往往也会是疾病引入的源头，因此也应为他们提供疾病传播相关的培训和咨询。总而言之，任何时候都必须遵守严格的生物安全措施。

只有经过授权的人员才能进入该区域。生产者应详细掌握现场人员的在位情况，并需要记录所有的来访者和运输往来情况。如果该场所发生了疾病暴发，这些信息可对后续调查给予有力的支持与协助。生物安全区应只有单一的出入口，这样能使生产者更好地对场地的进出人员进行管控。

在大多数情况下，圈养的动物患病风险较低，如果可能的话，应尽可能保持

圈养。生产者应尽一切可行的办法限制野生动物进入室内，如在建筑物的入口处设置生物安全设施，房屋也应该有防止鼠患的设计。此外，未经彻底清洁消毒，不得让健康动物进入那些饲养过受感染或可能有感染动物的畜舍等设施。

如果易感动物在室外圈养，那么动物卫生官员应该鼓励动物饲养者采取良好的生物安全措施，以此降低病原体传播的风险。此外，不同的动物群之间也应该保持足够的距离，以防止病原体相互传播。饲养者应防止不同动物群之间有密切或直接的接触，也应该杜绝健康动物接触受感染动物可能接触过的地方。

在可能的范围内，饲养者应尽可能避免引进新的动物群(只通过已饲养的动物群繁殖从而增加动物数量)，减少“外部”动物传播病原的可能性。同时所有家禽都应接种常规的动物疫病疫苗。

如果必须引进新动物，应在动物抵达时将其隔离并接种疫苗，以符合群体接种模式，还应遵循“全入/全出”饲养等常规动物疫病预防原则。理想情况下，饲养动物的场地应该用栅栏围起来，仅留出一条上锁的、有大门的车道。

饲料只能从有良好品质保障的供应商那里购买，以确保所购饲料在生产、储存和运输过程中都有安全保障。应特别注意，需防止饲料和水接触动物粪便或其他可能的污染物。如果饲养者怀疑水已经被污染，给动物喂食之前应该先进行检测。

交通管制

应限制农场内不必要的交通。可采取的措施包括在入口处张贴告示，指导来访人员前往农舍等位置进行登记，对那些运送饲料或运输动物等必须的交通车辆进行指导，引导其只在前往目的地的区域内行驶，还可设置限制车辆通行并满足卫生需求的障碍物。

环境卫生

应对所有进出农场的车辆进行清洗和消毒。不管危险程度如何，所有的来访人员和工作人员在接触动物之前都应穿戴一次性工作服、靴子、帽子和手套。在进入生物安全区和离开前还应对其靴子进行消毒。由于可重复使用装备必须有各种大小和尺寸，并且必须进行清洗、消毒和维护，因此一次性服装比可重复使用的服装更经济。

降低风险

通过适当的生物安全行动，可以减少大部分危险因素对疾病传播的潜在影响。同时生产者还应定期检查易感农作物和动物是否有患病迹象。如果有任何问题，应该立即与兽医或提供相关服务的部门进行沟通。

一旦发现疾病暴发，必须尽快控制、遏制和根除该病，以减轻对产业和消费者的影响，使整个国家恢复“无病状态”，从而实现以下目标。

- 将对食品业、农业和旅游业，下乡旅游的游客，以及农村社区和相关的经济可能造成的破坏降至最低。
- 减少必须被宰杀处理的动物数量，以控制疾病或将动物福利问题降至最低。
- 减少对环境的破坏，保护公众健康。
- 最大限度地减轻纳税人和公众的负担。

案例命名

就像特定的人类传染病(参见“生物威胁的识别”一章)一样，动物疾病也有相应的分级诊断系统。在确定类型时，州和联邦动物卫生官员根据以下病例识别条件，对前述动物疾病进行评估和界定。

- 疑似病例：该场所中有动物出现了与高传染性外来动物疾病或新发疾病相一致的临床症状。
- 推定阳性病例：该场所中有动物出现了与高传染性外来动物疾病或新发疾病相一致的临床症状，同时符合高传染性病例的其他流行病学信息。
- 确诊阳性病例：动物的临床症状与高传染性外来动物疾病的流行病学相一致，并在美国农业部实验室或其他美国农业部指定的实验室进行了鉴定，确认从该动物身上分离出了高传染性外来动物疾病的病原体。

对于外来动物疾病推定阳性的病例，应立即对该场地进行隔离、监测并采取生物安全管控措施；通知政府兽医、州长或州农业部部长，启动应急预案，同时可能需要当地应急响应人员的协助。

一旦确诊为外来动物疾病(例如，图 8.4 所示的口蹄疫)，将需要采取进一步

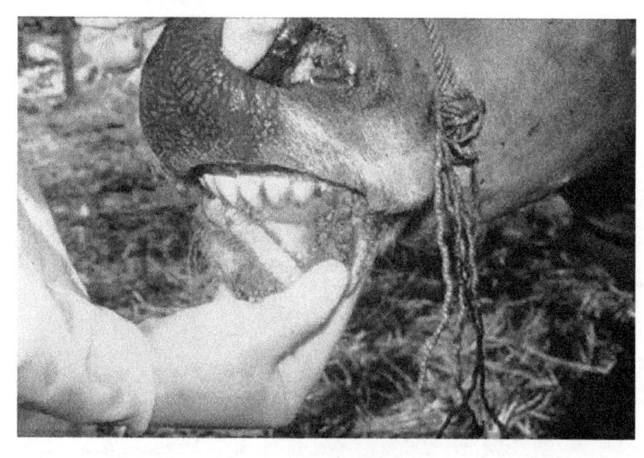

图 8.4 对于美国而言，口蹄疫是最严重的外来动物疾病之一。这种病毒性疾病影响偶蹄动物，对它们的蹄子和黏膜区域造成损害。图示：一位动物卫生专业人士在一头感染了口蹄疫的牛的口腔中发现了病变。图像资料由美国农业部提供

行动，包括可能需要对周围场所进行隔离、在该地区或州内禁行、动物则需要处以安乐死。根据事件的规模或疾病传播的程度，联邦机构可能会参与整个应急响应过程。如果一种外来动物疾病已经蔓延到多个州，那么美国农业部部长就有权宣布联邦进入紧急状态，从而为发生的情况提供联邦资源。国家应急响应体系中对于这类事件规定了应采取的行动措施，此外，当一个外来动物疾病得到确认后，需要动物卫生官员在 24 小时内报告给世界动物卫生组织。如果有报告显示或怀疑可能是人为的外来动物疾病暴发或威胁，动物卫生当局将通知美国农业部监察长办公室，该办公室将根据情况进行通知和协调。具体的响应过程将在下一节中详细介绍。

动物疾病暴发的应急响应

出于编写本书的目的，这里将针对应急响应组织最具挑战性的外来动物疾病暴发后的应急响应进行重点介绍。在这种情况下，生产者和政府官员都将在动物疾病暴发后采取生物隔离措施。生物隔离是指防止传染性病原体在农场动物种群之间的传播，或防止传染性病原体被传播到农场以外地区的一系列管理措施。

外来动物疾病可能被直接或间接传染给易感物种，有效的生物安全措施对于预防病原体的传播至关重要。在一次外来动物疾病事件中，检疫、禁止通行等生物安全保障策略都将被用于防止疾病的进一步传播，并阻止未受感染的动物接触到该病原体。在外来动物疾病暴发期间，适当的生物安全措施是必不可少的，因为它大大减少了在控制和根除疫情时所需投入的人力与物资，以及在疫情控制期间病原体进一步传播的风险。第 7 号国土安全总统令(HSPD, 2003)将保护农业和食品(如肉类、家禽、蛋类产品)的职责分配给了美国农业部，之后动植物卫生检验局牵头美国农业部对监测美国家畜和家禽健康状况的不同方法进行了探索。

动植物卫生检验局会定期进行动物健康监测系统的审查，以确保在不降低疾病监测能力的前提下达到最高的效率。除与拉丁美洲国家合作并为该地区设计监测系统之外，动植物卫生检验局还与一些国际卫生组织(如世界动物卫生组织、泛美农业合作研究所、联合国粮食及农业组织等机构)合作，共同确定贸易规则、风险分析的方法、疾病监测及诊断方法。

动植物卫生检验局下属的兽医服务部则与国家农业部、私营兽医从业人员及其他一些兽医专业团体合作，共同设计用于应对各种威胁的方案。兽医服务部还建立了小规模的快速响应小组，可迅速地对可能发生的外来动物疾病暴发进行调查(Critical Foreign Animal Disease Issues for the 21st Century, 1998)。外来动物疾病的诊断专家和经认证的兽医都会接受专门的培训，以对可能进入美国的外来动物疾病进行识别。

国际服务中心与美国的农业贸易伙伴合作，避免因动物和动物产品的贸易造成的疾病输入与输出。资源实验室提供培训资源和相关信息，野生动物研究中心为本地、外来病例及其与人类和家畜的相互作用研究提供所需的资源。

国家动物卫生应急管理系统(NAHEMS)是一个综合系统，用于处理在美国发生的动物卫生事件，如外来动物疾病的入侵或自然灾害。它包括紧急事态管理的4个原则：预防、准备、响应和恢复。应急响应指南是NAHEMS建立的基础之一，而NAHEMS也是为了官方应急响应人员能更好地应对重大动物卫生突发事件而设计的。它们提供的信息可纳入联邦、州和地方机构的备灾方案，以及用于动物卫生应急管理团体的备灾计划。

联邦政府有一个可用以应对各种人为灾害或自然灾害的国家应急响应框架。地方和国家计划应与国家应急响应框架及国家应急响应计划相一致。具有高度传染性的外来动物疾病暴发也归属于需要应对的灾害之一。美国农业部动植物卫生检验局是国家应急响应计划中负责应对动植物紧急情况的领导机构，所有此类情况的应对行动都属于紧急支援任务(ESF)11。作为紧急支援任务11的一部分，动植物卫生检验局负责协调所有涉及动物疾病、植物疾病或植物虫害事件的响应工作。在这些情况下，动植物卫生检验局负责协调州、部落、地方当局和其他联邦机构开展疾病与虫害的控制及根除。

紧急支援任务11应对外来动物疾病的目标是尽快发现、控制和根除高传染性疾病，使美国恢复健康状态。当出现推定阳性病例时，地方和国家会立即采取适当的行动措施，以消除危机，并尽量减少事件带来的不利影响。当出现确诊阳性病例时，则会在整个地区、整个国家乃至国际范围内采取额外的行动和措施。

需要注意的是，针对我们最关注的这些疾病，目前已有一系列具体的国家应对计划，这些疾病包括口蹄疫、高致病性禽流感、典型猪瘟和新城疫。可通过访问美国农业部网站，获得红皮书的相关内容(参见本章末提供的部分网站)。

总体考虑

每种动物疾病的暴发流行都有其特征。病原体、受影响物种和传播范围的不同，都会对应急响应和所需的控制水平有影响。检疫、隔离、行动限制等生物安全保障措施的规程都是动物疾病暴发后应急响应的重要组成部分，响应者在这些规程的实施和维护中发挥着重要作用。美国已有一个可应用于动物疾病暴发的基本框架体系，其中包括加强生物安全防护、设立管控区(划定区域和场所)、限制人员流动、实行隔离检疫、减少被感染种群数量、尸体处理和消毒。接下来我们将分别对这些问题进行讨论。

在疫情暴发时，所有来访人员都应被视为高风险因素，尤其是在管控区内。当疫情暴发时，官员通常会在感染和接触区域周围设立管控区。关于管控区的地点和边界等相关资料，应通过各种媒体(电视、广播、海报、出版物等)进行广泛宣传。

一般来说，越接近已知的受感染区域，接触病原体的风险就越大，因此实施严格的生物安全和清洁消毒措施的必要性就越大。

如果在美国暴发了疫情，而某一区域并未被划定为管控区，那么该场所的所有者应确保所有的来访者都遵守与危险程度相匹配的生物安全措施及清洁消毒措施。例如，紧邻管控区边界的房屋与几百英里以外的和管控区没有牲畜往来的房屋相比，应采取更严格的措施。

然而，考虑到动物通常在运往市场的途中要经过多个地点，因此即使在距离管控区相当远的地方，也可能容易受到病原体传播的影响(如一些区域可能会因一辆路过的卡车没有遵守相关行动限制的措施而导致感染的扩散)。

应该对一些必要服务工作进行充分规划，如收集整理动物死亡数的收集点不应该设立在动物饲养设施附近、运送饲料应有单独的行动路线等。对这些人员和车辆应采取额外的生物安全措施，以尽量减少疾病传播的概率。

加强生物安全

在疫情暴发期间，应当加强管控区及周边地区的生物安全措施。一些车辆出入往来较频繁的机构，如加工厂、屠宰厂、加工车间、饲料厂和兽医实验室等应被视为高风险区域，并应在出入口处设置洗车站，以尽量避免疾病从感染区传播至非感染区的情况。

行动限制

行动限制是疾病控制的关键部分。当实施行动限制时，事故指挥官应制定一套行动许可制度，允许仪器设备和人员从一个场所或管控区移动到另一个场所或管控区。许可证只应在下列情况下签发。

- 该事故发生区域的动物在超过两个潜伏期的时间段内没有出现相应疾病的临床症状。
- 在超过两个潜伏期的时间段内没有易感动物进入事故发生区域。
- 在运输前的 24 小时内对易感物种进行临床检查，确保动物没有相关疾病的临床症状。
- 运输工具符合合格的生物安全标准。

任何有疾病传播风险的易感动物品种或产品均不得离开疫区，除非它们符合以下标准的其中之一：①直接送往设置在缓冲监测区的经批准的屠宰设施进行屠宰；②直接在缓冲监测区内进行处理；③符合许可证上所述的标准。除经许可外，任何有传播疾病风险的物品都不得离开疫区。非易感动物物种须遵守行动限制规则，在规定的条件下可正常行动。

管制措施(地区、区域及指定场所)

对于有效的检疫和行动限制来说，指定一个或多个管控区及划分不同的片区非常重要。通常可划分为感染区、缓冲监测区、安全区和监测区。管控区的位置指定和区域的大小是通过应用流行病学方法及利用疾病暴发过程中所收集的监测数据来确定的。图 8.5 描绘了水疱病暴发时设置的各个相关区域。

- 管控区。管控区(control area, CA)包括感染区和缓冲监测区。快速建立管控区能确保迅速有效地遏制疾病的扩散。对于最严重的疫情，动物卫生官员可以宣布将整个州乃至整个联邦划为管控区。这样的话，易感动物的流通将暂停相当长的时间，以便工作人员确定疾病暴发的区域范围。在确定管控区的最小规模和范围时，应考虑到疾病传播的多种潜在模式。应急响应指挥官应使用许可证制度来限制人员和动物的流通，直到疾病被根除。
- 感染区。感染区(infected zone, IZ)包括所有出现推定阳性或确诊阳性病例的区域，以及根据情况需要，划定出尽可能多的有感染接触的周边区域。感染区的边界包括已确认受感染和疑似被感染的场所边界。感染区的大小和形状由几个因素决定，包括地形、天气、风向、易感动物种群(包括野生和家养)和病原体的特性等。当有监测和追踪结果可用时，可能会对感染区的边界进行修改。除了被带往感染区内的动物屠宰处置点，易感动物不应进入或通过感染区。
- 缓冲监测区。缓冲监测区(buffer-surveillance zone, BSZ)直接包围着感染区，是一种用以集中监测以确定外来动物疾病严重程度和传播范围的地区，且没有规定的最小尺寸。缓冲监测区内有健康易感动物的场所称为高危场所。在高危场所的监测工作，包括在受调查疾病的最长潜伏期内最少对动物进行两次视察。任何与感染区直接接触的地点，都应被缓冲监测区所包围。随着更多的监测数据的收集和应用，缓冲监测区的规模可根据情况缩小。
- 安全区。安全区(free zone, FZ)是指经确认不存在所关注疾病的地区。世界动物卫生组织在《国际动物卫生法典》中对该区域无病(或健康)状态的判定要求有详细的规定。在安全区及其边界内，工作人员需要对动物和动物制品实施官方兽医管控。
- 监测区。监测区(surveillance zone, SZ)应在安全区内或沿安全区的边界设立，从而将安全区的其余部分与缓冲监测区隔开。监测区的监测工作重点是确定感染风险最高的场所。建议监测区的最小尺寸是 10km。

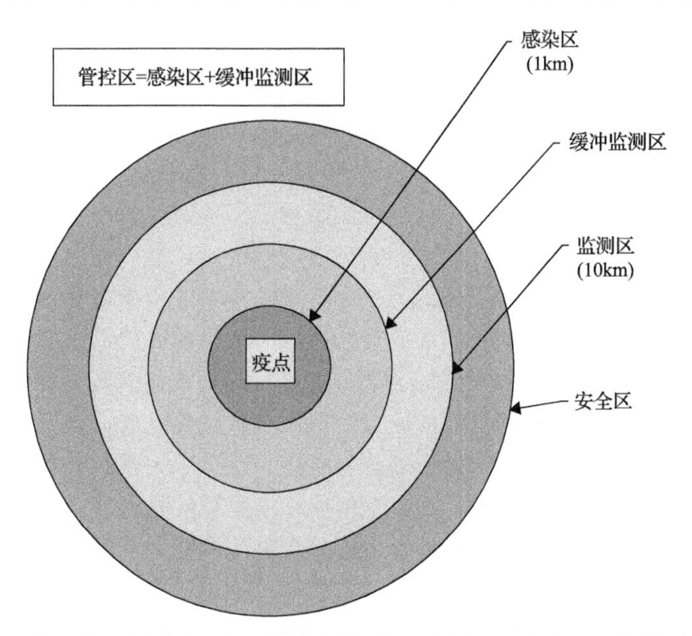

图 8.5　区域划分隔离是在控制疾病暴发时可采取的隔离措施。举个最简单的例子，一头患有水疱病的奶牛被动物卫生官员判定为口蹄疫疑似病例。该奶牛所在的农场在最里面的圆圈里，指定为感染区。经过实验室检测，该头牛被确诊患有水疱性口炎，这是一种可传染给许多种动物的高传染性疾病。为了有效地控制疾病，应急响应指挥官在疫区周围实施隔离措施；对于所有的应急响应人员，根据任务分工和职责分配，明确每个区域内的工作内容。在这个例子中，疾病只在一个区域内暴发。应急响应指挥官设立了1km的感染区（包括农场和周围牧场）及10km的监测区。监测区内所有存在感染风险的场所均由动物卫生专业人员进行检查，以确定易感动物群体中是否存在该病。此外，应急响应指挥官划定了一个可正常活动的安全区，从而避免对感染区以外其他区域的生产活动造成妨碍

区域划分

一般来说，对于任何动物疾病暴发，都可划分为 5 种区域：疫区、疑似感染区、接触区、高风险区及安全区。

- 疫区（infected premise, IP）是指经推定或确认存在高度传染性疾病病原体的区域。确定疫区的基础是受感染动物的临床表现和阳性的实验室检查结果。所有出现推定阳性或确诊阳性动物的场所均应被列为疫区。此外，满足特定案例定义的所有其他场地也应被归为疫区。这些场所要实行强制隔离，所有易感动物都可能被处以安乐死。
- 疑似感染区（suspect premise, SP）是指那些正在接受调查的场所，该区域动物出现了类似的临床症状，但与疫区或接触区没有明显的流行病学联系。对这些场所需要进行隔离、行动限制和至少两个最长潜伏期时长的监测，

这种监测包括在疾病的每个最长潜伏期时间段内对动物至少进行三次检测。如果疑似感染区的动物在两个最长潜伏期时间段内检测结果一直是阴性，且不再出现类似的临床症状，则不再需要进一步的常规监测。经批准，在感染区和疑似感染区内的动物饲养者，可选择对他们的动物实行安乐死。

- 接触区(contact premise, CP)是指区域内存在易感动物，且接触过来自疫区的动物、动物制品、材料、人或气溶胶的区域。该区域内的接触风险必须与病原的传播特征相符合。接触区应被隔离，并接受疾病控制措施，其中可能包括对易感动物的处置或安乐死。如果接触区的易感动物没有被安乐死，那么需要对它们进行两个最长潜伏期时间段的监测。对于接触区的检查和监测将持续到感染区与缓冲监测区被取消为止。如果接触区不在管控区内，该区域应被设定为独立的感染区，并应设置缓冲监测区将其包围。
- 高风险区(at-risk premise, ARP)是指存在易感动物但没有外来动物疾病临床表现的缓冲监测区或监测区。来自缓冲监测区内的易感动物在获得许可的情况下可进行移动运输。
- 安全区(free premise, FP)是指感染区域以外的被确认无感染的区域。

动物检疫法规

每个州都有控制家畜间和其他动物间传染病的相关法律与法律手段，如检疫规定和对相关人员及机构应当拥有卫生证书等要求。检疫的权限通常被授予农业部、牲畜委员会，这些权限包括进入私人土地和建筑物检查患病动物，并在必要时予以扣押。此外，如有必要，工作人员有权按照适当程序处死患病的牲畜。当相关机构行此类操作时，动物饲养者可依据法律条文的规定，获赔被处死动物估价的部分损失。

有效的隔离措施和行动限制是防止病原体进一步传播的基本要素。可通过发放许可证的形式来实施行动限制，并允许继续其他不相关动物的必要行动，以维持正常的商业秩序。对易感动物、可能受污染的产品和运输工具等进行检疫隔离，可防止疾病的传播，提高成功根除疾病的速度和可能性。

在每个国家的动物卫生应急预案中，都应说明隔离措施的实施情况和对行动限制许可制度的管理。美国农业部通常会对存在疫情的州的州际贸易实施联邦隔离，并要求存在疫情的州及与之毗邻的州(或国家，如与美国毗邻的加拿大、墨西哥)提供一定资源以实施隔离。这项行动所需的赔付经费在各州和美国农业部之间的合作协议中均有所规定。联邦隔离会一直持续到疾病被根除，或者直到有效管控区的面积小于整个州为止。

一般来说，出现疑似外来动物疾病时，州检疫是针对个别牛群、羊群或畜牧场所实施的(即根据《美国法典》第7章第8301～8317页中的《动物卫生保护法》，2002年5月13日)。在没有宣布紧急事态时，可利用联邦检疫对受感染动物和污染物品在州与州之间或国际的运输进行控制，而州检疫则主要对受感染动物和污染物品在州内的运输进行控制。

在某些情况下，也可由农业部部长宣布进入紧急事态，并在通知各州之后授权联邦官员管控一个州内的牲畜运输活动，因此大规模的疾病控制行动通常在联邦宣布进入紧急状态之前就已开始了。

检查站和路障应设置在进入管控区的所有道路上。在检查站，所有被怀疑载有与农场有关的产品、物品或动物的车辆都应停靠检查站并接受检查。尽管在州与州之间的公路上建立检查站点有些不切实际，但是管控区内主要高速公路的出入口都应设有检查站。检查站应全天 24 小时工作，并持续到所有感染动物均被处以安乐死的 30 天后或各项证据表明不再需要检查站为止。此外，在人力资源有限的地方，可以设置路障。

行动管控

行动管控是指根据一定的标准(由疑似或确诊的病原体决定)对人、动物、动物制品、车辆、设备的转运进行调整的行动。行动管控还包括对人、车或动物行动的记录，相应的管控措施应在疑似阳性或确诊阳性病例报告后 12 小时内制定。受影响的区域是指该区域至少有一例动物病例被认定为该疾病的推定阳性或确诊阳性病例。

在面对疾病暴发或其他动物突发事件时，控制人员、动物、车辆和设备的行动或流通对于维持生物安全至关重要。与行动管控相关的措施包括维持畜牧动物群的封闭状态、识别动物的健康状况、保持准确的记录、避免饲养的动物接触野生动物。人员(包括动物的所有者、其家庭成员、该处的工作人员和来访者)的行动也是主要的生物安全风险因素，所有日常行动如喂食、清理粪便，以及房舍内外的设备都应实施生物安全措施。工作人员平时应对施肥车进行覆盖，并尽量减少或避免其经过有易感动物物种的路线。

减少动物种群数量和宰杀

应尽可能迅速且人道地对受感染动物实施安乐死。在这个过程中，必须考虑到动物的所有者、饲养者和他们家庭成员的感受。执行者有责任确保在对动物实施安乐死时，给予最大限度的尊重，并尽可能使这些动物在死亡时没有痛苦和压力。如果外来动物疾病已得到证实，那么国家兽医办公室可能会下令减少动物种群数量(宰杀)。减少动物种群数量(宰杀)的范围应当包括疫区、接触暴露区和毗邻区域。必须妥善销毁所有动物尸体、产生的垃圾和动物制品。

尸体处理

许多与动物尸体处理有关的问题都需考虑，包括相关部门的响应、如何减少污染、环境问题和公共关系的处理。如果决策者在处理动物尸体相关事件期间有任何一个环节没有处理好，都可能产生远期的不良后果(Carcass Disposal Working Group for APHIS, 2004)。

尸体处理可能会对环境造成有害影响，相关因素包括处理方法、尸体的种类和数量、场地的特殊性及天气因素。

此外，这种最终造成许多动物死亡的情况通常都会引起公众的极大关注，且大规模处理动物尸体更可能会引起公众的恐慌。为了建立一个良好的公众形象，决策者必须与专业的公关人员密切沟通，并尽全力将与公众的沟通作为重中之重。处理动物尸体的方法包括就地填埋和在垃圾填埋场，但这两种方法都对环境有一定影响。此外，如将感染动物的尸体运往垃圾填埋场，可能会违反限制疾病传播的相关规定。

除了填埋，动物尸体还可进行焚烧处理。近年来，公众卫生意识逐渐提高，对环境问题日益关注，推动了焚烧处理相关技术的研发，也因此促使焚烧方法取得了较大进展。现常用的焚烧处理方式包括露天焚烧、固定设施焚烧和气幕焚烧三种。

动物尸体处理方式还包括牲畜尸体堆肥，该方法利用氧气分解组织的自然过程对动物尸体进行处理。堆肥初期，肥料堆温度升高，有机物和软组织分解，骨组织软化。第二阶段，剩余的物质完全降解，堆肥变成深褐色或黑色的土壤。但值得一提的是，堆肥体系需要多种材料，包括碳源(用于释放二氧化碳多于吸收二氧化碳的生物组织)、膨胀剂和生物过滤层(碳源或膨胀材料层，以适当的水分、pH、营养物质和温度来增强微生物的活性)。

虽然动物尸体处理选址可能因州而异，但仍应对不同的地理位置特征进行考虑。堆肥选址的主要要求包括：应在高水位以上至少 3 英尺、远离敏感水源(溪流、池塘、水井等)300 英尺、具有 1%～3%的坡度，从而确保排水良好，防止积水。焚烧的位置应选在附近住宅的下风处，以尽量减少气味或灰尘对住户的影响。此外，选择的场地应能够在所有的天气状况下使用堆肥材料，并尽量减少给其他产业和交通带来的干扰(Carcass Disposal Working Group for APHIS, 2004)。

清洁消毒

感染动物处置和安乐死后，相关场所的清洁和消毒是非常关键的步骤。清洁和消毒对于遏制病原体的传播必不可少，过程中须注意减少感染性粉尘和气溶胶的产生与扩散，这对于控制空气中病原体的传播至关重要，也是根除疾病必不可少的环节。从动物的粪便到水泥地面，所有的动物设施都必须进行彻底的清理。此外，设备和部分物体表面可使用高压喷雾器进行清洗，清洗作业中应当使用含余氯的消毒剂。如果物品不能进行彻底的清洁及消毒处理，应通过焚烧、掩埋或其他适当的方法进行处理(Carcass Disposal Working Group for APHIS, 2004)。

当地应急响应人员的参与

在遏制疾病、根除疾病和实施检疫措施的过程中，通常需要大量的应急响应人员和动物卫生从业人员的参与。在人兽共患病暴发时，必须为应急响应人员提供个人防护装备。在动物卫生紧急突发事件中有效使用个人防护装备和其他设备对应急响应人员的健康极为重要。个人防护用品和有关用品的使用需求由动物与人类卫生部门决定。应急响应人员所需的个人防护用品的类型可能会给应急的后勤工作带来额外的挑战。此外，一些应急响应人员可能需要进行呼吸器防护测试和能力培训，以便能够有效地佩戴和使用设备。

当地应急响应人员的专业知识对于及时有效遏制外来动物疾病是必不可少的。应急人员可能需要履行的角色和职责包括以下几方面。

- 建立受感染动物种群的检疫隔离区。
- 限制流通(动物、人、设备、动物产品)。
- 追踪动物接触者以识别潜在病原体携带者。
- 追踪过去 7～10 天内到过该生产设施的来访者。
- 对设备、车辆和人员进行清洁与消毒。

食品安全

“从农田到餐桌”的生物安全意味着必须在食物供应链的每一个环节采取安全保障措施，包括采摘或加工后的食品也必须注意防止相关微生物的污染。需要注意的是，正如在本书“B 类病原因子与疾病”一章中提到的一些食源性的病原因子，有些细菌已被归入美国卫生和公众服务部规定的 B 类病原因子目录中。

B 类食源性病原因子及疾病

- 肉毒杆菌(肉毒杆菌毒素中毒)
- 沙门氏菌(沙门氏菌病)
- 大肠杆菌(O157:H7 株)
- 伤寒杆菌(伤寒)
- 志贺菌属痢疾 1 型(志贺菌病)
- 霍乱弧菌(霍乱)

美国食品药品监督管理局负责确保食品供应的安全性、有效性和可靠性，以此来保护公众健康(US Food and Drug Administration, 2007)。目前该机构正通过与

美国农业部、美国环境保护署和疾病控制与预防中心合作来完成这项艰巨的任务。这个由规划、启动和测试实验室所组成的综合而又复杂的工作网络十分庞大。对于这些项目的更多细节，感兴趣的读者可以访问美国食品药品监督管理局食品保护计划(US Food and Drug Administration, 2007)和国家食品安全计划网站。

食品保护计划

当今美国人在填满橱柜时享有前所未有的选择权和便利，但也面临着确保食品安全的新挑战。本食品保护计划将实施预防、干预和应对策略，将安全建设纳入食品供应链的每一个环节。

迈克尔·莱维特，美国卫生和公众服务部部长

将任何一种病原体引入食品生产或准备环节的加工、包装或配送都可能会导致严重的疾病暴发。美国发生的第一次也是规模最大的一次生物恐怖主义事件，所导致的就是食源性疾病(第七章)。每年都有数以万计的美国人因食用受污染的食品而患病。为此，美国疾病控制与预防中心持续对食源性疾病进行监测，并定期将相关数据库汇总成报告。该机构的其中一项服务就是食源性疾病动态监测网，或称“FoodNet”，它通过对9种食源性病原体进行监测，并汇总成资料。此外，食源性疾病暴发电子报告系统还收集关于美国境内50个州及一些大城市和地区每年报告的食源性疾病的暴发信息。该机构每年都会在互联网上公布食源性疾病的暴发报告，并定期在《发病率和死亡率周报》上发表食源性疾病暴发的监测数据摘要。

食源性疾病的暴发需向地方、州和联邦官员报告，在一次疾病暴发中，第一例患者在潜伏期后首次出现的相关症状就应被第一个信号预警。重大或不寻常的疫情暴发时还需在疾病控制与预防中心的卫生警报网络和新闻中进行报道，以便大众媒体进行进一步宣传。

总　　结

农业和粮食系统是美国的经济命脉，也是关键基础设施的最重要的组成部分之一；此外，农业和粮食系统也最容易受到生物病原体的威胁。一旦这些病原体引起了动物或农作物传染性疾病的发生，往往能导致毁灭性的结果。蓄意将病原体引入农作物或动物的行为被称为农业恐怖主义。农业恐怖主义有可能破坏一个国家的经济，因此需各级动物卫生专业人员和政府官员在各个层面付出巨大的努力来遏制疾病的传播。农业环境中的生物安全可以总结为，为减少生物病原体对农场、动物养殖设施或食品加工和配送的威胁所采取的最佳实践措施。当类似事

件发生，需要通过隔离和行动管控等措施来防止疾病进一步传播。州和联邦机构协调合作，并且服从于国家发病率管理系统和国家应急响应框架的规定。根据疾病风险，需制定不同级别的管控措施。在某些情况下，可能需要传统的应急响应者参与隔离、行动管控、清洁消毒和动物尸体处理等任务。

基本术语

- 农业恐怖主义：为破坏社会稳定或引起恐慌而故意向牲畜、农作物或在食物生产过程中投放化学制剂或生物病原因子的行为。由于农业在收益和规模上是无与伦比的，因此农业产业被许多人认为是农业恐怖主义的完美目标。
- 生物安全(狭义)：为防止生物病原因子传播给人或阻止病原体向环境中传播所进行的工作。它可以包括政策、规程、个人安全防护及防护设施的设计等要素。美国疾病控制与预防中心通过分类系统对病原体的传播风险进行了评估。
- 生物安全(广义)：通常是指为了阻止获取和蓄意滥用生物病原因子所做出的努力。就本书而言，该定义还包括为了阻止虫害、疾病，防止病原因子被无意误用或传播所进行的工作。
- 关键基础设施：2002 年 7 月发布的美国国土安全国家战略中使用的术语。它被定义为那些“对美国至关重要的体系和资产，无论是真实的还是虚拟的，一旦这些体系和资产的能力丧失或遭到破坏，将对国土安全、国家经济、国家公共卫生安全及这些事项的任何组合产生削弱性的影响”。
- 媒介：导致发生疾病的病原体的携带者和传播者。

讨　论

- 你认为什么是针对农业的恐怖主义，也就是常说的“农业恐怖主义”？
- 为什么恐怖分子更喜欢用生物病原体打击敌方的农业，而不是其他大规模杀伤性武器来破坏关键基础设施？
- 农业恐怖主义与植物生物安全管理有何关联？
- 讨论在疫区周围的每个区域内，不同角色对应的不同职责。

网　站

Office International des Epizooties/Epizootics List B Classification of Diseases Notifiable. Available at: http://www.oie.int/en/animal-health-in-the-world/the-world-animal-health-information-system/old-classification-of-diseases-notifiable-to-the-oie-list-b/.

Guide for Security Practices in Transporting Agricultural and Food Commodities. Available at: http://www.usda.gov/documents/aftcsecurguidfinal19.pdf.

National Association of State Departments of Agriculture. Available at: http://www.nasda.org/.

University of Arkansas Cooperative Extension Service; Farm and Home Biosecurity Introduction. Available at: http://www.uaex.edu/farm-ranch/biosecurity/.

American Phytopathological Society. Available at: http://www.apsnet.org/Pages/default.aspx.

FoodNet. Available at: http://www.cdc.gov/foodnet/index.html.

US Food and Drug Administration Food Protection Plan. Available at: http://www.fda.gov/food/guidanceregulation/foodprotectionplan2007/default.htm.

National Food Safety Programs: http://www.foodsafety.gov/.

Farm & Ranch Biosecurity. Available at: http://www.farmandranchbiosecurity.com/.

Animal and Plant Health Inspection Service. Available at: http://www.aphis.usda.gov/wps/portal/aphis/home/.

National Animal Health Laboratory Network. Available at: https://www.nahln.org/.

National Plant Board. Available at: http://nationalplantboard.org/.

National Plant Diagnostic Network. Available at: https://www.npdn.org/.

US Department of Agriculture. The Red Book series. Available at: http://www.aphis.usda.gov/wps/portal/aphis/ourfocus/animalhealth?1dmy&urile=wcm:path:/aphis_content_library/sa_our_focus/sa_animal_health/sa_emergency_management/ct_fad_prep_disease_response_documents.

参考文献

Amber Waves, 2007. United States Department of Agriculture, Economic Research Service. Available at: http://www.ers.usda.gov/amber-waves.

Ancker, C., Burke, M., July–August 2003. Doctrine for asymmetric warfare. Military Review 18–26.

Ban, J., 2000. Agricultural biological warfare: an overview. Arena.

Bovine Spongiform Encephalopathy, 2008. In: The Gray Book: Foreign Animal Disease, seventh ed. U.S. Animal Health Association, Committee on Foreign Animal Disease, Richmond, VA. Pat Campbell & Associates and Carter Printing Company. Available at: https://www.aphis.usda.gov/emergency_response/downloads/nahems/fad.pdf.

Carcass Disposal Working Group for APHIS, 2004. Carcass Disposal: A Comprehensive Review. National Agriculture Biosecurity Center, Manhattan, KS.

Carus, W., August 1998. Bioterrorism and Biocrimes. The Illicit Use of Biological Agents Since 1900 (February 2001 Revision). Center for Counter-Proliferation Research National Defense University, Washington, DC.

Covert, N., 2000. Cutting Edge: A History of Fort Detrick, fourth ed. The Headquarters, Maryland.

Critical Foreign Animal Disease Issues for the 21st Century, 1998. In: The Gray Book: Foreign Animal Diseases. Pat Campbell & Associates and Carter Printing Company, Richmond, VA.

Crop Biosecurity: Are We Prepared? 2003. American Phytopathological Society.

Foot-and-Mouth Disease, 2008. In: The Gray Book: Foreign Animal Diseases, seventh ed. U.S. Animal Health Association, Committee on Foreign Animal Disease, Richmond, VA. Pat Campbell & Associates and Carter Printing Company. Available at: https://www.aphis.usda.gov/emergency_response/downloads/nahems/fad.pdf.

Homeland Security Presidential Directive (HSPD) 7, 2003. Critical Infrastructure Identification, Prioritization, and Protection.

Homeland Security Presidential Directive (HSPD) 9, 2004. Defense of United States Agriculture and Food.

James, C., 2000. Global Status of Commercialized Transgenic Crops: 1999. ISAAA Briefs no. 17. International Service for the Acquisition of Agri-Biotech Applications, Ithaca, NY.

Kortepeter, M., Parker, G., 1999. Potential biological weapons threats. Emerging Infectious Diseases 5, 523–527.

Pate, J., Camerson, G., 2001. Covert Biological Weapons Attacks against Agricultural Targets: Assessing the Impact against U.S. Agriculture. BCSI Discussion Paper 2001–9. John F. Kennedy School of Government, Harvard University, Cambridge, MA.

Scardaci, S., Webster, R., Greer, C., Hill, J., Williams, J., Mutters, R., Brandon, D., McKenzie, K., Oster, J., 1997. Rice Blast: A New Disease. California. Agronomy Fact Sheet Series 1997–2. Department of Agronomy and Range Science, University of California, Davis.

Schoenbaum, M., Disney, W., 2003. Modeling alternative mitigation strategies for a hypothetical outbreak of foot-and-mouth disease in the United States. Preventive Veterinary Medicine 58, 25–52.

Sutmoller, P., Barteling, S., Olascoaga, R., Sumption, K., 2003. Control and eradication of foot and mouth disease. Virus Research 91, 101–144.

U.S. Census Bureau, 2015. Population Clock. Available at: http://www.census.gov/popclock/.

U.S. Department of Agriculture, 2006. Pre-Harvest Security Guidelines and Checklist.

U.S. Department of Agriculture, 2015a. APHIS. Soy Bean Rust Website. Available at: http://www.invasivespeciesinfo.gov/microbes/soybeanrust.shtml.

U.S. Department of Agriculture, 2015b. Karnal Bunt: A Fungal Disease of Wheat. Animal and Plant Health Inspection Service (USDA-APHIS). Available at: http://www.aphis.usda.gov/wps/portal/aphis/ourfocus/importexport?1dmy&urile=wcm:path:/aphis_content_library/sa_our_focus/sa_plant_health/sa_domestic_pests_and_diseases/sa_pests_and_diseases/sa_plant_disease/sa_karnal_bunt/ct_karnal_bunt.

U.S. Department of Agriculture, 2014. Animal and Plant Health Inspection Service (USDA-APHIS). Foot-and-Mouth Disease (FMD) Response Plan: The Red Book. Available at: http://www.aphis.usda.gov/animal_health/emergency_management/downloads/fmd_responseplan.pdf.

U.S. Department of Defense, 1977. Biological Testing Involving Human Subjects by the Department of Defense, 1977: Hearings before the Subcommittee on Health and Scientific Research of the Committee on Human Resources. U.S. Government Printing Office, Washington, DC.

U.S. Food and Drug Administration, 2007. Food Protection Plan. Available at: http://www.fda.gov/Food/GuidanceRegulation/FoodProtectionPlan2007/ucm132565.htm.

Wilson, T.M., et al., 2000. Agroterrorism, biological crimes, and biological warfare targeting animal agriculture. In: Brown, C., Bolin, C. (Eds.), Emerging Diseases of Animals. ASM Press, Washington, DC, pp. 23–57.

第九章　近期的动物疾病暴发事件及经验教训

在自然界中，我们从来没有看到任何孤立的事情，每件事情都与它前面、旁边、下面或上面的其他事情相关联着。

约翰·沃尔夫冈·冯·高斯

学习目标

1. 对口蹄疫及其对牛肉产业的潜在危害进行讨论。
2. 对禽流感及其对养禽业的潜在危害进行讨论。
3. 对典型猪瘟及其对猪肉产业的潜在危害进行讨论。
4. 对疯牛病及其对牛肉产业的潜在危害，以及疯牛病对人类健康的影响进行讨论。
5. 对动物疾病暴发的特殊研究案例进行讨论。

引　　言

想象一下，当一种外来动物疾病被引入美国时会是什么样的情景。动物卫生当局会立即采取行动来制止感染动物和动物产品的流通、加强监测、扩大检疫范围并采取生物安全防护的相关措施。当地和国家层面的应急管理部门与执法部门将收到通知，并且可能参与早期的安全保障和调查工作。农业部部长与当地的州长协商后，会对此做出紧急事态声明，并请求总统做出灾难声明。如果涉嫌恐怖主义，国土安全部可能会宣布这一事件为国家级重大事件。根据响应的范围，国家紧急行动中心可能将部分或全部启动。美国农业部动植物卫生检验局及国家紧急行动中心都将会有所行动（US Department of Agriculture, 2002）。

根据美国第 5 号国土安全总统令，联邦部门和机构应当遵照国家突发事件管理系统进行国家应急管理。国家突发事件管理系统的目的在于为联邦、州和地方政府提供一个在全国范围内适用的方法，统一用于准备和应对突发事件，以及用于国内突发事件后的恢复工作。国家突发事件管理系统的核心是突发事件应急指挥系统，这是一种结构化管理系统，旨在当突发事件发生时，将多个应急响应机构（包括来自不同司法管辖区的机构）联合在一个统一的指挥结构下。

遵照国家突发事件管理系统，在出现外来动物疾病时，国家和联邦动物卫生官员及合作机构将启动突发事件应急指挥系统。在事件涉及多个国家的情况下，将设立多个突发事件指挥站，并由其中一个地区的指挥站进行全面管控。在动物疾病暴发的应对工作和事故后的恢复工作期间，动物卫生专业人员将承担沉重的监测任务。应对工作的主要目的在于限制疾病的传播速度和“扑灭”外来动物疾病(US Department of Agriculture, 2003a)。同时突发事件应急指挥系统还会提供阻止外来动物疾病传播的必要指导和协助，来帮助执行检疫、行动管控和监测。此外，突发事件应急指挥系统还会与执法机构紧密合作，对检疫区和送往实验室的样本的监管链进行审查与维护。

监测和隔离检疫区需要设立于受感染区域疫点(infected premise, IP)附近的规定半径内。在疫情发生前 30 天之内，任何接收过疫点来源的动物的农场和牧场，或在地理位置上与疫点毗邻的农场和牧场，都要被检疫和检测。所有饲养有易感动物的农场和牧场也都需要被调查。此外，工作人员至少需要对上述所有农场和牧场进行两次视察，才能正式确定该区域是否存在这种外来动物疾病。同时，隔离检疫措施将会持续实施足够长的时间，直到没有新病例被发现，才能够确保该疾病并未被传染给任何其他的动物。国家和联邦野生动植物机构将对野生动物传播该类外来动物疾病的风险进行评估，并启动控制计划，同时制定从管控区域运输非目标物种和动物、农作物产品的许可协议(US Department of Agriculture, 2002, 2003a)。

为确保该外来动物疾病被彻底消灭，突发事件指挥官需在对被要求安乐死的动物进行评估后，再对受感染和有感染风险的动物通过人道的方法执行安乐死，此外还需对动物尸体进行处置并对该外来动物疾病暴露区域进行消毒洗消。事后还需对洗消区域进行采样和检测，从而证实该区域是否洗消成功。根据突发事件应急指挥系统，需要由美国农业部动植物卫生检验局的一名立法和公共事务官员协同一名国家公共事务官员，一同就疾病的调查及控制根除该疾病的生物安全措施召开新闻发布会。

对发达国家而言，每一次外来动物疾病的暴发都会对该国的农业产品国际贸易产生严重的影响。为了重新建立其农产品在国际上的认可度，这些国家不仅需要通过积极监测以证明该国境内已超过 12 个月没有这一外来动物疾病的病例和症状，还需证明已经建立了有效的监测系统和管制措施以防止该疾病再次流行。

以上内容已对国家应对外来动物疾病暴发采取的行动措施进行了详细介绍，在“农业面临的生物威胁”一章中，我们对于这些措施在理论上如何开展和结束也提出了一种理想化的观点；然而，在实践过程中通常还会存在别的问题。本章向读者介绍了 4 种严重的外来动物疾病：口蹄疫、高致病性禽流感、典型猪瘟和牛海绵状脑病。此外，本章还对以上 4 种外来动物疾病的现实案例进行了讨论。当然，在本章中对每个事件中的所有细节都进行讨论是不切实际的，因此我们对这些实例的部分细节进行介绍，以促使读者进一步了解每种情况的关键细节，并从中吸取经验教训，从而更好地应对今后的疾病暴发事件。每个事件的相关阅读资料来源集中列在本章的末尾，其中大多数材料来自政府机构，此外在这些资料中还提出了相关事件的总结及从中取得的经验教训。

口　蹄　疫

口蹄疫(foot and mouth disease, FMD)是一种由细小核糖核酸病毒引起的严重的高度传染性疾病，该病原体属于微小核糖核酸病毒科口蹄疫病毒属(American Veterinary Medical Association, 2007)。口蹄疫病毒有 7 种血清型：O 型、A 型、C 型、SAT1(南非 1 型)、SAT2(南非 2 型)、SAT3(南非 3 型)和 ASIA1(亚洲 1 型)，这 7 种血清型病毒彼此间的抗原性都互不相同。口蹄疫一般发病于偶蹄目反刍动物，包括绵羊、牛、猪、山羊、鹿和水牛(American Veterinary Medical Association, 2007)，人类基本不受口蹄疫病毒的影响。这种病毒对温度敏感，当环境温度升高至 13.3℃时就会迅速失活。就生存能力而言，适宜该病毒存活的 pH 窗口也相当狭窄，最佳范围是 7.2～7.6。然而，一些相当有说服力的数据表明，这种病毒在自然环境中的生命力非常旺盛，尤其是在凉爽潮湿的环境中(Bartley et al., 2002)。表 9.1 列出了不同环境下口蹄疫病毒的生存能力。

表 9.1　口蹄疫病毒在温和条件下的生存情况

条件	生存能力(可存活天数)
干燥的粪便中	14
尿液中	39
地面——夏季	3
地面——冬季	28

注：口蹄疫病毒在黑暗潮湿的环境中可存活很长一段时间，但在干燥、pH 和温度的共同作用下可被迅速灭活

口蹄疫对畜牧业可造成毁灭性的影响，其主要的临床特征为受感染动物体温升高(≥41℃)，口腔、舌头、嘴唇、鼻孔、蹄和乳头等部位出现水疱(图 9.1)，随着水疱迅速破裂，会形成粗糙的破损皮肤。此外，这种疾病还会导致动物出现大量流涎和跛足等症状(House and Mebus, 1998)。感染动物往往会体重减轻，产奶量减少，怀孕的动物可能会流产，年轻的动物可能死于口蹄疫导致的心脏损害。具体的临床症状根据疾病严重程度的不同而有所差异，该病的症状在绵羊身上通常较轻或不明显(Hughes et al., 2002)。

口蹄疫病毒可通过口、鼻或皮肤破损处进入宿主体内并进行复制，随后会出现水疱。在出现水疱前两天，动物的唾液、乳汁、精液甚至动物呼出的气体中都可能检测到该病毒颗粒。牛和猪感染后的潜伏期通常为 2～5 天，绵羊和山羊感染后的潜伏期则更长一些。该病的最长潜伏期可长达 14 天，这在很大程度上取决于病毒的毒株、感染剂量及动物个体的敏感性(Lubroth, 2002)。

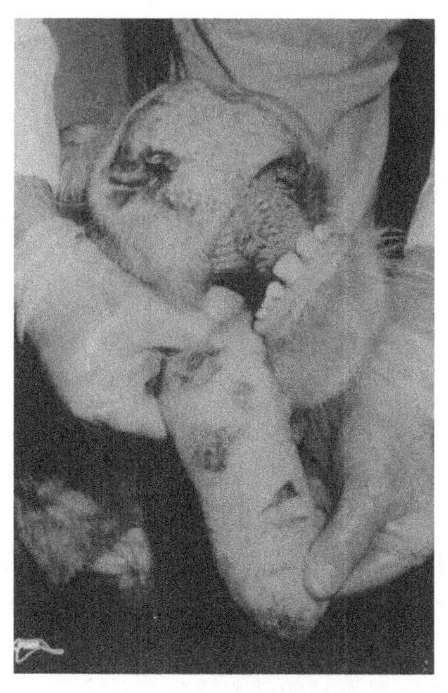

图 9.1　美国农业部用于培训动物卫生专业人员进行口蹄疫疑似病例识别的存档奶牛口蹄疫病灶照片。相关专业人员需要注意的是，家畜水疱病可由多种原因和感染因素引起。图像资料由美国农业部动植物卫生检验局提供

口蹄疫极具传染性，呼吸道吸入和经口摄入都是该病的主要感染途径(Bartley et al., 2002)。尽管受污染的饲料和污染物也有可能传播这种病毒，但口蹄疫主要还是在感染动物与健康动物之间进行传播，在这个过程中，人类或无生命的物体可能充当了传播的中介。该病的暴发通常是由感染动物被运送到市场或感染动物被引入易感动物群引起的(Callis and McKercher, 1997)。也有口蹄疫病毒经由空气传播的记录，据报道，相比于其他动物，牛对这种感染途径可能更敏感(Sellers et al., 1977)。当然，空气中病毒颗粒的扩散会受到天气条件的显著影响。

批判性思考

根据口蹄疫病毒的特性，是什么使其对肉类和牛奶生产具有如此大的潜在破坏力?

自 1921 年以来，口蹄疫病毒已从 40 多例人类病例中分离出来并进行了分型(Bauer, 1997)。这些人类病例发生在非洲、欧洲和南美洲，病毒血清型以 O 型为主，其次为 C 型，A 型仅占极少数。由于人类的感染很罕见，并且病情较轻，因此，通常认为口蹄疫并不属于人类的公共卫生问题。

最早的口蹄疫观察资料记录来自1514年的意大利(American Veterinary Medical Association, 2007)。今天，口蹄疫病毒在全球分布相当广泛，7种血清型有不同的分布格局(UN Food and Agriculture Organization, 2007)。总的来说，口蹄疫病毒已在非洲、亚洲、南美洲和欧洲的部分地区被发现。由于口蹄疫病毒感染的对象为偶蹄目野生动物，因此根除这种疾病极其困难，这也导致口蹄疫成为这些地区长期存在的问题。已公开宣布无口蹄疫的国家有两种：一种是未接种疫苗且未发生过口蹄疫的国家，另一种是通过接种疫苗消灭了口蹄疫的国家。迄今为止，世界上有67个国家被认定为未接种疫苗且未发生过口蹄疫(OIE, 2015)。美国曾暴发过9次口蹄疫，均发生在1905～1929年。自1929年以来，美国境内便再也没有出现过口蹄疫病例了。

国际兽疫局将口蹄疫列为“一旦发生于无口蹄疫或已彻底消灭口蹄疫的国家和地区，需要在发现首个病例后24小时内通报的A类疾病”。此外，国际兽疫局认为口蹄疫是世界上最具经济破坏性的家畜疾病，因为一旦出现该疾病，不但会给家畜养殖户带来利益损害，许多家禽物种都有可能被感染，而且由于该疾病传染蔓延迅速、难以控制，也会给动物卫生官员带来严峻的任务与考验。考虑到口蹄疫的迅速传播和对国际动物及动物产品贸易的重大影响，一旦发生后必须立即上报。

消灭或控制口蹄疫的成本很高。口蹄疫暴发造成的直接经济损失包括畜群感染后数量减少(包括病死和人为宰杀)、用于感染场所消毒的费用、实施隔离和加强监测的费用等。随后，因实施贸易限制，又会造成更多间接、长期的损失，以及随后因食品供应中断，受疫情影响的肉制品价格上涨等方面的问题。此外，无口蹄疫国家还需竭尽全力维持其无相关疫情的良好状态，而存在口蹄疫的国家则需要投入大量资金以消灭该疾病。有研究估计表明，一旦在美国境内出现确诊的口蹄疫感染病例，每年美国在贸易上的损失将超过270亿美元(Paarlberg et al., 2002)。

2001年，英国暴发口蹄疫，导致超过800万只动物被屠宰，造成约200亿美元的经济损失(Davies, 2002)，政府对此几乎束手无策。2001年英国的这一次口蹄疫暴发，就是本章第一个案例研究的主题。

禽 流 感

禽流感是由甲型流感病毒株引起的禽类传染病(Beard, 1998)，且甲型流感病毒的16种血凝素亚型均可引起禽流感暴发。根据疫情的严重程度和病毒株的毒力不同，禽流感可分为低致病性禽流感(low pathogenic avian influenza, LPAI)和高致病性禽流感(high pathogenic avian influenza, HPAI)。目前已知的只有第5亚型和第7亚型血凝素可引起高致病性禽流感(Beard, 1998)。该类疾病一旦被引入，可通过家禽群体和野禽群体迅速传播。由于这种疾病很容易迅速从一只禽鸟传播到另一只禽鸟，因此高致病性禽流感可造成毁灭性的影响，并会在短时间内造成很高的死亡率。此外，由于禽类养殖业普遍使用密闭的动物饲养模式，被饲养的禽鸟的种群集中且生长周期相近，也可加剧禽流感暴发带来的影响。

禽流感于 1878 年在意大利首次被发现。在美国，最早的关于高致病性禽流感的报道是在 1924 年和 1929 年(American Veterinary Medical Association, 2006c)，其间，隔离检疫、捕杀、清洁和消毒等措施都被用于根除美国的高致病性禽流感。由甲型流感病毒在禽类和野生鸟类中引起的症状较轻微的疾病在 20 世纪中期得到确认，也就是今天我们所说的低致病性禽流感。20 世纪 70 年代新城疫病毒的监测结果显示，候鸟是无症状的禽流感病毒携带者。从那时起，野生水禽(特别是野鸭和野鹅)和其他水禽都被证明是甲型流感病毒所有毒株的“储存库”(Stallknecht et al., 1990)。此外，禽流感病毒还可在水貂、海豹、鲸的体内引起呼吸道疾病(Beard, 1998)。

批判性思考

甲型流感病毒的自然宿主是迁徙的水禽。许多候鸟感染了这种病毒，并将数百万病毒粒子释放到它们生活和迁徙途中休息的水生环境中(Stallknecht et al., 1990)。随着 H5N1 高致病性禽流感亚洲毒株的传播，候鸟种群与家禽间的传播动态逐渐成为一个热门话题。在世界卫生组织网站上可查询到有关 H5N1 病毒从亚洲传播到非洲和欧洲的传播模式相关研究。在传播动力学如此复杂的情况下，怎样才能限制致命的高致病性禽流感毒株的传播呢?

如前所述，高致病性禽流感仅由甲型流感病毒引起。遗传特征和疾病的严重程度决定了病毒应归类于低致病性还是高致病性。低致病性禽流感可由所有血凝素亚型中的病毒(H1～H16)引起。而高致病性禽流感一般被认为是由 H5 或 H7 亚型所引起的。然而，即便是出现 H5 或 H7 亚型引起的低致病性禽流感病毒，也同样令人担忧，因为它们可能会突变为高致病性禽流感毒株(Beard, 1998)。图 9.2 为患高致病性禽流感家禽的图片。

全球都面临着禽流感的威胁。目前广泛认为候鸟是禽流感病毒的宿主(Voyles, 2002)，受感染的鸟类粪便和呼吸道分泌物中含有大量病毒，这些病毒可以经由结膜或呼吸道感染新的宿主。禽流感病毒可在感染鸟类与健康鸟类近距离接触时通过气溶胶传播，也可能在共享饮水时传播(Stallknecht et al., 1990)。此外，这种病毒似乎还存在于感染母鸡产下的鸡蛋中，但存在病毒感染的鸡蛋不太可能孵化和存活。污染物(接触过病毒的物品)和受感染的禽类均可在家禽之间传播疾病。健康家禽可因接触已受感染的禽类，或是接触被病毒污染的物品(水、饲料、笼子等)而染上禽流感病毒(Capua and Marangon, 2006)。

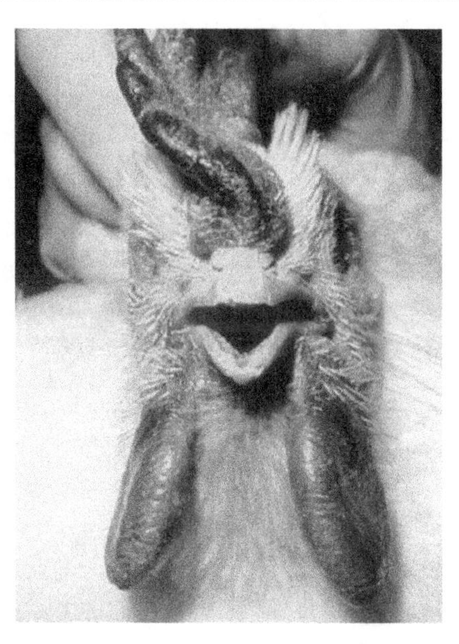

图 9.2 自 1997 年以来，为了让世界范围内的 H5N1 甲型流感疫情得到控制，已有大约两亿只禽类被宰杀。高致病性禽流感是由甲型流感病毒 H5 或 H7 亚型引起的，这种高传染性疾病通常会导致 100%患病家禽死亡。H5N1 病毒在最近暴发的“禽流感”事件中，一直是人们关注的焦点，且禽流感已经摧毁了位于东南亚部分地区的家禽养殖产业。图像资料由美国农业部动植物卫生检验局提供

据报道，在宾夕法尼亚州暴发的一次疫情中，禽流感病毒很有可能是通过苍蝇进行传播的。随着被感染禽类的位置移动，发生空气传播的区域也随之变化。实验研究表明，禽流感病毒可随粪便的排泄滞留在环境中，并可在一些重大应激事件后重新出现。一旦一个群体被感染，这个群体就成为潜在的病毒来源。此外，发展中国家的活禽市场在 H5N1 病毒从亚洲向欧洲的传播中也起到了助推作用。

典 型 猪 瘟

典型猪瘟(classical swine fever, CSF)也称猪瘟或猪霍乱。其病原体是一种瘟病毒，一种属于黄病毒科的正链 RNA 病毒。黄病毒科在本书之前的“A 类病原因子与疾病”及“C 类病原因子与疾病”章中就有过相关描写，包括黄病毒科成员西尼罗病毒和日本脑炎病毒等(American Veterinary Medical Association, 2006a)。

野猪和家猪是典型猪瘟病毒唯一的自然宿主，人类不会受到该病原体的感染或影响。典型猪瘟在非洲、亚洲、欧洲及美洲的中南部部分地区都有流行，世界动物卫生组织已经将其列为 A 类疾病。1962 年，这种疾病在美国被发现，但很快就再无典型猪瘟病例的发生了。典型猪瘟是一种需要上报给世界动物卫生组织和

美国农业部的疾病，因此一旦发现该类病例，应立即通知州或联邦动物卫生官员。

典型猪瘟分为急性型和慢性型。患急性典型猪瘟的猪表现为高热、食欲减退及精神萎靡等症状。此外，急性感染的猪还会出现皮肤紫斑、腹泻、呕吐、咳嗽、后肢无力和眼部有分泌物等症状(Edwards, 1998)。患典型猪瘟的母猪通常会流产，患典型猪瘟的仔猪则很快会表现出神经系统症状，如震颤及抽搐。典型猪瘟没有治疗的方法，急性典型猪瘟病死率为 95%～100%，死亡通常发生在发病后的第 10～15 天(Edwards, 1998)。

典型猪瘟病毒通过直接和间接接触，由受感染的猪传播给其他易感的猪。摄入和吸入典型猪瘟病毒是最常见的感染途径(Dewulf et al., 2000)。典型猪瘟病毒也通过受感染猪的血液或精液传播，在感染动物的唾液、血液、尿液、粪便及鼻分泌物中可查出病毒。典型猪瘟的潜伏期在 2～14 天，在疾病暴发后，病毒可通过受污染的设备、车辆、服装和鞋类等(污染物)进行机械传播(Kleiboeker, 2002)。虽然病毒在吸血昆虫或鸟类的体内不会复制，但是它们可作为典型猪瘟病毒机械传媒的媒介。典型猪瘟病毒可以在感染的猪肉产品中存活数月，曾有过因为进食未煮熟的感染猪肉碎屑而导致典型猪瘟暴发的案例。当低毒力的病毒株经由胎盘感染胎猪时，可引起仔猪在出生后存在此类病毒的慢性感染，从而成为疾病暴发的传染源。此外，即使感染典型猪瘟病毒后的猪逐渐恢复了健康，它也可在一段很长的时期内持续释放典型猪瘟病毒(American Veterinary Medical Association, 2006a)。因此，恢复期的猪及看似健康的猪，也很有可能成为该病暴发的主要传染源。

牛海绵状脑病

牛海绵状脑病(bovine spongiform encephalopathy, BSE)也称疯牛病，是一种严重的并对牛具有长期影响的疾病。1986 年，疯牛病首次于英国被发现(Brown et al., 2001)，其病原体是一种朊病毒(DeArmond and Prusiner, 1995)。与大多数其他朊病毒疾病(如羊瘙痒症、克-雅病等)一样，这种致命的疾病主要对动物的中枢神经系统具有一定影响。为了避免这种疾病的暴发，1998 年英国当局规定，禁止向反刍动物喂食含有其他反刍动物尸体及相关产品的食物(American Veterinary Medical Association, 2006b)。疯牛病在牛科动物中的流行在 1992 年达到高峰(每年大于 37 000 例新病例)。到了 2004 年，英国报告的新发病例数为 343 例，到了 2005 年 8 月，新发病例数下降为 121 例。从 2005 年开始，疯牛病和变异型克-雅病(人类患该疾病的形式)的新病例开始大幅下降(DEFRA website, 2007)。

家牛是疯牛病的主要宿主，其他宿主还包括牛科动物的野牛、捻角羚、南非剑羚、羚羊和大羚羊等。此外，在疯牛病传播的饲养场所的家猫，以及一些城市家庭中的家猫也曾出现过感染。已有实验证明，疯牛病可以传播给牛、猪、绵羊、山羊、小鼠、水貂、猴猴和猕猴(Prusiner, 1998)。

疯牛病在牛体内的潜伏期很长，从 2 年到 8 年不等。专家普遍认为其平均潜伏期大概为 5 年。疯牛病在牛之间最重要的传播方式就是粪口途径，但该途径的传播并不是非常有效。遗传易感性和母婴垂直传播在该病流行病学中的作用尚未明确，然而，的确存在个别发生在母牛和小牛之间的传播案例(American Veterinary Medical Association, 2006b)。

自从这种疾病首次在英国被诊断出来，全世界已经有超过 17 万例动物感染病例，其中超过 95%的病例发生在英国(Smith and Bradley, 2003)。同时，经证实，在比利时、法国、爱尔兰、卢森堡、荷兰、北爱尔兰、葡萄牙和瑞士出生的牛身上也存在疯牛病病原体(Matthews et al., 2006)。为了尽早确定感染动物的情况，牛群监测和感染动物识别等项目一直在持续进行；这些项目与生物安全的实施相结合，使目前全球范围内的疯牛病发病率不断下降。

对人类健康的影响

发生在人类中的变异型克-雅病(variant Creutzfeldt-Jakob disease, vCJD)于 1996 年首次在英国被发现(Armstrong et al., 2003)。它与传统的克-雅病有不同的临床和病理特点，典型的临床体征与疾病后期中枢神经系统组织的破坏有关，每个病例的情况均有所不同。变异型克-雅病的体征和症状主要表现为精神、行为的异常，同时伴有痛觉迟钝和延迟的神经系统症状(Beisel and Morens, 2004)。据统计，变异型克-雅病患者平均死亡年龄为 28 岁，疾病平均持续时间为 14 个月(Bacchetti, 2003)。

流行病学证据表明，牛疯牛病在英国等欧洲国家的暴发与人类克-雅病的一种新变种的出现有关(Croes and van Duijn, 2003)。目前，强有力的科学证据表明，导致牛疯牛病暴发的病原体与导致人类变异型克-雅病暴发的病原体是相同的(Goldberg, 2007)。当时的流行病学研究还表明，疾病的来源大多是饲料中的营养补充剂，而这些补充剂是用牛的尸体(包括肉和骨粉)制成的，在 1981～1982 年，使用的肉和骨粉在制备过程中的变质可能是一个危险因素(Hueston and Bryant, 2005)。关于这种疾病在牛群中突然暴发的理论包括以下方面。

- 当用感染尸体制成的产品进入牛的饲料链，疾病会自发发生并逐渐传播扩散开。
- 患有瘙痒症的羊的尸体进入牛的饲料链从而引起该疾病。

患疯牛病或暴露于感染环境中的牛的高风险组织，包括来自中枢神经系统或毗邻中枢神经系统的组织，以及来自回肠远端和骨髓的组织(Goldberg, 2007)。传统观点认为，朊病毒可通过肠道进入人体(食用具有传染性的物质)，之后在局部淋巴组织进行增殖；然后根据不同的动物种类，有的可能转移到脾，有的也可能转移到骨髓并在转移区域进一步增殖。最后，朊病毒转移到中枢神经系统，在中枢神经系统进行大规模的复制，破坏脑组织，从而导致临床症状的出现。人们认为，朊病毒可通过神经、血液或两者的共同作用在受感染动物体内播散(Prusiner, 1998)。如果通过血液播散是一种途径，那么显然血液和血液制品(血清蛋白)的医疗使用将是构成医源性感染的一个潜在来源。

尽管所有令人信服的证据都显示，即使食用了受疯牛病病原体污染的肉类，患变异型克-雅病的风险也很低(Goldberg, 2007)，但是一个国家的牛群中如存在疯牛病，必然会使消费者存在健康方面的担忧，并可能由于贸易限制造成经济损失。过去的几年中，这种情况在美国和加拿大发生过几次，我们将在下一章更深入地研究这个问题。

案 例 研 究

口蹄疫，英国，2001年

2001年2月19日，动物卫生官员意识到英国埃塞克斯一家屠宰场有几头猪感染了口蹄疫(U.K. Department for Environment, Food and Rural Affairs, 2002)。两天后，经英国农渔食品部调查，这些猪和诺森伯兰郡Heddon-on-the-Wall村庄附近一个农场的牛群都存在口蹄疫感染。官员认为病毒是从这个区域通过空气传播给了约10km外的Ponteland附近农场的牛和羊。令人担忧的是，根据病灶的病理发展阶段，加上病毒的潜伏期，推测表明感染的发生可能是在之前的大约两周，即2001年2月5日前后。由于检测上的滞后，Ponteland农场的口蹄疫感染绵羊已被运送到靠近苏格兰边境的坎伯兰郡的两个市场。在这里，动物的直接和间接接触导致病原体被广泛散播到坎伯兰郡的大部分地区。随后，一名商人将整货车的受感染的羊运输到德文郡，之后又迅速转售到赫里福德郡、北安普敦市和威尔特郡。当这种疾病在埃塞克斯被证实时，上述运输活动基本已经完成。因此，疾病的传播在当时尚不知情的情况下已经发生了(U.K. Department for Environment, Food and Rural Affairs, 2002)。

截至2001年3月8日，新发病例数达到104例，且地域分布广泛。截至3月20日，共发现338例新病例；到3月29日，病例数达到了1726例。由于传播的速度很快，因此动物卫生官员当时的首要任务就是进行大量的早期检测。直到当年9月，才不再每天都发现新的口蹄疫病例(U.K. Department for Environment, Food and Rural Affairs, 2002)。

在这次疫情暴发期间，政府采取了严格的扑灭政策，其中包括屠宰发现过感染病例的畜牧场所中所有的动物，以及所有被视为有危险接触的动物。由于绵羊可能是无症状或临床表现不明显的感染群体，动物卫生官员认为这种疾病可能是在毫无被察觉的情况下通过绵羊传播的。因此，国家兽医服务署对受感染畜牧场所半径 3km 内的所有绵羊实施了屠宰(U.K. Department for Environment, Food and Rural Affairs, 2002)，这种屠宰措施后来还延伸到猪的身上。当时，虽然口蹄疫应对程序存在一定的争议，但政府仍完全依照该程序屠杀了发现过感染病例的畜牧场所附近的所有动物。

由于在半径 3km 内和紧邻区域内的绵羊、猪都要被屠宰，因此没有人知道被屠宰的动物中有多少是真的被感染了。虽然其中大部分畜牧场所的动物都进行了疾病检测，但从相邻区域收集的样本很少进行检测。杀死它们的目的似乎是为了减少对于感染动物的筛选步骤，而不是为了扑灭疾病暴发。

英国的官员们在处理口蹄疫的暴发和协调控制措施这两个方面面临着两难的局势，他们得到的关于疫苗接种的科学建议似乎相互矛盾：一些参与疫苗研究的专家认为应该使用疫苗来控制疾病；而其他一部分人认为，只有更采取更严厉的扑灭措施，疫情才能得到有效控制。回顾 2001 年国际兽疫局实施的规则，只有在未使用疫苗的情况下控制住了疫情，才能在疫情暴发的 3 个月后恢复“无口蹄疫”的自由贸易状态。然而，如果是在使用疫苗之后控制住了疫情，那么该地区要在 12 个月后才可达到“无口蹄疫”的自由贸易状态。这导致了一种观点，即为了尽快回到出口市场，本已完成了疫苗接种的动物随后也不得不被屠宰。此外，由于目前还没有开发或批准的快速诊断测试能够区分受感染动物和已接种疫苗动物，因此，如果不能迅速查明问题，也不能区分接种疫苗动物和受感染动物，他们就可以完全放弃采用这些技术措施。最终，有将近 1 万个畜牧场所受到影响，超过 800 万只动物被杀死。

英国 2001 年口蹄疫暴发的最终统计数据

动物因感染而遭到屠宰的畜牧场所数量	9 996
在疫病控制措施中屠宰捕杀的动物数	4 080 001
在动物福利处置计划中被杀的动物数	2 573 317
被杀死的仔猪、牛犊和羊羔数(估计值)	2 000 000
被杀死的动物总数(包含以上的估计值)	8 653 318

数据来源：英国环境食品和农业事务部，2002 年。官方报告(2002 年 6 月)：2001 年英国口蹄疫流行

上述关于口蹄疫暴发的经典案例研究在广度、深度和范围等方面对该疾病带来的问题进行了强调。如前所述，口蹄疫是一种可带来灾难性后果且蔓延迅速的传染病。其传播的迅速再加上该次事件中迟缓的响应，导致了预料之内的严重结果。英国首相托尼·布莱尔也由于这次事件在其 10 年的执政生涯中面临了巨大的逆境。该次口蹄疫暴发是英国在过去 40 年中面临的最具挑战性的事件之一，令人惊讶的是，这次事件还导致了英国大选的延后，这种事情自二战以来从未发生过。

此外，危机解决后，布莱尔宣布了几个政府部门的重组。这一举动很大程度上是由于英国农渔食品部未能迅速有效地应对口蹄疫的暴发。之后，该部门与英国环境交通区域部进行了合并，组成了现在的环境食品和农业事务部。公众对控制措施需要执行的严厉措施的反应，加上养牛行业长时期的混乱，几乎让布莱尔的政权倒台。经估算，本次事件带来的经济损失总额约为 200 亿美元，并且导致许多农民失去了他们的牲畜，也随之失去了他们的生计。旅游业也是乡村地区受口蹄疫应对措施影响最大的产业之一。动物卫生专业人员、政府官员和动物的主人都受到了动物屠宰处理的巨大影响。除此之外，该次疾病的暴发还引起了一个未被预料到的后果，那就是执行动物屠宰和动物尸体处理相关工作的人中出现了大量的自杀行为(估计为 85 人)。这一事实强调了将心理疏导纳入响应和恢复行动的重要性。

高致病性禽流感，1983～2015 年

禽流感造成的经济损失因病毒株、受感染的鸟类种类、涉及的农场数量、控制方法的使用及控制或根除策略的实施速度而异。可造成的直接损失包括动物的捕杀和处理费用、禽类大量发病和死亡带来的损失、检疫和监测费用及为捕杀禽类支付的赔偿。禽流感疫情已造成过重大经济损失，如 1983 年，美国东北部暴发高致病性禽流感(H5N2)，导致的经济损失近 6500 万美元，1700 多万只禽鸟死亡，鸡蛋价格上涨 30%。在 1999 年意大利暴发高致病性禽流感(H7N1)期间，政府向农民支付了 1 亿多美元作为 1800 万只家禽的补偿；间接损失总额估计为 5 亿美元。

虽然甲型流感病毒的高致病性禽流感毒株一般不会感染人类，但在 1997 年香港暴发禽流感期间，首次出现禽流感病毒在家禽和人之间直接传播的情况。该病毒导致 18 人患上严重呼吸道疾病，其中 6 人死亡(Horimoto and Kawaoka, 2001)。自那时以来，已确诊了 300 多例人感染 H5N1 病毒的病例。1997 年香港暴发 H5N1 禽流感时，香港活禽市场花费了 1300 万美元用于家禽处理和 140 万只被屠宰家禽的赔偿。2001 年，这种情况在香港再次出现，该次疫情中，控制 H5N1 禽流感的费用为 380 万美元；共有 120 万只禽类被捕杀。

2004 年 8～10 月，越南和泰国报告了人类感染甲型禽流感病毒(H5N1)的散发病例；2005 年 2 月，柬埔寨报告了感染 H5N1 的病例；在同年 7 月，印度尼西亚也报告了人感染 H5N1 的病例。自那时以来，印度尼西亚陆续多次报告了人类感染病例和禽类感染的小范围暴发。目前埃及的 H5N1 感染病例最多(346 例)，但是印度尼西亚的相关死亡病例最多(167 例)(World Health Organization, 2015)。

2002 年春夏期间，弗吉尼亚州、西弗吉尼亚州和北卡罗来纳州的 210 只鸡与火鸡感染了 H7N2 病毒，导致近 500 万只家禽被宰杀。虽然没有流行病学联系，但该病毒与 1994 年以来在活禽市场系统中传播的低致病性禽流感 H7N2 病毒有关

(Senne, 2007)。在该次控制计划中，政府组建了一个禽流感特别工作组，工作组成员由产业内人员、州工作人员和联邦工作人员共同组成。工作组指挥官强调，应当使用良好的安全设备和生物安全措施，并指出了动物尸体处理方法(包括埋在垃圾填埋场、焚化和堆肥)中存在的问题，从而延缓了受感染场所动物的处理进度。工作组监测活动的重点是每周对所有场所死去的禽类进行一次检测，每两周对所有饲养动物群进行一次检测，并且在禽类被运往别处之前也要进行检测。在对小型庭院饲养的家禽和当地的水禽中进行的额外监测中没有发现 H7 病毒，也没有检测到该病毒的特异性抗体。该次疫情的暴发，说明了在活禽市场系统和商业家禽之间建立有效的生物安全壁垒的重要性。感染 H7N2 病毒的家禽总计有 197 群，占当时共有的 1000 个商业家禽饲养场中的 20%。为了控制疫情，大约有 470 万只禽鸟被杀死，这在存在感染风险的 5600 万只禽鸟中大约占 8.4%。在检测结果阳性的农场中，火鸡养殖群占 78%，其中包括 28 个繁殖火鸡群和 125 个肉用火鸡群。另有 29 个繁殖鸡群(即种鸡)、13 个肉用鸡群，以及 3 个产蛋鸡群中的 2 个受到感染。除弗吉尼亚州感染的鸡群外，西弗吉尼亚州的 1 个鸡群也感染了 H7N2 病毒(Akey, 2003)。由于弗吉尼亚州和西弗吉尼亚州的家禽养殖业相邻，人们怀疑该疾病是由弗吉尼亚州传入了西弗吉尼亚州。尽管美国农业部批准了 H7N2 疫苗的使用，但因为业界对其使用存在争议，在该次疫情中并未使用该疫苗。

如前所述，这些受感染群体的感染来源从未确定。但是，造成这次暴发的 H7N2 毒株被证明与以前在宾夕法尼亚州引起暴发的毒株及自 1994 年以来在美国东北部活禽市场系统中发现的毒株在基因上是相同的。联邦政府根据这些禽类市场估价的 75%向养殖户和家禽的所有者支付了 5265 万美元的赔偿金，用于补偿他们被宰杀的家禽及处理这些家禽尸体。另有 1350 万美元作为疫情暴发工作小组的业务费用。然而，疫情对家禽产业和相关行业的总体负面经济影响超过了 1.49 亿美元(Akey, 2003)。

2003 年，欧盟报告了 H7N7 病毒的暴发，疫情最终导致 3300 多万只禽类死亡，其中荷兰 3000 万只(占该国家禽类总数的 1/4)、比利时 270 万只、德国 40 万只。被用于控制该次暴发的总成本尚不清楚(Stegeman et al., 2004)。

2014 年 12 月中旬，美国暴发了一次高致病性禽流感。该次疫情随着被感染的候鸟被传播到沿着太平洋、美国中部及密西西比的迁徙路线，并演变成多个州的疫情暴发。在写这本书时，已经有超过 4800 万只家禽(鸡和火鸡)被宰杀，这些禽类来自 15 个州的多个农场。引起该次疫情的病毒株主要是 H5N2 和 H5N8 (USDA, n.d.)。另外值得注意的是，在美国发现了几乎同时暴发的犬类流感，造成该暴发的菌株已确定为 H3N2 和 H3N8，目前认为，此次暴发起源于亚洲(AVMA, n.d.)。犬类流感可在犬舍和犬类寄宿设施中迅速传播，工作犬群尤其容易受到这一威胁，因为它们常有近距离接触，而且可能有国际旅行的经历。

到目前为止，所有在家禽中暴发的高致病性禽流感都是由H5或H7亚型甲流病毒引起的。1999年之前，高致病性禽流感被认为是相对罕见的，1959～1998年，全世界仅报告了17例高致病性禽流感暴发；然而，自1999年以来，全球暴发的病例数量显著增加(Capua and Marangon, 2006)。表9.2重点介绍了过去30年中禽流感的主要暴发情况。

表9.2　过去30年高致病性禽流感的主要暴发情况

年份	亚型	地点	影响	备注
1983	H5	宾夕法尼亚州	超过1700万只禽鸟被宰杀	未发现人感染病例
1994～2003	H5N2	墨西哥	近10亿只禽鸟感染	一种低致病性禽流感病毒突变为一种高致病性禽流感病毒，并于1994～1995年暴发；H5N2毒株继续在墨西哥传播；未发现人感染病例
1995～2003	H7N3	巴基斯坦	近320万只禽鸟死于1995年暴发的禽流感	疫苗接种明显结束了疫情；未发现人感染病例
1997	H5N1	香港	从鸡体内分离出了病毒；禽类死亡率很高。3天内宰杀了1.5亿只禽类	18例人类感染病例，6例死亡；在这次暴发之前，人们不知道H5N1病毒会感染人类
2003	H7N7	荷兰	1亿只禽类中的3000万只被宰杀；255群家禽被感染	超过80例人感染病例
2003～2007	H5N1	亚洲、欧洲、非洲	估计有2.2亿只禽类死亡或被宰杀	确认超过330例人感染病例，死亡率超过50%
2004	H7N3	加拿大不列颠哥伦比亚省	超过1900万只禽类被宰杀	确认2例人感染病例；2例患者均表现为结膜炎
2005	H7	朝鲜	在2005年4月有接近20万只禽类被宰杀	未发现人感染病例
2006	H5N1	印度的Navapur	约25.3万只禽类被宰杀	未发现人感染病例
2007	H5N1	英国	约15.9万只火鸡被宰杀	未发现人感染病例
2008	H5N1	印度的西孟加拉	在13个地区大规模宰杀鸡，并销毁鸡蛋	未发现人感染病例
2015	H5N2	美国	在15个州宰杀了4800万只家禽	未发现人感染病例；从火鸡农场传播到鸡农场

典型猪瘟

纵观历史，典型猪瘟(classical swine fever, CSF)在19世纪60年代首次被发现，许多国家的养猪产业都遭遇过这种急性病毒性疾病的暴发。1878年，英国制定了控制该病的法律(U.K. Department for Environment, Food and Rural Affairs, 2007)，然而在之后的数十年中，典型猪瘟依然一直没有得到控制，直到1966年，英国才正式消灭了这一传染病。美国的情况与英国相似，直到1963年，美国的典型猪瘟才被消灭。从那以后，英国只在 1971 年和 1986 年出现了这种疾病的散发病例(Moennig, 2000)(图 9.3)。

图 9.3　典型猪瘟急性感染的猪。这些动物表现为严重的食欲减退、精神萎靡、高热、皮肤有紫斑、腹泻、呕吐、咳嗽、后肢无力和眼部有分泌物。图像资料由美国农业部、农业和研究服务部、国土安全部和美国梅岛动物疫病研究中心提供

然而，在 2000 年 8 月，英国再次出现了更加严重的疫情，共涉及 16 个农场。为了消灭典型猪瘟，包括与出现感染病例的农场有接触的农场在内，共有 74 793 头猪被屠宰。该次暴发的原因一直未被确定，但很可能是由于猪食用了受污染的进口猪肉产品(U.K. Department for Environment, Food and Rural Affairs, 2007)。

牛海绵状脑病(疯牛病)

2003 年 12 月 23 日，美国农业部和食品药品监督管理局的官员接到美国首例疯牛病的警报(US Department of Agriculture, 2003b)。受感染的是一头出生在加拿大并被进口到美国华盛顿州的牛。这头牛在两周前被宰杀，它的肉和副产品经过了正常屠宰路径：可食用部分经肉加工厂加工成了汉堡和牛排，不能食用的部分被磨成粉用作动物饲料，脂肪被用于制作成肥皂和其他副产品。随后，这头牛的脑组织被送往位于艾奥瓦州埃姆斯的隶属于美国农业部的一个实验室进行疯牛病检测。在得知牛的脑组织检测呈阳性后，美国食品药品监督管理局立即采取行动，动员了西雅图地区的调查小组，并与美国农业部协力确保将尽可能多的感染牛产品销毁(Matthews et al., 2006)。当然，这份报告引起了媒体的极大关注，并导致许多国家停止进口美国牛肉，直到疫情的来源和范围被明确。美国农业部不辞辛劳地回收了感染牛产品，并确定这头牛是从加拿大进口到美国且最有可能是从艾伯塔省进口的。在该事件发生的同一年，在艾伯塔省还发现了另一头感染了疯牛病的牛(US Department of Agriculture, 2004)，才最终消除了公众和牛肉生产商的担忧，美国牛肉的出口贸易才得以逐步恢复。

2005年8月，在美国得克萨斯州发现了第二例感染疯牛病的牛（US Department of Agriculture, 2005）。与之前华盛顿州的那头牛不同，这头牛是于1997年饲料禁令颁布之前出生于美国。尽管经过了彻底的调查，但仍没有发现其他检测为阳性的动物。动物卫生官员推测这头牛可能是食用了受污染饲料而感染，但其感染源一直没有得到确定。

2006年2月2日，美国亚拉巴马州发现了第三例感染疯牛病的牛。这次是一个养牛人联系了牧群兽医，报告说他有一头看起来非常虚弱的牛。兽医取了适当的样本，通知了州兽医办公室。几天后，样本被送往乔治亚州兽医诊断实验室。实验室对样品进行了检测，在标准筛查的基础上得到了不确定的结果。官方随后发布了一份全国性的新闻稿，并同时将样本送去进行最终检测。几天后，艾奥瓦州埃姆斯的国家兽医服务实验室完成了对组织的最终检测，确认这是美国第二例本土疯牛病，并在同一天发布新闻稿，宣布了调查结果。尽管对已知有疯牛病牛的两个农场及许多其他可能的农场进行了彻底调查，但是仍然无法确定引起该例疯牛病的起源（US Department of Agriculture, 2006）。

保护食品链免受疯牛病侵袭

目前，所有等待屠宰的看上去衰弱的牛（精神状态差、无法行走的牛）都被禁止进入人类食品链，并且任何被怀疑有疯牛病的牛（患神经系统疾病的成年牛）在疯牛病检测结果被确定之前都将被暂时扣留。官方禁止存在风险的产品（如30月龄牛的颅骨、大脑、三叉神经节、眼睛、脊柱、脊髓和背根神经节）进入人类食品链，此外，任何年龄段的牛的回肠末端和扁桃体都禁止用于食品生产。肉制品加工流程的质量控制检测已扩展到对背根神经节、颅骨和脊髓组织进行检测。同时为了减少脑组织污染尸体的可能性，禁止在屠宰时对牛使用气体冲击颅腔击晕的方式。

在一些特定的地理位置保护牛和人免遭疯牛病感染的最佳方法，是防止易感群体暴露于疯牛病传播媒介。目前美国正在采取措施，以防止这些媒介的引入或限制疯牛病的传播（Food Safety and Inspection Service, 2004），具体做法包括以下几项措施。

- 禁止从受疯牛病影响的国家进口牛。
- 在必要情况下，禁止使用任何牛制产品。
- 对所有的有中枢神经系统症状的动物进行全面检查。
- 牛肉和奶制品生产商在混合饲养时必须遵循特定的标签说明，并记录所有操作。
- 加速完成并尽早开始启用国家动物鉴定系统。

其他预防措施包括美国食品药品监督管理局禁止将大多数的哺乳动物蛋白(除牛脂、血粉和明胶外)用于反刍动物饲料中(在美国受到这项规定影响的加工厂不超过 200 家)，此外，还需要建立一套防止将屠宰场的多种副产品混在一起，同时这些动物产品都要有经过批准的标签和记录的制度。发达国家出现疯牛病是一个非常严峻的问题，该疾病带来的威胁及宣布疫情带来的影响，都足以在一定程度上对经济造成巨大影响并造成社会情绪的不安定。

动物疾病的未来

动物疾病的未来将会是怎样的？社会学家预测，随着未来 20 年世界人口的增长，将有更多的人居住在城市中(由 43%增长到 60%)，并且贫困人口将继续减少，再加上亚洲的西方化，意味着人类对蛋白质和动物来源食品的需求会显著增加。在这样的趋势下，人们可能会更加依赖于有限的动物饲养业，就像北美洲和欧洲的情况那样。因此，针对农业社区的恐怖主义行为可能会对经济造成更大的破坏，并对人类健康产生更大的影响；对于那些在影响动物的同时还能够影响人类健康的病原体，我们则需要给予更多关注。人兽共患病的自然暴发和意外暴发有时可能更加具有破坏性，同样是我们不容忽视的问题。无论疾病的来源如何，我们都应当保护农业资产不受人兽共患病和外来动物疾病的影响，这对我们的生活至关重要。

总　　结

随着人类对牛肉、家禽和猪肉依赖的增加，相关产业已经成为西方文明的支柱。口蹄疫的暴发可能会使相关产业陷入瘫痪，典型猪瘟可能给猪肉产业带来毁灭性的打击。这些动物疾病暴发可能的原因包括：自然发生、意外发生或蓄意人为。此外，由于动物卫生从业者对外来动物疾病的识别可能没有那么敏锐，而且易感动物群体对于这些外来动物疾病很可能不具有群体免疫力，因此这些疾病是一个特别严重的问题。

2001 年在英国暴发的口蹄疫疫情证明，外来动物疾病的引入和广泛传播可对一个地区造成毁灭性影响。当这次疫情最终得到控制时，已有将近 800 万头牛被屠宰，花费了大约 200 亿美元。并且，疫情暴发还会带来严重的社会影响，如全国大选被推迟、农业部全面重组、英国肉类出口受到严格限制。

由于 H5N1 感染，家禽产业受到高致病性禽流感的严重打击。该病自首次出现以来，10 年间已在 60 多个国家广泛传播。此外，人类感染 H5N1 确诊病例的病死率超过 60%，充分表明这一问题对我们的健康构成了严重威胁；当该病毒株变得更适应于感染人类时，可能还会引发流感的大流行。

疯牛病对牛肉产业具有严重的威胁，对人类健康也有严重的影响。这种隐匿、使人虚弱的疾病以几乎相同的方式影响着牛和人类，并且该病的潜伏期长、没有特定的治疗方法。自1997年以来，英国官员一直在与本国存在的疯牛病作斗争。在美国发生的三起小规模的疯牛病感染事件中，政府从多个层面对感染来源进行了调查；如果这个问题未被查明且持续存在，那么美国的牛肉产业将会在未来很多年都受到影响。

基本术语

- 禽流感：又称鸡瘟，是一种由甲型流感病毒引起的高传染性病毒性疾病，在家禽中死亡率可高达100%。根据禽流感病原体的致病性，可将其分为高致病性禽流感(HPAI)和低致病性禽流感(LPAI)，其中HPAI均是由H5或H7亚毒株引起的。所有类型的禽类都对该病毒易感，这种感染最常在鸡群和火鸡群中暴发。
- 牛海绵状脑病(BSE)：也被称为疯牛病，是一种牛的致命性疾病，影响中枢神经系统，引起牛走路不稳或情绪躁动。疯牛病是由朊病毒(朊病毒是一种具有传染性的蛋白质颗粒)引起的。
- 典型猪瘟(CSF)：也被称为猪霍乱。典型猪瘟是猪的一种高传染性的病毒性疾病，以急性、亚急性、慢性或持续性的形式出现。该疾病的急性形式表现为高热、重度精神萎靡、多部位浅表损伤及内出血，发病后的死亡率很高。
- 口蹄疫(FMD)：主要发生在偶蹄家畜(牛、猪、绵羊、山羊和水牛)和偶蹄野生动物中的一种高度传染性的病毒性感染疾病。该病以发热和囊泡为特征，随后口腔、鼻腔、口角、脚或乳头可出现糜烂。

讨　论

- 为什么未来的人类文明会越来越依赖于更加低成本的动物蛋白？
- 就以下问题对本章所讨论的4种外来动物疾病进行比较和对比：每次暴发的病原体是什么？疾病的传播有多快？
- RAIN(识别、规避、隔离和通告)这些原则应当如何被应用到这些暴发案例中？请建构一个与案例研究章节中类似的表格。
- 在本章的案例中，每一种疾病的暴发分别对人类的健康有什么影响？
- 如果类似的疾病暴发，对当地经济会有什么影响？此外，请对当地应急响应人员的工作职责进行简要阐述。

网　　站

US Department of Agriculture Animal and Plant Health Inspection Service. Available at: www.aphis.usda.gov

UK Department for Environment, Food and Rural Affairs. Available at: www.defra.gov.uk

Food and Agriculture Organization of the United Nations. Available at: http://www.fao.org/home/en/

The Gray Book: Foreign Animal Diseases. Available at: https://www.aphis.usda.gov/emergency_response/downloads/nahems/fad.pdf

World Organisation for Animal Health (Office International des Epizooties/Epizootics). Available at: http://www.oie.int/

参 考 文 献

Akey, B.L., 2003. Low-pathogenicity H7N2 avian influenza outbreak in Virginia during 2002. Avian Diseases 47, 1099–1103.

Armstrong, R., Cairns, N., Ironside, J., et al., 2003. Does the neuropathology of human patients with variant Creutzfeldt-Jakob disease reflect hematogenous spread of the disease? Neuroscience Letters 348, 37–40.

American Veterinary Medical Associations, n.d. Canine influenza. AVMA Backgrounder. Available at: https://www.avma.org/KB/Resources/Reference/Pages/Canine-Influenza-Backgrounder.aspx.

American Veterinary Medical Association, 2006a. Classical swine fever. AVMA Backgrounder.

American Veterinary Medical Association, 2006b. Bovine spongiform encephalopathy. AVMA Backgrounder.

American Veterinary Medical Association, 2006c. Avian influenza. AVMA Backgrounder.

American Veterinary Medical Association, 2007. Foot and mouth disease. AVMA Backgrounder.

Bacchetti, P., December 2003. Age and variant Creutzfeldt-Jakob disease. Emerging Infectious Diseases 9 (12), 1611–1612.

Bartley, L., Donnelly, C., Anderson, R., 2002. Review of foot-and-mouth disease virus survival in animal excretions and on fomites. Veterinary Record 151, 667–669.

Bauer, K., 1997. Foot-and-mouth disease as a zoonosis. Annual Review of Microbiology 22, 201–244.

Beard, C., 1998. Avian influenza (fowl plague). In: U.S. Animal Health Association, Committee on Foreign Animal Disease (Eds.), The Gray Book: Foreign Animal Diseases, sixth ed. Pat Campbell & Associates and Carter Printing Company, Richmond, VA.

Beisel, C., Morens, D., March 1, 2004. Variant Creutzfeldt-Jakob disease (vCJD) and the acquired and transmissible spongiform encephalopathies. Clinical Infectious Diseases 38 (5), 697–704.

Brown, P., Will, R.G., Bradley, R., et al., January–February 2001. Bovine spongiform encephalopathy and variant Creutzfeldt-Jakob disease: background, evolution, and current concerns. Emerging Infectious Diseases 7 (1), 6–16.

Callis, J., McKercher, P., 1977. Dissemination of foot-and-mouth disease virus through animal products. In: Proceedings of the 11th International Meeting on Foot-and-Mouth Disease and Zoonosis Control. Pan American Health Organization, Washington, DC.

Capua, I., Marangon, S., 2006. Control of avian influenza in poultry. Emerging Infectious Diseases 12, 1319–1324.

Croes, E., van Duijn, C., 2003. Variant Creutzfeldt-Jakob disease. European Journal of Epidemiology 18, 473–477.

Davies, G., 2002. The foot and mouth disease (FMD) epidemic in the United Kingdom 2001. Comparative Immunology, Microbiology & Infectious Diseases 25 (5–6), 331–343.

DeArmond, S.J., Prusiner, S.B., 1995. Etiology and pathogenesis of prion diseases. American Journal of Pathology 146 (4), 785–811.

Dewulf, J., Laevens, H., Koenen, F., et al., December 2000. Airborne transmission of classical swine fever under experimental conditions. Veterinary Record 147 (26), 735–738.

Edwards, S., 1998. Hog cholera. In: Aeillo, S. (Ed.), A Merck Veterinary Manual, eighth ed. Merck & Company, Whitehouse Station, NJ.

Food Safety and Inspection Service, January 12, 2004. USDA Issues New Regulations to Address BSE.

Goldberg, A.L., September 13, 2007. On prions, proteasomes, and mad cows. New England Journal of Medicine 357 (11), 1150–1152.

Horimoto, T., Kawaoka, Y., 2001. Pandemic threat posed by avian influenza A viruses. Clinical Microbiology Reviews 14, 129–149.

House, J., Mebus, C.A., 1998. Foot-and-mouth disease. In: U.S. Animal Health Association, Committee on Foreign Animal Disease (Eds.), The Gray Book: Foreign Animal Diseases, sixth ed. Pat Campbell & Associates and Carter Printing Company, Richmond, VA.

Hueston, W., Bryant, C., July 2005. Understanding BSE and related diseases. Food Technology 59 (7), 46–51.

Hughes, G.J., Mioulet, V., Kitching, R.P., et al., June 8, 2002. Foot-and-mouth disease virus infection of sheep: implications for diagnosis and control. Veterinary Record 150 (23), 724–727.

Kleiboeker, S., 2002. Swine fever: classical swine fever and African swine fever. Veterinary Clinics of North America: Food Animal Practice 18, 431–451.

Lubroth, J., 2002. Foot and mouth disease: a review for the practitioner. Veterinary Clinics of North America: Food Animal Practice 18 (3), 475–499.

Matthews, K.H., Vandeveer, M., Gustafson, R.A., June 2006. An Economic Chronology of Bovine Spongiform Encephalopathy in North America. From USDA Economic Research Service.

Moennig, V., 2000. Introduction to classical swine fever: virus, disease and control policy. Veterinary Microbiology 73, 93–102.

OIE (World Organization for Animal Health), 2015. List of FMD Free Countries. Available at: http://www.oie.int/en/animal-health-in-the-world/official-disease-status/fmd/list-of-fmd-free-members/.

Paarlberg, P.L., Lee, J.G., Seitzinger, A.H., April 1, 2002. Potential revenue impact of an outbreak of foot-and-mouth disease in the United States. Journal of the American Veterinary Medical Association 220 (7), 988–992.

Prusiner, S., 1998. Prions. Proceedings of the National Academy of Sciences 95, 13363–13383.

Sellers, R., Herniman, K., Gumm, I., 1977. The airborne dispersal of foot-and-mouth disease virus from vaccinated and recovered pigs, cattle and sheep after exposure to infection. Research in Veterinary Science 23, 70–75.

Senne, D., 2007. Avian influenza in North and South America, 2002–2005. Avian Diseases 51, 167–173.

Smith, P., Bradley, R., 2003. Bovine spongiform encephalopathy (BSE) and its epidemiology. British Medical Bulletin 66, 185–198.

Stallknecht, D.E., Shane, S.M., Kearney, M.T., et al., April–June 1990. Persistence of avian influenza viruses in water. Avian Diseases 34 (2), 406–411.

Stegeman, A., Bouma, A., Elbers, A.R.W., et al., December 15, 2004. Avian influenza A virus (H7N7) epidemic in the Netherlands in 2003: course of the epidemic and effectiveness of control measures. Journal of Infectious Diseases 190, 2088–2095.

U.K. Department for Environment, Food and Rural Affairs, 2002. Official Report (June 2002): Origin of the UK Foot and Mouth Disease Epidemic in 2001.

U.K. Department for Environment, Food and Rural Affairs, 2007. FMD United Kingdom DEFRA Outbreak Report: Independent Review of the Safety of UK Facilities Handling Foot and Mouth Disease Virus.

UN Food and Agriculture Organization, 2007. FMD Overview.

U.S. Department of Agriculture, 2002. National Emergency Management Association. Model Emergency Support Function for Production Agriculture, Animal and Animal Industry. Government Printing Office, Washington, DC.

U.S. Department of Agriculture, 2003a. Animal and Plant Health Inspection Service, Veterinary Services Unit, Response Strategies: Highly Contagious Diseases. Government Printing Office, Washington, DC.

U.S. Department of Agriculture, 2003b. USDA Makes Preliminary Diagnosis of BSE. Press Release No. 0432.03. Available at: http://www.prnewswire.com/news-releases/usda-makes-preliminary-diagnosis-of-bse-73409267.html.

U.S. Department of Agriculture, 2004. BSE Chronology. Available at: http://www.ers.usda.gov/media/862398/ldpm14301_002.pdf.

U.S. Department of Agriculture, 2005. Investigation Results of Texas Cow that Tested Positive for Bovine Spongiform Encephalopathy (BSE). Press Release No. 0336.05. Available at: http://www.usda.gov/wps/portal/usda/usdamediafb?contentid=2005/08/0336.xml&printable=true&contentidonly=true.

U.S. Department of Agriculture, 2006. Animal and Plant Health Inspection Service. Alabama BSE Investigation. final report, 2006.

U.S. Department of Agriculture, n.d. Update on Avian Influenza Findings. Interactive Map and Chart on Current Findings. Available at: https://www.aphis.usda.gov/wps/portal/aphis/ourfocus/animalhealth/sa_animal_disease_information/sa_avian_health/ct_avian_influenza_disease/!ut/p/a1/lVFNc4IwEP-0tHnpkEgH5OPrRCla0U6cquWTWAJIpBAaCjv31DWo79iBtc9vd97L73kME-bRERcOB7kLwQkLU1sehs6en9Edb96cp9xP5i_RQ4c9tYeqYChAqA77wh_slfPvtWy3_FI2_SxysD-bRBBhAlZyhSFUKa8pqwQMhaSZnxXQXV6wDXQoqloUrCmPlcgeA4ZTWPIZHrbiXgdQx1TLp-Kiys8iLuMDB_GNZ_LaULCsicUHfBHbY0rGIxTudDfBlh5rhtMHzWQ7Q4MBDDR9ECVRxJhtG-PZVfle6X8w7i1eQ8XTomfZcGWY6OvYnim67Aca-dQV0-BuqG-y7S1wTrf4pavaHyPUqGAd79S3IVGvNRtvOEC7jmxDQtiOEzQiRQ3NcT46ozN9yxzhp78lioZHwxR_2ep_RA_Y1/?1dmy&urile=wcm%3apath%3a%2Faphis_content_library%2Fsa_our_focus%2Fsa_animal_health%2Fsa_animal_disease_information%2Fsa_avian_health%2Fsa_detections_by_states%2Fct_ai_pacific_flyway.

Voyles, B.A., 2002. Orthomyxoviruses. In: The Biology of Viruses, second ed. McGraw-Hill, New York, p. 147.

World Health Organization, 2015. Cumulative Confirmed Human Cases of H5N1 Avian Influenza. Available at: http://www.who.int/influenza/human_animal_interface/H5N1_cumulative_table_archives/en/.

第四部分　生物安全的倡议、问题、资产和计划

目前，最可怕的情况之一是恐怖分子对未受保护的平民进行生物武器攻击，并造成大量民众患病和死亡。在所有可能被使用的大规模杀伤性武器中，生物武器是政府官员最担心的一种。这些担忧很可能是因为评估结果显示各级部门目前均尚未做好应对此类袭击的准备。生物袭击的潜在破坏性有多种形式，且很难发现和控制。因此，一旦向未受保护的平民释放生物病原因子，将预示着医疗灾难，这些生物袭击有能力完全压垮社区的卫生保健系统。无论是否感染，所有民众都将向医疗机构寻求救助，患者对重症监护的需求可能会远超过现有的医疗资源。如果我们要防止生物恐怖主义可能带来的毁灭性影响，就必须准确界定生物武器的威胁并确定适当的应对措施。我们面临的第一个挑战，是要有能力识别已经发生的生物恐怖主义行为，此外，应急响应程序还必须包括规避、隔离和通报程序。RAIN 的指导原则使响应者能够安全地处理问题，并保护他们所服务的民众；然而，问题远不止于此，还需要更高级别的职能来主动监测生物病原因子的释放，并以有效的方式应用适当的资源来控制感染性疾病的暴发。当然，仅凭地方政府的努力，是无法调动充足的资源以响应生物安全事故并从大规模疫情中恢复过来的。因此，要想在应急响应方面取得更大的进展，就需要国家层面的规划和战略。

本书第一部分为生物病原因子的威胁、生物武器的历史和生物防御的发展奠定了基础。生物防御是指短期、地方性、通常是军事方面的措施，目的是在某一特定地区、特定人群面临生物威胁时，使其从存在威胁的状态中恢复到安全状态。在民用术语中，生物防御可以被认为是一种对重大生物危害的响应。从技术上讲，应用生物防御措施来保护动物或植物是可行的，但并不经济。多年来，生物防御措施已经突破了生物安全项目的范围。生物安全则是保护人类、动物、农业和生态系统免受疾病及其他生物威胁的举措。第二部分讲述了卫生和公众服务部对 A、B 和 C 类病原因子的分类，并详细介绍了这些病原因子与疾病目前对人类健康的

威胁。第三部分解释了农业的重要性，以及自然发生、意外发生和蓄意将疾病引入作物与动物中引发的威胁。在接下来的第四部分中，我们将围绕生物安全应对生物病原因子威胁的倡议、问题、资产和计划进行介绍。这些内容的每一部分中都包含很丰富的内容，每一章的主题本身就可以延伸为一本书。

“生物安全的法律问题”一章针对生物安全中的一些相关法律问题进行了探讨，包括国际层面的协定和条约，国家层面最近一些值得注意的立法，以及现在指导生物安全、生物防御项目的一系列总统指令。“国家和地方层面的对策”一章回顾了在国家和地方层面对生物恐怖主义行为的准备与应对的许多注意事项。

“生物安全计划与资产”一章深入探讨了联邦政府的行动和与加强美国生物安全有关的计划。这一章重点阐述了生物安全计划与资产所具有的严格的生物安全性。此外，由于现代生物防御系统的细节是完全保密的，因此，本书没有针对美国国防部或其盟友的一些最新研究进展进行研究与阐述。面对这些体系中的一些可公开的领域，我们可以得到的只是一个非常粗略的框架，例如，简要描述它们被设计用来做什么，它们能够做什么，以及它们的局限性可能是什么。“生物恐怖主义的后果管理与典型范例”一章涉及的主要内容是后果管理和自动检测系统的原理。美国邮政部门安装了生物危害检测系统，这个系统和围绕它构建的程序代表了一个生物安全模型系统。关于该系统的要求、技术参数和验证方案等详细信息在该章节都有详细介绍。在最后的“生物安全的未来导向”一章中，我们针对生物安全的未来发展趋势和生物防御研究的未来方向进行了讨论。

第十章　生物安全的法律问题

当坏人拉帮结派，好人就必须团结起来，不然便会一个接一个地倒下，成为一场卑劣斗争中不足为惜的牺牲品。

埃德蒙·伯克

学习目标

1. 对恐怖主义和大规模杀伤性武器的定义及其与非法使用生物病原因子的关系进行讨论。
2. 列出所有关于非法使用生物病原因子法律问题的立法和行政文件。
3. 根据美国法律，讨论生物病原因子的禁止用途。
4. 根据国际法，讨论生物病原因子的禁止用途。
5. 列出并简要讨论适用于生物安全和生物防御的国土安全总统令。

引　言

自第二次世界大战以来，那些为了抵御敌人的威胁、保护军队和国土免受生物袭击而制定的生物防御计划与举措就一直伴随着我们。而生物安全则是最近发展起来的，由旨在保护国土、粮食供应和农业资源免受自然与偶发事故及生物恐怖袭击的政策及措施组成。在苏联解体后，由于北大西洋公约组织(北约)国家的官员担心苏联的生物武器落入坏人之手，许多有关生物防御和生物安全的举措也随之被部署。在美国，克林顿政府为减少生物威胁采取了相当积极的措施。美国的“9·11 事件”、“炭疽邮件”袭击事件更加进一步坚定了其反对大规模杀伤性武器和恐怖主义行为的决心。

鉴于公众对最近发生的生物恐怖主义行为的强烈反应，政界人士已经感受到了一定的压力。许多文章与演讲都对新发和再发传染病存在大规模暴发的可能性进行了强调，因此政府官员必须果断采取行动，以平息公众的恐惧，并恢复人们对政府的信任。与此同时，人们还急需对牲畜和经济作物进行必要的保护，以防止经济遭受巨大损失。自 1984 年俄勒冈州发生罗杰尼希事件以来，立法者开始制定法律，以界定恶意使用、生产、散播或储存生物病原因子的非法行为(Miller et al., 2001)。

美国实行由两级政府(联邦政府和州政府)组成的联邦制。联邦政府行使美国宪法明确赋予的权力及引申出的权力；州政府行使美国宪法既未授予联邦又未禁止各州享有的保留权力；州政府保留其基本的警察权；联邦制允许地方、州和联邦各级的法律制度并行运作。联邦政府最重要的特定职权包括管理州间贸易和对外贸易、国防、征税与国民福利等，各州和地方政府实体各司其职以保护国民公共卫生与安全。

美国宪法授权的联邦法律已变成了“国家法律”，且在州法律与之相悖时，对州法律具有一定的约束力。但在更多情况下，联邦法律和州法律可用以解决同样的问题。美国宪法颁布的法律应由行政部门遵循，并由州或联邦一级的法院强制执行。在某些没有立法的问题上，则由美国的法院根据多年来一些与特定争议有关的判决先例进行决策。此外，联邦政府和州政府为了将法律适用于更具体的情形而制定的规章也具有法律约束力。在地方层面，则是在特定的地方自治区内将市政当局制定的法令作为规章使用。州权力下放地区后即可形成地区法令，一般而言，法令为仅对当地市政当局管辖范围内区域适用的规则。

行政命令，是指由总统或州长对各级政府领导者及联邦政府和州政府官员下达的指示。例如，总统的“紧急事态声明”就是一种行政命令。指令，如“国家安全总统令”(national security presidential directive, NSPD)或“国土安全总统令”(homeland security presidential directive, HSPD)就是联邦层面的行政命令。根据美国宪法和法规的要求，这些指令不能改变“国家法律”。相反，它们旨在指导联邦政府官员以特定的方式应用和行使他们在法治前提下可能拥有的任何自由裁量权。这些指令是创建新规划、宣布方案及在必要时或危机期间处理国家重大事件的重要工具。

法律

法律是对法院在面对特定事实时会怎么做的一种预测。

奥利弗·温德尔·霍姆斯

本章将对与生物防御和生物安全相关的许多管理问题进行阐述，即无论是在军事方面还是在民事方面出现生物病原因子威胁，国际机构和各级政府都必须积极应对，并主要围绕那些与减少生物威胁及处理恶意使用生物病原因子最相关的条约、法律、法规、规章、指令和政府指令进行讨论。由于本章不是法律专业人士所撰写，因此，文笔可能较为粗略和通俗。在许多情况下，为了不曲解原意，也会引用相关参考资料的原文。

1989年，美国开展了许多禁止使用化学武器的相关工作。同年，美国国会通过了《1989年生物武器反恐法案》，随后，英国、澳大利亚和新西兰都出现了以之为参照的类似立法。《1989年生物武器反恐法案》规定了“任何人开发、使用、生产或储存任何打算用于造成危害、疾病、损伤或死亡的生物物质都是非法的。”该法案的意图是在美国境内施行《禁止生物武器公约》（Biological Weapons Convention, BWC）。我们在“毁灭的种子”一章中已经介绍过，《禁止生物武器公约》是一项国际协定，于1974年由美国参议院批准，并由包括苏联在内的100多个国家签署。《1989年生物武器反恐法案》则旨在防止美国遭受生物恐怖主义的威胁，其中没有任何内容意在约束或限制和平的科学研究。该法案的第十章“生物武器”由4部分组成，包括内容如下。

- 禁止生物武器。
- 扣押、没收和销毁。
- 禁止令。
- 定义。

与本文最相关的部分是《1989年生物武器反恐法案》第175条“禁止生物武器”，其中规定：凡蓄意开发、生产、储存、转运、获取、保留或拥有任何用作武器的生物病原因子、毒素或传递系统，或有意协助外国政府或任何组织，或企图、威胁、共谋进行上述活动，应依照本法规定将其处以罚款、终身监禁或任何期限的监禁，或罚款与监禁并处。

第175条“禁止生物武器”还规定：

> 任何人蓄意拥有任何类型或数量的生物病原因子、毒素或传递系统，且非出于预防、保护、善意研究或其他和平目的，应依照本规定被处以罚款或(和)不超过10年的监禁。

在该规定中，生物病原因子和毒素并不包括任何存在于其自然发生环境中的生物病原因子或生物毒素。这意味着，如果生物病原因子或生物毒素“未被培养、收集或从自然来源提取”，则可能不会违反法律。就此条而言，“用作武器”意指并非出于预防、保护、善意研究或其他和平目的去开发、生产、转运、获取、保留或拥有任何生物病原因子、毒素或传递系统（《美国法典》第18篇第I部分，第10章第175条）。

恐怖主义直接威胁到政府的秩序、人民的生活方式和经济的繁荣。在当今世界，人口密集的城市地区成为恐怖分子和大规模杀伤性武器袭击的主要潜在目标。

根据《美国法典》(第 18 篇，第 113B 章第 2331 条)，恐怖主义被定义为：

> 涉及危害人类生命的行为，或通过对关键基础设施、关键资源的潜在破坏行为意图恐吓或胁迫民众、影响政府，或通过大规模破坏、暗杀、绑架来胁迫政府的行为。

恐怖主义行为既违犯美国刑法，又违犯其发生地所在的州或地区的刑法。生物病原因子对生命的危险性自不待言。使用生物病原因子伤害或威胁他人的行为肯定会被归类为恐怖主义行为，称为生物恐怖主义。我们在前面的部分已经了解到，农业是一个国家的基础。因此，对农业产业使用生物病原因子的行为也将被视为恐怖主义行为，称为农业恐怖主义。

《美国法典》第 18 篇的第 2332a 章第 921 条将大规模杀伤性武器定义为：

- 任何爆炸物、易燃物、毒气、炸弹、手榴弹、推进剂载荷超过 4oz 的火箭、炸药或燃烧剂载荷超过 0.25oz 的导弹、地雷或类似装置。
- 任何通过释放、播散有毒、有害化学物质或其前体，意图造成死亡或严重身体损伤的武器。
- 任何旨在释放对人类生命造成威胁水平的辐射或具有放射性的武器。
- 任何含有致病病原体的武器。

上述定义中的最后一点，正好与本书的主题有关。事实上，前面的两份行政文件所表明的是，非法使用生物病原因子不仅违犯法律，而且是一种恐怖主义行为，还将被视为使用大规模杀伤性武器。无论被定义为违法行为还是恐怖主义行为或使用大规模杀伤性武器，都将导致肇事者面临调查、指控、审判、起诉及监禁。此外，这些条款对承担调查和应对职能的政府机构也有影响。因此，若涉及非法使用生物病原因子，即使是看似最微不足道的行为，联邦政府也会集中大部分资源和精力以查明事情真相。

批判性思考

试想，假如有一名年轻的帮派成员，为了表现自己，捣碎了少量蓖麻籽，并在一份恐怖分子教程的帮助下，提炼出了蓖麻毒素粗品。随后，他把提取物放入一个小瓶中，并告诉朋友，打算用它来对付一个敌对团伙。两天后，他使用这种粗提物试图毒害几个帮派成员。请问，这是否属于恐怖主义行为？这是使用大规模杀伤性武器吗？根据当地和州的法律，他还可能被指控其他什么违法行为？

立法和总统令

管制病原规则与实验室生物安全

2002 年 6 月，乔治・W. 布什总统签署了第 107-188 号公法，即《2002 年公共卫生安全和生物恐怖防范应对法》(图 10.1)。美国卫生和公众服务部部长则根据该法案制订了一份可能对公众健康和安全构成严重威胁的生物病原因子与毒素的清单(管制病原)。该法案要求所有拥有这些管制病原的机构与个人必须在美国卫生和公众服务部进行登记。此外，该法案在美国农业部创建了一个类似的计划，由动植物卫生检验局负责实施(本章的这一部分主要摘自科学和技术政策办公室主任约翰・H. 马伯格阁下 2002 年 10 月 10 日在美国众议院科学委员会上的发言)。

图 10.1　2002 年 6 月 12 日，乔治・W. 布什总统在玫瑰园签署众议院法案 H.R. 3448 即《2002 年公共卫生安全和生物恐怖防范应对法》时表示：“生物武器可能是世界上最危险的武器”，“对很多美国人来说，去年秋天的炭疽邮件袭击事件是一场令人难以置信的悲剧，它向我们发出了一个需要我们注意且我们已经注意到了的警告。我们必须做好更好的准备以对恐怖主义进行预防、识别和应对。而我今天签署的这项法案将在其中发挥重大作用”。图像资料由白宫提供，苏珊・斯特纳摄影

自 1997 年 4 月以来，美国卫生和公众服务部一直对管制病原清单进行定期的审定和更新。自从 2005 年 3 月 18 日相关规章(《美国联邦法规》42 章第 72、73 款)发布后，管制病原清单已经经过了多次修订和完善。该规章涵盖了管制病原的转移运输相关事宜，包括从事转移运输的机构登记和此类登记的豁免权。与之相关的还有第 107-188 号公法，其目的是确保联邦政府能够保证所有具有生物威胁

性的生物均被合法使用且完全掌控其库存情况。

美国疾病控制与预防中心成立了一个跨部门工作组，以审查从 1997 年 10 月以来的生物病原因子和毒素清单。最终，工作组提出了一份经修订的清单，对需要登记的毒素的最低数量和需要管制的病原体进行了进一步明确。表 10.1 列出了所有的管制病原。

表 10.1　美国卫生和公众服务部制定的管制病原与毒素清单

- 相思豆毒素
- 肉毒杆菌神经毒素
- 产生肉毒杆菌神经毒素的梭菌菌株
- 芋螺毒素
- 贝纳柯克斯体
- 克里米亚-刚果出血热病毒
- 蛇形菌素
- 东方马脑炎病毒
- 埃博拉病毒
- 拉沙热病毒
- Lujo 病毒
- 马尔堡病毒
- 猴痘病毒
- 1918 年流感大流行的重组病毒
- 蓖麻毒素
- 普氏立克次体
- 严重急性呼吸综合征相关冠状病毒(SARS-CoV)
- 石房蛤毒素
- 志贺样核糖体失活蛋白
- 南美出血热病毒(查帕雷病毒、胡宁病毒、马秋波病毒、沙比亚病毒、瓜纳瑞托病毒)
- 葡萄球菌肠毒素 A、B、C、D、E 亚型
- T-2 毒素
- 河鲀毒素
- 蜱媒脑炎(黄病毒属)病毒(远东亚型及西伯利亚亚型，科萨努尔森林病病毒及鄂木斯克出血热病毒)
- 重型天花病毒(天花病毒)
- 轻型天花病毒(类天花)
- 鼠疫耶尔森菌

注：根据《美国法典》第 18 篇第 175b 章节，管制病原清单包括《美国联邦法规》第 42 章第 73.3 和 73.4 款规定的病原体与毒素。表格中列出的是第 73.3 款中的病原体和毒素

来源：美国 CDC 网站 http://www.selectagents.gov/SelectAgentsandToxinsList.html

2002 年 8 月，美国 CDC 发布了一份联邦公报，要求所有拥有管制病原的机构对他们所持有的生物病原因子进行上报，并向 20 多万个机构发送了表格，要求即使没有这些物质的机构也要做出回复。之后，CDC 收到了超过 10 万份回复，其中只有一小部分机构宣称他们拥有管制病原。

第 107-188 号公法要求“建立保障和安全措施，防止这些病原因子和毒素被用于国内、国际恐怖主义或其他犯罪目的”。因此，CDC 工作组提出了实验室生物安全措施，以确保持有管制病原的机构在这些病原的存储和使用确保环境的安全。这一成果已发表在由美国 CDC 运营的在线刊物《微生物和生物医学实验室生物安全手册》(US Department of Health and Human Services, 2009)的附录 F 中。为加强实验室生物安全，不同机构需要履行的规章制度可能有所不同，这主要取决

于病原的功能、性质、保存条件(如保存植物或动物病原体所需的设备往往与保存人类病原体的有所不同)，以及在使用中最可能产生的疏漏或威胁类型。

第 107-188 号公法的另一个关键要素是，因合法需要而接触管制病原的个人，必须接受司法部的背景调查。该调查包括涉及犯罪、移民、国家安全及联邦政府可用的其他电子数据库的审查。拥有管制病原的机构还需要根据威胁分析和风险评估制定全面的安全保障计划。

政府部门从未打算让第 107-188 号公法限制生物病原和毒素在研究、教育等其他合法目的方面的用途。然而，正如所料，管制病原规则将官方程序和烦琐的手续引入了科学研究领域。该规则并未被所有科学家所接受，反而成为一些科学家放弃项目或销毁库存的诱因(Cimons, 2005)。

生物恐怖主义的威胁

生物恐怖主义是我们国家的真正威胁。它对每一个热爱自由的国家都构成威胁。如今，恐怖组织在寻求生物武器，我们知道一些“无赖国家”也已经拥有了生物武器……重要的是，我们必须面对这些威胁，并为未来的紧急事态做好准备。

乔治·W. 布什总统，2002 年 6 月 12 日

总统令

在乔治·W. 布什总统执政期间，用于颁布国家安全事务总统决策的指令，被称为国家安全总统令。正如第 1 号国家安全总统令中所讨论的那样，这类新指令取代了前一届政府的“总统决策指令”和“总统审查指令”。但除非另有说明，过去的指令在被取代之前仍然有效。第 1 号总统令于 2001 年 2 月 13 日产生，并于 2001 年 3 月 13 日经国家安全委员会正式批准发布。随后，布什政府又启动了一个全新系列的国家安全指令——国土安全总统令，第 1 号国土安全总统令于 2001 年 10 月 29 日发布。下面列出了有关生物病原因子及生物防御和生物安全国家行动的国土安全总统令，并进行了简要概述。

HSPD 4：应对大规模杀伤性武器的国家战略

在 2002 年 12 月发布的这项指令中，布什总统概述了美国应对大规模杀伤性武器的战略。该战略包括三个核心：①通过反对扩散使用，打击大规模杀伤性武器；②加强防扩散的策略，打击大规模杀伤性武器；③加强对大规模杀伤性武器事件的后果管理。这份文件并未对生物威胁作特别说明，它指出：

尽管生物和化学武器之间存在根本的差别，但长期以来，我们防御生物威胁的对策一直是以针对化学威胁的对策为基础的。美国正在开发一套应对生物武器的新策略，从而为我们和我们的友邦及盟国提供有效的防御。

该指令提出，将推进新的生物威胁防御项目，从而强化《禁止生物武器公约》的建设性和现实性措施。此外，该指令还承诺将会强化"澳大利亚集团的职能"。

HSPD 9：美国农业和食品安全防御

正如"农业面临的生物威胁"一章所述，一个国家的农业和食品系统很容易受到疾病的影响，无论这些疾病的暴发是自然发生、偶然发生还是蓄意人为引起的。布什总统发布的第 9 号国土安全总统令，制定了相关的国家政策来保护农业和食品系统免受恐怖袭击、重大灾害及其他紧急情况的影响。该指令的目的是防止美国农业和食品系统遭受袭击，从而确保公众健康和国家经济免受灾难性的打击。根据指令中的原文所述，其目的是：

确定关键基础设施和重要资源的优先次序，以建立保护需求；提高早期识别和预警的能力以识别威胁；减少在关键的生产和处理环节存在的漏洞；加强对国产和进口产品的筛查；以及强化突发事件的应对和恢复能力。

HSPD 10：21 世纪的生物防御

该指令是现代生物防御和生物安全行动的基石。这项综合性的国家生物防御计划包括对威胁的识别、预防、保护、监控、检测、响应及恢复。国家生物防御的准备和应急响应需要联邦各部门与机构的广泛参与，相应地，该指令明确了各部门与机构的责任，并要求特定的官员对重要岗位的职能进一步优化和完善，如信息管理与通信、相关研究的开发与收购、建立和维护必要的生物防御基础设施，以及包括民众准备与加强双边、多边和国际的合作在内的相应人力成本支持。国土安全部部长被指定为负责国内突发事件管理的首要联邦官员，并负责协调国内联邦行动，以准备、应对生物武器袭击及处理灾后的恢复。在 HSPD 10 中，对以下内容做了详细说明。

- 生物防御的综合框架。
- 成立国家生物防御分析与对策中心。
- 增加以下方面的资金投入。
  - 新疫苗(如埃博拉病毒疫苗)。
  - 情报活动。
  - 生物监测。
  - 大规模伤亡护理，包括污染清理。

关于生物恐怖主义威胁的更多内容

只要有少量的生物病原因子，一小群狂热分子或几个衰落的国家就能获得威胁大国、威胁世界和平的力量。美国和整个文明世界将在未来几十年内面临这种威胁，我们必须以高度的警觉和不屈的意志来直面危险。

乔治·W. 布什总统，2004 年 2 月 11 日，摘自 HSPD 10

HSPD 18：针对大规模杀伤性武器的医疗对策

该指令以“应对大规模杀伤性武器的国家战略”(HSPD 4)和“21 世纪的生物防御”(HSPD 10)中提出的远景与目标为基础，在这两项指令中，应急响应和恢复被确定为大规模杀伤性武器袭击后果管理的关键组成部分。医疗对策的主要目标是缓解病情和防止患者死亡。鉴于医疗救治在生物战剂致病后可发挥的良好作用，该指令为应急响应工作指明了优先事项，将开发和收购有效的医疗策略，以及减轻化学武器、生物战剂、放射性物质和爆炸造成的疾病、痛苦或伤亡作为后果管理工作的核心。然而，针对所有可能的生物威胁进行医疗开发和医疗储备显然是不可行的，因此该指令旨在应对其中一些更为重要的威胁。总的来说，该指令对可用以进行生物袭击的病原因子的疫苗和治疗药物的开发有一定的促进作用，同时对正在进行的研发工作加以调整，以继续开发应对核生化袭击的新防护策略，并将这些新的策略纳入国内与国际的应急响应和恢复计划。

HSPD 21：公共卫生与医疗准备

该指令为美国制定了公共卫生和医疗准备战略，并试图改变国家在保护美国人民的健康免受灾难危害时的对策。该战略借鉴了国土安全国家战略(2007 年 10 月)、HSPD 4(2002 年 12 月)、HSPD 10(2004 年 4 月)中可普遍应用于公共卫生和医疗准备的关键原则。该指令概述了实现以下目标的策略。

- 为一切潜在的灾难性公共卫生事件做好准备。
- 跨政府层面、跨管辖范围和跨学科的协调。
- 卫生防备的区域性解决办法。
- 私营机构、学术界和其他非政府实体(如公司或部门)参与突发事件的准备与应对工作。
- 明确个人、家庭和社区在突发事件中的重要作用。

该指令致力于改变国家在发生灾难性公共卫生事件时医疗卫生系统的应对策略，使公共卫生和医疗系统能够有效应对各种事件。该指令的内容包括生物威胁监测、医疗资源的储备和分配、大规模伤亡的医疗、社区灾后恢复、风险意识及教育培训。此外，该指令还概述了一个功能性的灾害卫生系统和国家卫生安全战略的框架，建立了一个工作组负责这两项工作，并对计划的实施设定了期限。

公共卫生及法律的应用

在本书中，更多强调 RAIN 原则中的 R，也就是识别(recognition)。毕竟，要解决一个问题，首先必须知道它的存在。为此，联邦政府制定了强制监测与报告系统及相关规则和指南，具体的报告要求在不同的州有差异。根据不同州的规定，可能会对不遵守规定的行为进行相应的处罚。对于强制报告的要求，体现在了响应的法律法规中，如《美国州卫生应急授权示范法》第三条第 301 款中的规定。

1) 医疗保健机构应当报告可能导致突发公共卫生事件的疾病，包括被 CDC 等公共卫生部门列出的疾病。

2) 药剂师应当报告异常的药店来访或处方，在 24 小时内提供患者和疾病的详细信息。

3) 兽医、牲畜拥有者、兽医诊断实验室主管应当报告可能会引起突发公共卫生事件的动物疾病。

从以上内容及其他的长期命令来看，美国有一个针对国家法定传染病(nationally notifiable infectious disease, NNID)的复杂报告系统。这个清单罗列了大多数由美国卫生和公众服务部界定为 A、B、C 类的疾病，以及大多数其他对公众健康有显著影响的疾病。由于清单太长，很难在这里展示，为了方便读者查阅，国家法定传染病清单的网址将于本章末尾的网站部分列出。

在大多数情况下，患者有权隐瞒他们的医疗卫生状况和医疗记录，此外，个人有权拒绝包括治疗和预防在内的医疗服务。一个最新的同时也是最有意义的医疗记录隐私法律条款出自 1996 年健康保险转移与责任法案(Health Insurance, Portability and Accountability Act of 1996, HIPAA)。国会制定该法案的目的是确保人们变更雇主时医疗保险的连续性，因此，健康保险转移与责任法案要求国会解决如何将保密的医疗信息从一个医疗计划转移至另一个，并为医疗信息在电子转移过程中的保密性提供标准。在该法案的要求下，美国卫生和公众服务部部长制定了相关条例来确保个人健康信息的保密性。卫生和公众服务部制定的条例被用于管理和约束那些存在泄露“受保护的健康信息”行为的公共机构，其中，“受保护的健康信息”被定义为“标识了相关信息，或是可被用于辨认出个人及个人的生理、心理健康状态，或是个人的治疗，或是个人为治疗所进行的支付的相关信息”。但是，这与生物恐怖主义法案有什么关系呢？

A、B、C 类病原因子中的任何一种病原体导致感染性疾病的暴发，都可能会给政府和公共卫生官员带来严重影响；一些如天花之类的烈性传染性疾病暴发，则会对国家安全和全球医疗卫生产生重大影响。考虑到其中一些信息的时效性非常强，因此当宣告发生突发公共卫生紧急事件时，HIPAA 对于这方面的规定可以被暂时搁置，相关的医疗信息也可以进行分享。

宣布灾难或紧急事态，是由政府发布的一个公告或正式声明。政府会在公告或声明中宣布存在的紧急情况，以及政府可能会对该紧急情况采取的措施。因此，这样的一份声明是经由官方授权和法律认定的，符合政府法律中具有效力的法律规定。发布此类声明后，可能会启动特殊应急响应措施，允许启用应急资金，甚至可能暂且搁置或更改某些正常的法律条款。在公共卫生领域内，官方有权在不发布“公共卫生紧急事态”声明的情况下直接开始行动，“公共卫生紧急事态”声明通常不会启动重大资金。与之相反，应急管理部门负责人把声明视为至关重要的行动准则，需要官方给出行动授权及获得经费补偿的授权。

批判性思考

事件早期，需要考虑到声明的发布是否确实必要，以及声明是否可能带来一些负面影响。例如，华盛顿特区炭疽邮件事件期间，这一地区没有宣布进入公共卫生紧急状态，联邦政府也没有宣布斯塔福法紧急事态。然而，美国 CDC 及公共卫生当局依然能迅速将应急响应资源调动到位。此外，在几小时之内，就完成了战略性国家储备的部署。

根据《美国联邦法规》第 45 章 164.510(b)款，相关实体(公司或部门)“为了公共卫生行动和以下目的，可以公开受保护的医疗卫生信息”。

1. 公共卫生当局为了预防和控制疾病、损伤或伤残，经法律授权后收集和采集的信息。这些信息包括且不仅限于疾病、损伤、严重事件如可能危及生命的事故的报道，以及公共卫生监督、公共卫生调查和公共卫生干预的报道。

2. 法律授权公共卫生当局或其他有关部门接受的儿童虐待或儿童照管不良的报告。

3. 个人或实体(公司或部门)能够证明或证实自己正在遵照公共卫生当局的需求和指导执行工作任务。

4. 可能已经接触了传染病或存在接触、传播传染病风险的个人，经法律授权，对于开展公共卫生干预或调查有必要的情况下。

此外，国家和联邦公共卫生官员可以不宣布进入公共卫生紧急事态，直接行使权力采取一系列措施(包括检疫、隔离、交通管制、接种或医学检查等)控制传染病。

319 紧急事态

“319 紧急事态”是指公共卫生法案中，授权公共卫生紧急事态声明的章节。

《公共卫生署法案》的第 319 章节被编纂在《美国法典》第 42 篇第 247d 条。如果符合以下的其中一种情况，卫生和公众服务部部长可以宣布进入公共卫生紧急事态。

- 出现由疾病引起的突发公共卫生事件。
- 重大的感染性疾病暴发或生物恐怖袭击引起的突发公共卫生事件。

发布灾难或紧急事态的声明之后，卫生和公众服务部部长能够“采取适当行动，应对突发公共卫生事件”，这些行动包括：

- 拨款。
- 为应急响应的花销提供费用。
- 签订合约，开展并支持对事件原因的调查及对所发生疾病的预防和治疗。
- 调动公共卫生署的人力资源。
- 医疗资源的紧急审批。
- 允许医疗保险、医疗救助或其他的卫生和公众服务部项目的需求豁免。
- 允许免除由卫生和公众服务部部长执行的，依法需要提交的数据报告的截止日期。

州卫生官员有权要求民众接受医学治疗，不仅仅是正常的接受免疫和传染病监测，还包括要求民众得到确定性的医学治疗。并且，这项权力受到宪法和法定程序的保护。

州通常有权在他们的地区边界宣布和实施检疫与隔离。根据不同的法律规定，不同州之间的这项权力可能有较大的差别。联邦隔离和检疫的权力将在随后讨论。美国疾病控制与预防中心授权全球移民和检疫部门，对怀疑携带某种传染病的人实施扣留、医学检查或根据情况释放，这项权力来自《公共卫生署法案》第 361 章节(《美国法典》第 42 篇第 264 条)。

隔离：适用于感染患者

隔离意味着把有特殊疾病感染的患者与健康人分隔开，通过限制他们的活动来阻止疾病散播。隔离的目的一方面是为患者重点提供专门的卫生保健，另一方面是保护健康人不被传染。处于隔离期间的人有可能在自己家中、医院中或指定的健康卫生机构接受治疗。在今天，医院针对肺结核及一些其他感染性疾病的隔离已经有了标准化的操作规程。在多数情况下，隔离是自愿的，然而，各级政府(联邦、州和当地)有保护公众安全的义务，因此也有强制隔离一些患病者的权力，他们有权将隔离实施到患病者不再具有传染性为止。

为了控制感染性疾病的传播，公共卫生当局依靠了多种策略，隔离和检疫就是其中的两种重要策略，目的是对感染者或潜在的感染者进行控制。两者策略均可通过自愿或由公共卫生当局强制执行。两种策略的区别在于隔离的对象是患有

某种疾病的患者(图 10.2)，而检疫的对象是暴露于某种疾病风险后可能患病也可能未患病的人群(图 10.3)。

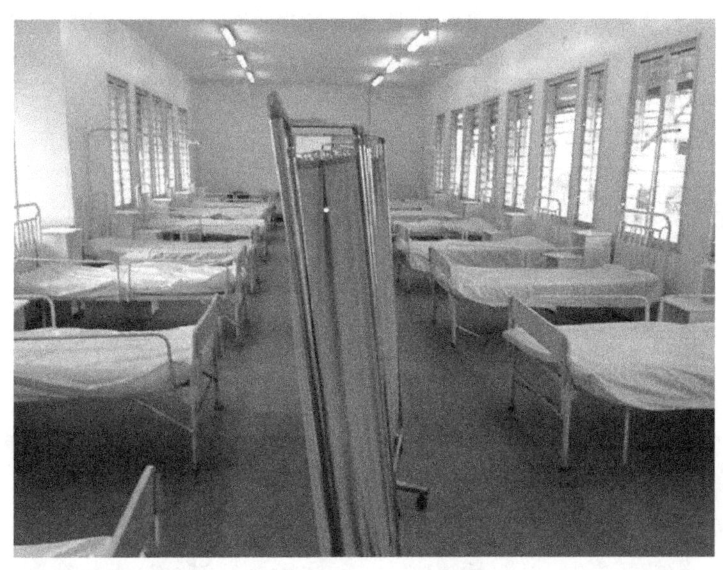

图 10.2　上图为埃博拉隔离病房，该病房配备了一些升级后的设备，为收治埃博拉感染者做好了准备。这张照片拍摄于 2014～2015 年的西非埃博拉疫情暴发期间。图像资料由美国疾病控制与预防中心提供

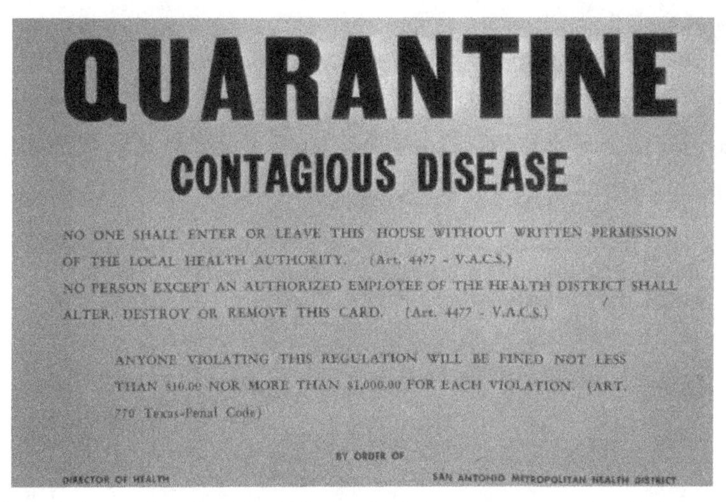

图 10.3　该指示牌告知公众：该房屋及其住户已被检疫。QUARANTINE：检疫；CONTAGIOUS DISEASE：接触性传染病。图中正文译文：在没有当地卫生部门书面许可的情况下，任何人都不允许进出此房屋。除有权限的卫生区域工作人员以外，任何人都不允许更改、毁坏或拿走此卡片。任何人都不得违反以上规定，违反一次将被处以 10 美元以上、1000 美元以下的罚款。图像资料由美国疾病控制与预防中心提供

对于隔离和检疫行使权限的规定，在不同的州有所不同。总的来说，这项工作主要是由政府、州公共卫生官员、市或郡的议会、市长或当地公共卫生办公室来负责。在大多数州，法律程序并不要求必须发布突发公共卫生事件的声明，但是这样的一份声明依然有其用途，包括能够调动大规模的人群和劳动力。最重要的是，应当在行使这项权力之前咨询专业的律师。

检疫：适用于暴露于该疾病但不确定是否被感染的人群

检疫意味着限制其活动、约束其活动范围。检疫的目标人群是那些尽管没有发病，但是已经暴露于感染风险中因此有可能受到感染的人。与隔离一样，这种做法的目的在于阻止传染病的扩散，且对于保护公众不被疾病感染非常有效。

检疫和隔离限制了民众的人身自由。许多州的卫生法规都没有清晰地解释检疫和隔离的程序要求，而有的州对于检疫和隔离则有相当详细的规定。对于接受检疫和隔离的人，当剥夺其个人自由时，宪法要求要有正当的程序。当个人对此存在疑问或反对时，他们有权请律师。这时可能需要进行公告和举行听证会，表明这种对人身自由的限制是出于保护公众的健康所必需的，并且要给出可复审的最终判决。如果发现有其他可用的方法能够保护公众的健康，那么就认为民众反对检疫和隔离的要求是合法的。例如，如果进行一般的约束措施即可保护公众健康，那么通过逮捕来强制执行检疫和隔离就为不合规操作。然而对于公共卫生官员而言，为了保护公共健康，保证民众100%遵守检疫和隔离命令非常重要。那么，如果在家中进行检疫和隔离的人群中只有80%的人遵守规定，这样的检疫和隔离是否有效呢？

联邦权力：旅行检疫

有传染病且处于传染期的人不应外出旅行，除非其得到所在的州、地区卫生官员的许可，或得到准备去往的目的地卫生官员的许可(后者以这种许可适用于目的地法律要求为前提)。

为防止疾病在州与州之间传播，联邦政府可以限制某些疑似感染传染病的人的活动。这条非常古老的法律在合格的公共卫生官员手中是一项强有力的工具，能够被用于确保公众的健康和安全。只有 CDC 的主管人员有权给处于传染疾病(如霍乱、鼠疫、天花、斑疹伤寒或黄热病等)感染期的患者发放州与州之间的交通许可证(如飞机、火车、巴士)。此外，这个许可还需要依据目的地的法律(《美国联邦法规》第 42 章第 70.3 款)，处于传染病感染期的人员不能在未获得目的地官员许可的情况下跨州通行。在美国总统行政命令中列出了需要进行检疫的疾病清单，在撰写本书时，最近的一次相关行政命令是2005年4月1日发布的13295号美国总统行政命令，在这个清单中，加入了严重急性呼吸综合征及H5N1甲型流感病毒感染。

生物危险物质的运输

危险物质的装载与运输由美国交通部和国际航空运输协会(IATA, 2007)进行管理。危险物质管理条例的目的是保护托运人、承运人、环境及接收人不受危险品暴露的影响。如果不遵守这些规定，将可能会被处以巨额罚款或监禁。美国交通部将危险物质定义为在商业运输中会对健康、安全和财产构成不当风险的物品(US Department of Transportation, 49 CFR)。这些物质包括诊断样品、感染性病原因子、生物制品和干冰等。货物必须完好无损地抵达目的地，在装运过程中不得发生任何危险(US Public Health Service, 42 CFR, Part 72)。

运输危险物质的个人必须遵守以下管理规定。

- 危险物质的装运必须妥善包装、标记、记录和标识。
- 运输危险物质的工作人员必须接受过专门的培训。
- 对生物材料的包装和标识有具体的要求。生物材料包括感染性物质、诊断样本和各类生物制品。其中，对于感染性物质装运，必须填写适当的装运单据，即托运人的危险品申报单。然而，无论是感染性物质、诊断样本还是生物制品，均需要进行合理的包装。人类血液可作为一种诊断样本，需要“常规防护措施”，通常在运输过程中无需填写危险物品文件，但根据美国职业安全与健康管理局制定的血源性病原体标准，运输时必须贴上生物危害标签。如果已知人类血液被传染物感染，那么在运输时就必须按照危险物品文件进行包装和运输(29 CFR, 1910.1030)。

总　　结

生物安全的行政和法律方面的问题包括国际条约(如《禁止生物武器公约》)、法律、章程、规定和政府指令，这些法律和规定的目的在于降低生物病原因子带来的风险，加强执法者处理相关恶意行径的能力。这些行政条例有助于明确相关规程，以及增强全球范围的生物防御和生物安全。本章的目的是通过讨论与生物安全最相关的文件，帮助读者了解相关政府的权力和组织框架。如引言所述，本章不是专为法律专业人士所写，相关内容也更加适用于那些可能会应用到这方面法律和规章制度的公共卫生领域专业人士。在使用公共卫生相关法律法规之前，应当谨慎咨询法律专业人士。

基本术语

注：此处的术语，是它们被用于立法文件时原文中的定义。在分析任何行动的非法性或行政性质时，应当使用那些贯穿全书的法律定义。

- 诊断样本：为了诊断目的而运输的样本，包括排泄物、分泌物、血液、血液成分、组织和组织液等，可来源于任何人或动物。已知或经合理推测认为含有病原体的样本必须当作感染物质进行处理。
- 声明：符合法律特别规定的，在管辖法律中有着特殊效力的一种官方授权的法律认定。
- 隔离：将一些特定疾病的感染者与其他未受感染的人群分开并限制其活动，以阻止疾病的传播扩散。
- 检疫：对那些虽然尚未患病但由于有过疾病接触风险因此可能具有传染性的人的活动进行限制。

讨　论

- 州政府应当如何要求人们接受医学治疗？
- 什么时候可以批准实施检疫和隔离？谁可以对检疫和隔离授权？需要遵守什么程序？
- 自 HSPD 10 被发布以来，有哪些具体措施已经被付诸实践了？
- 隔离和检疫有什么区别？
- 民众能够对大规模的检疫要求提出反驳吗？什么时候这样做比较合适？

网　站

List of select agents and toxins. http://www.selectagents.gov/SelectAgentsandToxinsList.html

List of Nationally Notifiable Infectious Diseases current and historical conditions. Available at: http://wwwn.cdc.gov/nndss/conditions/

REFERENCES ON HIPAA

Centers for Disease Control/Department of Health and Human Services Guidance on Health Insurance Portability and Accountability Act Privacy Rule and Public Health. Available at: http://www.cdc.gov/mmwr/preview/mmwrhtml/m2e411a1.htm.

Summary of the Health Insurance Portability and Accountability Act Privacy Rule. Available at: http://www.hhs.gov/ocr/privacy/hipaa/understanding/summary/privacysummary.pdf.

Preamble of Health Insurance Portability and Accountability Act Privacy Rule: 64 Fed. Reg. 59,918 (November 3, 1999), Department of Health and Human Services Website Q&A on HIPAA Privacy Rule. Available at: http://www.hhs.gov/ocr/privacy/.

Center for Disease Control's Division of Global Migration and Quarantine (DGMQ). Website. Available at: http://www.cdc.gov/ncezid/dgmq/.

参考文献

Cimons, M., 2005. Rules, regs, and red tape. Howard Hughes Medical Institute Bulletin (Winter) 21–24.

International Air Transport Association, 2007. Dangerous Goods Regulations Manual, forty-eighth ed. IATA, Montreal.

Miller, J., Engelberg, S., Broad, W., 2001. Germs: Biological Weapons and America's Secret War. Simon and Schuster, New York.

U.S. Department of Health and Human Services, 2009. Biosafety in Microbiological and Biomedical Laboratories, fifth ed. Centers for Disease Control and Prevention, Office for Health and Safety. Available at: http://www.cdc.gov/biosafety/publications/bmbl5/BMBL.pdf.

U.S. Department of Labor. Occupational Safety and Health Administration, 29 CFR Part 1910.1030, Bloodborne Pathogens.

U.S. Department of Transportation. 49 CFR Parts 171-180 and Amendments.

U.S. Public Health Service. 42 CFR Part 72, Interstate Shipment of Etiologic Agents.

第十一章　国家和地方层面的对策

所有的灾难都是地方性的。

克雷格·傅格特

学习目标

1. 围绕各主要机构在应对生物安全事件方面的作用和责任进行讨论。
2. 对发生生物袭击时建立指挥和协调体系的必要性进行讨论。
3. 了解国家突发事件管理系统和突发事件应急指挥系统的重要性。
4. 围绕关键的联邦机构和官员在地方层面对生物安全事件响应中的作用进行讨论。
5. 针对应对生物安全事件现场的应急人员的生命安全问题进行讨论。
6. 讨论和描述生物采样的注意事项及方法。
7. 了解公共卫生机构采用的疫情控制措施。

引　言

本章将主要对地方和国家层面在面对自然疫情或人为生物威胁时的应对措施进行介绍。这些应对措施中，日常的疾病预防和疫情调查由公共卫生机构负责，疾病医疗管理由社区的医疗系统负责，对引起疾病威胁的蓄意行为的调查和起诉方面由联邦执法官员负责，所有应对灾害的应急准备和资源分配都由应急管理人员负责。

造成大量人员伤亡的灾害通常都属于自然灾害范畴，如龙卷风、地震、洪水、风暴和流感。而人为的恶意行径和技术灾难通常不会像自然灾害一般造成大量的伤亡。例如，位于南卡罗来纳州的格拉尼特维尔意外泄漏了 90t 氯，明尼苏达州的 I35 大桥倒塌等都属于技术灾难。而 2001 年 9 月 11 日发生的“9·11 事件”恐怖袭击，以及对穆拉大厦的轰炸等则为人为的恶意行径。与技术灾难一样，人为的恶意行径一般也不会造成大范围的伤亡，但会给公众留下深刻的记忆。然而，更可怕的是恐怖主义战术正逐渐从旧恐怖主义演变为新恐怖主义，即他们没有特定的袭击目标人群，但意图伤害或杀害尽可能多的人(Martin, 2008)。

在地方层面，应急管理官员需依据管辖区域的风险评估结果制定应对方案，以将潜在危害对生命、财产和环境可能造成的不利影响降至最低。而州应急管理部门则是为全州范围内的应急管理项目提供指导并进行协调，在某些情况下，还会通过联邦基金为地方应急管理项目提供资助。可以说，除一些不方便让地方层面参与的事件外，任何事件的响应都是从地方层面开始的。然而，如想制定更有效的应对战略和行动计划，还是需要结合所有来源的信息分析结果，并进行联合授权。换一句话说就是，我们必须从“需要知道”的处理方式转变为“需要分享”。因此，应当鼓励各层级间的信息共享，争取在信息共享和安全之间建立更好的平衡(9/11 Commission Report, 2004)。

在生物恐怖主义防范方面，社区官员面临的最大挑战之一是把握生物安全事件发生的低概率与各种其他危害的备灾和减灾方案之间的平衡。作为风险评估的一部分，社区往往更加关注自身面对生物威胁时的脆弱性，正如2001年发生的炭疽邮件袭击事件所揭示的那样，每个社区都有一些易受生物恐怖主义危害的薄弱点。社区规划者和应急管理人员需要评估此类事件的后果，并提出以下的问题：如果此类事件发生在这里，情况会有多糟？除这个问题外，他们还必须对其处理突发事件的能力进行评估。然而，许多社区规划者认为即使发生生物安全事件，也几乎不会造成什么后果。尽管这种评估在对生命、财产和环境的不利影响方面可能是正确的，但是大大低估了生物恐怖主义带来的经济和社会影响。

批判性思考

2001年的炭疽邮件袭击事件并没有造成大量伤亡(22例感染患者，其中5例死亡)。从医学角度看来，或许此类蓄意施放生物病原因子的行为所导致的后果并不严重，因此不需要开展大规模的减灾活动。且现已部署大量资源用于防范和识别类似的袭击。但是这些资源的主要目的到底是尽量降低下一次袭击造成的医疗方面的后果，还是在试图恢复人们对政府保护公民能力的信心？

本章大致分为以下几个部分，每个部分都涵盖了地方和州行政管辖区在防范与应对生物威胁时需要考虑的重点领域。首先，“识别”部分对监测的重要性和不同类型监测进行了一个简短的讨论，这些监测有助于我们认识到在社区范围内出现的异常疾病的趋势。其次，本章概述了美国国家突发事件管理系统(National Incident Management System，NIMS)、突发事件应急指挥系统(Incident Command System，ICS)、统一指挥系统及与地方应急响应人员在应急响应工作中合作的联邦政府的具体机构和官员。最后，本章围绕生命安全、生物采样和公共卫生遏制

措施的应对问题进行了讨论。

识别：监测

许多州和地方公共卫生系统的疾病监测能力在一定程度上取决于医院与地方初级医疗机构的监测能力。无论疾病是自然暴发还是由蓄意施放有害生物病原引起的，最初的响应通常都发生在地方层面，特别是在医院及其急诊部。因此，医院工作人员是第一批有机会发现传染病暴发或生物恐怖事件的人员。这些医疗专业人员处于识别传染病暴发的最佳位置，同时也处于具有感染疾病最大风险的位置。

传染病包括自然暴发的疾病，如严重急性呼吸综合征(severe acute respiratory syndrome, SARS)、诺如病毒腹泻和流感，也包括由恐怖分子故意施放的生物战剂引起的疾病，如天花。无论是自然发生还是蓄意施放所引起的传染病，其暴发在一周或更长时间内都可能无法被识别，因为症状通常在感染后几天才会出现，在此期间，传染性疾病可被传播给更多的人。

对于任何类型的传染病，最初通常是由地方层面负责应对。事件的范围可能涵盖多个司法管辖区，如果有需要，可请求联邦政府提供额外的支援。当感染患者向当地的医疗机构(如私人医生、医院急诊部或公共诊所的医务人员等)求助时，医疗机构应根据有关的疾病症状或诊断，向当地卫生部门报告任何疑似生物恐怖主义行为的线索。公共卫生机构也为医务人员提供了一份需要报告的疾病清单，以协助公共卫生机构对群发或异常的病例进行识别。

为了对传染病的暴发做好充足的准备，州和地方公共卫生机构需具备以下几种基本能力：

- 有可对可疑症状或疾病进行识别的疾病监测系统和流行病学专家，以尽早发现疾病并对感染者进行治疗。
- 实验室要有足够的能力和必要的工作人员对临床与环境样本进行检测，及时鉴定出病原因子，以便能够开始适当的治疗，减少传染病的传播。
- 参与响应的所有组织必须能够在事件发生时有效地相互沟通，获取关键信息，尤其在大规模传染病暴发时。

一旦暴发传染病，医院及其急诊部门将成为医疗卫生工作的最前线，相关工作人员将承担第一接触者的角色。由于医院急症室为 24 小时全天候开放，因此感染者很可能会向急诊室的当值医护人员寻求治疗。这时就需要相关工作人员能够对传染病的发生进行识别，并在意识到该疾病可能为非正常暴发时，知道如何向当地卫生部门报告现有的线索。此外，医院要有足够的能力和人员来对重症患者进行治疗，并采取适当的预防和控制措施来限制传染病的传播(US Government

Accountability Office, 2003）。每个提供医疗服务的机构都应该有一套应对传染病的控制方案。

如前所述，感染患者可能会去急诊室接受治疗，医院工作人员很可能是第一批有机会发现传染病暴发的人员。因此，许多州和地方公共卫生系统的疾病监测能力也在一定程度上取决于医院的监测能力。医院和普通医疗机构在许多方面都是公众健康与安全的“守门人”。监测可以被定义为持续系统地收集、整理、分析和解释数据，以及为那些需要了解情况才能采取行动的人员提供信息。传染病的有效控制依赖于有力的监测与响应系统，该系统可促进更好地协调和整合监测职能（WHO, n.d.）。疾病的监测是一个持续且系统的过程，主要包括以下三项任务：

- 收集特定人群、时间段和地理区域的相关数据。
- 数据的准确分析。
- 数据结果的快速传播。

疾病监测的主要目的是确定传染病的趋势和疾病传播的风险，以便于采取后续预防和控制措施，降低疾病可能带来的风险。监测数据必须及时、完整，才能准确反映疾病的发生和分布。目前使用的监测种类如下：

- 被动疾病监测：是指从医生、实验室工作人员及其他卫生专业人员那里收到公共卫生法规规定需要上报的传染病与疾病报告。
- 主动疾病监测：是指以每个州的公共卫生法规为指导，为查明特定病例的发生情况而主动定期收集数据。这种类型的监测可以是季节性的，也可以发生于大规模伤亡事件之后，通常这些伤亡事件导致出现类似疾病症状的个人或潜在的感染人数增加。
- 症状监测：已用于传染病暴发的早期识别，以对传染病暴发的规模、传播情况和速度进行追踪，监测疾病趋势，以及为尚未暴发的疫情提供保障。症状监测系统力求利用现有的实时卫生数据，为负责调查和跟踪潜在疫情的人员提供即时分析与反馈。

症状监测的基本目标是在确诊并向公共卫生机构报告诊断之前，及早确定疾病群集，并动员相关机构迅速响应，从而降低发病率和死亡率。被动监测系统依靠实验室工作人员、医生及其他的医院工作人员主动为卫生部提供疾病数据，当收到此类信息时，官员们会对这些信息进行分析和解读。与此相反，在主动疾病监测系统中，公共卫生官员会主动联系各种信息来源，如实验室和医院相关部门，以获取有关情况和疾病的信息，从而对病例的出现进行识别。理论上，主动监测比完全依赖自发上报的系统能够更全面地监测疾病的发生情况。但是，由专人来完成主动监测对任何管理者来说都是一个挑战，因为公共卫生部门历来就人手不足，主动监测时还需花费工作人员本可用于开展日常工作的时间去寻找一个可能存在但也可能不存在的问题。

指挥与协调

指挥与协调是有效应对生物安全事件所必不可少的内容。每当发生生物恐怖主义事件时，无论看上去多么微不足道，联邦政府的各个部门都会行动起来。因此，地方社区和州政府必须做好与联邦政府合作的准备。以往的突发事故、自然灾害和灾难性事件都清楚地表明，国家需要采取一种统一的方法来对这些事故进行管理。因此，美国国土安全部第 5 号总统令要求国家突发事件管理系统通过建立全面的事故管理系统来应对和管理国内事故。美国国家突发事件管理系统的指挥和管理部门授权要求使用突发事件应急指挥系统，以通用语言建立统一的指挥结构和清晰、简洁的通信，从而支持从地方层面到联邦层面的响应者之间的互操作性。对于医院而言，这一框架已通过医院紧急事件指挥系统得到扩展；公共卫生机构目前也正在采用一个与之类似的新框架，即公共卫生紧急事件指挥系统(Qureshi et al., 2005)。无论机构大小，框架结构都是相同的，尽管其作用和责任会因机构的职责与章程不同而有所不同。

突发事件应急指挥系统

突发事件应急指挥系统是国家突发事件管理系统的一个组成部分。自 2006 年 9 月 30 日起，美国联邦、州、地方和部落政府对于紧急事件的响应都必须遵照国家突发事件管理系统执行。突发事件应急指挥系统是一个经过验证的模块化管理工具，可以根据事件的需要进行扩展和收缩。该系统提供了一个工作的框架，以确保无论涉及的事件规模或参与机构的大小如何，都可有效响应并高效、安全地使用资源。突发事件应急指挥系统的概念是在 30 多年前美国加利福尼亚州的一场灾难性的野火事故之后发展起来的。1970 年，在该事故发生的 13 天时间里，有 700 座建筑被摧毁，16 人丧生，造成这一严重后果的原因之一就是缺乏协调和有效的指挥控制。因此，国会授权美国林务局设计了一个系统，用于有效协调机构之间的行动，即加利福尼亚州潜在紧急事件消防资源系统(Firefighting Resources of California Organized for Potential Emergencies, FIRESCOPE)。该系统作为一个主要的指挥和控制系统，在之后被用于应对各类突发情况(California Office of Emergency Services, FIRESCOPE, 2004)。该系统对管理各类型突发事件的日常工作职责和组织结构进行了划分。随着该系统被推广使用及逐步改良，加利福尼亚州潜在紧急事件消防资源系统也逐渐演变为今天的突发事件应急指挥系统。

开发突发事件应急指挥系统的初衷，旨在通过一个管理系统使国内的事故管

理能够高效地进行(US Department of Homeland Security, 2004a, 2004b)。因此，突发事件应急指挥系统是在一个通用的整合结构中，联合了设施、设备、人员、程序和通信，可用于协助国内事故管理中的各种行动。迄今为止，突发事件应急指挥系统已被用于各种各样的紧急情况，从简单到复杂，由自然到人为事故，其中也包括灾难性的恐怖主义行为。联邦、州、地方和部落等各级政府都会使用突发事件应急指挥系统。该系统通常涵盖 5 个主要功能领域，包括指挥、操作、规划、后勤及财务与行政管理(US Department of Homeland Security, 2004a)。此外，突发事件应急指挥系统有时还需要第 6 种职能——情报，以收集信息和确定调查中的事实。

突发事件应急指挥系统体系可根据事故的实际需要进行扩大或缩减，但所有的事故无论大小还是复杂性，都需要有一个事故指挥官(incident commander, IC)。突发事件应急指挥系统的一项基本的操作准则，是由事故指挥官负责现场管理，直到指挥权被转交给另一个人，这时后者成为事故指挥官。指挥工作由指挥官和指挥工作人员共同负责。设立指挥工作人员职位主要是为那些没有被特别指定重要工作任务的普通工作人员分配职责。这些职责包括公共情报员、安全员和联络员，以及由事故指挥官要求指派的各种其他职责。普通工作人员包括突发事件应急指挥系统主要职能部门的事故管理人员，具体包括行动部门主管人员、规划部门主管人员、后勤部门主管人员和财务或行政部门主管人员。指挥工作人员和普通工作人员必须不断交流分享关于当前局势与后续状况的重要资料，以制定供事故指挥官审定的行动方针建议。

统 一 指 挥

大规模伤亡事件，如传染病的大暴发，需要在突发事件应急指挥系统框架内统一指挥。图 11.1 为突发事件应急指挥系统框架结构。各机构之间的分支部门和单位保持不变，但角色和职责可能会有所改变。在大规模伤亡事件中，卫生和公众服务部是紧急支援职能 8(“联邦应急计划”的卫生和医疗附件)的主要协调机构，在州和地方层面，这项责任是相同的。如果宣布进入紧急事态，则所有信息都必须通过紧急行动中心来管理，并且必须具有明确的组织结构，以确保信息通信的整合和有效的响应。公共卫生联络员负责协助卫生部门与医疗部门之间的沟通，这些部门包括初级基础医疗机构、医院、家庭保健机构、疗养院、寄养院、社区卫生中心，以及任何负责弱势人群卫生和医疗需求的机构。根据社区的规模和人口，协调的方式可能会有所不同，然而在突发事件应急指挥系统内部，组织框架依然是保持不变的。

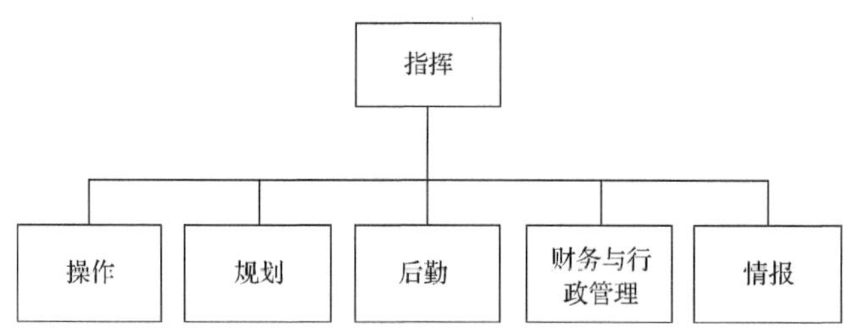

图 11.1　以上为国家突发事件管理系统和突发事件应急指挥系统涉及的 5 种主要功能和可选的第 6 种功能(情报)。信息和情报的分析与共享是突发事件应急指挥系统的核心。情报不仅包括国家安全保障或其他类型的机密信息，还包括其他运作信息，如风险评估、医疗情报(监测)、气候信息、地理空间数据、结构设计、有毒污染物水平及公用设施和公共工程数据，这些数据可能有各种不同的来源。信息和情报必须经过适当的分析，并与事故指挥官所指定的获得相应许可的人员共享，以协助决策的制定。在这个图形结构中，情报是作为一个相对独立的功能存在的。一般情况下，信息和情报的职能归属于计划部门，然而，在特殊情况下，事故指挥官可能需要将信息和情报的职能任务分配给突发事件应急指挥系统的其他部门

统一指挥对于那些涉及多个管辖区或多个机构的国内突发事件管理尤为重要。它提供了指导方针，使具有不同地方法律、不同地域和不同职能责任的机构能够有效协调、规划和共同行动。统一指挥以团队合作的形式，避免了许多由部门职能不同、管辖区不同、机构所在层面不同、制度或组织框架不同导致的运作失调、效率低下或重复工作问题。

对事故的任何方面具有管辖权能职责的机构都需要参与到统一指挥结构中，这样将有助于制定事故应对的整体战略、明确工作目标、确保采取的策略行动与预先确立的任务目标相一致、确保任务行动的连续性和一体化，以及使资源的分配和利用达到最优化。统一指挥结构的组成取决于突发事故的类型和事故发生的地点。在一些必要的情况下，会启用地区指挥部，这主要取决于事件的复杂性和需要控制的范围。建立地区指挥部的目的，是宏观把控由多个独立突发事件应急指挥系统处理的多个事件，或对涉及多个突发事件应急指挥系统参与的特大事故进行管理。地区指挥部没有直接的行动职责，对于在其权限范围内的事件，地区指挥部主要行使以下职能：

- 设定各事项的总体优先顺序。
- 根据既定的优先事项分配关键资源。
- 确保事故的妥善管理。
- 确保有效的沟通。
- 确保事故管理目标得到实现且不相互冲突，并确保其与相关机构的政策不相互冲突。
- 识别关键资源需求，并向紧急行动中心报告。
- 确保短期的紧急事件恢复工作的协调运作，以有助于向全面恢复过渡。
- 规定人员的职责，确保安全的运作环境。

联邦机构在生物安全事故中的作用

美国境内如发生任何恐怖主义事件，都会涉及由地方、州和联邦的多个部门开展的应对工作，因此需要各层面各部门之间的高度协调。以下主要联邦机构将会提供国家应急预案中讨论过的核心应对措施(US Department of Homeland Security, 2004b)，详见“国家应对框架”(National Response Framework, NRF)中的生物安全事故附件(FEMA, 2008)。

国土安全部部长是处理国内突发事件的主要联邦官员，负责协调美国境内的联邦行动，为恐怖袭击、重大灾害和其他紧急情况做好准备、做出响应和开展恢复工作。司法部部长负责对美国境内发生的或美国海外机构遭遇的个人或团体恐怖主义事件、威胁进行刑事调查，这类行为属于美国联邦刑事管辖范围(US Department of Homeland Security, Homeland Security Presidential Directive 5, 2003)。联邦调查局在司法部部长的授权下，对涉及大规模杀伤性武器(weapon of mass destruction, WMD)的恐怖主义的所有犯罪现场进行调查。事实上，如果发生核生化事故或爆炸事故，每个州都会指派一名联邦调查局特工担任大规模杀伤性武器调查员。

批判性思考

国家应对框架将一系列事故管理领域的最佳实践和程序整合到了一个统一的结构中，其中包括国土安全、应急管理、执法、消防、公共工程、公共卫生、应急响应人员和恢复工作者的健康安全等领域，涉及紧急医疗服务系统和一些相关的私营部门。国家应对框架构成了联邦政府在事故发生期间如何与州、地方和部落政府及私营部门协调的基础。在发生生物安全事故(生物恐怖主义、生物犯罪或重大疫情)后，根据事故的范围和严重程度，国家应对框架下相应的联邦机构将会为事故的应急响应提供援助。那么，联邦机构的援助能给一个社区带来多大的影响？如在事故发生后的最后阶段再开展援助行动，又会带来怎样的影响？

国土安全部

国土安全部是国家处理恐怖主义和核生化爆炸事故的领导机构。该部门的目标是提高国家对于恐怖主义袭击的抵御能力、防止袭击的发生、尽量减小袭击造成的破坏及对灾后恢复工作进行整体把控。此外，国土安全部还与其他联邦机构、州和地方政府密切合作，协调开展防灾减灾规划和救灾工作。

- 国土安全部部长是处理国内突发事件的主要联邦官员。根据《2002 年国土安全法》，国土安全部部长负责协调美国境内的联邦行动，为恐怖袭击、重大灾难和其他紧急情况(包括生物安全事件)做好防备、做出应急响应及开展灾后恢复工作。
- 卫生和公众服务部是联邦政府负责公共卫生与医疗准备、规划与应对生物恐怖主义袭击或自然事故的主要机构。

国家应对框架，生物安全事故附件(FEMA, 2008)

卫生和公众服务部

美国卫生和公众服务部通过与各州合作，建立最强大的保护和应对网络，用以应对由突发事件引起的美国民众的健康与医疗问题。卫生和公众服务部下属的疾病控制与预防中心负责评估突发事件的影响，并为突发事件的公共卫生问题制定策略，其两项关键的职责为疾病监测和疾病调查。根据“紧急支援职能 8”，由卫生和公众服务部的应急准备和响应办公室负责国家灾害医疗系统的维护。国家灾害医疗系统包括灾害医疗援助团队和灾害罹难者遗体处理应急团队。在事故发生时，灾害医疗援助团队会将充足的供应物资和设备部署到受灾地点，并在固定或临时的医疗点提供 72 小时的支持和协助。灾害医疗援助团队主要通过动用社区资源来支援本地区和本州内的需求。此外，他们也可以联合起来提供州与州之间的援助。灾害罹难者遗体处理应急团队也是国家灾害医疗系统的一部分，他们可以在发生核生化及爆炸事故时，迅速部署到灾害现场，协助死亡事件的鉴定、追踪和处理等工作。他们的专长是法医、遗体鉴定和在调查结果出来之前暂时保存遇害者遗体。卫生和公众服务部通过疾病控制与预防中心维持着战略性国家储备计划，该计划可以为某些疫苗、抗生素和抗病毒药物提供及时的后勤支持；在发生重大生物事故后，充足的疫苗、抗生素和抗病毒药物都可能起到至关重要的作用。

农业部

美国农业部作为政府的主要机构，其职能之一是应对动物或商业粮食作物领域可能发生的疫情和袭击。美国农业部也可以作为应对其监管范围内的食品加工和屠宰设施受到袭击的主要政府机构。在发生食物或动物安全事件时，卫生和公众服务部可为美国农业部提供额外的公共卫生与兽医流行病学援助(NRF, Biological Incident Annex, 2008)。

司法部

司法部主要负责恐怖主义的防范和调查，以及重要资产的监管等工作，其组织结构包括重大事件响应小组、证据调查小组及联邦调查局。

重大事件响应小组成立于 1994 年，其目的是对关键事件的应对策略、调查资源及专业知识进行整合。重大事件响应小组中包含三个重要部门，分别是行动支援处、策略支援处和国家暴力犯罪分析中心，它们的职能是为联邦调查局地方办事处及州和地方执法机构提供特殊的行动援助与培训。重大事件响应小组可协助联邦调查局对危机事件进行快速响应和管理。

证据调查小组主要负责犯罪现场文件和证据的收集工作，小组人数可为 8～50 人，其中人员类别包括特工和支援人员，他们擅长利用各种技术来恢复和收集证据。

联邦调查局负责协调联邦的危机管理工作，它是对核生化及爆炸事件进行调查的主要联邦机构。在全美范围内，共设有 56 个联邦调查局地方办事处、4 个专门的地方设施和 40 多个对外联络站。此外，还有来自 20 个联邦机构的代表被指派到联邦调查局总部的反恐中心协助工作。在现场操作层面，联邦调查局在其地方办事处有大约 60 个联合反恐工作团队。这些工作团队旨在最大程度地加强联邦、州和地方执法部门机构间的合作与协调。联邦调查局有 5 个快速部署小组，可以对多起事件做出响应(其中有两个小组位于华盛顿特区，另外三个小组分别位于纽约、迈阿密和洛杉矶)。联邦调查局危险物质响应机构(Hazardous Materials Response Unit, HMRU)的总部设在弗吉尼亚州匡提科镇，该机构的主要任务是增强极端环境下的证据收集能力。2001 年炭疽邮件袭击事件发生后，就是由危险物质响应机构负责参议院哈特大厦和受污染邮政大楼的现场处理等相关工作。

联邦紧急事务管理署

联邦紧急事务管理署是隶属于美国国土安全部的一个部门，其主要职能包括协调所有与危险和恐怖袭击有关的紧急突发事件，促进联邦机构在国家层面和事发现场做出有效的应急响应，以及为都市医疗响应系统提供资金。都市医疗响应系统主要被用于大规模伤亡的核生化及爆炸事故中。在发生此类恐怖袭击时，该系统能够提供最初的现场应急响应，并将患者或伤员安全运送到急诊室。此外，都市医疗响应系统还为此类事故的受害者提供医疗和精神卫生服务，并可在当地医疗卫生资源不足时，将受害者转送到其他地区进行救治。都市医疗响应系统属于由地方政府授权的地方资源，然而其中的成员均须经过联邦政府培训，并接受联邦政府资助。在这些团队中，有经过专门培训的急救人员、专用的药品和净化除污设备，因此能够提供现场医疗、应急医疗运输和急诊救治服务。都市医疗响应系统资助的部门必须与联邦资助的其他部门密切合作，以确保该系统资产的无缝集成。根据都市医疗响应系统项目计划，美国已有 124 个城市获得了资助。

环境保护署

环境保护署为主要的联邦机构提供技术支持，包括常规监测及评估化学性、生物性和放射性威胁，并由环境保护署的环境响应小组为现场协调员提供支持。环境响应小组备有便携式的试剂和仪器，能检测和识别低至百万分之一量级的微量病原因子，并能够对 α 射线、β 射线和 γ 射线进行测量。环境响应小组能 24 小时提供净化设备使用权限，其成员可使用 A 级至 C 级的所有防护装备。在发生生物安全事件后，环境保护署将会对现场环境进行采样，随后实验室响应网络的实验室将会处理环境保护署收集的环境样本，确定污染的程度，并在净化后对净化的效果进行核查。

响应：安全

当生物安全事故的应急响应人员可能与受害者有接触，或暴露于污染中时，必须提前穿戴适当级别的个人防护装备及呼吸防护设备。应急响应人员可以通过遵守防护措施和响应的操作规程来确保自己与受害者最大程度的安全(29 CFR, Part, 1910.120)。

然而，个人防护装备存在一些生理上和心理上的潜在局限性，包括以下几方面：

- 穿脱费时：防护级别越高，个人防护装备所需的穿脱时间就越长。
- 沟通障碍：佩戴面罩或面具可能导致沟通障碍或言语清晰度下降。
- 视力受限：面罩可能会限制视野，并且光学眼镜不能与自给式呼吸器一起佩戴。
- 散热问题：防护装备的密闭性和不透气性会导致穿戴者出现热应激相关问题。
- 增加重量：防护服装和自给式呼吸器给穿戴者增加了额外的重量，增加了工作期间的负担。
- 密闭：防护装备的密闭，可能会增加应急响应人员和患者的心理创伤。
- 使用时间受限：B 级个人防护装备的穿着时间受多种因素影响，包括空气供应量、天气情况和工作强度等。
- 有限的氧气供应：自给式呼吸器的使用时间取决于储罐中的空气容量。空气净化呼吸器只能在周围空气中氧气充足的环境下使用。
- 灵活性问题：个人防护装备的重量和体积可能会导致行动不便。

佩戴个人防护装备时，应急响应人员应始终采用“搭档模式”(29 CFR, Part, 1910.120)，所有的行动都应以小组(每组不少于 2 人)为单位开展。采用这样的搭档模式，小组成员可以在必要时互相协助。当应对任何潜在的危险情况如生物危害的处理时，必须先制定好计划，计划应包括对危害和潜在暴露威胁的评估、对呼吸防护的需求、进入事发现场的条件、撤离的路线及净化策略的制定。制定任何涉及生物危害事件的计划，都应基于疾病控制与预防中心工作人员和其他专业人士(包括第一响应者、执法人员和公共卫生官员)对于相关传染病或生物威胁的安全建议。应与当地公共卫生当局协商确定是否需要使用抗生素或其他药物对所有第一响应者进行清洁除污或预防性治疗。这里提到的安全建议，来自美国疾病控制与预防中心在炭疽邮件事件后于 2001 年 10 月发布的一份临时声明(Centers for Disease Control, 2001)。这些建议是基于对生物气溶胶潜在威胁的了解和一些现有的建议而制定的。

在疑似生物安全事件的现场进行犯罪现场样本处理的一个重要环节是预先的安全筛查。运往实验室响应网络机构进行检测的犯罪现场样本，在提交前必须对其放射性、化学性、爆炸性等危险进行筛查(图 11.2)。实验室响应网络的实验室不接受任何的上述危险性未经确认的样本。

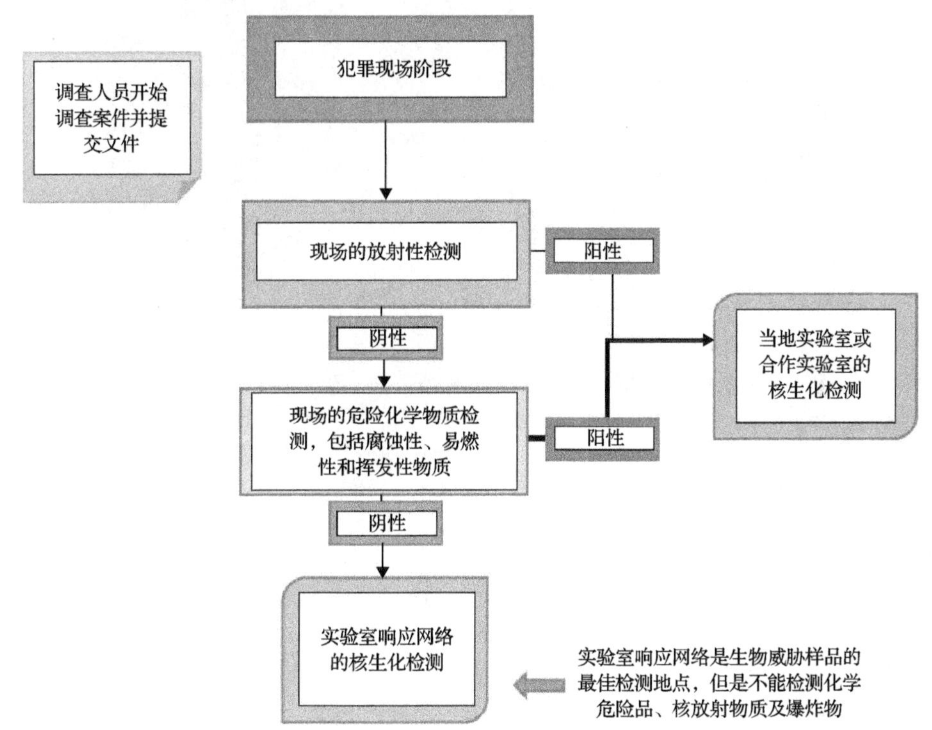

图 11.2　这个流程图代表了第一响应者在可能的生物犯罪现场或小规模生物安全事件现场应采取的一系列行动。最初，首席调查人员(联邦调查局大规模杀伤性武器协调员)将开启案件的调查并向其上级指挥部提交文件。然后，当地危险物质技术人员将采集样本，并对样本进行放射性和化学危害性方面的现场筛查，以确保样品不会对实验室响应网络工作人员和实验室技术人员构成威胁，因为这些人员并未配备针对此类威胁的防护。在将可疑样本送到有能力确定是否存在生物威胁病原体或毒素的有关部门之前，安全性筛查是必不可少的一步

生物病原因子的个人防护

在使用呼吸防护设备时，需要根据危险物质的种类及其在空气中的浓度来选择呼吸防护设备的类型。就生物病原因子而言，感染性颗粒在空气中的浓度取决于施放方式。目前的数据表明，自给式呼吸器(图 11.3)能为进入潜在危险环境的第一响应者提供有效的呼吸道防护，避免其暴露于与生物恐怖主义行为有关的生物病原因子中(National Fire Protection Association, 2008)。

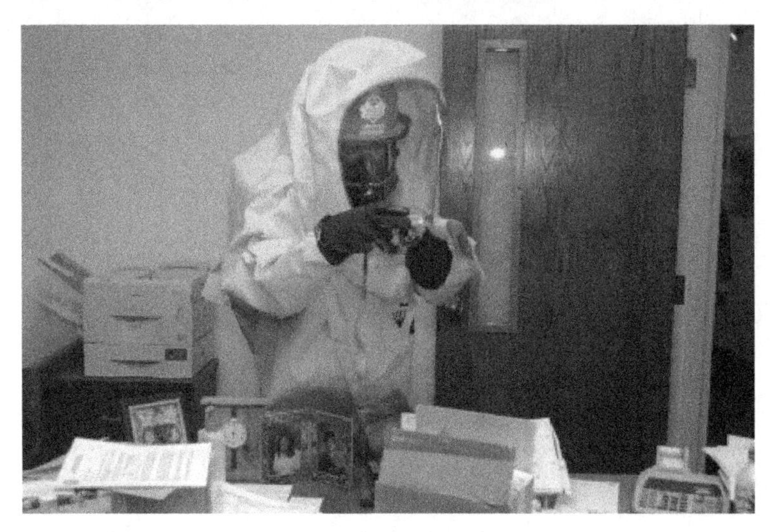

图 11.3 来自大规模杀伤性武器第 101 民事支援队的调查组成员正在对一个包含白色电源的可疑包裹进行拍照。这是一次当地的重大事故应急响应演习，在演习中，一名军队人员的办公桌上留下了一个含有未知物质的可疑包裹。值得注意的是，图中该响应者已经穿上了 A 级个人防护装备，包括防喷溅防护服和自给式呼吸器。当危险未知时，应为应急响应人员提供可用的最高水平的保护措施。图像资料由美国国防部、美军新闻处提供

在应对不确定的疑似生物恐怖主义行为时，可能也需要用防护装备，以防止皮肤暴露或污染衣物。所需防护服的类型取决于生物病原因子的种类、浓度和暴露途径。

基于不同应急响应情况下的预期暴露风险水平，个人防护设备(包括呼吸防护设备和防护服)的临时性建议如下：

- 在应对可疑生物安全事件时，若下列信息未知或情况不受控制，响应者应使用国家职业安全卫生研究所批准的增压式呼吸设备及 A 级防护服。
  - 空气传播物质的类型未知。
  - 病原因子的传播途径未知。

  - 当通过气溶胶发生装置进行散播时，如果装置仍在继续运行，或装置已经停止运行但未能获取到散播的持续时间或病原因子浓度的信息。
- 如果可以确定不再产生可疑气溶胶或其他可能存在的喷溅等危险情况，应急响应人员可以使用国家职业安全卫生研究所批准的增压式自给式呼吸器及 B 级防护服。
- 只要能够确定未使用气溶胶发生装置进行散播或利用信件包裹进行散播，应急响应人员可以使用带有 P100 级别过滤器的全罩式呼吸设备，也可以使用带有高效微粒过滤的空气净化呼吸设备。

在将可疑信件和包裹进行封装时，应尽量减少操作可能引起的空气传播。要尽量避免使用大袋子，并且在将物品放入袋子时的操作需要非常缓慢和谨慎。应急响应人员应当使用一次性连帽工作服，包括手套和鞋套。根据国家职业安全卫生研究所的建议，在对涉及生物病原因子的现场进行应急响应时，不应穿着标准消防工作服进入潜在污染区域。

洗　　消

如图 11.4 所示，对防护设备和衣物进行洗消是一项重要的措施，应当确保在脱下装备前清除可能已经沾染在防护设备外部的污染颗粒。用于危险物质的洗消流程，应根据所使用的防护进行适当的调整。

图 11.4　大规模杀伤性武器第 6 民事支援队在得克萨斯州加尔维斯顿的美国海岸警卫队站点演习期间，小组成员在检查船只中是否有危险物质后正在通过洗消清理站。第 6 民事支援队的工作职责之一，是运用海岸警卫队的专业技术帮助训练海上登船，以及执行船只检查。图像资料由美国国防部、美军新闻处提供

工作人员可以使用肥皂和水对装备进行洗消，也可以在装备上有任何可见污染时或其他合适时机使用0.5%的次氯酸盐溶液（即家用漂白剂被清水10倍稀释后）进行洗消。但需要注意的是，漂白剂可能会对某些类型的消防装备造成损坏（这也是不应将消防装备用于生物安全事件应急响应的原因之一）。此外，响应人员脱下装备后，应使用大量的肥皂和水进行淋浴。在已知或可疑的生物性危险物质施放事件中，洗消分为4个步骤。详细过程如下：

1）用水将相关人员全身打湿，以使生物威胁物质（污染物）更容易附着在衣服和皮肤上，从而降低污染物经空气传播的危险及摄入和吸入的可能性。

2）脱掉污染衣物。

3）用大量水冲洗受污染者，如果有肥皂，可用肥皂清除皮肤和头发上的残留污染物。不可将漂白剂溶液用于皮肤表面。

4）穿上干净衣物。

如果应急响应者没有使用适当的个人防护装备，在洗消的过程中可能会发生交叉污染；如果发生此类情况，那么受到污染的个人需要进行自我洗消。自我洗消（对于有行动能力的受污染者）的目的在于除去身上的有害污染物，可采用任何自行脱去衣物（如果已受到污染）及清除污染物的可能方式。

应急响应：对生物样本的采样

生物袭击对执法和公共卫生官员提出了新的挑战，相关人员致力于将生物袭击的影响降至最低，并逮捕罪犯。过去，执法人员和公共卫生官员进行独立调查的情况并不少见。然而，当发生生物袭击时，则需要这两支队伍之间密切合作，以实现各自的目标：既识别生物病原因子、防止疾病传播、防止公众恐慌，又逮捕犯罪者。假如执法人员和公共卫生官员对彼此的领域缺乏足够的认识与了解，或在合作期间缺乏既定的沟通程序，则会给执法部门和公共卫生部门双方调查的效率都带来一定的影响。由于生物袭击可能持续存在，因此在生物安全事件期间，有效利用所有资源对于确保有效和适当的应急响应起到至关重要的作用。

当社区面临生物犯罪时，可能会要求应急响应者对微生物方面的证据进行收集和保存（Schutzer et al., 2005），这对于后续调查及归因有着至关重要的作用。如果证据在收集、处理、运输或储存过程中被降解或污染，那么后续的事件调查和归因可能会受到影响。许多专家认为，在生物恐怖主义事件中，犯罪现场处理的标准操作规程有些不切实际，并且在某些情况下还会影响证据的收集。因此，参与应急响应行动的不同部门之间应以既定准则为框架进行协商，设计并采用最符合实际情况的方案。在对犯罪现场进行更细致的评估或在调查过程中获得更多信息后，也可以对原先的方案进行修改。如果采用经过验证和证实的样本采集方法或策略，那么当样本作为证据被用于法庭诉讼时就可以更加清晰明确且更具有说服力(Budowle et al., 2006)。目前已有一种被用于硬质物体表面可疑粉状物质的常用取样操作规程，这种操作规程为大多数常规的样品采集提供了一个可参考的标准。图 11.5 和图 11.6 向我们展示了应急响应演练过程中的情况。

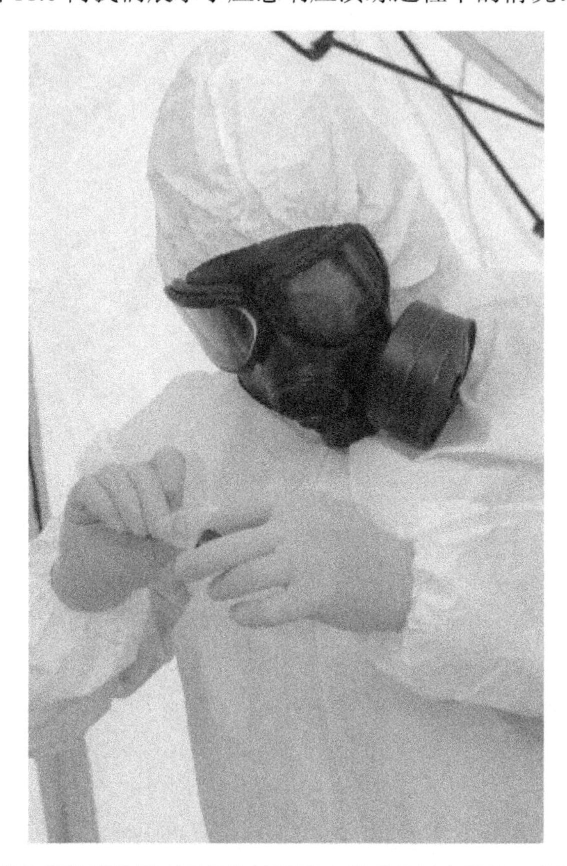

图 11.5　来自大规模杀伤性武器民事支援队的调查小组成员正在准备一个用于推定检测的样本。这是当地的一次重大事故应急响应演习，在演习中，一名军队人员的办公桌上留下了一个含有未知物质的可疑包裹。图像资料由美国国防部、美军新闻处提供

每年都会发生许多“白色粉末”事件。如果这些粉末被证实含有蓖麻毒素或炭疽病原，则极可能并非自然事件。因此，除非已被证实是其他情况的事件，任何涉及生物病原因子的事件都应被视为恐怖主义或刑事案件。这样的事件一旦发生，则需要通知联邦调查局，然后由联邦调查局通知国土安全部行动中心。国家应急响应计划的恐怖主义事件执法附录中则对联邦调查局应对恐怖主义事件时，在调查和响应方面起到的更多作用进行了阐述。

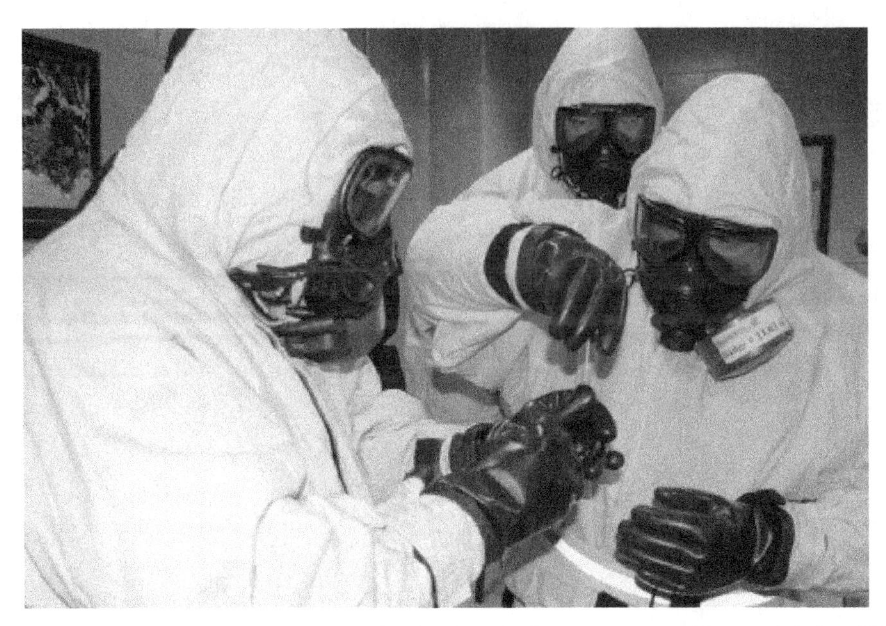

图 11.6 国内应急准备中心(国土安全部/联邦紧急事务管理署)正在进行演习，该次演习模拟的场景为发现桌面存在疑似生物病原因子的物质，第一响应人员正在进行样本采集和抽取。图像资料由美国国土安全部、联邦紧急事务管理署提供

为了确定涉及生物病原因子的威胁性，危险物质响应机构还应根据当地的程序通知当地公共卫生官员和应急响应管理人员。随后，公共卫生官员应将事件报告给疾病控制与预防中心，再由疾病控制与预防中心报告给国家卫生和公众服务部。除国家卫生和公众服务部外，国土安全部行动中心也会将事件情况报告给由美国海岸警卫队工作人员组成的国家应急响应中心。

应急响应：遏制

遏制传染病在社区中的传播需要多种途径，包括传统流行病学知识技能的应用、对医疗服务提供者和公众的培训或教育，以及提供治疗和预防措施(见“生物安全计划与资产”章节)。一旦出现确诊病例，就应该立即开始对其接触者进行追踪。此外，在特定的情况下，相关部门还会要求采取更广泛的控制措施，以限制感染者或可能的感染者与易感人群之间的接触。隔离和检疫是两种有效的措施，这两项措施的相关法律在“生物安全的法律问题”章节中有所提及。如前所述，大多数地方卫生司法管辖区都有实施隔离和检疫的权限，但要在社区内大范围有效实施这两项措施，仍需进行仔细规划。

接触者追踪

一旦确认出现了疾病暴发现象，公共卫生官员就应指派流行病学专家开始进行疾病调查和接触者追踪。这时，流行病学专家将对接触者进行追踪，以确定传播范围和可能的继发传播。当确定了与感染者接触的人群范围，就有更多的方法来处理和限制感染的传播。被动监测的做法要求接触者每天至少进行两次自我评估，并在出现呼吸道症状或发热时立即与当局联系。当某种疾病的暴露风险和疾病进展风险较低，或该疾病的识别有所延误也不会给其他人带来较大风险的情况下，被动监测是一种可行的方法，其优势是需要耗费的资源最少，并且对个人自由的限制很少。被动监测的劣势在于这种方法依赖于自我报告，而接触者未必能够进行充分的自我评估。当采用被动监测时，为了确保该活动顺利实施，公共卫生官员可提供必要的用品(温度计、症状记录本、纸质版说明等)及工作人员联系电话，以便接触者在出现症状或有相关需求时与当局取得联系。

必要时，则可能需要由卫生保健工作者指定的专业人员进行主动监控，如社区卫生护士或当地应急响应医疗服务人员。这时，相关专业人员通过与接触者电话联系，或亲自前往观察，以对接触者是否出现疾病的体征和症状进行评估。对于暴露风险和疾病进展风险为中等风险或高风险的情况，以及现有资源允许进行个体监测，或当未能及时识别病症会造成一定风险的情况，可以开展主动监测。这样做的好处是，对个人自由的限制很少，但不便之处在于需要训练有素的人员来进行观察、核实监测情况，以及根据测得的结果采取适当的行动。

隔离和检疫

根据定义，隔离和检疫会对个人的活动具有一定的限制。尽管隔离和检疫通常可以以自愿的形式开展，但在一些情况下，特别是在新发感染的早期，对特定个体可能需要强制开展隔离和检疫。任何实施隔离或检疫的计划都要求明确界定相关的法律权力和责任。为了避免不必要和可能导致潜在风险的延误，公共卫生人员、执法部门、司法系统和其他地方当局都必须熟悉这方面的法律相关问题。

隔离是指将处于传染期的感染者在某个区域和条件下与未感染人群分隔开，从而防止病原体直接或间接传播给他人。这意味着被确诊患有或疑似患有某些传染病的患者与外界的接触可能极为有限。因为空气传播性疾病传染性极高，因此这时隔离可以在医院的负压层流病房环境中实施。在隔离区域，通常要求医疗卫生提供者和来访人员使用隔离服、口罩或呼吸器、护目镜和手套作为防护手段，同时，也要保护那些自身免疫能力低下的患者免受一些新的感染暴露。

检疫是指对那些尽管没有发病但是曾暴露于感染风险中因此有可能发生感染的人，应当通过限制他们活动或旅行，减少他们接触其他未感染人群的可能，从而防止疾病的传播。接受检疫的人通常接触过患有传染病的人，而且可能已经被感染了，但由于潜伏期的存在，疾病的症状未表现出来。有些疾病在症状出现之前不具有传染性，而有的疾病则可能会在疾病出现症状之前的数小时或数天就具有传染性。

检疫可以通过多种方式来实施，包括在规定的时间内(通常在暴露后 10～14 天)让接受检疫者留在自己家中，避免与其他人(包括家庭成员)接触，或让接受检疫者留在指定的设施中，限制他们离开该区域。在检疫期间，接受检疫者之间也会彼此隔开，并会定期接受疾病的体征、症状评估。如果发现有发热、呼吸道症状或其他类似于早期流感症状出现，则需立即交由受过专业训练的医护人员进行评估。检疫对人员活动的限制可以是自愿的，也可以依据法律强制执行；实施检疫的地点可以是在被检疫者的家中，也可以在合适的设施中。

群 体 检 疫

当特定群体存在传播疾病的风险时，可考虑进行群体检疫，其目的是在减少群体内相互影响的同时，降低病原体向外传播的风险。这样的干预措施适用于在特定场所或建筑物中大多数人或所有人都已暴露于感染风险中的情况。在我们认为群体中已广泛发生感染但评估时不能确定病例之间的联系时，如果仅对已知有过感染暴露的人进行检疫，显然不足以防止感染的进一步散播。然而，想要关闭某些大型的建筑物或取消某些大型的活动事件并不容易，这时往往需要工作人员有出色的沟通技巧，以向群众解释这样做的必要性，并说明集体检疫实施的持续时间。同时，还需做好相应的后勤工作，或为一些大型活动事件的开展另寻替代地点。例如，加拿大卫生部门在 SARS 暴发期间采取的检疫方式就为自愿在家中进行，期间获得了良好的公众依从性(SARS Commission, 2006)。

批判性思考：严厉的措施

首先，检疫听起来像是公共卫生官员在传染病暴发期间出于谨慎而采取的一种措施。然而，开展大规模检疫往往有许多的需求和职责。例如，当被检疫者被限制在某个地点时，那么该城市或州必须满足他们的生活需求。此外，如果公共卫生官员要求人们继续接受检疫而受检疫者不愿配合，那么就需要强制执行。为了达到强制执行检疫的目的，使用致死性的武器是否属于一种可被接受的方法？例如，执法人员是否有权向逃离检疫区域的人开枪？如果发生了这样的情形，是否会破坏社区官员的公信力，进而更加难以平息民众的恐惧？是否存在更加友好、更加温和的检疫方式？我们能否依靠公众的力量来限制接收检疫者与其他人之间的接触？

社区检疫

在某些极端情况下，公共卫生官员可能会考虑采用更加广泛乃至涉及全社区范围的检疫措施，这是最严厉且最具有约束性的疾病传播控制措施。严格来说，“全社区检疫”是一种错误说法，因为“检疫”原本是指将有感染接触风险的人群与未感染人群分隔开，并允许为受到检疫实施影响的人们提供服务和帮助，然而，“全社区检疫”要求每个人都留在家中(其中一些可能需要被强制执行)。这时，除公共卫生官员或医疗保健工作者等被授权的人员之外，其余人员都被限制出入该区域。

在实施社区检疫期间，相关部门需要为被限制在检疫区域内的人员提供多方面的广泛服务。在美国，用于这些服务的经费是需要解决的首要问题。例如，这些费用是否应当由发布检疫命令的当地机构、州或联邦机构承担？经费报销是否会因社区宣布进入紧急事态或灾难状态而改变?对于接受检疫的个人而言，他们是否需要支付在检疫期间的食物、服务和各类用品费用？然而如果他们无法外出工作，又当如何提供这些费用？营利性的私营企业是否可以与政府或社会服务供应商竞争？如果可以，他们应当如何制定收费标准？基本的公共设施和通信服务的维护工作应该由谁来进行及如何进行？

社区必须清楚地方、州和联邦立法中允许为控制传染病而限制个人行动的相关法律，以及什么人有权在辖区内宣布进入公共卫生紧急事态。在某些情况下，在隔离和检疫实施的同时宣布进入紧急事态，可能有助于取得预期的结果，并使支援行动能够顺利进行。

此外，对于传播迅速、感染性强及在防护、治疗等方面都较为困难的致死性疾病，有效而全面的应急响应需要政府和非政府方面进行高度的协调与密切的合作。这项工作必须由政府官员牵头，但仅凭政府的力量通常无法控制疾病和提供受影响社区所需的所有服务。

同样，尽管应对公共卫生事件的措施必须在很大程度上依赖于公共卫生、医学方面的专家，但也需要执法人员、心理健康咨询师、交通部门工作人员、应急响应管理人员和其他重要的服务提供商的支持，尽管这些人群可能缺乏对传染病防控相关知识的了解。

对医疗服务的大量需求

为了应对好突发公共卫生事件期间人们对医疗服务需求的激增，需要各机构间建立相互合作的关系，并制定恰当的配给制度。在这项工作中，包括双向转诊制度的落实，使被分配到低级别医疗机构的患者在必要的情况下能够被转到高级别医疗机构，反之亦然。这些应对策略的延伸，可对家庭医疗保健的发展起到促进作用。这些策略的目的是减轻急诊部和医院的患者数量压力，让那些不用在医院治疗或仅需要在较低级别医疗机构接受治疗的患者得到适合他们的医疗服务的同时，把医院有限的医疗资源留给更加需要的患者。那么，治疗应该由谁来提供，需要遵循什么样的条例，对于医疗服务的报销等，都是当地相互合作的医疗机构必须解决的问题。

人兽共患关系

正如本书第三部分所阐述的那样，在许多情况下，动物健康和人类健康可能有着密不可分的联系。无论是自然发生还是蓄意人为导致，病原体的传播都可能对动物和人类宿主产生影响。当发生生物恐怖事件时，受到影响的动物可能在人类出现症状之前就表现出疾病的迹象，因此一些敏感动物可以充当前哨。此外，动物也可能被施放的病原体感染，并在一个区域内充当病原体的储存宿主。这表明动物卫生官员和人类卫生官员应该有良好的合作关系，并且必须共享各自的监测数据。

总　　结

生物安全事件的后果可能很复杂，并且事件现场可能需要州和联邦政府的多个机构共同参与。为了及时应对此类事件，地方司法管辖区的规划人员需要有一份相关机构清单、相关机构及人员的联系方式，并清楚了解每个机构能够提供的资源。州和地方政府在应对此类事件的过程中，必须严格遵照国家突发事件管理系统的步骤实施。由于这项工作可能涉及多个司法管辖区和多个机构，因此作为国内事件管理的基础，统一指挥将为事故的应急响应提供一致的指导方针，使具有不同法律的地区和诸多职能责任不同的机构能够有效地协调、规划与共同推进工作，消除不同机构或不同行政辖区在合作期间由其职能的不同或法律制度的差异导致的工作效率低下和工作重复的情况。

生物恐怖主义事件也可能导致大规模伤亡，并对第一响应者和公共卫生机构造成严重影响。第一响应者和卫生保健人员需要具备处理生物袭击相关问题的知识与能力。公共卫生官员需要熟悉各项防控措施，并通过采用这些措施限制疾病的传播，使社区恢复到事故发生前的状态。

基本术语

- 地区指挥部：是指当一个突发事件应急指挥系统负责管理同时发生的多个事故，或当大型事故、多个事故发生期间，由多个事故管理团队相互协作共同进行管理的情况下，对事故进行统一监督管理的一个组织。地区指挥部的职责包括制定总体战略、确定优先事项、根据这些优先事项分配关键资源、确保事故受到妥善管理，并确保目标的实现和策略的有效执行。当事故涉及多个行政管辖区，地区指挥部同样负责事故的统一监督管理。地区指挥部可以建立在紧急行动中心设施内或事故指挥所以外的其他地点。
- 接触者追踪：识别可能与感染者有过接触的人，并对其是否受到感染进行诊断。对于性传播疾病，主要是针对感染者的性伴侣，但对于传染性很强的疾病，如病毒性出血热和鼠疫，则需要开展足够彻底的接触者追踪，包括临时的接触。
- 突发事件应急指挥系统(Incident Command System，ICS)：一个用于指挥、控制和协调突发事件响应的工具。使用突发事件应急指挥系统，使不同机构之间能够使用通用术语和通用的操作规程在事故现场共同协作，从而对人员、设施、设备和通信进行有效的管理与控制。该系统使用一个通用的组织结构，对各类突发事件进行应急响应，这种结构也可根据事件的响应级别进行扩展或收缩。
- 国家突发事件管理系统：由国土安全部第 5 号总统令授权的管理系统，该系统为政府、私营部门和非政府组织提供一种全国范围通用的方法，使各部门能够有效并高效地共同为国内突发事件做好准备、做出响应及处理突发事件后的恢复工作。
- 监测：系统性收集、分析、解释和发布卫生数据，从而协助公共卫生干预措施和计划的规划、实施与评估。
- 统一指挥：这是对于不同层级的人员进行指挥管理的两种方法之一。当一个事件涉及多个行政管辖区或法律管辖范围，或事件涉及多个职能职责不同的响应机构，则可以采用这种统一指挥的方式。

讨　论

- 就可能的生物安全事故现场而言，对“可信威胁”的含义进行讨论。

- 围绕联邦调查局大规模杀伤性武器协调员在可能发生的生物安全事故现场的作用进行讨论。
- 针对采集的样本在送往实验室响应网络实验室之前的必要现场筛查操作进行讨论。
- 围绕生物安全事故发生后主要联邦机构发挥的作用进行讨论。

网　站

Federal Emergency Management Agency, National Incident Management System. Available at: http://www.fema.gov/national-incident-management-system.

Federal Emergency Management Agency, Introduction to the Incident Command System, IS-100b. Available at: https://training.fema.gov/is/courseoverview.aspx?code=IS-100.b.

Federal Emergency Management Agency, National Response Framework. Available at: http://www.fema.gov/media-library-data/20130726-1914-25045-1246/final_national_response_framework_20130501.pdf.

The Public Health Incident Command System, School of Public Health, University at Albany, State University of New York. Available at: http://www.ualbanycphp.org/pinata/phics/.

参考文献

9/11 Commission, 2004. Final Report of the National Commission on Terrorist Attacks upon the United States. W.W. Norton & Company, New York.

Budowle, B., Schutzer, S., Burans, J., Beecher, D., Cebula, T., Chakraborty, R., Cobb, W., Fletcher, J., Hale, M., Harris, R., Heitkamp, M., Keller, F., Kuske, C., LeClerc, J., Marrone, B., McKenna, T., Morse, S., Rodriguez, L., Valentine, N., Yadev, J., 2006. Quality sample collection, handling, and preservation for an effective microbial forensics program. Applied and Environmental Microbiology 72 (10), 6431–6438.

California Office of Emergency Services, FIRESCOPE, 2004. Field Operations Guide 420-1: Incident Command System Publication. Available at: http://www.ct.gov/cfpc/lib/cfpc/Complete_Field_Ops_Guide-June_2004.pdf.

Centers for Disease Control and Prevention, 2001. Interim Recommendations for the Selection and Use of Protective Clothing and Respirators against Biological Agents. Available at: http://www.cdc.gov/niosh/docs/2009-132/.

Martin, G., 2008. Essentials of Terrorism: Concepts and Controversies. Sage Publications, Thousand Oaks, CA.

National Fire Protection Association, 2008. Standard 472: Standard for Professional Competence of Responders to Hazardous Materials/Weapons of Mass Destruction Incidents. NFPA, Quincy, MA.

Qureshi, K., Gebbie, K., Gebbie, E., 2005. Public Health Incident Command System: A Guide for the Management of Emergencies or Other Unusual Incidents within Public Health Agencies, vol. 1, Albany, NY.

SARS Commission, 2006. Spring of Fear: The Story of SARS, vol. 2., SARS Commission, Toronto. Final Report.

Schutzer, S., Budowle, B., Atlas, R., 2005. Biocrimes, microbial forensics, and the physician. PLoS Medicine 2 (12), 1242–1247.

U.S. Code of Federal Regulations, 29 CFR, Part, 1910.120. Hazardous Waste Operations and Emergency Response, Final Rule.

U.S. Department of Homeland Security, 2003. Homeland Security Presidential Directive-5.

U.S. Department of Homeland Security, 2004a. The National Incident Management System. Government Printing Office, Washington, DC.

U.S. Department of Homeland Security, 2004b. National Response Plan. Government Printing Office, Washington, DC.

U.S. Federal Emergency Management Agency, 2008. National Response Framework. Biological Incident Annex. Available at: http://www.fema.gov/pdf/emergency/nrf/nrf_BiologicalIncidentAnnex.pdf.

U.S. Government Accountability Office, 2003. Infectious Disease: Gaps Remain in Surveillance Capabilities of State and Local Agencies. U.S. Government Accountability Office, Washington, DC.

World Health Organization, n.d. Integrated Disease Surveillance and Response. Available at: http://www.who.int/csr/labepidemiology/projects/diseasesurv/en/.

第十二章　生物安全计划与资产

当现代技术可能对我们不利时，我们绝不能坐以待毙。我们将凝聚我国极具发展前景的科学技术和新方法来应对这一时代最大的威胁。

2004 年 7 月 21 日，乔治·W. 布什总统签署
“生物盾牌计划”法案时的发言

学习目标

1. 将最近的生物安全举措与应急管理的 4 个阶段相联系。
2. 对“生物盾牌计划”的目标和宗旨进行讨论。
3. 掌握“重要的双重用途研究”，并对美国国家生物安全科学咨询委员会的作用进行讨论。
4. 对大规模预防措施如何影响一个国家应对重大疾病暴发的准备和响应能力进行讨论。
5. 对美国的“城市应对计划”进行讨论。
6. 对“生物监测计划”的目标和宗旨、生物威胁病原的监测能力及如何提供早期预警进行讨论。
7. 对“生物感知计划”的目标和宗旨进行讨论。
8. 对实验室响应网络的作用及三个不同层次实验室的功能进行讨论。
9. 了解联邦调查局中的危险物质响应机构的任务。
10. 了解国民警卫队中大规模杀伤性武器民事支援小组的任务。

引　　言

本章的目的是向读者介绍美国主要的生物安全计划和现有资产，主要内容包括全面应急管理的 4 个阶段(准备、缓解、响应和恢复)。过去 10 年的生物安全计划实施和生物安全条件建设，可有助于国家制定相关政策、提供生物安全早期预警与检测，以及提高应急准备能力和专门的响应与恢复能力。

减灾专家丹尼斯·米莱蒂(Dennis Mileti, 1999)表示，我们“似乎总在为最后

的灾难做准备”。更多时候，这个灾难可以说就是生物恐怖主义的威胁。自从2001年美国炭疽邮件袭击事件以来，美国就一直在为应对“隐蔽”和“公然”这两种形式的生物恐怖主义袭击做准备。隐蔽的袭击通常是指犯罪者将生物病原因子无声地释放到人群当中，随后可能会在多个诊所和医院急诊科出现临床症状类似的患者。在这种情况下，对于症状的监测则显得至关重要。隐蔽的生物恐怖主义行为有一些可循的迹象和特征，这些迹象特征可见于各类生物恐怖主义袭击，详见表12.1。

表12.1　生物恐怖主义引发疫情的特征

1. 许多病例同时出现，且来源于相互独立的人群
2. 出现许多罕见疾病病例，或病原因子属于美国卫生和公众服务部的A类或B类病原因子
3. 出现比该疾病典型病例的病情更严重的患者
4. 出现某疾病的异常暴露途径引发的疾病形式(如吸入性炭疽)
5. 在某些地方不常见或不合时宜的疾病
6. 同一疾病在多地同时暴发，或多种不同疾病在同一时期暴发
7. 发现不寻常的疾病菌株，或有罕见的抗生素耐药性的病原体

公然的生物袭击的特征在于犯罪者释放生物病原因子时会发出相应的告知，随后当地消防、执法和应急管理部门会迅速到达现场对事故进行处理。如果该袭击是一次独立的事件，那么由于它属于大规模杀伤性武器的范畴，联邦和州各机构将在几小时内与地方当局一起负责组织实施现场应急处理的相关工作。

各级政府官员会共同为社区做好应对最严重灾害的准备。无论是公然的还是隐蔽的生物袭击，都是应急响应组织需要应对的最困难的情形之一。对于所有的社区，特别是小型社区来说，想要建立有效的识别、响应、防控和治疗体系，都需要很高的成本。虽然大多的州政府都已经具备了应对生物安全事件的能力，但他们缺乏遏制疾病传播暴发所需的资源。因此，会由联邦政府负责建设一些关键基础设施，从而有助于识别生物威胁，并对其进行有效的处理。

批判性思考

2001年的美国炭疽邮件事件可以说是一次既隐蔽又公然的袭击。其隐蔽性在于：当炭疽杆菌孢子被偷偷邮寄到佛罗里达州博卡拉顿的AMI大楼时，犯罪者并没有进行任何的警示和告知，从而导致两名受害者感染了吸入性炭疽。但是，在发给政府官员和媒体巨头的邮件中有一张纸条，上面明确告诉受害者，他们已经遭到了炭疽袭击。为什么犯罪者首先进行了隐蔽的袭击，又在一周之后的袭击中给出明确的告知呢？

防灾减灾：政策制定和监督

防灾减灾工作的目的是通过对可能引起灾害的原因加以处理和解决，从而降低灾害发生的可能性或在灾害发生后限制其造成的影响。其工作重点是在灾害发生之前进行防控(Lindell et al., 2007)。但是，应如何阻止生物灾害的发生呢？或者换个说法，如何才能防止恐怖分子和战争的敌对方使用生物战剂呢？相关的法律可能会对一些业余恐怖分子或恶作剧者有一定的威慑作用，然而，对于那些决心实施恐怖主义活动的人来说，这些法律则几乎没有任何约束效力。因此，防止生物灾害的主要举措包括：相关部门出于对生物战剂扩散的担忧，会制定一些限制可疑物质交易和流通的政策；政府部门出于对科学高速发展或某些敏感信息被意外公开的担心，也会组建一个小组来提供指导和监督；此外，政府部门还会加强疾病的预防和推进一些疾病的新治疗策略的研发，从而消除某些生物战剂可能带来的威胁，保护国家免受生物袭击的威胁。

为了解政府防灾减灾策略中对生物战剂的潜在应用造成灾害的应对措施，在此我们对三个与防灾减灾相关的组织或计划进行介绍，它们分别是澳大利亚集团(the Australia Group)、生物盾牌计划(the BioShield project)及国家生物安全科学咨询委员会(National Science Advisory Board for Biosecurity, NSABB)。全世界有少数的国际组织把《禁止生物武器公约》的监督工作纳入自己的职责范畴，澳大利亚集团就是其中之一。生物盾牌计划启动于 2001 年 9・11 恐怖袭击事件发生后不久，该项目启动时的拨款有 56 亿美元，这些拨款的主要用途在于建立新的生物灾害对策，从而减轻生物袭击对美国人民造成的影响。国家生物安全科学咨询委员会是由美国卫生和公众服务部召集组成的一个专家组，主要负责制定相关政策及指导方针，以应对某些科学技术可能被恐怖分子或敌国利用的情况。

澳大利亚集团

在国际层面上，澳大利亚集团是由澳大利亚政府在 1985 年组建的，旨在减少化学和生物武器的使用与扩散。更确切地说，澳大利亚集团的主旨是支持和拥护 1975 年生效的《禁止生物武器公约》，其主要工作目标是提高国家对某些特殊化学制剂和生物病原因子出口许可的管控。在布鲁塞尔召开了组建后的第一次会议之后，澳大利亚集团就迅速建立了出口管制措施，在之后的很多年中，为了应对新出现的各类威胁和挑战，这些措施一直在逐步被改进。迄今为止，加入澳大利亚集团的国家数量已从 1985 年的 15 个增加到 40 个以上(图 12.1)。同时，参与澳大利亚集团的所有国家也都曾签订了《禁止生物武器公约》。

图 12.1　这份世界地图显示，截至 2015 年，已有 42 个国家加入澳大利亚集团。图像资料由澳大利亚集团提供

20 世纪 90 年代初，将双重用途材料(后文将进行详细讨论)转用于生物武器计划证据的出现使该集团开始对特定生物病原因子的出口实施管制。多年来，澳大利亚集团的管控清单范围一直在扩大，并逐渐囊括了那些能够被用于制造生物武器的技术和设备。美国卫生和公众服务部后来也是基于这样一份综合清单列表，对 A、B、C 类病原因子进行了划分。

生物盾牌计划

在美国国土安全部与美国卫生和公众服务部的共同努力推动下，乔治 • W. 布什总统在 2004 年 7 月 21 日签署了“生物盾牌计划”法案，并为此计划的实施提供了大量的拨款(图 12.2)。生物盾牌计划的目的是通过提供医疗方面的对策来保护美国公众免受核生化袭击。生物盾牌计划的立法，是民主党和共和党共同努力应对 2001 年 9 • 11 恐怖袭击事件、炭疽邮件袭击事件及蓖麻毒素袭击事件的结果，该计划主要有三个目标。第一，资助购买和储存对抗特定生物威胁的疫苗。第二，为引起特定疾病生物病原体的新药研发提供资金。第三，在政府对生物恐怖危机的医疗应急响应授权方面，以及新药和疫苗的批准程序方面提出彻底的变革(Marek, 2007)。

图 12.2　乔治 • W. 布什总统于 2004 年 7 月 21 日签署了“生物盾牌计划”法案。这项重要的计划由生物医学高级研究和发展管理局与国立卫生研究院共同主持，其开展将有助于美国为应对特定的生物威胁病原体提供更好的医疗对策(包括疫苗和治疗方案)。图像资料由劳伦斯利弗莫尔国家实验室提供

生物盾牌计划摘要

生物盾牌计划为购买医疗资源(如疫苗和用于诊断、治疗的医疗资源)提供了可靠的资金来源。生物盾牌计划共提供了 56 亿美元的资金，用于未来 10 年内先进医疗措施的开发及医疗资源的购买。这项“特别储备基金”由 2004 财年国土安全部拨款法案提供，经过多个部门和白宫批准，可供负责采购的美国卫生和公众服务部使用。生物盾牌计划的收购行为仅针对那些正在开发且在合同签订后的 8 年内可能获得许可的产品(Russell, 2007)。

这里就会牵扯出一个非常现实的问题：通常私营企业会着重考虑新药或疫苗的研发和生产成本，如果这些新药和疫苗是针对一些罕见的感染性疾病，甚至是一些还不知道是否会发生的疾病，那么在预先花费数亿到数十亿美元的研发费用之后，得到的产品足以使公司获利的可能性是多大？事实上，新药制造商在这方面几乎看不到任何潜在的利润，除非他们能够预测下一次生物袭击会发生在何时何地，以及恐怖分子会使用哪一种病原因子。

“生物盾牌计划”法案授权美国食品药品监督管理局可在国家公共卫生紧急事态下使用尚未获批的药物。此外，“生物盾牌计划”法案还授权联邦官员可向私营企业购买尚处于研发阶段的药物，当然，最终的批准还是要取决于药物临床试验和测试是否安全且有效。生物盾牌计划旨在消除公司在生产这些药物时面临的一些不确定性，毕竟私营企业存在的最大问题通常是在花费大量资金研发和生产

之后的销售情况。

虽然联邦政府已经为资金提供了保障，但生物技术公司仍然需要确保产品的安全性和有效性。因此，如果该公司经过多年的投资仍未能生产出有效可用的药物，将在经济方面受到严重的损失，可能这也是积极参与生物盾牌计划的公司为数不多的原因。

此外，生物技术相关部门对生物盾牌计划还存在其他的担忧。曾有生物技术公司高管抱怨说：如果新开发的药物给使用者带来了不良反应，或未能有效保护使用者特定病原感染，对于这样的情况，生物盾牌计划无法提供足够的产品责任保护。

也许是由于最初的“生物盾牌计划”法案存在不足，布什总统在不久之后又签署了一项法案，并通过这项法案成立了一个新的监管部门，即生物医学高级研究和发展管理局。生物医学高级研究和发展管理局将额外再提供 10 亿美元拨款，为生物盾牌计划之下的一些研发项目提供后续资金，政府也将为国内生产设施的建立提供资助。此外，政府还将为那些尚未获得美国食品药品监督管理局批准但是可用于生物袭击发生期间的医疗产品提供责任担保。根据新的政策，生产这些药品的公司只有在被证明有明显的故意不当行为时才可能被起诉。生物医学高级研究和发展管理局还为开发用于临床试验的实验动物模型提供了额外的资助，这些实验动物模型将会被用于对一些烈性传染疾病(如病毒性出血热、天花、肺鼠疫)的药性和疫苗进行测试。

生物盾牌计划最初的目标是推动应对生物战剂的医疗策略的开发，以及医疗资源的购买和储备。在启动之初，该计划主要专注于 A 类生物病原因子如天花病毒、肉毒杆菌毒素和炭疽杆菌。然而，相关部门很快就意识到，一些其他物质，如放射性物质、神经毒剂等，也应该被涵盖在生物盾牌计划之中。截止到 2011 年年底，生物盾牌计划已经购买了 2875 万剂炭疽疫苗(这种疫苗也是唯一的一种获 FDA 认证的炭疽疫苗)，以及 107 560 剂肉毒杆菌毒素中毒的抗毒素(Scheidmiller, 2012)。虽然购买的肉毒杆菌抗毒素的数量远低于 2006 年最初安排的 200 000 剂，但是卫生和公众服务部已明确 107 560 剂的总量是足够的(Roos，2012)，并且卫生和公众服务部还将于 2013 年购买更多的肉毒杆菌抗毒素(US DHHS, 2014)。生物盾牌计划中，用于应对各类大规模杀伤性武器的金额明细详见表 12.2。

表 12.2 近期生物盾牌计划应对生物威胁支出的资金数额(按威胁类型划分)

应对的威胁类型	资金数额	说明
炭疽杆菌	1 456 130 000 美元	抗毒素和疫苗
肉毒杆菌毒素	476 000 000 美元	抗毒素
天花病毒	1 085 000 000 美元	疫苗
核辐射	234 500 000 美元	放射病的治疗
神经毒剂	60 800 000 美元	咪达唑仑

注：数据来自美国卫生和公众服务部生物盾牌计划年度报告，2013 年 1～12 月

生物盾牌计划的一大成功之处是推动了对潜在生物战剂应对措施(也包含相应的医疗对策)的研发。医疗对策的研发通常具有高成本、高风险的特点(Russell，2007)，当目标产品的主要购买者是政府时，尤其如此。联邦政府常被制药厂商和疫苗制造商视为一个不确定的低利润市场(Russell, 2007)。此外，年度拨款流程使这些因素进一步复杂化，因为长期的资金拨款也具有一定的不确定性。对于这个问题，生物盾牌计划则是为那些开发核生化爆炸防护产品的厂商提供了长期的财务激励(Russell，2007)。迄今为止，已有 12 种新的产品被添加到战略性国家储备中，用以解决炭疽、肉毒杆菌毒素、天花病毒及其他的核生化爆炸威胁(US DHHS, 2014)，具体包括用于核辐射威胁的 480 万剂碘化钾、437 710 剂静脉内钙/锌二乙烯三胺五乙酸盐、920 000 剂 ST-246 疫苗和 20 864 000 剂 Imvamune MVA 轻型天花疫苗、138 749 剂肉毒杆菌抗毒素、28 750 000 剂炭疽疫苗、10 000 剂炭疽免疫球蛋白，以及用于炭疽的 65 000 剂单克隆抗体(US DHHS，2014)。

生物盾牌计划的另一项目标是增加国立卫生研究院的灵活性和影响力，从而加快应对潜在威胁医疗对策的研发。整体而言，这个目标基本上也成功实现。生物盾牌计划通过为制药公司提供财务激励，促进了对潜在生物威胁医疗对策的研发。随着联邦政府资金的稳定到位，制药公司更加愿意投入资金研究和开发潜在生物威胁的医疗对策。对于正在研发中的相关医疗对策，生物盾牌计划同意对方在签订购买合同之后的 8 年时间内完成研发和生产，为这些医疗对策研究和开发及 FDA 审批程序留出了足够的时间，从而有效鼓励这些正在研发中的医疗对策的发展。

生物盾牌计划的最后一个目标，是对于那些处于食品药品监督管理局审批程序最后阶段的生物威胁医疗对策的紧急使用进行授权许可。该授权仅可用于紧急情况下，但其对于医疗对策的继续研发同样起到了鼓励的作用。这种紧急使用授权可以由美国卫生和公众服务部部长发布，有效期限直到“当卫生和公众服务部确定潜在的紧急情况不再存在”为止(Gottron, 2014)。目前已有可用于埃博拉病毒病、H7N9 禽流感、中东呼吸综合征的紧急使用授权，以及用于吸入性炭疽的治疗或暴露后预防的强力霉素的紧急使用授权(Food and Drug Administration, 2015)。

2005 年，FDA 首次发布了紧急使用授权，该次授权的目的是“在国防部认定有较高暴露风险的军事人员中使用炭疽疫苗”(US DHHS, 2014)，在那之前，只有军事紧急情况或国内紧急事态下才允许卫生和公众服务部发布紧急使用授权。现在，根据《流行病与灾害预防再授权法案》(*Pandemic and All-Hazards Preparedness Reauthorization Act*, PAHPRA)中授予的权力，当认为有重大突发公共卫生事件发生的潜在可能时，卫生和公众服务部也可发布紧急使用授权(US DHHS, 2014)。这种更加灵活的紧急使用授权在近期的埃博拉病毒病暴发中起到至关重要的作用，如果不能为潜在的突发公共卫生事件提供紧急使用授权，可能就无法为埃博拉病毒病的暴发提供及时的救助。

生物盾牌计划的初始启动资金来源于2004年通过的“生物盾牌计划”法案，该法案为这项计划在10年时间内拨款56亿美元，这部分资金来源于2004财年国土安全部拨款法案的一部分(US DHHS, 2013)。目前，生物医学高级研究和发展管理局已经签署了9项合约，用于开发和收购价值超过20亿美元的核生化威胁相关的医疗对策，并储存了7种用于应对核生化威胁的医疗对策产品(US DHHS, 2013)。

生物盾牌计划的所有资金都是经由生物医学高级研究和发展管理局及美国卫生和公众服务部负责应急准备与响应的副部长下拨的。他们通过与制药公司签订合同，从而使制药公司对生物威胁因子的医疗对策进行研究、开发和生产。通常这些合同均为固定总价的合同(US DHHS, 2013)。

虽然根据最初的计划，生物盾牌计划的资金拨款时间为2004财年到2013财年，但在2013年之后，生物盾牌计划将继续获得资金拨款。在2013年的《流行病与灾害预防再授权法案》中，生物盾牌计划的资金已增加到28亿美元(Genomeweb, 2013)。此外，根据奥巴马政府的说法，在2016年的预算中，将为传染病相关的项目提供数十亿美元，其中仅用于“继续开发新的医疗对策”生物项目的资金就有6.46亿美元(Roos, 2015)。

尽管近年来生物盾牌计划获得的拨款看似在不断增加，但该项目并未受到持续的高度重视。2010年的时候，众议院试图将生物盾牌计划的20亿美元拨款转用于其他政府项目，但没有成功(Global Security Newswire, 2012)，白宫也曾在2013财年提出将生物防御的资金预算转移到生物医学高级研究和发展管理局(Global Security Newswire, 2012)。然而在2014年，埃博拉病毒在美国的突然出现，迅速又将生物病原因子的威胁重新变成人们关注的焦点，这可能与之后不久生物盾牌计划中的拨款增加有一定的关系。

生物盾牌计划成功创造了一个有保障的市场。但是它并没有解决技术发展带来的风险问题、研发公司在缺乏必要的技术专长方面的问题，以及在产品获批方面需要的资金问题。

Robert Kadlec(2013年)

虽然生物盾牌计划的实施一直是一个缓慢的过程，但随着计划的实施，战略性国家储备中可用的生物病原因子抗毒素和疫苗数量显著增加，对于医疗对策研发的推进也已取得了显著的成果。紧急使用授权的应用范畴扩展也是生物盾牌计划取得的一项成功，即当出现特定的突发公共卫生事件，可以允许针对潜在发生的生物威胁发布紧急使用授权。迄今为止，紧急使用授权的两个最常见的激活因素分别是H7N9禽流感和埃博拉病毒病。

国家生物安全科学咨询委员会

国家生物安全科学咨询委员会成立于2005年，它是促进生命科学研究中生物安全相关倡议的重要组成部分。美国卫生和公众服务部成立这个咨询委员会的目的，是为那些可能被滥用并可能对公众健康、国家安全构成生物威胁的生物研究提供建议和指导(图12.3)。这类研究通常被称为“重要的双重用途研究”，也就是说，根据合理预期，这些研究属于“可能被他人滥用、误用并对公众健康、农业、植物、动物、环境或物资构成威胁的知识、产品或技术”。迄今为止，国家生物安全科学咨询委员会已经提出了多种需要被特别考虑且存在潜在双重用途的实验研究结果。

图12.3　上图是国家生物安全科学咨询委员会为那些有可能被滥用并可能对公众健康、国家安全构成生物威胁的生物相关研究(即重要的双重用途研究)提供的建议和指导。美国国家生物安全科学咨询委员会(US National Science Advisory Board for Biosecurity, NSABB)在美国政府的一些策略制定方面提出建议，具体包括：联邦政府和相关机构的监督(对重要的双重用途研究进行识别、审查及与研究人员之间的沟通)；教育和培训(促进科研界对双重用途研究相关问题的认识，避免科研界不负责任地开展存在双重用途潜能的研究)；国际合作(促进国际社会对双重用途研究的问题进行参与)。通过为美国政府策略的制定提供咨询和建议，从而将恶意利用双重用途研究的信息技术带来的风险和害处降到最低。美国国家生物安全科学咨询委员会的成员都是科研界、医学界、法律界、安全保障领域及公益事业领域的专家，美国国家生物安全科学咨询委员会的会议都是对公众开放的，同时，公众的参与也是美国国家生物安全科学咨询委员会政策制定流程的关键。美国国家生物安全科学咨询委员会的报告和活动还包括以下内容：为双重用途生命科学研究的监管制定框架，解决生物安全中与管制病原合成相关的问题，组织双重用途生命科学研究的国际圆桌会议。双重用途研究是指某些基于正当合理的科学目的进行的科学研究，但这些研究同时也有可能被误用或缪用，并可对公众健康和国家安全的其他方面造成威胁。图像资料由国家生物安全科学咨询委员会提供(www.biosecurityboard.gov)

对于这些双重用途研究，专门由国家生物安全科学咨询委员会负责指导制定方法体系和联邦研究审查制度，以确保在开展重要研究的同时，解决国家安全隐患问题。美国国家生物安全科学咨询委员会除为那些需要特别关注和安全监督的研究制定指导方针外，还为从事生命科学和材料资源研究的科学家、实验室工作人员的行为制定了专门的规范，并对这些研究群体开展了有效的生物安全教育。

国家生物安全科学咨询委员会由25名可投票成员组成，他们在分子生物学、微生物学、传染病、生物安全、公共卫生、兽医学、植物健康、国家安全、生物防御、执法和科学出版方面拥有广泛的专业知识。该委员会还包括一些无投票权的成员，这些成员来自15个联邦机构和部门，这些机构部门包括：总统行政办公室、卫生和公众服务部、能源部、国土安全部、退伍军人事务部、国防部、内政部、环境保护署、农业部、国家科学基金会、司法部、国务院、商务部、情报局、国家航空和航天局。

国家生物安全科学咨询委员会的主要目标是加强生命科学研究的生物安全性。此处，生物安全性可被理解为“最大限度地降低生物研究被滥用于开发或制造生物武器的可能性”(NSABB website, 2015)。其采用的方案，包括实施“公共卫生安全与生物恐怖准备与响应法案”，在国家生物安全科学咨询委员会指导下，该法案可支持以下行动。

- 制定指导方针，用于监督双重用途研究，并根据需要对这些指导方针进行评估和修改。
- 与科研领域的各部门机构(包括一些科学期刊编辑部)合作，开发和推广各类敏感研究在出版、传播等方面的规范准则，并鼓励国际组织采用这些准则。
- 为科学家和实验室工作人员制定行为准则提供指导。
- 为联邦与联邦政府资助的所有科学家和实验室工作人员制定生物安全问题相关的教育及培训计划。

国家生物安全科学咨询委员会为所有进行生命科学研究的联邦部门和机构提供建议。委员会负责提出有效监督双重用途生物研究的具体策略，包括制定对研究逐个审查的策略和生物安全委员会批准的准则。该委员会既要考虑到科研方面的需求，包括促进公共卫生研究(如新的诊断、治疗、疫苗和其他预防措施、检测方法等)及粮食和农业研究的持续快速发展，又要考虑到国家的安全问题。

备　　灾

就生物安全而言，备灾是指在生物安全事故发生之前，通过提早应对的准备工作，保护生命和财产，促进灾后的快速恢复和重建(Lindell et al., 2007)。为了有效应对生物恐怖主义事件，准备工作的组成部分必须包括事先确定的预案、合理的响应程序框架和充足的资源储备。这些组成部分旨在对及时有效的应急响应给予支持并促进灾后恢复。出于对生物恐怖主义的威胁和对传染病大流行的担忧，州和地方公共卫生当局更加关注能否为社区提供快速、可靠的预防性药物。联邦政府最近呼吁各个州都制定全面的大规模预防计划，以确保在未来生物安全事件暴发时，全民都可以及时获得必要的抗生素或疫苗(Hupert et al., 2004)。

预防是指为个人提供的医疗护理或措施，以保护个人免受疾病侵害。当对有风险的整个人群或大部分人群进行医疗措施防护时，该活动被称为大规模预防，可采用的具体措施包括药物的分发和疫苗接种的实施。对大规模疫情的有效响应取决于识别疫情的能力、为受影响人群及时调动和提供所需医疗资源的能力，以及为受感染个体提供持续的医疗服务的能力(Hupert et al., 2004)。

因此，联邦的拨款大幅增加，以协助地方公共卫生机构规划和实施应对生物恐怖主义与疾病暴发的大规模预防活动。此外，对于生物安全事故的准备还包括大规模预防储备计划(mass prophylaxis caches)、生物监测计划(BioWatch program)、生物感知计划(BioSense program)和城市应对计划(cities readiness initiative, CRI)等。本章将对以上提到的几项计划进行详细介绍。

大规模预防储备计划

疾病控制与预防中心负责预防性药物的战略性国家储备，并为美国各地的公共卫生机构和应急管理部门提供用药与分配方面的技术援助，但是战略性国家储备及其后勤人员并不能独立参与第一响应行动。同样，美国卫生和公众服务部建立了国家灾害医疗系统，为美国的各类灾难提供医疗方面的快速响应，但该系统并不能取代大规模预防活动在各地区的规划和运作(Hupert et al., 2004)。

药物和疫苗的时效性(保质期)可能会限制对严重疫情的应对能力。联邦政府创建的战略性国家储备由许多可随时部署的包裹组成，在这些包裹中，包含可用于治疗数千名A类病原因子疾病患者的药物，以及应对其他各类大规模杀伤性武器(如神经毒剂)的医疗用品。此外，预先指定的药物储备和生产安排，以及药物供应商库存也可用于大规模的预防和疫苗接种。在美国各州，一些大城市与医疗机构已具备用于疾病暴发时关键抗生素和医疗资源的部分库存及安全供应链(Hupert et al., 2004)。

联邦大规模预防资源旨在基于地区的第一响应基础设施开展大规模预防。国家的每个公共卫生司法管辖区都有责任确保用于首次响应的预防资源足以保障当地所有民众，以及确保开展联邦政府援助的大规模药物分配和疫苗接种。这条规则的设立包含以下 4 项原因。

1）在任何联邦医疗资产的援助到达之前，均需先在当地开展大规模预防活动。

2）联邦或州虽然会给予医疗资产援助，但是无法提供足够的人员来指挥或实施全社区的大规模预防药物分配。

3）收到联邦和州的医疗资产援助之后，大规模预防仍可能继续由当地进行控制实施。

4）在联邦或州医疗资产撤离后，当地可能还需要继续开展药物分配和后续的其他工作（HHS and AHRQ 17-19）。

一旦有需要，来自战略性国家储备的医疗资产将迅速到位，这一过程可能会比当地药品分发网络的建立或疫苗接种中心的建立所花费的时间更短。每个站点必须有明确的通往这些战略性国家储备物资的接收、存储站点，以及本地的医疗物资库存点的供应路线（图 12.4）。大多数本地库存都是预先指定的，供当地第一响应人员、医院和应急响应管理人员使用，以确保在联邦资产到达之前的工作能顺利开展。

图 12.4　战略性国家储备（strategic national stockpile, SNS）的包裹抵达华盛顿特区的接收和存储仓库。随着这批名为“Eagle Pack”的货物的抵达，美国开启了首都地区有史以来最大区域规模的药品分发演习。该演习在美国法警、马里兰州警察局、大都会警察局和其他当地执法专业人员协助下，模拟医疗资源的货物装载运输，以及模拟战略性国家储备应对突发公共卫生事件时的药物快速部署。图像资料由美国疾病控制与预防中心提供

现场的库存管理部门需要确保可提供适当的存储仓库（如冷冻仓库），并具备合格的库存管理能力以及供应物资安全保障能力。如果该中心分发的药物或疫苗属于试验性新药，那么当地工作人员必须对接受这些药物或疫苗的人进行追踪。

然而，在最近的立法提案中，已提出建立这种情况下紧急使用授权的建议，以便在需要大规模预防时能够迅速分发那些尚未进入临床的药物或尚处于研究阶段的药物和疫苗(Hupert et al., 2004)。

生物监测计划：早期的预警和监测

乔治 • W. 布什在 2003 年的国情咨文中向公众宣布了生物监测计划。这是一种针对雾化生物病原因子的早期预警系统。目前，该计划由国土安全部的健康威胁恢复部门负责。通过该计划的实施，有助于在发生生物威胁的早期检测到一些生物病原因子的存在，尽早给予暴露于生物病原因子的人以必要的医学治疗并使其能够更好地恢复，从而减轻生物袭击造成的后果(Crawford, 2006)。

通过使用网络机柜或工作站，生物监测计划的第二代生物监测收集器能将空气中的颗粒样本收集到过滤系统中(图 12.5)。专门的技术人员会负责每天手动收集过滤器，并将其带到疾病控制与预防中心实验室响应网络进行处理。随后，过滤器将会接受几种特定的病原生物测试，包括炭疽杆菌(炭疽)、鼻疽伯克霍尔德菌(鼻疽)、类鼻疽伯克霍尔德菌(类鼻疽)、鼠疫耶尔森菌(鼠疫)、天花病毒(天花)和土拉热弗朗西丝菌(土拉菌病)。当定性测试出现了阳性结果，那么就可以认为生物监测计划起到了应有的成效。空气样本从采集、运输、处理，到当地工作人员根据检测结果做出适当响应，所需时间至少为 36 小时。

图 12.5　图中展示了一些生物监测计划的采集设备。从左到右分别是华盛顿特区的地铁站、盐湖城(靠近奥运场馆)的街道和纽约警察局派出所。图像资料由美国国土安全部提供

生物监测计划摘要

生物监测计划通过对高风险城市的空气进行采样，从而快速地识别 6 种生物威胁病原体，为生物袭击的发生提供早期预警。这项计划的使命是通过采集设备的部署、维护及持续的监测，确保在生物恐怖事件发生时能够更早察觉、更快启动应急响应，以及确保事件发生后更好的恢

复。通过这项计划，不仅能提供生物袭击的早期预警信号，还能够确定生物袭击的严重程度和病原类型、协助识别袭击者，并帮助确定污染区域范围和可能感染的人群(DHS, Office of the Inspector General, 2007)。

据报道，在美国境内的30个司法管辖区中，出于安全原因考虑，尚未公布生物监测采集设备的确切位置及部署的城市(Shea and Lister, 2003)。实际上，生物监测系统所提供的预警能力，仅是美国国家生物监测集成系统的组成部分之一，除生物监测系统对于环境的侦测外，国家生物监测集成系统还包括来自美国疾病控制与预防中心的人类健康数据、美国农业部的农业疾病数据、美国农业部和美国卫生和公众服务部的食品安全数据(Brodsky, 2007)。

生物监测系统是一个涉及多个联邦机构的联合计划，这项计划由国土安全部总体负责，由美国疾病控制与预防中心和环境保护署共同维持其日常运转。其中，环境保护署负责监测站点和设备的部署，确保站点的安全性并对技术进行监测(Pike, 2006)；疾病控制与预防中心则负责对采集到的样本进行处理和检测。此外，在涉及该计划的更多专业技术方面，洛斯阿拉莫斯国家实验室和劳伦斯利弗莫尔国家实验室也以合作的形式参与其中。

2003 财年，美国联邦政府对生物监测计划资助了 4000 万美元的联邦资金，占当年生物应对策略总预算资金的 12%(Shea and Lister, 2003)。在 2005 财政年报中，布什总统要求将生物监测计划的资金增加到 1.18 亿美元，以扩大该计划的覆盖范围及增加先进监测设备的研发力度。然而在 2007 年，国会削减了生物监测计划原本用于购买新传感器的 1300 万美元资金。核威胁倡议协会在其发布的一份简报中提到，生物监测系统每年在每个城市的运营维护和样本采集的估算费用仅为100 万美元，总的项目预算却高达约 8500 万美元(Brodsky, 2007)。然而实际上，生物监测不仅仅是一个独立的监测系统，它还需要将许多操作部分综合到一起。如前所述，必须要有人负责收集过滤器、将过滤器运送到实验室、提取和制备样本、处理样本，以及随后的检测等工作。所有这些劳动成本加起来，约占该计划总运营成本的 75%(Cohen, 2007)。

生物监测系统面临的一个基本挑战，是在发生生物袭击时，通常无法确定袭击可能发生的具体地点，也无法预测当时会是什么样的气象条件(Shea and Lister, 2003)。该系统设计中的一个重要步骤，就是确定空气采样收集器的安放位置，这样做的目标是利用数量有限的收集设备在多个潜在地点进行部署，使检测到生物病原因子释放的可能性最大化，从而最大限度地为城市居民提供保护。为了实现这一目标，必须使用一组标准指标对每个收集站点的功效及其对整个收集器网络的贡献度进行客观评估。为了解决这一问题，洛斯阿拉莫斯国家实验室开发了一个地理空间应用程序，为工作人员提供了一个基于现成的地理信息系统开发的用于选择确定收集站点位置的定量工具(Linger, 2005)。

批判性思考：土拉热弗朗西丝菌，生物监测计划和美国国会大厦

2005 年 9 月 25 日，工作人员在华盛顿特区及其周围的生物监测过滤器中检测到低水平的土拉热弗朗西丝菌，得到这一阳性检测结果时，正好是在国会大厦发生战争抗议后的第二天。对于生物监测系统的 6 个传感器收集到的空气样本结果，美国国土安全部官员首先怀疑土拉热弗朗西丝菌可能已存在于国会大厦中。随后，疾病控制与预防中心的实验室检测结果也证实国会大厦中确实存在低含量的土拉热弗朗西丝菌。但是，根据生物监测系统的标准，该结果并不能被用以完全确定该病原体的存在。因此，国土安全部官员为了避免引起公众恐慌，在之后的几天内都没有通知华盛顿当地公共卫生官员。直到 9 月 30 日，当地卫生官员和公众才被告知，需要对这种疾病的症状提高警惕，具体的症状包括寒战、发热、头痛、肌肉疼痛和肺炎。国土安全部官员近一周后才宣布这种细菌是自然出现的，并且不会对健康构成威胁(Francis, 2007)。

在此，我们可能会注意到两个问题。第一，毕竟生物监测系统是一个早期的预警和监测系统，但为什么联邦政府官员要在经过了那么长的时间之后，才提醒当地政府机构对这种潜在的公众健康威胁进行通告？第二，我们该如何从各种天然的致病因子中筛选出真正对我们造成威胁的因素呢？用于检测这些病原因子的技术仅仅告诉我们这些病原因子的存在，并不一定会指明这些病原因子能够造成威胁，毕竟基于生物体遗传结构的诊断方法并不能证实或鉴定病原体对宿主的感染能力。

自生物监测系统启用以来，外界对其一直存在批评和争议，其中主要的问题已于 2007 年国土安全部报告中进行了详细披露。这些问题包括监测结果报告时缺乏必要的合作，以及收到行动报告之后缺乏后续行动(DHS, Office of the Inspector General, 2007)。然而生物监测计划最大的问题之一，一直都是其成本花销太高。随着该计划进入高级开发阶段，它有望成为最初人们所期望的那样：成为一个集自主采样、自主检测及预警于一体的系统。事实上，这一直是第 3 代生物监测计划(Gen-3)的目标。国土安全部正在寻求一种能够取代目前依赖于大量人力劳动成本的自主独立样本采集监测器。不幸的是，第三代生物监测计划被取消了(GAO Report, 2014)。国会中那些对生物监测计划指手画脚的评论家已经成功地减慢了生物监测计划的进展，并破坏了目前已取得的研发成果。然而，现存的技术和市面上可购买的设备都在试图达成生物监测计划原本的目标，也就是构建一个能够实时监测那些高风险区域的生物威胁病原因子释放情况的预警系统。而生物监测系统到底是会成为一个被遗忘的过去，还是会在未来消耗更多经费后最终研

制成功，将由时间来证明。

生物感知计划

生物感知计划是一款用于收集全国卫生数据、基于网络的应用软件，同时它会将收集的数据传输给公共卫生官员以提高他们对可能发生的生物安全事件的识别能力(Caldwell, 2006)。疾病控制与预防中心开发生物感知计划的目的，是对可能的生物恐怖袭击或其他重大生物安全事件的发生进行早期的侦查(Sokolow et al., 2004)。由于疾病数据异常可能是潜在生物恐怖主义事件发生的重要迹象，因此，生物感知计划会将来自医疗机构的患者和疾病数据与常规的历史数据进行实时的结合比对(Loonsk, 2004)。通过为早期检测提供参照标准、基础设施和数据采集，生物感知计划能够实现与疾病数据异常情况近乎实时的报告和评估，并从早期的侦测方面为州和地方公共卫生官员提供支持(Bradley et al., 2005)。本书所涉及的多种疾病在发病初期均表现为类似流感的症状，因此如果出现这种类似流感症状的人数在夏季明显增加，那么就可能被识别为发生了生物安全事件(如流感大流行、鼠疫等)。

生物感知计划的使命，是提供一张与国家卫生保健系统相结合的国民健康图谱(CDC, 2009)。此外，该计划还以收集汇总的方式对医疗卫生系统进行管理、整理并解读那些对公众健康产生威胁的有关数据，以及对发生威胁时的应急响应给予协助(CDC, 2009)。

2002年，由国会通过的《2002年公共卫生安全和生物恐怖防范应对法案》批准了生物感知计划的建设工作(Riviere and Buckley, 2012)。随后，生物感知计划于2003年正式启动。最初该计划旨在建立“一个综合的国家公共卫生监测系统，用于早期发现和快速评估潜在的生物恐怖主义相关疾病”(CDC, 2012)。但是，生物感知计划的核心不仅仅是基本的数据收集和监控，还包括沟通、协作、信息透明和方法创新(CDC, 2009)。

生物感知计划需要大量的沟通和协作，包括鼓励每个人分享他们的知识及鼓励社区中更多人的参与等。这样不仅可使公共卫生网络范围扩大，还能极大地增强该计划的识别能力。此外，生物感知计划涉及的信息均保持透明，这不仅有助于外界对其的督促，以确保其正常运行，还意味着能够借用各个层面(国家层面或地区层面)的防控能力和应对措施(CDC, 2009)。

生物感知计划由几个重要部分组成。为了更好地理解这些组成部分，我们将其分别列了出来，其包括的组成部分如下。

- 支持早期监测。
- 为近乎实时的报告和分析提供数据采集与需要的基础设施。

- 促进国家标准的应用及开发与之配套的详细说明。
- 增强方法和技术共享，并确保这些技术方法与其他公共卫生系统相整合。

生物感知计划通过一系列步骤来识别可能暴发的疾病或生物恐怖主义事件。在开发的早期阶段，生物感知计划的数据来自美国国防部医疗诊所和退伍军人事务部医疗机构(Dembek, 2007)。之后的一段时期，该系统的信息来源于LabCorp®(一家为美国多家医院、医疗机构提供实验室检测的供应商)，从而追踪全国各地的疾病发生情况。目前，生物感知计划已逐渐成熟，为了获得更加完善的数据，生物感知计划分别从医院、州和地方卫生部门、国防部和退伍军人事务部医疗机构进行数据采集(图 12.6)。数据的类型包括患者的症状、医生开出的药物处方(药物数量和类型)及急诊部的门诊量(Levi, 2011)。信息是该计划的一个重要组成部分，并且所有信息均为透明公开的。利用这些信息，工作人员甚至能够在获得实验室检查结果之前发现疫情。同时，如何对数据进行获取和报告也很重要。

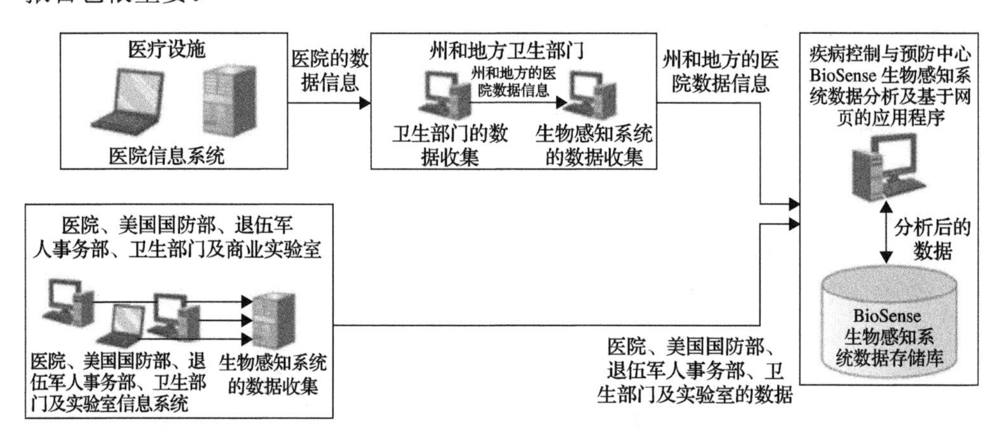

图 12.6　生物感知计划收集信息的来源。图像资料由美国疾病控制与预防中心提供

生物感知计划是公共健康信息网络(Public Health Information Network, PHIN)的一个部分。美国疾病控制与预防中心资助了包括生物感知计划在内的多项信息技术项目计划，公共健康信息网络为这些项目的开发和实施提供了国家标准(Rodrigues, 2009)。生物感知计划不仅有能力对地方水平的数据进行分析，还能对州和国家层面的数据进行分析。Lombardo 和 Buckeridge(2012)曾指出，每隔 15 分钟便有一份数据被发送到疾病控制与预防中心。虽然这些数据是在此时间范围内被接收，但它们不会立即可见。在数据被接收之后，还有预处理、分类、存储到数据库等流程，之后才会在应用程序中可见(Lombardo and Buckeridge, 2012)。州和地区的各卫生部门均可通过网页，访问生物感知系统中的信息。当一个区域内的某种疾病病例数超过了设定的阈值，或与过去的情况相比存在异常时，该程

序能够发出警报(Dembek, 2007)。

迄今为止，已有多次通过生物感知计划监测疾病和识别当时情况的成功例子。2009 年，生物感知计划捕获了新型的甲型 H1N1 流感的暴发(图 12.7)。疾病控制与预防中心利用生物感知计划的数据采集和分析，对该次流行病的发生进行了持续的数据观测和识别，并由此为相关部门的决策人员提供了有力的协助(Tokars et al., 2006)，该次疾病暴发最终只发展为轻度的流行。在 2010 年的深水地平线海湾沿岸石油泄漏事件之后，生物感知计划也被用于监测美国东南部的医疗卫生动态趋势。

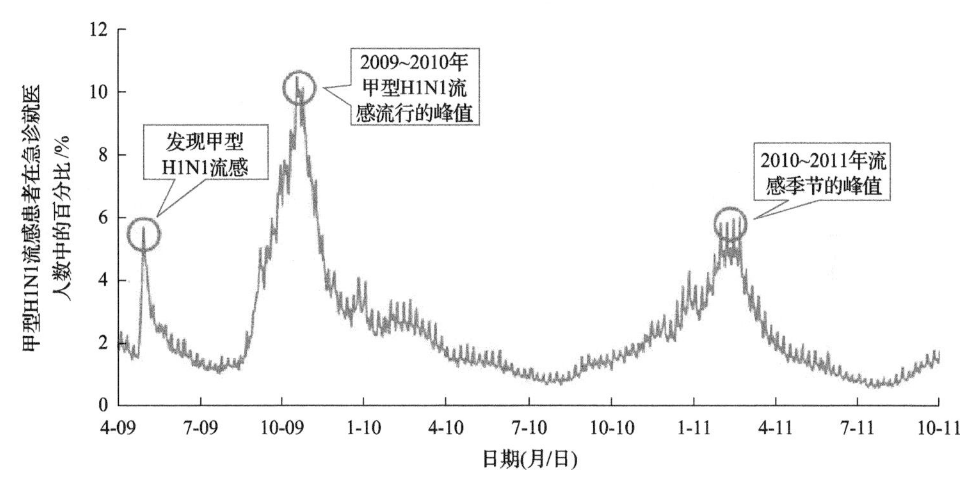

图 12.7　2009～2011 年生物感知计划的流感样疾病症状数据图。图中清楚地显示了新型的甲型 H1N1 流感的出现及之后发生轻度流行的第一和第二峰。图像资料由美国疾病控制与预防中心提供

生物感知计划有许多优点，但多年来也由于一些局限性与有效性方面的担忧而受到批评和争议。众所周知，生物感知计划等生物监测系统普遍受其及时性、假阳性率和总体敏感性的限制(Dembek, 2007; Gostin, 2008)。生物感知计划通常被认为是一个早期侦测和预警系统，但有人认为它所提供的预警可能来得太晚(Thoburn et al., 2006)。本书作者认为，比起这些批评，生物感知计划的优点和价值更为突出，该生物监测系统应当继续运营。

城市应对计划

城市应对计划是近期由美国卫生和公众服务部开发，隶属于美国疾病控制与预防中心公共卫生应急准备项目(Centers for Disease Control, 2004)中的一项。城市应对计划的意图是通过开发战略性国家储备及在紧急事态下运输分发战略性国家储备物资的系统，从而提高应对生物安全或核辐射事故的能力(Centers for

Disease Control, 2006)。此外，城市应对计划的内容还包括增强各级政府之间的规划合作，其建设的主要目标是在事故发生后的 24～48 小时向受影响人群运输和分发所需的药品，给予必要的治疗措施。

城市应对计划是一项受联邦资助的计划，其目的在于提高美国 57%以上人口居住的主要大都市统计区(metropolitan statistical area, MSA)的备灾和应急响应能力。通过城市应对计划的实施，州和大都市公共卫生部门已制定了规划，确保能够迅速将战略性国家储备(SNS)的医药与医疗资源运输和分发到发生大规模突发公共卫生事件的区域。最初的城市应对计划方案主要是为了应对大规模炭疽袭击而制定的。

城市应对计划网站

城市应对计划起源于 1999 年开始的应急准备计划，该计划旨在增加战略性国家储备及加强快速分配抗生素等医疗资源的能力。最初的计划主要是与部分的州政府进行合作，然而，城市应对计划的目标后来扩展到处理大都市的放射性和生物威胁(Centers for Disease Control, 2015b)，因此与政府的合作也有所扩展。2004 年，该计划涵盖了 21 个试点城市，到 2005 年，又有 15 个城市加入其中。2006 年，随着更多城市的加入，该计划的覆盖范围达到 50 个州及包括哥伦比亚特区在内的 72 个城市(Centers for Disease Control, 2015a)。

城市应对计划的资金来源于美国疾病控制与预防中心的公共卫生应急准备计划(Centers for Disease Control, 2015b)。自 2001 年以来，美国疾病控制与预防中心的公共卫生应急准备计划的总资金已从 9 亿美元左右减少到 7 亿美元左右(National Association of County and City Health Officials, 2007)，因此疾病控制与预防中心的公共卫生应急准备计划允许各大都市的资金交互使用。例如，为费城发放的城市应对计划拨款，其中也包括为特拉华州的威尔明顿和新泽西州的卡姆登准备的资金(Centers for Disease Control, 2006)。虽然该计划的资金都来自美国疾病控制与预防中心，但只有 4 个大都市区域(纽约市、洛杉矶、芝加哥和华盛顿特区)能获得直接的拨款，其余 68 个城市则是根据城市应对计划划拨到各州的资金再进行分配。每年各州都会申请并获批城市应对计划资金，目前美国 50 个州均可参加该计划(Lindell et al., 2007)。

城市应对计划中有一个有趣且富有创意的部分，即一些收到该计划拨款的部门与邮政部门合作，在需要大规模预防时，将由邮政服务对这些城市中的药物等医疗资源进行运输和分发(Centers for Disease Control, 2015b)。这种挨家挨户的分发机制于 2005 年被确认和安排下来，为实现这一目标，邮局员工必须按照特定要求，接受有关药品的处理和储存的培训（Centers for Disease Control, 2015b）。这种安排的目的是协助制定有针对性的应急响应计划，用以应对在人口稠密地区气溶胶化的病原因子（如炭疽杆菌孢子）的迅速释放，防范其对大部分人造成的影响（Centers for Disease Control, 2015b）。通过这种方式来分发抗生素，可能比一些其他大规模预防方式更加便捷有效。

响应和恢复

当发生突发事件时，应急响应也就随之开始了（Lindell et al., 2007）。在某些情况下，早期预警和侦测系统可能会在第一个特征性病例出现症状之前就给出警示。根据记录，这种早期的预警曾有发生过。此外，当发生公然的袭击时，卫生官员会警惕犯罪者给出的警告或表现，并可能会发起应急响应。无论犯罪者发动袭击的形式如何，或病原因子的传播与事件识别之间相差了多久，都需要对污染区域进行快速评估。应急响应有三个主要目标：保护公众、限制损害、尽量减少病原体二次传播的范围。地方应急响应者负责对应急响应期工作的整体把控，这段时期的特征具有不确定性和紧迫性。在应急响应期之后，则是事件的恢复期，恢复期又可分为短期和长期的恢复。恢复期的工作目标，首先是建立正常的秩序，然后努力使灾区恢复到事件发生前的状态。这样的目标是否易于实现，在很大程度上取决于事件的性质。

美国疾病控制与预防中心，实验室响应网络

1999 年，美国疾病控制与预防中心、公共卫生实验室协会和联邦调查局共同合作，组建了实验室响应网络。该次合作的目标是汇集所需的知识、技术和基础设施，以便在恐怖主义行为或其他突发公共卫生事件发生时促进合作，并迅速对生物病原因子进行识别鉴定。实验室响应网络目前由两个主要部分组成：一个处理生物病原因子的公共卫生实验室网络和一个规模较小的处理化学毒剂的公共卫生实验室网络。实验室响应网络是一个涵盖超过 150 个实验室的国际网络，根据该网络中实验室所属机构的行政级别，这些实验室可分为以下两类。

- 联邦级别：位于美国疾病控制与预防中心、农业部、联邦调查局、国防部、环境保护署及隶属于联邦机构的其他单位的实验室。
- 州和地方级别：隶属于州和地方卫生部门的实验室。除了能够检测 A 类生物病原因子，其中也有少数实验室能够通过对临床标本的测试来测定人体接触有毒化学品的情况。

实验室响应网络是一个针对生物恐怖主义和化学恐怖主义的准备与响应网络体系，其主要通过完成以下任务来实现对生物恐怖主义的准备和响应。

- 协助州和地方公共卫生机构培养训练有素的实验室工作人员。
- 将试剂分发到当地实验室并提供标准化测试方法，推动先进技术的收购工作。
- 支持设施、设备的改良和更新。

迄今为止，实验室响应网络是一个由 153 个实验室组成的网络体系。这 153 个实验室分布在美国的 50 个州内，包括地方、州和联邦层面的环境样本检测实验室、动物和食物检测的公共卫生实验室，以及兽医诊断、军事用途和其他方面的专业实验室(实验室响应网络设施位置见图 12.8)。在具备高效的检测和有效的响应能力的同时，也需要对不同级别层面的实验室组成的网络体系进行协调。根据不同的职能级别，这些实验室又被分为哨点实验室、参考实验室和国家实验室。以下将对实验室响应网络结构中这三个不同职能级别实验室的作用和具体职能进行详述。

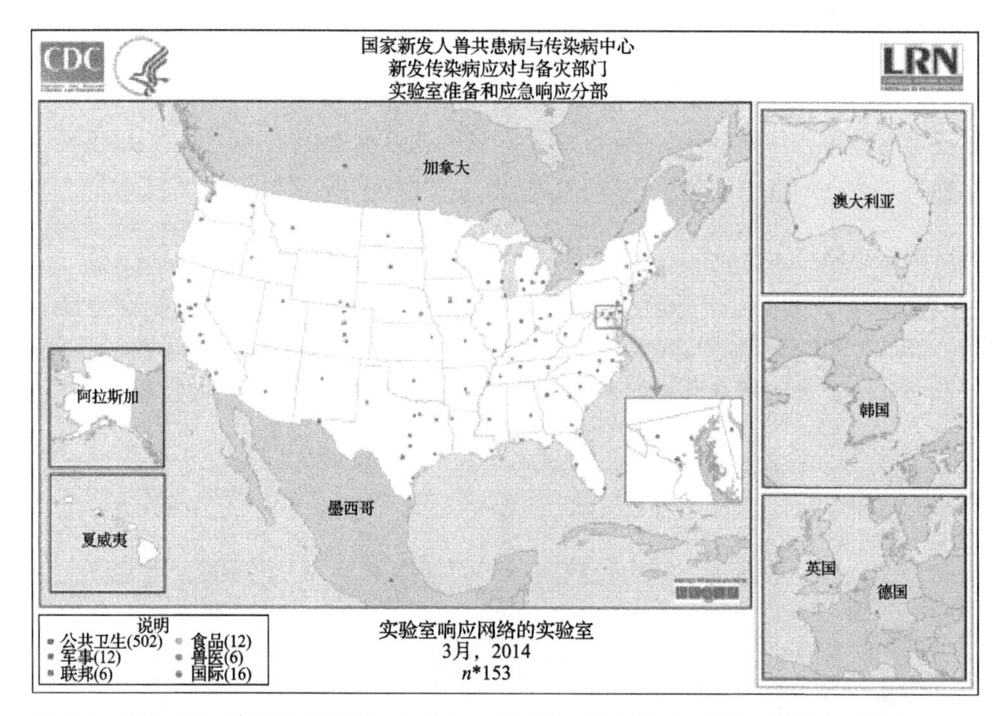

图 12.8　实验室响应网络位于美国、加拿大、墨西哥、澳大利亚、韩国、德国和英国的 153 个机构的位置。图像资料由美国疾病控制与预防中心提供

哨点实验室

哨点实验室在早期生物病原因子检测方面发挥着关键作用。哨点实验室根据其功能类别又分为环境、食品、兽医、农业、公共卫生和临床实验室。这些实验室有能力处理那些可能含有生物威胁病原因子的材料或物质。在其临床实验室中，对于人体样本中微生物病原因子的常规检测，就能够作为实验室响应网络的哨点职能。在常规情况下，这些实验室就是为生物恐怖主义或新发传染病等公共卫生事件提供检测的前哨实验室。详细地说，哨点实验室有以下特征。

- 是实验室响应网络中数量最多的实验室。
- 由经常对患者进行实验室检测的私营实验室和医院实验室组成。
- 可能是最早通过检测识别出可疑样本的实验室。
- 能够通过检测排除一些危害较小的病原生物。
- 如果不能确认样本中是否存在生物威胁病原因子，就要将样本提交给参考实验室。

参考实验室

参考实验室主要负责标本的调查或运输。在实验室响应网络中，共有 100 多个州和地方的公共卫生、军事、国际、兽医、农业、食品和水样检测参考实验室。除位于美国本土的实验室外，还有位于澳大利亚、加拿大和英国的国外实验室。详细地说，参考实验室有以下特征。

- 拥有专业的设备和训练有素的工作人员。
- 能够通过实验检测确认样本中是否存在生物威胁病原因子。
- 能够得出确定的实验室检测结果。
- 其中包括地方、州和联邦层面的实验室。

国家实验室

在应对生物威胁的实验室响应网络中，除以上介绍的哨点实验室和参考实验室之外，还包括由美国疾病控制与预防中心、美国陆军传染病医学研究所和海军医学研究中心所运营的国家实验室。这些实验室负责专门的菌株特征鉴别、生物犯罪取证及高致病性病原体的处理和应对等工作。详细地说，国家实验室有以下特征。

- 包括美国疾病控制与预防中心、马里兰州美国陆军传染病医学研究所和马里兰州海军医学研究中心。
- 主要进行高度专业化的实验检测，以鉴定特定疾病菌株和被调查病原因子的其他特征。

- 对某些需要特殊处理的高致病性感染物质进行检测。

自1999年成立以来，实验室响应网络在多次生物威胁应对中承担主要检测任务。在2001年发生的炭疽事件中，实验室响应网络共检测了超过125 000个样本。此外，实验室响应网络还参与了相关检测方法和材料的开发，以支持疾病控制与预防中心对严重急性呼吸综合征病毒的DNA测序工作（Centers for Disease Control, 2004）。如前所述，所有来自生物监测计划的样本，都由实验室响应网络中的实验室负责处理。图12.9展示了实验室响应网络参与的一些重要任务行动。

2001年炭疽邮件袭击事件

实验室响应网络在2001年的美国炭疽邮件袭击事件中扮演着重要角色，其确认了博卡拉顿的首个病例及随后发生的一些病例。此外，实验室响应网络对超过125 000份环境样本进行了检测，在这项工作中，共开展了超过100万次独立的生物分析实验。

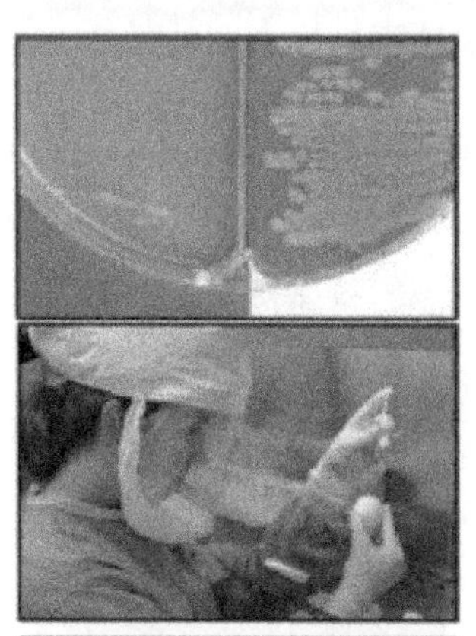

禽流感

在2005年，实验室响应网络及他们的合作方共同努力，迅速开发了一套高准确性、低成本的H5N1分析检测试剂盒，这些试剂盒在公共卫生实验室中被广泛使用，并在H5N1禽流感的检测工作中发挥了重要作用。实验室响应网络的机构帮助证实测试结果，食品药品监督管理局也推动了这一套分析检测试剂盒的迅速批准，使其能够尽快用于体外的诊断试验。

严重急性呼吸综合征

2003年，在全球流行严重急性呼吸综合征期间，美国疾病控制与预防中心的实验室完成了引起该疾病的冠状病毒基因组测序，这项工作的成果，为之后实验室响应网络开发出鉴定该病原体的PCR检测方法奠定了基础。

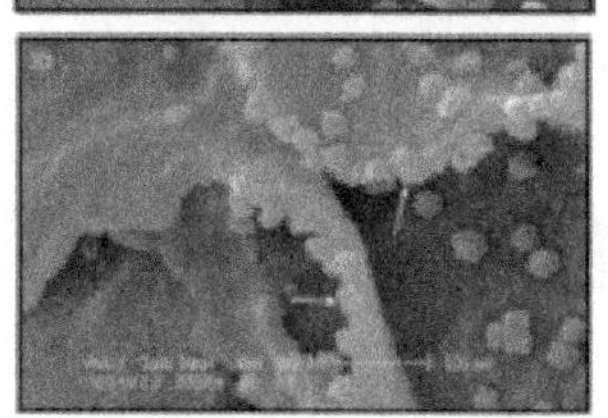

图12.9　实验室响应网络参与检测的一些案例。图像资料由美国疾病控制与预防中心实验室响应网络网站提供，www.bt.cdc.gov/lrn

实验室响应网络已经开发出了不少精确敏感和特异的诊断方案，可以用于确诊或排除A类、B类、C类生物病原因子的存在。在实验室响应网络中，每个级别的实验室都有一个特定的诊断测试清单和识别生物威胁的操作规程。该清单基于每种病原因子的生物威胁等级和每个实验室的生物安全水平进行分类。与毒力或致病性相关的生物学特征，也已被纳入到特定生物病原因子的操作规程中。由于这些操作规程中存在一些敏感信息，并不向公众领域公开，因此，在此不对其进行进一步的详细讨论。

应急响应者的重要注意事项

在将样本提交给实验室响应网络的机构之前，应急响应者应联系机构的生物恐怖主义协调员，以确保按照当地实验室的操作规程对样本进行处理。事件发生的具体情况，也应与生物恐怖主义协调员进行讨论，以确保样本的收集方法和流程是恰当的。生物采样的方法技术可能会因特定的病原因子和特定的基质而不同(Sanderson et al., 2002)，这意味着某些生物病原因子需要特定的采样方法，才能够确保取得的样本能够更好地用于后期的化验检测。此外，可疑物质的基质或所处的环境(如清洁水、废水、空气、土壤)可能会对采样方法产生极大影响。

如“国家和地方层面的对策”一章所述，被提交给实验室响应网络机构的样本必须进行现场的安全筛查。现场安全筛查包括排除爆炸物质、放射性物质、腐蚀性物质和挥发性有机化合物。经过了预先筛查的样本应在执法监管下立即运送到实验室。所有这些工作都应该在当地的美国联邦调查组(FBI)大规模杀伤性武器协调员的协助下完成。

目前，还没有可用于生物病原因子现场鉴定的确定性实验。事实上，在2002年，卫生和公众服务部发布了一篇报告，反对第一响应人员使用手持式分析检测仪器在潜在生物安全事件现场做确定性检测。现场测试可能会提供不正确或不完整的结果，从而误导应急响应工作，并有可能会破坏公共卫生和执法应急响应者所需的实验室检测样本及至关重要的证据材料。

美国卫生和公众服务部报告

2002年7月，美国卫生和公众服务部发布了以下报告：

> 美国卫生和公众服务部建议，不要首先使用手持式分析仪器来检测评估和应对涉及炭疽或其他生物病原因子的未知粉末。

迄今为止该声明仍未撤回。

各州的实验室响应网络参考实验室开发并制备了针对特定生物病原因子和特定测试方法的样本采集工具盒，应急响应者必须使用这些工具盒来收集未知的样本。如果未使用特定的采样工具盒，或未采用正确、与实际需求相一致的采样操作规程，那么采集的样本通常会被拒绝接受，就像“生物威胁的识别”一章中所提到的那样，不要把不好的样本用于好的测试。采样工具盒通常包含棉签(用于可疑的生物样本)和尼龙拭子(用于可疑的化学样本)、管、瓶、移液器、标签、记号笔与用于包装样本的干净金属罐。所有这些物品都将装入一个盒中进行保存，并通过危险品车辆进行运输。

当响应者申请获得样本采集工具盒时，他们须符合以下要求：团队中需拥有经过认证的危险物质技术人员、拥有相应级别的个人防护设备(personal protective equipment, PPE)，以及曾进行过专门的样本采集培训。个人防护设备的推荐等级为：A 级[全封闭式的带有自给式呼吸器(self-contained breathing apparatus, SCBA)的套装]用于室内采集；B 级(带有自给式呼吸器的防溅套装)用于室外采集。实验室响应网络标准规定采用联邦调查局的 12 点样本采集流程进行采集操作。样本可以由多个类型的机构进行收集，包括当地危险物质响应小组、民事支援小组、联邦调查局的危险物质响应机构(Hazardous Materials Response Unit, HMRU)和当地应急管理机构。样本运输到实验室响应网络的设施之前，必须进行化学、爆炸和核辐射危害测试。此外，所有样本必须附有一系列的监管表格，并在执法官员的监管下进行运输。当样本到达实验室响应网络的机构，被收入实验室之前，还将再次进行放射性危害检测。

危险物质响应机构

联邦调查局的危险物质响应机构负责对涉及危险物质的犯罪行为和事件做出响应，为联邦调查局提供技术支持，并会参与涉及化学、生物和放射性物质等案件的犯罪现场处理及证据搜集等相关行动。危险物质响应机构通过多种形式的工作内容来完成其使命，其中包括协调和整合专业的应急响应小组、开展国家培训计划、负责机构间的联络、对 FBI 各部门的现场技术援助及制定现场的应急响应方案等。此外，该机构还会对联邦调查局的现场办公人员进行危险物质操作的培训、认证及提供装备。危险物质响应机构参与生物恐怖事件的现场应急响应是为了确保对犯罪现场的处理符合既定的安全操作和证据收集处理的规程。危险物质响应机构成立于 1996 年 6 月，在过去数年中，该团队参与了包括炭疽邮件袭击事件在内的许多突发事件，具有丰富的经验。该机构最初的设想由 Drew Richardson 博士和联邦调查局实验室科学分析部的负责人 Randall Murch 博士提出。当时该机构成立的理念很简单：在大规模杀伤性武器事件现场，可能仅有为数不多的几名死者，但如果无法抓到作案者，那么在未来的此类事件中，很可能会出现更多的受害者。因此，现场的证据收集非常必要(Seiple, 1997)。

国民警卫队大规模杀伤性武器民事支援小组

1996 年，《防止大规模杀伤性武器法案》提出，由国防部承担一项新的角色，那就是支持和协助国内反恐任务。具体地说，就是由国会授权国防部提供专业技术和人力方面的支持，以完成爆炸性弹药、放射性材料、生物危险物质和化学危险物质的处理工作。此外，还要求国防部制定和部署针对大规模杀伤性武器的对策。1998 年 5 月的第 62 号总统令 *Protection Against Unconventional Threats to the Homeland and Americans Overseas*(意为“防止对美国本土和海外美国人的非传统安全威胁”)指示，国防部应协助其他联邦机构培训第一响应者，并由经过训练有素的军事单位去协助各州进行大规模杀伤性武器的应急响应。此后不久，国民警卫队组建了 10 个负责快速评估和初步侦测的团队，这些团队旨在对大规模杀伤性武器事件迅速发起应急响应，并对州和地方的应急响应人员给予协助，这 10 个团队也就是现在的大规模杀伤性武器民事支援小组。从那时起，国民警卫队开始创建更多的此类团队，目标是让每个州都有一个这样的团队。目前，这些团队的具体分布位置取决于各地区的人口集中程度，旨在最大限度缩短特定区域内的应急响应时间。在位置的分布方面，也着重考虑了防止团队责任区域的重叠。

大规模杀伤性武器民事支援小组的任务是通过对存在危险性的物质进行鉴定，从而对当前的情况和预计的后果进行评估，并提出应对措施建议及协助，或申请额外的军事方面的支持请求。民事支援小组对大规模杀伤性武器事件有良好的处理能力，他们被认为是应对大规模杀伤性武器事件及核生化防护方面的专家，每一个团队都涵盖 14 项军事专业学科的 22 名专业人员。从行使的职能方面，民事支援小组分为 6 个功能单元，分别是命令、操作、后勤/管理、通信、医疗和调查。

当地司法管辖区可以通过该州的署长办公室向民事支援小组申请援助，也可以直接通过民事支援小组的操作和指挥部请求援助。此外，当发生的事件涉及或可能涉及大规模杀伤性武器时，第一响应者也可直接联系民事支援小组以获得援助。开展机构内部的培训和各机构之间协作办公能力的培训，有助于业务关系的培养(图 12.10)。民事支援小组除了能够对州和地区内所有的县发起应急响应，还能够通过海岸警卫队和空中国民警卫队提供的飞行器对海岛上的社区发起应急响应。尽管应急响应的时间会因地点的远近而有所不同，但是团队所有成员始终处

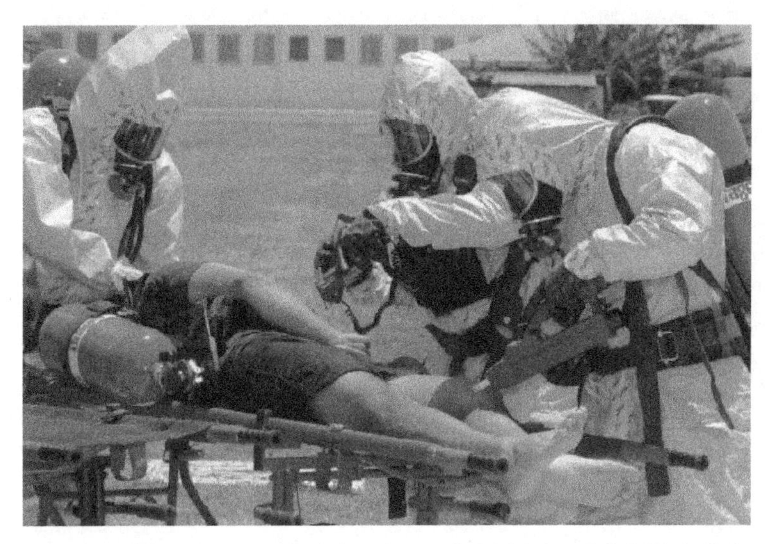

图 12.10　第 93 次大规模杀伤性武器事件演习中，民事支援小组(夏威夷团队)的成员正在进行操作。图像资料由美国国防部提供

于24小时待命和警戒状态(Hurston et al., 2006)。值得注意的是，民事支援小组不会接任事件的现场指挥工作，他们会通过自己团队内部的指挥官来与整个事件的指挥结构进行对接和整合，并在事发现场协助其他应急响应机构，起到良好的增益效果。总的来说，该团队中人员的业务能力精湛，团队可调用的物资丰富，因此令人印象深刻。

批判性思考

美国某个乡村社区的一家小医院急诊室，在24小时内就有17名患者前来寻求救治。患者的临床症状是发热、精神萎靡、皮肤和眼结膜发红、肌肉痛、腹痛、恶心、腹泻及皮疹。其中一名患者出现了咯血，另有一名患者在急诊室出现了癫痫发作并陷入昏迷状态。一名传染病专家接到任务，需确定这次事件暴发的原因。于是，专家收集了大部分患者的血液和尿液样本，安排送到医院的实验室进行一系列的常规检测，并将一部分样本转送到可以进行更精细测试的实验室。根据医院实验室的初步检查结果，该专家提出了一些鉴别诊断，包括病毒性出血热、细菌性败血症、落基山斑疹热或其他立克次体病、钩端螺旋体病、莱姆病、登革出血热、败血症鼠疫或出血性天花。

当专家将患者和家属收集的信息进行拼凑，发现所有患者似乎都有一个共同特点：所有人都在大约两周前参加了一项大学橄榄球锦标赛。由此，医生有理由怀疑这些案例可能是蓄意的人为事件导致，或至少与某些奇怪的巧合有关。

考虑到这样的可能性，一部分患者的体液样本将被运送到该州首府城市的区域实验室进行进一步检测。如果发现这些样本对疾病控制与预防中心界定的某种生物战剂(A类、B类或C类生物病原因子)检测呈阳性，则会把样本送往亚特兰大的国家实验室进行最终检测。之后，联邦调查局和地方联合打击恐怖主义小组将派遣工作人员到该社区与流行病专家进行合作，以确定疫情的来源。联邦调查局的危险物质响应机构及该州国民警卫队的大规模杀伤性武器民事支援小组可能也会被要求参与应急响应，完成社区内证据的收集和处理。工作人员将会从多个地点进行环境样本和临床样本的采集，这项实地采集的工作量巨大，可能会包括数千个样本。随后这些证据都将通过地方、州或联邦执法部门递交给实验室。

请根据该案例中的应对和处理方案，讨论这次事件对当地应急响应管理者、司法管辖区应急响应机构的启示。并考虑一下，假如你生活的城镇发生了这样的事情，国家突发事件管理系统、突发事件应急指挥系统、统一指挥系统及国家应急响应框架会在哪些环节和部分发挥作用？将由哪个机构负责主要的应急响应？由哪个机构负责事件的调查？

总　　结

在生物威胁面前，各国应保持同一目标，共同采取措施来应对和减少这些威胁。如今在国际、国家和地区层面，都有大量的项目计划和资产被用于保护民众免受生物病原因子的威胁。这些项目计划和资产则共同构成了由备灾、减灾、应急响应和灾后恢复等多个环节组成的全面应急响应结构。这些项目计划的大多数政策和规程都符合 1972 年签订的《禁止生物武器公约》。此外，最好的应对战略可能是开发出安全有效的疫苗，以防止某些烈性生物威胁病原体引发疾病。

在为应对生物灾害做准备时，所有的工作都非常不容易，尤其当需要应对大规模生物灾害时。人为制造的灾害可能由于蓄意隐蔽，而在我们防备最为薄弱的地方下手，因此应对工作或许会更加复杂，这就是生物恐怖主义和生物战的阴险本质。无论如何，如果真的发生了此类事件，特别是当我们无法对其进行察觉和识别时，我们都会发现自己几乎对其毫无准备。如果出现的病原因子能够在人与人之间传播高度传染性疾病，且潜伏期短、病死率高(如天花、肺鼠疫和大流行性流感)，那么就会更加危险。我们期望生物监测计划能为我们提供早期侦测和预警，然而有效的预警还需取决于监测设备的放置位置及被释放的病原因子是否属于可被监测的范畴。此外，或许实验室响应网络的建立是我们所做的最好的投资之一，通过实验室响应网络，我们获得了快速且明确地对生物威胁事件的发生及病原因子的类型进行确定的能力。这种广泛且高效的网络体系，对于识别威胁有极大的促进作用，将使我们能够有效地启动应急响应及尽快开展灾后恢复工作。

对于第一响应者、第一接收者和公共卫生官员来说，应对生物灾害是一类相当困难和危险的工作，尽管比起 15 年前，发达国家已经开发了更好的训练体系和更好的装备来处理与应对特定生物病原因子的释放，但是，距离真正能够通过标准的操作规程来最大限度减少伤亡及最大程度使社区恢复到灾前状态还有很长的路要走。在后面的章节中，我们还将围绕结果管理进行探讨，以及当生物监测设备提示阳性结果表明我们可能已经遭到生物袭击时，我们应该做些什么。

基本术语

- 澳大利亚集团：一个生化领域的参与多国出口管制的非正式平台，在防止生化武器及相关物项和技术扩散方面发挥积极作用。通过协调国家出口管制措施，协助澳大利亚集团的成员国尽最大可能履行《禁止化学武器公约》和《禁止生物武器公约》的规定。
- 生物感知计划：一项旨在提高国家实时生物监测能力的国家计划，通过访问全国多个卫生保健机构组织的现有数据，实现国内医疗卫生状况的动态感知。

- 生物盾牌计划：致力于开发和提供新的、有效的药物及疫苗，以防范生物武器和化学武器等威胁的攻击。
- 生物监测系统：一种可以快速检测空气中蓄意释放或自然出现的生物病原因子的预警系统。该系统能够协助公众卫生专家确定生物安全事件中病原因子被释放的地理范围，使联邦、州和地方官员能够更快地明确应急响应、医疗护理及管理的需求。
- 重要的双重用途研究：基于目前的理解及合理的推测，可能被误用或滥用于对公众健康和安全、农业、植物、动物、环境等构成威胁的知识、产品或技术。
- 危险物质响应机构：隶属于联邦调查局的一个高度专业的实验室服务机构，能够对涉及危险物质的犯罪行为和突发事件做出应急响应。该机构还负责开展涉及化学、生物和放射性物质案件中与证据有关的操作技能培训，接受此类技能培训的机构部门还包括美国和国际执法部门。此外，该机构还为包括倒塌的建筑物和狭窄密闭空间等在内的高风险犯罪现场的联邦调查局工作人员提供现场安全监督。
- 实验室响应网络：由全国各地的地方、州和联邦级别的多个实验室组成的网络体系。这些实验室中，涵盖公共卫生、食品检测、兽医诊断、环境测试等专业领域，能为生物和化学恐怖主义及其他突发公共卫生事件提供实验室基础设施与应急响应的能力。组成实验室响应网络的 150 多个实验室均隶属于联邦机构、军事设施、国际合作机构，以及州和地方公共卫生机构。
- 大规模预防：为大部分人群提供医疗护理或预防措施，以保护他们免受疾病侵害。其中最好的例子，是全球的消灭天花行动。1980 年，这项行动使世界摆脱了最严重的人类疾病之一：天花。作为一个计划，大规模预防可以是事件发生前的准备，或是事件发生后的应急响应措施。
- 防灾减灾：在灾害发生之前采取措施，旨在减少或消除灾害发生对社会和环境的影响。
- 备灾：采取一系列行动，降低因人为准备不充分而导致的突发事件应对不力，包括制定计划、开展培训或演习、增加物资库存、采用预警系统等推进应急响应能力的建设。
- 恢复：对受到突发事件影响的社区进行基础设施的重建，以及恢复公众情绪、社会稳定性、经济和患者健康。
- 战略性国家储备：如果发生大型的公共卫生事件(如恐怖袭击、流感大流行和地震等)，可能会导致当地的大量药物和医疗用品耗竭，最终导致供应不足。一旦联邦或当地政府确定需要战略性国家储备的资助，药物等医疗资源将会在 12 小时内迅速被运送到美国的任何一个州。每个州也都有预先的规划，能够迅速将接收到的战略性国家储备医疗资源分发到当地的社区。

- 大规模杀伤性武器民事支援小组：由 22 名训练有素的专业人员组成，其任务是协助当地突发事件指挥官确定袭击或该突发事件的性质和严重程度，提供有关大规模杀伤性武器应对行动的专业技术咨询，并为后续的州和联邦军事应急响应物资的到来提供支持。大规模杀伤性武器民事支援小组是一个联合部队，可由美国陆军国民警卫队和空军国民警卫队人员组成。

讨　论

- 本章展示的各种应急管理范例是如何抵御生物威胁病原因子带来的威胁的？
- 将采集的样本送往实验室响应网络机构时有些什么流程？
- 在事发现场进行生物威胁病原体的快速检测可能存在什么问题？
- 请想象一下，如果在你生活的城镇发生涉及肺鼠疫的生物恐怖主义事件，将会是怎样的情形？应该如何识别此类事件的发生？当地社区的哪些机构会做出应急响应？你可以寻求地区、州和联邦级别的哪些资源来获得援助？谁应该担任事故处理的指挥官？

网　站

Australia Group. Available at: www.australiagroup.net/en/index.html.

BioSense initiative. Available at: http://www.cdc.gov/biosense/.

Cities Readiness Initiative. Available at: www.bt.cdc.gov/cri/.

The Truth About BioWatch. Available at: http://www.dhs.gov/blog/2012/07/12/truth-about-biowatch.

National Science Advisory Board for Biosecurity. Available at: http://osp.od.nih.gov/office-biotechnology-activities/biosecurity/nsabb.

Laboratory Response Network. Available at: http://emergency.cdc.gov/lrn/.

Project BioShield home page, available at: http://georgewbush-whitehouse.archives.gov/infocus/bioshield/.

Strategic National Stockpile. Available at: http://www.cdc.gov/phpr/stockpile/stockpile.htm.

参考文献

Bradley, C.A., Rolka, H., Walker, D., Loonsk, J., 2005. BioSense: implementation of a national early event detection and situational awareness system [electronic version]. Morbidity and Mortality Weekly Report 54 (Suppl.), 11–19.

Brodsky, B., 2007. The Next Generation of Sensor Technology for the BioWatch Program. Available at: http://www.nti.org/analysis/articles/sensor-technology-biowatch/.

Caldwell, B., 2006. Connecting for Biosurveillance: Essential BioSense Implementation Concepts [electronic version]. Available at: https://www.amia.org/sites/amia.org/files/2006-Policy-Meeting-biosurveillance.pdf.

Centers for Disease Control, 2004. The Cities Readiness Initiative City-by-city Allocations Formula.

Centers for Disease Control, 2006. The Cities Readiness Initiative Guidance.

Centers for Disease Control, 2009. National Syndromic Surveillance Program. Retrieved from: http://www.cdc.gov/nssp/biosense/index.html.

Centers for Disease Control, 2012. BioSense Background. Retireved from: http://www.cdc.gov/nssp/biosense/background.html.

Centers for Disease Control, 2015a. BioSense. Available at: http://www.cdc.gov/nssp/biosense/index.html.

Centers for Disease Control, 2015b. The Cities Readiness Initiative. Available at: http://www.cdc.gov/phpr/stockpile/cri/.

Cohen, J.M., 2007. United States Department of Homeland Security Science and Technology: Six Years after the Attack: Are We Better Prepared to Respond to Bioterrorism? Hearing before the United States Senate Committee on Homeland Security Government Affairs on October 23.

Crawford, M., 2006. United States Department of Homeland Security Science and Technology Fact Sheet.

Dembek, Z., 2007. Medical Aspects of Biological Warfare. TMM Publications, Washington, DC.

Francis, D., 2006. U.S, Defends Tularemia Response. Global Security Newswire.

GenomeWeb, 2013. Congress passes pandemic act, extending funding for project bioshield and BARDA. GenomeWeb. Retrieved from: https://www.genomeweb.com/congress-passes-pandemic-act-extending-funding-project-bioshield-and-barda.

Global Security Newswire, February 16, 2012. Obama Budget Would Shift Funds from Bioshield. Retrieved from: http://www.nti.org/gsn/article/obama-budget-would-shift-more-funds-bioshield/.

Gostin, L., 2008. Public Health Law: Power, Duty, Restraint. University of California Press, Los Angeles, CA.

Gottron, F., June 18, 2014. The Project BioShield Act: Issues for the 113th Congress. Congressional Research Service. Retrieved from: http://fas.org/sgp/crs/terror/R43607.pdf.

Hupert, N., Cuomo, J., Callahan, M.A., Mushlin, A.I., Morse, S.S., 2004. Community-Based Mass Prophylaxis: A Planning Guide for Public Health Preparedness. Prepared by Weill Medical College of Cornell University, Department of Public Health under Contract No. 290-02-0013-3. AHRQ Pub No. 04-0044. Agency for Healthcare Research and Quality, Rockville, MD.

Hurston, E., Sato, A., Ryan, J., September–October 2006. National guard civil support teams: their organization and role in domestic preparedness. Journal of Emergency Management 4 (5), 20–27.

Kadlec, R., 2013. Renewing the Project BioShield Act. What Has It Brought and Wrought? Policy Brief. Center for a New American Security. Available at: http://www.cnas.org/files/documents/publications/CNAS_RenewingTheProjectBioShieldAct_Kadlec.pdf.

Levi, J., 2011. Ready or Not? Protecting the Public's Health from Diseases, Disasters, and Bioterrorism. Retrieved from: www.healthyamerican.org.

Lindell, M., Prater, C., Perry, R., 2007. Introduction to Emergency Management. John Wiley and Sons, Hoboken, NJ.

Linger, S., 2005. The BioWatch tool: GIS-enabled sensor siting. URISA 2005 annual conference, geographic information systems. In: Addressing Conference Proceedings, Public Participation GIS Conference Proceedings.

Lombardo, J., Buckeridge, D., 2012. Disease Surveillance: A Public Health Informatics Approach. John Wiley and Sons, Hoboken, NJ.

Loonsk, J.W., 2004. BioSense—a national initiative for early detection and quantification of public health emergencies [electronic version]. Morbidity and Mortality Weekly Report 53 (Suppl.), 53–55.

Marek, A., March 18, 2007. A Meager Yield from BioShield: A Federal Effort to Protect the Public from Bioterrorism Isn't Off to a Strong Start U.S. News and World Report.

Mileti, D., 1999. Disasters by Design: A Reassessment of Natural Hazards in the United States. Joseph Henry Press, Washington, DC.

National Association of County and City Health Officials, 2007. Federal Funding for Public Health Emergency Preparedness: Implications and Ongoing Issues for Local Health Departments.

National Science Advisory Board for Biosecurity, 2015. Biosecurity. Retireved from: http://osp.od.nih.gov/office-biotechnology-activities/biosecurity/dual-use-research-concern.

Pike, J., 2006. BioWatch. Available at: www.globalsecurity.org/security/systems/biowatch.htm.

Riviere, J., Buckley, G., 2012. Ensuring Safe Foods and Medical Products Through Stronger Regulatory Systems Abroad. National Academies Press, Washington, DC.

Rodrigues, J., 2009. Health Information Systems: Concepts, Methodologies, Tools, and Applications. IGI Global, Hershey, PA.

Roos, R., September 17, 2012. BioShield Report Shows Growth in Biodefense Stockpile. Center for Infectious Disease Research and Policy. Retrieved from: http://www.cidrap.umn.edu/news-perspective/2012/09/bioshield-report-shows-growth-biodefense-stockpile.

Roos, R., 2015. Infectious-disease programs fare well in Obama's 2016 budget. Center for Infectious Disease Research and Policy. Retrieved from: http://www.cidrap.umn.edu/news-perspective/2015/02/infectious-disease-programs-fare-well-obamas-2016-budget.

Russell, P., 2007. Project BioShield: what it is, why it is needed, and its accomplishments so far. Clinical Infectious Diseases 45, S68–S72.

Sanderson, W., Hein, M., Taylor, L., Curwin, B., Kinnes, G., Seitz, T., Popovic, T., Holmes, H., Kellum, M., McAllister, S., Whaley, D., Tupin, E., Walker, T., Freed, J., Small, D., Klusaritz, B., Bridges, J., 2002. Surface sampling methods for *Bacillus anthracis* spore contamination. Emerging Infectious Disease 8, 1145–1151.

Schneidmiller, C., September 19, 2012. After 8 Years, HHS Countermeasure Program Still a Work in Progress. Global Security Newswire. Retrieved from: http://www.nti.org/gsn/article/hhs-countermeasure-program-still-work-progress/.

Seiple, C., Autumn 1997. Consequence management: domestic response to weapons of mass destruction. Parameters 119–134.

Shea, D., Lister, S., November 19, 2003. The BioWatch Program: Detection of Bioterrorism. Report No. RL 32152. Congressional Research Service, Washington, DC.

Sokolow, L.Z., Grady, N., Rolka, H., Walker, D., McMurray, P., English-Bullard, R., Loonsk, J.W., 2004. Practice and experience deciphering data anomalies in BioSense [electronic version]. Morbidity and Mortality Weekly Report 54 (Suppl.), 133–139.

Thoburn, K.K., Miller, J.R., Tokars, J.I., Bradley, C., Zomer, D., 2006. The New York state BioSense sentinel alert experience [electronic version]. Advances in Disease Surveillance 1, 68.

Tokars, J.I., Roselle, G.A., Brammer, L., Pavlin, J., English-Bullard, R., Kralovic, S.M., Gould, P., Postema, A., Marsden-Haug, N., 2006. Monitoring influenza activity using the BioSense system, 2003–2005 [electronic version]. Advances in Disease Surveillance 1, 70.

U.S. Department of Homeland Security, Office of the Inspector General, 2007. DHS Management of BioWatch Program. Publication OIG-07-022. Washington, DC, Available at: www.dhs.gov/xoig/assets/mgmtrpts/OIG_07-22_Jan07.pdf.

U.S. Government Accountability Office, 2014. Biosurveillance. Observations on the Cancellation of BioWatch Gen-3 and Future Considerations for the Program [electronic version]. Available at: http://www.gao.gov/assets/670/663998.pdf.

United States Department of Health and Human Services, 2014. Project Bioshield Annual Report: January 2013–December 2013. Retrieved from: https://www.medicalcountermeasures.gov/media/36766/pbs_report_2013_508.pdf.

United States Food and Drug Administration, 2015. Emergency Use Authorization. Retrieved from: http://www.fda.gov/EmergencyPreparedness/Counterterrorism/MedicalCountermeasures/MCMLegal-RegulatoryandPolicyFramework/ucm182568.htm#doxy.

United States Department of Health and Human Services, 2013. Project Bioshield Acquisitions. Public Health Emergency. Retrieved from: http://www.phe.gov/about/amcg/Pages/projectbioshield.aspx.

第十三章　生物恐怖主义的后果管理与典型范例

技术是上帝的礼物。它可能是除生命以外上帝给我们的最伟大的礼物。它是文明、艺术和科学之母。

弗里曼戴森

学习目标

1. 通过实例学习，掌握应对生物恐怖活动的后果管理办法。
2. 了解自动侦测系统并学习该系统的使用方法。
3. 了解美国邮政局生物危害侦测系统的功能和使用方法。
4. 了解当生物危害侦测系统出现阳性结果时，美国邮政局应急策略涉及的应对办法。
5. 了解目前美国在军事生物防御方面的举措。

引　言

2001 年秋，美国境内发生了史上第一起蓄意施放炭疽杆菌的事件。犯罪者通过将几封含有炭疽杆菌孢子的信件分别邮寄给国会官员和新闻媒体人员，致使康涅狄格州、佛罗里达州、新泽西州、纽约和华盛顿特区的马里兰州及弗吉尼亚州北部等地区均出现了一定的人员伤亡。这场被人们称为“Amerithrax”的炭疽袭击事件，共导致 22 人患病，其中 11 人为皮肤炭疽，11 人为吸入性炭疽。令人悲痛的是，在吸入性炭疽患者中，有 5 名患者最终死亡。虽然这次袭击很快就得到了控制，但还是给美国民众带来了很强的心理冲击。再加上还有一些内心病态的人抱着恶作剧的心态模仿炭疽袭击事件，四处邮寄装有各种粉状物质的信封。导致美国民众在很长一段时间内都对收到的邮件感到不安和恐惧。当时向 911 急救中心报告收到可疑的包裹、信封和粉状物质，甚至提交可疑粉末以供测试的情况在美国各个地区都普遍出现。主要负责对市民提交的各类样品进行检测的危险物质响应机构和公共卫生实验室完成了前所未有的大量检测工作。

事件发生后，美国政府相应的应急响应措施并没有很好地展开，主要总结为以下几个原因。首先，该事件发生于 9•11 事件后，当时美国政府正致力于 9•11

恐怖袭击的应急响应，尚未回过神来面对新一轮恐怖袭击。其次，美国的医生对炭疽感染后的临床表现、诊断或治疗方法等内容并不熟悉。最后，美国疾病控制与预防中心并没有为应对此类疾病大规模暴发所导致的各种情况做好准备。此外，由于事件发生初期联邦调查局正在进行大量的犯罪调查工作，且在协调的过程中又出现了沟通问题，致使其未能及时对炭疽袭击事件开展调查(US General Accounting Office, 2003a)。

此次袭击的受害者中，有 9 名为邮政工人，其中 2 人死亡。这也向人们揭露了邮政工人所面临的一种全新且致命的职业危害(Becker, 2004)。面对如此严峻的威胁，美国邮政局官员在震惊的同时，也身陷于如何消除影响、维持业务，如何处理炭疽污染，以及如何回应美国邮政工人联盟等问题中。经过商讨，其应对措施包括：关闭两个存在炭疽污染地区的邮政设施(新泽西州特伦顿和弗吉尼亚州布伦特伍德)，其他污染地区的设施依然保持对外开放。以下是袭击事件发生后，急需美国邮政局官员回应的一些重要问题。

- 可采取哪些措施对邮政工作人员进行保护，如何让工作人员识别威胁的存在？
- 实际的污染程度和受污染的设施数量？
- 邮政工人面临的威胁是什么？
- 污染设施该如何清理并重新投入使用？
- 如果再出现此类袭击，应该如何应对？
- 美国邮政局保护邮政工人免受威胁的责任和义务包括什么？

美国邮政局如何处理这些问题一直是被广泛讨论的主题(Thompson, 2003)。起初，美国疾病控制与预防中心表示，密封信封中炭疽杆菌孢子的交叉污染或泄漏几乎不会对邮政工人造成职业危害。然而，随后华盛顿地区就有一名邮政工人感染了吸入性炭疽。这清楚地表明，即使是简单地与密封炭疽信件接触，也有可能会感染吸入性炭疽。之后在华盛顿地区、新泽西州、纽约和康涅狄格州出现的多例吸入性炭疽感染病例也再次证实这一现象(US General Accounting Office, 2003a)。2001 年 11 月下旬，一名老年女性因感染吸入性炭疽而死亡。调查人员发现，虽然该名女子所接触的炭疽杆菌孢子浓度低于正常感染阈值，但由于其年龄偏大，抵抗力较差，因此她感染了该病原体，并最终死于吸入性炭疽。基于这一病例，调查人员开始把注意力集中在康涅狄格州瓦林福德的邮件处理设施上。尽管当时没有员工出现感染症状，但当地邮政部门还是对员工们进行了抗生素预防性治疗，同时对该处设施进行了炭疽杆菌孢子检测。检测结果显示，康涅狄格州瓦林福德的邮件处理设施确实存在炭疽杆菌污染。然而，该地的邮政局官员认为，员工感染炭疽的风险微乎其微，毕竟尚未有人出现感染症状，且所有员工都已使用了预防药物，因此他们决定不发布具体的定量测试结果，并告知员工和工会：邮件处理设施上只发现了“微量”污染。(US General Accounting Office, 2003b)。虽然康涅狄格州瓦林福德的邮政局官员告知员工和工会的炭疽检测情况与其检查结果几乎一致，但其在被工会要求后仍决定不提供 2001 年 12 月的量化结果(即阳性样本的菌落形成单位数)的行为，违背了职业安全和健康管理局的信息公开相关规定(US General Accounting Office, 2003b)。此外，这也导致邮政员工与管理层之间出现了信任危机(Becker, 2004)。随后，美国邮政工人联盟向美国邮政局提出，要求其尽快制定出如何保护工会成员免受生物病原因子威胁的短期和长期计划措施。

工人联盟对美国邮政局拒绝公开检测结果的回应

在这个全民戒备的特殊时期，几乎所有雇主都想要通过提供充分且及时的信息来证明自己有能力保护员工免受伤害，以稳固员工民心和业务，从而维护自己的产业。美国邮政局主动放弃自我证明机会的做法让人无法理解。

威廉·布鲁斯，美国邮政工人联盟主席，2003 年 3 月 26 日

联邦审计总署的调查人员得出结论：由于公共卫生机构和美国邮政局未能及时获得关键信息，且公共卫生机构低估了炭疽信件的危害程度，因此事件发生初期并没有注意到邮政员工可能面临的风险。美国疾病控制与预防中心和美国邮政局表示，如果他们早一点了解到炭疽杆菌孢子可能会从捆扎好且未开封的信件中漏出并导致邮政员工受到感染，那么决策人员可能会做出完全不同的决定(Becker, 2004)。在这里我们也可以明显看到，炭疽袭击事件应急响应过程中所涉及的每个机构都没有在第一时间获得可靠和及时的信息。这些问题加上美国邮政工人联盟施加的压力，最终推动美国政府官员认真总结了炭疽袭击事件中的经验教训，从而催生出大量生物恐怖活动防范计划和方案。本章将着重介绍其中一项方案——生物危害侦测系统(biohazard detection system, BDS)。

政府官员和情报分析师预测，未来恐怖分子将使用具有更大杀伤力的生物病原因子进行生物恐怖袭击，而本书前面章节中所介绍的一些 A 类、B 类、C 类病原体和毒素都很有可能被恐怖分子选为大规模袭击的生物战剂。此外，平时也存在一些人的恶作剧，即使用普通的粉末伪装成生物恐怖袭击的情况，这导致生物威胁第一响应机构每年需要花费数百万美元用以处理这些潜在和现实的威胁。因此，本章节对生物病原因子释放后的后果管理概念和原则进行了梳理，并对自动侦测系统(autonomous detection system, ADS)和其中一个关键的生物安全防护系统——生物危害侦测系统进行了深入探索。

后 果 管 理

广义的后果管理(consequence management)包括采取措施以保护公众健康和安全、恢复基本的政府服务，以及为受灾害影响的政府、企业和个人提供紧急救济，主要起到了应急管理的功能。当涉及恐怖活动时，后果管理则包括保护恐怖袭击后的公共健康和安全、恢复恐怖袭击后的基本政府服务，并为受恐怖袭击影响的政府、企业和个人提供紧急救济(Federal Emergency Management Agency, 2001)。

Seiple(1997)在其发表的一篇重要文章 *Consequence Management: Domestic Response to Weapons of Mass Destruction* 中对大规模杀伤性武器的后果管理进行了陈述：

> 对于化学或生物袭击对公众生理、心理和社会经济等方面所产生的影响，后果管理从短期和长期的角度提供了减轻这些影响的方法。面对袭击时，国际层面、国家层面乃至各个区域和地方都需要相互协作，以减小此类袭击所带来的影响。这意味着需要在特殊时期(如美国橄榄球超级杯大赛期间)做好针对大规模杀伤性武器威胁的准备工作，包括现场检测、对当地医院治疗或人员洗消能力的评估，以及对当地医疗资源库存规模、条件和地点进行评估。此外，准备工作还包括确定国家和国际层面可提供的用于支持紧急突发状况的其他医疗资源库存的地点、规模和可用性。
>
> Seiple(1997年)

接下来，Seiple 在这篇有远见的文章中提出了一些具体的建议。首先，美国政府应在大规模杀伤性武器的检测能力方面进行投资与扶持，从而实现大规模杀伤性武器的全谱检测。Seiple 表示，作为国家安全与人民健康的第一道防线，侦测是后果管理的第一步。其次，应当为相关人员提供后果管理的强制性培训。考虑到新的认知、教育和培训理念将是成功的关键，这种强制性培训将确保在地方和国家层面实现一个后果管理的共同认知标准。此外，还应当在相关机构内筛选出适宜负责后果管理的人员，并对其进行长期的培训和指导，从而确保各机构、组织能在面对恐怖分子使用大规模杀伤性武器的第一时间做出正确的决断。否则，届时各组织将无法准确和高效地应对危机或后果管理任务。最后，需制定分层负责连续响应机制。国家机构和组织(如危险物质响应机构和民事支援队)很难在6～12小时内对事件做出应急响应。这种情况下，当地应急响应部门将不得不承担即时响应的责任。

可以说，根据此次大规模杀伤性武器袭击事件所暴露出来的问题，Seiple为美国的危机准备和危机管理开辟了前进的道路。正如本文中经常强调的那样，检测或识别到生物病原因子的存在是组织人员撤离、封锁疫区、隔离接触人群和发布信息的前提。在过去 10 年中，美国相关研究机构已经做了很多工作以加强对大规模杀伤性武器的检测能力。此外，提高第一响应者的警觉意识、组建国土安全部、建立国家突发事件管理系统、确立国家应急预案和优化国家应急响应框架等多个方面的举措，都使美国能够在遭遇此类事件时处于更好的准备状态。

危机管理的关键是能及时地对问题的危急程度和随之而来的动态事件进行准确判断。这需要相关人员具有相应的知识、技能、勇于承担风险的领导力和一定的警惕性。要想成为一名优秀的危机管理人员，还需要积极性、紧迫感、责任感和具有长远战略眼光的创造性思维。在危机管理的过程中，既定的组织规范、文化、规则和程序可能反而会变成工作中的障碍。例如，管理人员和官僚常通过耍官僚主义把戏躲在组织和合法的庇护所后以求自保，导致原本的紧迫局势最终被这类管理者和员工的惯性与自保所替代。成功的危机管理人员需要对事件的紧迫性有所感知，并通过具有战略眼光的创造性思维解决危机，勇往直前、诚恳行事，尽可能采取接近最佳解决方案的行动，摆脱这种“看似没有人出错，但实则始终存在问题”的以自我保护为优先的风气(Farazmand, 2001)。

此外，美国政府在国家应急预案中将后果管理和危机管理的要求结合起来并加以解决。其中，生物突发事件附录中明确了生物恐怖袭击发生时或需要联邦援助的疾病暴发时，所涉及的应急响应措施、任务分工和职责(Department of Homeland Security, NRP, 2004)。但是，国家应急预案仅适用于被认定的“国家重大事件”，随着 2007 年国家应急响应框架的确立，“国家重大事件”这一术语已不再被使用。然而不得不说，无论是否有《斯塔福德法案》或卫生和公众服务部部长的公共卫生紧急事态声明，这种情况都有可能发生。

自动侦测系统

恐怖分子将生物病原因子释放到公共场所和私人场地的主要目的是引起大范围群众产生恐慌心理从而对经济造成毁灭性的破坏。而当局有效开展应急响应措施的前提则依附于他们对生物病原因子快速且准确的侦测。理论上，理想的检测技术可以在很短的时间内提供非常准确的检测结果。假设无法得出准确的检测结果，不仅会造成巨大的经济损失，还可能会对暴露者的健康情况产生巨大的影响，甚至增加其死亡的风险。例如，当检测出现假阴性结果时，将无法对生物恐怖袭击事件进行快速准确的识别，同时也无法对生物病原因子的释放和蔓延进行有效控制。在这样的情况下，病原因子通过受污染物品或受感染民众进行传播，造成二次污染；那些高致病性、高死亡率的烈性病原(如炭疽、天花等)，一旦发生二次传播，将会导致更多人受到感染甚至死亡。随着污染和感染区域的扩大，当生物病原因子的存在最终被确认时，将会耗费极高的成本用于设备、区域的洗消。当检测出现假阳性结果时，将导致涉事建筑被封锁、企业运作被迫中止、暴露人员被隔离并面临治疗药物带来的潜在不良反应，此外，还会引起社会恐慌。

除本章中提到的技术外，现有检测技术大多存在检测速度较慢或检测结果不够准确(假阳性率/假阴性率偏高)的问题，因此无法实现对潜在生物病原因子既快速又经济的检测。有些技术被广泛使用于可能存在生物威胁的现场环境中，如免疫检测试纸条测试技术，然而，虽然此类技术可以对生物病原因子的存在进行快速检测，但通常存在结果的准确性和特异性偏低的情况。因此，必须利用进行扩大培养和分子学鉴定的方法，在特殊实验室(如实验室响应网络的机构)中对其进一步确认。然而，这样的操作通常需要耗费 24 小时甚至更长的时间。

目前，用于准确检测大多数生物病原因子的最先进的技术都基于遗传学分析。而免疫学方法(基于抗体抗原特异性结合)在灵敏度和特异性方面存在一定欠缺；其他方法，如质谱，不但在技术方面非常不成熟，而且操作复杂、耗费高昂、检测结果特异性差，还对操作人员的技术水平有很高的要求。与之相反，从基因水平对生物病原因子进行评估的检测技术，如聚合酶链反应(polymerase chain reaction, PCR)，则是直接针对那些与生物体毒性相关的特定基因进行检测，因此，对于人工合成或改造后的生物病原因子也能够识别(Ryan and McMillan, 2003)。

由于现有的基因分析系统使用的样本制备方法比较复杂，且扩增样本时存在污染检测环境的风险，因此在一定程度上限制了其应用。即使在专业实验室中由技艺精湛的科学家进行检测，也可能由于操作失误和样本污染等原因，出现高于5%的假阳性率。前面我们提到，在美国炭疽袭击事件发生之后不久，一连串上报的“白色粉末”事件催生了危险物质响应机构等一系列应急响应机构的部署。同时，商业诊断公司也很快意识到，政府机构急需一种高效且准确的方法来快速地从普通物品中辨别出真的病原因子。

针对经由空气传播的生物病原因子的恐怖主义事件，目前已开发了一些对室内外环境空气进行采样和测试的新方法(Fitch et al., 2003)。例如，手持式分析仪就对疫区划定的初步测定工作起到至关重要的作用。目前，许多检测生物威胁的产品，尤其是那些涉及基因分析技术的产品，都还缺乏广泛的验证研究或适当的授权许可。

在美国炭疽袭击事件发生之后，对于保护邮政工作人员和其他关键基础设施(如政府办公室、军事设施、标志性建筑等)的方法的需求非常紧迫。其中一种方法就是使用结合自动采样和现场检测的自动侦测系统。自动侦测系统可以对环境

(如空气或水)进行连续采样，并将样本与一种特殊的缓冲溶液进行混合。随后，系统所包含的自动检测分析部件将会根据设定的采样间隔时长对捕获的物质进行分析(采用实时定量 PCR 方法或免疫检测方法)。一旦出现阳性的检测结果，将会触发警报和响应。以上几个环节，共同构成了一种能够精确反映实时情况并发出预警的侦测系统(Meehan et al., 2004)。

此外，每个部署自动侦测系统的机构都必须制定针对出现阳性结果的响应计划(Meehan et al., 2004)。同时，此类计划在被制定为作战概念(concept of operation, CONOPS)的基础上，还应体现出后果管理原则。例如，当面对自动侦测系统检测结果为炭疽杆菌阳性时，则需要应急响应机构与其他相关机构之间进行协调、协作，从而促进应急响应措施的全面推进。Meehan 等在 2004 年撰写的一份报告中，根据美国政府对自动侦测系统部署的担忧进行了阐述，并从以下 6 个方面为如何准确有效地执行应急响应和后果管理计划提供了指导，包括：应急响应和后果管理的预案(需涉及所有参与响应的人员，并详细到每个具体的响应细节)、即时响应的措施和人员疏散方案、潜在暴露人员的洗消要求、通过病原体检测实验对自动侦测系统结果进行核对流程、评估潜在生物战剂污染区的步骤和暴露人员的预防治疗与随访细则(Meehan et al., 2004)。接下来，我们将对自动侦测系统中的代表——生物危害侦测系统进行介绍。

生物危害侦测系统

概述

生物危害侦测系统由诺斯罗普·格鲁曼公司(位于马里兰州，林西克姆)旗下的私营企业财团为美国邮政局开发。该项目的分包商包括位于加利福尼亚州森尼韦尔市的 Cepheid 股份有限公司、位于密苏里州堪萨斯城的 Sceptor 股份有限公司及位于马里兰州埃奇伍德的史密斯集团。这一系统主要利用 PCR 技术将空气采样和后续检测分析相结合，从而实现一体化自动侦测。例如，当邮递信件通过信函分拣流水线的自动化分类理信盖销机时，生物危害侦测系统即可自行对炭疽杆菌孢子进行检测。该系统运行时，只需要人工定期进行检测消耗品(如检测试剂筒和缓冲溶液)的剩余量并及时补充，且没有任何技术要求。生物危害侦测系统于 2004 年初开始在美国各地正式部署，迄今为止已部署了共计 272 个站点。截至 2007 年，该系统共对 400 多亿份邮件进行了筛查，进行了超过 260 万次检测，没有任何阳性报告(包括假阳性和真阳性)。值得一提的是，该系统对样本进行检测是同时针对炭疽杆菌的两段特异性靶序列，仅当两段特异性序列均被检测到时，才被识别为阳性结果。此外，每次测试使用的都是独立的样本处理进程和内部控制程序，这将最大限度地降低结果的假阴性率。

生物危害侦测系统被设计出来的主要目的一方面是应对 2001 年美国炭疽袭击事件及其后续影响，另一方面对信件中的炭疽杆菌的检测只是一个开始，以后该系统将致力于实现对各类生物威胁因子的筛查。随后，美国邮政局于 2002 年 5 月启动了生物危害侦测系统试点计划，并于 2002 年 11 月至 2003 年 5 月进行了预生产。最终，该系统于 2004 年初正式投入生产，并于 2005 年 12 月结束。生物危害侦测系统机柜单次最多可容纳 10 个检测试剂筒，在提供足够缓冲溶液等消耗品的前提下，可进行为期一周的自动检测。因此，该系统只需定期补充检测试剂筒和其他耗材作为日常维护，即可确保系统性能始终处于最佳状态(Jarvis and Chegwidden, 2006)。生物危害侦测系统的核心是由 Cepheid 公司生产的生物传感器。该生物传感器由 Cepheid 公司的 GeneXpert 系统和炭疽杆菌检测盒组成，其符合食品药品监督管理局质量体系所阐述的最佳设计方案。

GeneXpert 系统是一个灵活的模块化平台，适用于临床诊断、食品病原体检测、环境测试和生物威胁因子侦测。随着 2001 年 10 月炭疽袭击事件的发生，GeneXpert 技术首次在生物威胁领域进行测试应用。诺斯罗普·格鲁曼之所以选择 GeneXpert 模块和检测盒装填系统作为其生物危害侦测系统的关键分析组件，主要是考虑其能够在定期人工维护的基础上自动运行。2001 年冬，第一批生物危害侦测系统原型在亚伯丁埃奇伍德的试验场进行了为期 8 个月的测试。其中由诺斯罗普·格鲁曼公司赞助的一项测试，是在信封中封入了炭疽杆菌相近物种的非致病性芽孢杆菌，以确定参与测试的候选技术是否有能力检测出信封中含有的少量此类芽孢杆菌孢子。测试结果表明，在参与测试的 12 家公司或财团提供的技术中，仅有 GeneXpert 技术能够侦测出仅装有 1mg 芽孢杆菌孢子的密封信封。其他技术在此次测试过程中均没有表现出足够的灵敏度或特异性。

在完成了生物危害侦测系统原型评估工作后，美国邮政局于 2002 年 5 月选定出最佳生物危害侦测系统，并给 12 台先进的分类理信盖销机系统(advanced facer canceller system, AFCS)配备了该系统，以开展为期一年多的邮件试点侦测。在试点侦测过程中，该生物危害侦测系统不仅充分表现出了稳定的设备性能，还具有足够的灵敏性、特异性和易操作性。正是凭借生物危害侦测系统在此次试点过程中的优异表现，让诺斯罗普·格鲁曼公司分别于 2002 年 11 月、2003 年 5 月收到了预生产合同和正式生产合同。随后，为了让美国邮政局对该系统完全满意，诺斯罗普·格鲁曼公司还开展了为期 18 个月的彻底验证工作，包括对系统的内部质量控制程序进行了四重测定以形成更为全面的验证，以及在更多设施中开展生物威胁因子的侦测。

所需技术指标清单

为了避免检测过程中可能产生的问题，本章列出了可确保测试快速且准确的关键的技术指标。在美国陆军传染病医学研究所、美国邮政局、美国疾病控制与预防中心和其他主要学术机构专家的共同努力下，美国邮政局的炭疽测试应用程序被打造成一个典型的生物危害侦测系统范例。美国邮政局通过使用该系统，可为其员工构建健康安全的工作环境、最大限度地减少邮件间的交叉污染，并杜绝生物危害误报或漏报的情况。详细系统性能参数如下。

- 灵敏度是指系统可检测最低限度生物病原因子的能力。根据 GeneXpert 检测试剂筒的具体方案和炭疽感染剂量范围，其灵敏度确定如下。
  - 可检测出含有少于 50 个炭疽杆菌孢子的信件。
  - 可检测出含少于 30 个炭疽杆菌孢子的纯水或缓冲液。
- 特异性是指当样本中不含生物病原体时，测试产生真实阴性结果的概率，其特异性确定如下。
  - 假阳性率≤1∶500 000(99.9998%)。
  - 与相近的生物因子或检测样本中的非生物病原因子物质无交叉反应。
- 不确定率(所有其他因素可能导致测试失败的比例，包括机械故障、软件故障或试剂问题)低于 1%。
- 速度：检测时长小于 35 分钟(从检测样本转移到检测盒后开始算起)。
- 利用算法可持续进行现场检测，无需人为干预。

性能结果

美国总统行政办公室的科学和技术政策办公室专门成立了一个跨部门工作小组，对美国邮政局生物危害侦测系统试点研究的安排计划和侦测数据进行专项评估。在评估报告和 2002 年 11 月 25 日众议院政府改革委员会的文件中，该小组得出结论并表示：该生物危害侦测系统和 GeneXpert 系统所展示的性能与目前在研究的最先进的系统一致，且完全能够满足美国邮政局严格的性能要求(Office of Science and Technology Policy, 2002)。

生物传感器概述

Cepheid 公司开发了一个集样本制备、基因扩增和检测于一体的系统，主要由检测仪器(GeneXpert)和一次性检测盒组成。由于 GeneXpert 检测盒合并了样品制备流程，因此对操作系统的用户无特殊技术水平要求。此外，所有液体(样本和检测过程中生成的液体)都被限制于检测盒内，以避免造成环境污染、试剂污染和样本之间交叉污染的可能性。同时，简便的操作流程也避免了由操作失误或遗传物质污染工作环境所造成的假阳性结果。使用者只需将样本加入检测盒，并将检测盒放入仪器，就可在 30 分钟后获得准确的检测结果。

GeneXpert 检测试剂筒(图 13.1)可通过提取并浓缩目标生物病原因子、去除杂质和抑制性物质并纯化与浓缩生物体 DNA，自动对大量原始样本进行处理。其中，样本浓缩可确保其满足系统的灵敏度要求。

(A)

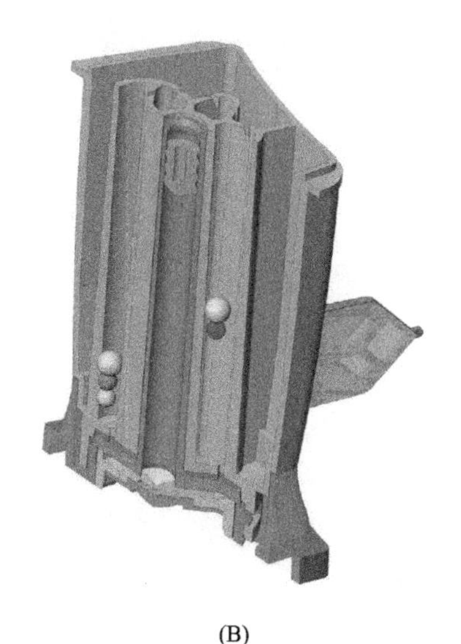

(B)

图 13.1　(A)美国邮政局生物危害侦测系统的检测盒，主要用以对炭疽杆菌样本进行处理和检测。(B)展示了内部工作部件的炭疽杆菌检测盒横截面，图片由设计师提供。中间为宏观流体室，侧面两个装有冻干试剂珠的腔室包含了进行实时聚合酶链反应所需的所有组分。样本和试剂混合物可通过最右侧很薄的管腔被输送至 GeneXpert 生物传感器的加热和冷却部位。完成整个测试过程大约需要 30 分钟。图像资料由 Cepheid 公司提供

作为一种成熟的检测方法，PCR 可在生物病原因子浓度极低的情况下进行基因序列扩增，从而给出高灵敏度和特异性的检测结果。而 Cepheid 公司通过使用独特的四色荧光实时 PCR 系统，对常规 PCR 检测的能力做了进一步加强(图 13.2)，目前该系统最多可同时对 4 个目标进行测量和区分。在被用于美国邮政局炭疽检测时，该系统主要对炭疽杆菌的两个关键毒力基因[pX01 基因(*pag*)和 pX02 基因(*capB*)]、内参和标准品进行检测。由于对上述两个毒力基因的测试结果同时出现假阳性的可能性极低，因此针对生物病原因子两个关键毒力基因进行检测是确保系统达到特异性参数要求的最佳方法。

为解决试剂组分失效或微流体过程失败导致检测结果有误的问题，Cepheid 公司的技术人员开发了一种全内部对照法以进行质量控制，包括常规的 PCR 内参、标准品的使用和用以对杂交探针整合性进行评估的方法(探针检查)。其中，探针检查不仅可以检测出杂交探针是否存在任何方式的降解，还可以验证试剂重构或微流体反应管填充是否正常进行。该方法既符合质量体系管理法规，又经过了国际标准化组织 13485(ISO13485)认证，几乎不会产生假阳性和假阴性结

果，所以不需要额外的阳性或阴性对照来证实结果的有效性。此外，内参的使用是实现完全内部对照的关键要素，可确保整个过程不再需要常规操作中的阳性或阴性对照。

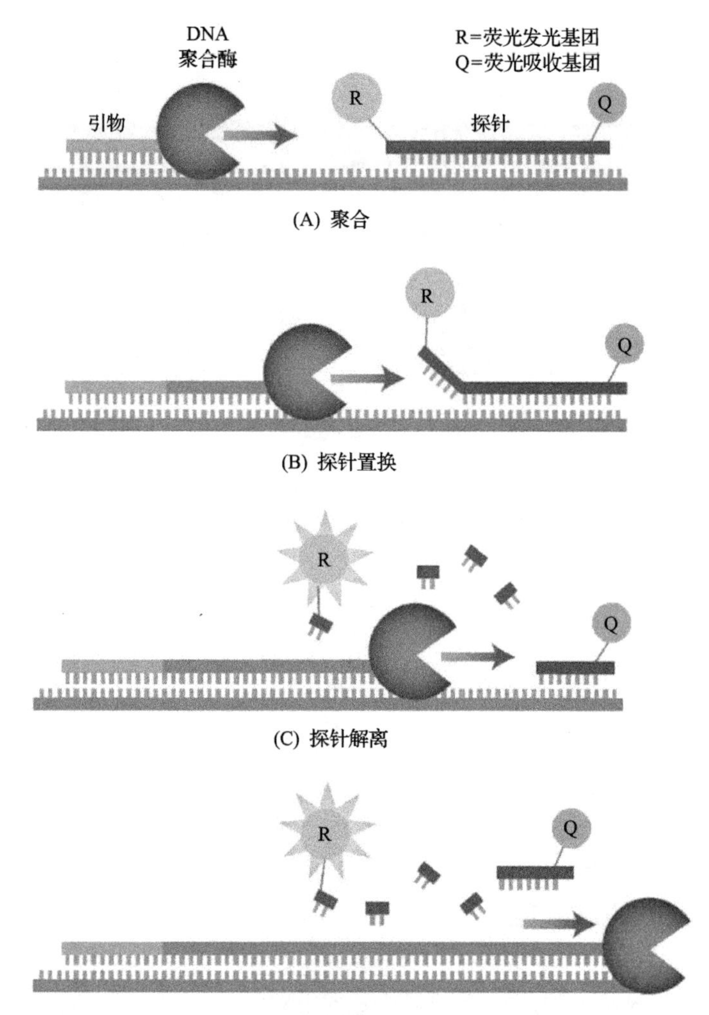

图 13.2　生物危害侦测系统利用实时聚合酶链反应(PCR)对可能的威胁因子进行检测。炭疽侦测系统特异性的关键在于使用两段特异性靶序列[pX01 基因(*pag*)和 pX02 基因(*capB*)]来鉴定炭疽杆菌的存在。需要同时检测到这两种特异性靶序列，才可确认样本中含有炭疽杆菌。该图显示了实时定量 PCR 扩增和检测特定基因序列的过程。(A)聚合过程中，探针结合到互补的基因序列上。(B)结合的探针被 DNA 聚合酶置换。(C)结合的探针被切割。(D)最后，附着在探针上的荧光染料释放到溶液中，在特定波长光的激发下，对其荧光信号进行检测和测量。当该信号强度超过特定阈值时，则被判定为阳性结果。图像资料由 Cepheid 公司提供

如图 13.3 所示，Cepheid 公司研发的 GeneXpert 将检测盒的样品制备功能与集成全自动核酸分析仪的扩增和检测功能相结合，能够在 30 分钟内，对目标核酸序列进行纯化、浓缩、检测和鉴定，最终获得检测结果。根据目前技术的发展水平，如果人工完成这一系列复杂的程序，需要的时间为 6 小时至 3 天，且对操作人员的技术水平有较高要求。

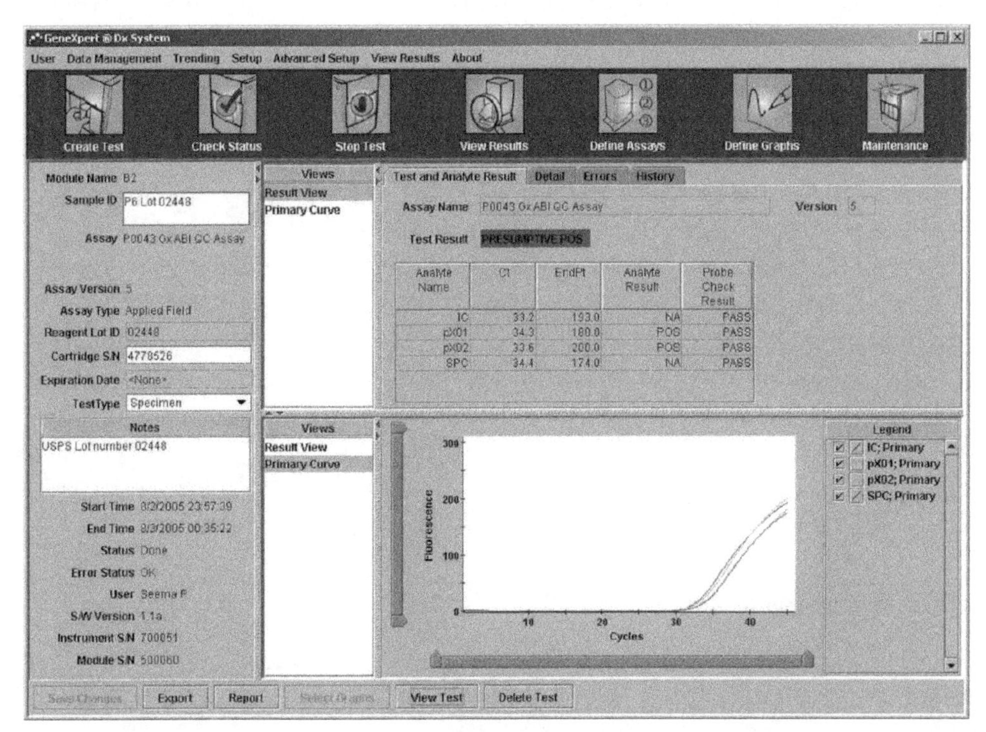

图 13.3　GeneXpert 系统检测出阳性结果时的屏幕截图。这时，炭疽杆菌的两个靶基因(*pag* 和 *capB*)检测结果均为阳性，两种对照(内参和标准品)也为阳性。此外，该系统还使用探针检查法对试剂的稳定性进行测试。这种复杂的四重测定法是目前市场上灵敏度最高、特异性最好的快速检测技术。最好的一点就是当该技术被整合到自动检测系统中时，可对不断生成的样本进行检测，并在检测出阳性结果时发出警报。图像资料由 Cepheid 公司提供

美国邮政服务部门生物危害侦测系统

以下是 2005 年 4 月 5 日美国邮政局工程副总裁 Thomas Day 对美国众议院政府改革和监督委员会及国家安全分委会、新兴威胁分委会和国际关系分委会所说证词的摘录：

炭疽袭击事件发生后，邮政局一直在对生物危害侦测与防控条件进行优化，目前，我们计划通过在邮件分拣处理流程中引入先进的生物危害侦测系统，以保护邮局员工和广大客户的健康与安全。该系统现已在 107 个邮件处理设施中进行安装。不久的将来，邮政局的 282 个主要

邮件处理设施都将会安装这个先进的生物危害侦测系统。

迄今为止，生物危害侦测系统已对超过 120 亿份邮件进行了筛查，进行了超过 55 万次检测，尚未出现过误报的情况。

通过联邦政府、军方和私营部门的各位专家的共同努力，我们成功研制了可在邮件处理早期阶段进行气溶胶样本收集和快速现场 PCR 分析的自动化系统，为当地应急管理机构对阳性测试结果进行快速响应提供支持，从而可迅速启动全面的应急响应，需要采取的措施包括停止相关设备的运行、关闭邮政设施、通知当地的第一响应机构和公共卫生官员等。届时，将会由当地的公共卫生官员对那些潜在的暴露人群做出医疗决策。

除生物危害侦测系统外，我们还安装了一个通风和过滤系统，旨在对邮件处理过程中可能释放的生物危害进行控制。

此外，在开发和部署生物危害侦测系统时，我们还切实地认识到，通过标准流程获得可靠、准确的测试结果，对利益相关方信心的提升起到了决定性作用。

在过去的几年中，当政府机构所收邮件被检测出可能存在生物病原因子危害时，邮政局往往会被看作出现此类问题的关键环节。每当这种情况发生，邮政局都会实施应急响应计划，包括抽样检测、调整运营及在必要时对雇员给予预防性治疗。

然而，相关事件的后续调查和进一步检测结果均显示，所谓可疑邮件并不存在生物危害。这反映出其他机构的检测设备、取样方法和检测方案均存在一定的缺陷。

资料来源：美国总审计局(2003a)

开发验证测试和现场检测

在试点阶段，该系统的灵敏度(检测限)分别在约翰斯·霍普金斯大学应用物理实验室、美国陆军传染病医学研究所和美国疾病控制与预防中心的实验室响应网络机构中进行了评估。评估结果显示，系统检测限为 112 个孢子/mL 或约 3.5 个孢子/反应，其灵敏度符合要求(Office of Science and Technology Policy, 2002)。

具有低检测限的系统可确保在不同环境或情况下开展样本收集、加工和检测时，其分析结果仍具有一定的准确性和稳定性。例如，在马里兰州的埃奇伍德化学和生物中心进行的现场检测中，所有仅封有 1mg 模拟炭疽杆菌孢子的信封都被识别了出来。

该系统通过同时对炭疽杆菌的两个关键毒力基因进行检测，来实现更高的特异性。在试点阶段，美国陆军传染病医学研究所的研究人员对其特异性也进行了验证。该验证试验结果表示，含炭疽杆菌的 40 个样本检测结果均为阳性，含与炭疽杆菌基因相似性最高的芽孢杆菌菌株的 54 个样本检测结果均为阴性。该系统检测结果有着如此低的假阳性率主要归功于靶序列的分子特异性和系统配备的避免交叉污染技术。只有当 pX01 和 pX02 在同一样本中均为阳性时，结果才被判定为阳性(图 13.3)。根据现场检测没有产生任何假阳性结果的数据(对 pX01 进行了 10 000 多次测试，对 pX02 进行了 500 多次测试)，可得出结论：其假阳性率低于 1∶500 000 的概率为 99%。值得注意的是，该系统的特异性已超过了目前所有被批准的血液检测方法。

批判性思考

2001 年秋季，美国民众经历了由几封装有炭疽杆菌孢子的信件引起的生物恐怖袭击。而此次事件中的焦点——美国邮政局，选择向相关企业求助，以寻求解决这一问题的方案。在这样的背景下，国防承包商诺斯罗普·格鲁曼公司与几家小公司合作开发出了生物危害侦测系统。开发该系统耗时近 2 年，并用了将近 18 个月的时间进行系统验证。直到 2004 年年底，美国邮政局才开始正式部署生物危害侦测系统。目前，该系统已全面部署，对全美 282 个邮件分拣设施经手的信件进行筛查。迄今为止，美国邮政局的生物危害侦测系统已对数十亿封邮件进行了筛查，尚未出现一例阳性结果(包括假阳性或真阳性结果)。

问题：炭疽邮件事件之后，再也没有出现以投递邮件施放生物病原因子的恐怖袭击活动，这是否归结于美国邮政局生物危害侦测系统的全面部署？

生物危害侦测系统的最新进展

在美国邮政局与诺斯罗普·格鲁曼公司签订的合同中明确要求：该公司最终需开发出一种能同时对三种生物威胁进行检测的试剂筒。2007 年，在诺斯罗普·格鲁曼公司旗下的 Cepheid 公司和美国陆军传染病医学研究所的合作之下，一种可用于 GeneXpert 系统的三类生物威胁检测试剂筒被开发出来。该检测试剂筒可同时对环境中的炭疽杆菌、鼠疫耶尔森菌和土拉热弗朗西丝菌进行检测。

三类生物威胁检测试剂筒由双筒系统组成。其中任意一个试剂筒均可对可疑物质进行筛查。如果在单筒运行阶段检测到任意一种生物威胁的存在，那么将由第二个检测试剂筒进行针对性检测。值得一提的是，虽然 GeneXpert 系统归属于美国邮政局，但其他应急响应机构也可以购买 Cepheid 公司用相同技术生产的炭疽杆菌检测试剂筒或三类生物威胁检测试剂筒，用以对可疑物质筛查或对暴露于生物危害的人群进行治疗前筛查。截至撰写本章时，美国邮政局尚未将三类生物威胁检测试剂筒投入使用。

生物危害侦测系统总结

生物危害侦测系统是一种基于 PCR 技术对生物危害因子进行自动检测与预警的工具。它具有以下功能及特点。

- 生物危害侦测系统具有独立的基于 PCR 的技术。
- 持续对邮件分拣机上方空气进行采样。
- 在分拣过程中，每 60 分钟检测一次。
- 检测一次大约耗时 30 分钟。
- 仅针对炭疽杆菌进行检测。
- 出现阳性结果时，会自动发出警报、疏散建筑内员工并召回邮件。
- 具有很高的灵敏度和特异性。

美国邮政局的应急响应策略

美国邮政局还在自动化分类理信盖销机系统上方安装了空气通风系统，以防止雾化的生物威胁因子对工作人员造成健康威胁。

通过阅读本章内容，我们现在已经了解了生物危害侦测系统的工作原理。但是，当生物危害侦测系统发出阳性结果警报时，又会发生些什么？首先，为了控制污染范围，邮件分拣流水线会立即停止运行。其次，暴露于威胁中的工作人员在脱掉衣物后离开现场，并在公共卫生官员和应急响应人员指挥下进行洗消，以减少暴露人员皮肤和头发上的孢子数量。最后，虽然在邮政设施周围生活或工作的人员不存在感染风险，但当地卫生部门在收到警报后仍需立即对附近区域进行地面和空气的采样与检测。

批判性思考

自 2004 年以来，生物危害侦测系统一直在运行。从那时起，该系统已经对超过 1000 亿封信件进行了筛查，在进行的 1000 多万次检测中，尚未出现一个阳性结果(或假阳性结果)。然而，考虑到目前美国邮政局正面临着严重的财务问题，他们还能支持生物危害侦测系统运行多长时间？这个问题的答案不得而知。但可以看出，无论是出于责任还是安全意识，美国邮政局的管理人员更愿意坚持运行该系统。

此外，自该系统运行以来，出现了多次通过邮件寄送蓖麻毒素的事件。虽然邮寄蓖麻毒素很可能对邮政工作人员和普通公众构成严重威胁，但是目前还是没有设置针对蓖麻毒素的相关检测。这是为什么？PCR 检测能检测出毒素吗？

图 13.4 为美国邮政局制定的应急响应策略。当生物危害侦测系统检测到阳性

结果时，将发出警报，通知现场工作人员，并自动关闭自动化分类理信盖销机系统的邮件分拣流水线。

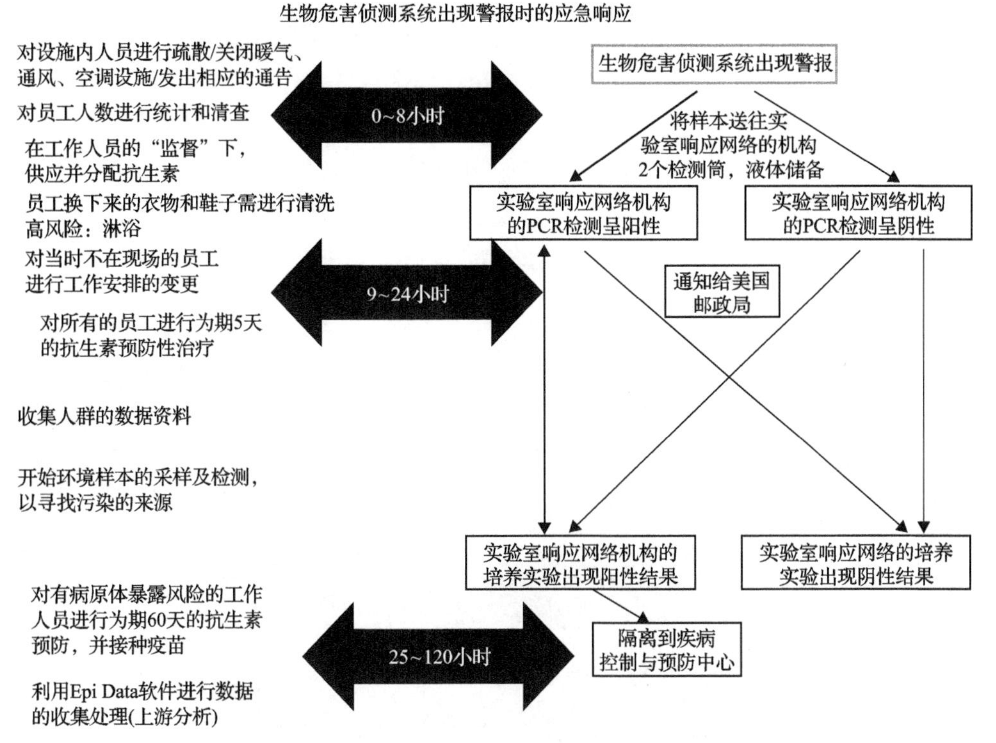

图 13.4 当生物危害侦测系统检测到阳性结果时，应当根据实验室响应网络的测试结果，按照以上流程开展应急响应。各关键步骤响应时间的制定均符合生物危害侦测系统应急响应策略。图像资料由 Cepheid 公司提供

相关保护措施

暴露后的前 8 小时是对相关人员进行转移、统计、洗消和健康教育的关键时期。一旦生物威胁警报响起，所有人员应立即从污染设施中疏散撤离，并转移到预先指定的安全位置。随后，由管理者进行人数清查，并在确认全员到齐后，向全体员工进行简要的情况汇报，包括疏散原因(如确实存在生物威胁、系统测试或演习)和后续的流程。接下来，有潜在暴露风险的员工需要脱下外衣并放入塑料袋中，前往洗消处，用肥皂清洗暴露的皮肤。用于擦拭的毛巾也应放入装外衣的塑料袋内。最后，会为员工们分发临时的衣服、鞋子和炭疽知识手册并要求他们回家后进行充分淋浴。必要时，还会通知员工前往注射预防性抗生素。

封锁、告知和采样等相关措施

这时，污染区域内的设备已完全关闭，包括供暖系统、通风系统和空调系统，并且设有专人把守污染建筑，以避免无关人员进入。考虑到应急响应措施需进行多方协调，生物危害侦测系统的预警还应向多个单位发送即时报警通知，如美国邮政检验局的生物危害侦测小组、当地执法部门、州卫生部门、危险物质响应小组及社区应急预案中涉及的所有官员和机构。随后，负责应急响应的指挥官需要就设施的各方面情况与美国邮政局、公共卫生部门和执法部门进行沟通协调；州长办公室或州公共卫生部门需及时对公众进行情况说明；美国邮政局需逐一告知未涉及此次事件的员工的后续工作安排。在应急响应工作安排部署后，由经过专门培训的邮政检查员在做了充分防护的基础上进入污染区域，从生物危害侦测系统中取出含有阳性样本的 GeneXpert 检测筒(图 13.5)。该检测筒位于生物危害侦测系统机柜内用于存放存档样本的特殊区域。取出时，需要将该检测筒放入一个特殊的生物安全容器内，并由另一名检查员保管。最终样本由邮政检查员或州警察以陆运或空运的方式送往实验室响应网络的机构进行检测。

图 13.5　美国邮政检查员在练习从生物危害侦测系统装置中取出阳性样本试剂筒。图中检查员均穿戴带有动力空气净化呼吸器的 C 级个人防护装备。图像资料由美国邮政局提供

实验室响应网络的作用

当邮政设施内的生物危害侦测系统发出警报时，邮政检查员需要通知实验室响应网络中的州级实验室做好接收样本的准备。试剂筒送至实验室后，大约需要耗时 3 小时进行内部样本缓冲液的收集和 DNA 的提取，随后使用实验室响应网络统一制定的炭疽杆菌检测方案对样本进行实时定量 PCR 检测。该步骤也需要大约 3 小时才能完成。此外，一部分原始样本被接种于培养基中，以进行炭疽杆菌菌落的培养。这一步骤通常需要超过 24 小时才能完成。PCR 检测盒病原体培养的结果是否为阳性，将对在生物危害侦测系统警报响起时及之前设施内部人员的处理方案起到决定性影响。例如，如果 PCR 检测结果为阳性，暴露个体需连续给予 3～5 天的抗生素治疗。在这种情况下，美国邮政局需要联系有暴露风险的员工和访客在 24 小时内前往诊所接受抗生素治疗。同时，当地公共卫生部门也将通过公共服务公告对可能有暴露风险的民众进行通知。如果病原体培养的结果呈阳性，则认为发出警报前 60 小时内进入该区域的所有人都存在暴露风险，并需要给予为期 30 天的抗生素治疗。此外，这些人还应立即接种第一剂炭疽疫苗，并在第 2 周结束时接种第二剂炭疽疫苗。30 天后，暴露人员还应再接种第三剂炭疽疫苗，以及接受额外的 30 天抗生素治疗。如果选用正处于临床研究阶段的炭疽疫苗，按照食品药品监督管理局的规定，需要办理非常复杂的许可程序，可能需要延长该过程的准备时间，并增加许多其他步骤。

协作是行动的关键

为了确保生物危害侦测系统应急响应策略能有效开展，美国邮政局官员必须定期与员工进行会谈，以普及生物危害侦测系统的功能和出现警报时的应急响应流程。对于设有生物危害侦测系统的地方一级邮政设施，该地的公共卫生部门应与美国邮政局管理层建立良好的工作关系，并适应自身在应急响应策略中承担的责任，以确保未来出现生物威胁警报时，能更好地与第一响应机构协作完成任务。各方应定期进行疏散演习，从而明确人员在事件发生时各自的职责并确保落实，以及让所有人员熟练掌握洗消流程。此外，还应针对炭疽病、抗生素和疫苗进行公共健康教育。

总　　结

炭疽邮件袭击事件向我们展示了在生物恐怖袭击面前，人类是多么的脆弱。该次恐怖袭击事件威胁到了每一位美国公民，其中主要给美国邮政局的员工带来了严重伤害，且让美国邮政系统陷入了困境。在这时候，由一些公司牵头为美国邮政局制定了一种在保证邮件完整性的基础上，确保员工和邮件安全性的解决方案。自动侦测系统，即利用复杂的技术对环境中的潜在生物威胁因子进行自动监测，本章介绍的生物危害侦测系统是该类系统中的典型范例。与疾病监测相比，生物危害侦测系统旨在对暴露环境进行监测，从而在发生生物恐怖袭击后，缩短所需的识别时间，并通过采取预防措施降低暴露人群的患病风险。而系统且全面的后果管理和应急响应策略则可确保尽可能充分地利用这些系统对民众进行保护。目前，其他一些机构也计划利用自动侦测系统构建更加安全的工作环境，然而，应用该系统将要面临成本极高的问题，更主要的是，还需要解决当出现阳性检测结果时如何开展实施应急响应的问题。

基 本 术 语

- 自动侦测系统：通过结合众多最先进技术，自动进行环境采样和现场检测的一种检测方法。该系统常规功能无需借助人工，并会在出现阳性结果时发出警报。
- 生物危害侦测系统：这是一种先进的检测系统，可自动对在美国邮政局邮件处理流水线上方的空气进行采样。该系统的空气收集装置可将空气样本与缓冲溶液混合，随后自动注入检测筒，并自动将检测筒送入生物传感器单元。然后，生物传感器将会对样本进行实时定量 PCR 检测，并在约 30 分钟内得到结果。如果样本检测为炭疽杆菌阳性，那么系统会发出警报并自动关闭邮件处理流水线。生物危害侦测系统是由诺斯罗普·格鲁曼公司研发的产品。
- 应急响应策略：在突发情况下采取行动的计划。例如，当生物危害侦测系统出现阳性结果时，该计划将提供对员工和公众进行保护的具体措施。此外，该计划中还包含从生物危害侦测系统中取出阳性样本并将其送往实验室响应网络进行最终检测的程序。生物危害侦测系统应急响应策略的后续流程，由实验室响应网络的最终检测结果决定。
- 后果管理：一系列用以保护公众健康与安全、恢复基本的政府服务职能和为受灾害影响的政府、企业和个人提供紧急救济的措施。

讨　　论

- 生物危害侦测系统的应急响应策略方案与自动侦测系统一节中 Meehan 等(2004)提出的建议相比较哪个更好？
- 本章所讲的应急响应策略方案如何分解为识别、避免、隔离和通告？
- 安装自动侦测系统分别具有哪些好处、特点和责任？

参考文献

Becker, A., September 15, 2004. Postal service urged to hone plans for coping with anthrax. [University of Minnesota] Center for Infectious Disease Research and Policy News.

Department of Homeland Security, NRP, 2004. Biological Incident Annex.

Farazmand, A. (Ed.), 2001. Handbook of Crisis and Emergency Management. Marcel Dekker, New York and Basel.

Federal Emergency Management Agency, May 2001. The Disaster Dictionary—Common Terms and Definitions Used in Disaster Operations. No. 9071.1-JA Job Aid. FEMA, Washington, DC.

Fitch, J.P., Raber, E., Imbro, D.R., 2003. Technology challenges in responding to biological or chemical attacks in the civilian sector. Science 302, 1350–1354.

Jarvis, K., Chegwidden, K., 2006. Experience to date with biohazard detection system (BDS) at USPS. In: American Society for Microbiology Annual Conference, Poster 292.

Meehan, P., Rosenstein, N., Gillen, M., Meyer, R., Kiefer, M., Deitchman, S., Besser, R., Ehrenberg, R., Edwards, K., Martinez, K., 2004. Responding to detection of aerosolized *Bacillus anthracis* by autonomous detection systems in the workplace. Morbidity and Mortality Weekly Report 53, 1–11.

Office of Science and Technology Policy, November 25, 2002. Review of the United States Postal Service's (USPS) Biohazard Detection Systems (BDS) Pilot Project Report of the Intra-Agency Working Group. .

Ryan, J., McMillan, W., 2003. Biothreat. Cepheid, Inc, Sunnyvale, CA.

Seiple, C., Autumn 1997. Consequence management: domestic response to weapons of mass destruction. Parameters 119–134.

Thompson, M., 2003. Killer Strain: Anthrax and a Government Exposed. DIANE Pub Co, Collingdale, PA.

U.S. General Accounting Office, 2003a. U.S. Postal Service: Better Guidance Is Needed to Improve Communication Should Anthrax Contamination Occur in the Future. No. GAO-03–31. General Accounting Office, Washington, DC.

U.S. General Accounting Office, 2003b. Bioterrorism: Public Health Response to Anthrax Incidents of 2001. No. GAO-04-152. General Accounting Office, Washington, DC.

第十四章　生物安全的未来导向

生活中没有什么可怕的东西，只有需要理解的东西。

居里夫人

学习目标

1. 对未来生物安全如何与生物技术的发展相联系进行讨论。
2. 对可用以研发杀伤力更大的生物武器的技术进行阐述。
3. 对生物威胁预防、准备和控制的新策略进行讨论。

引　言

目前，在许多发展中国家，各类生物防御计划不再只是用于对军事力量进行保卫的工具，也被正式纳为国家安全防御的一部分。这意味着，生物安全已经成为一个关系着国家安全的重要因素。与此同时，各国农业正常发展的需求和新发传染病带来的威胁，加快催生了各国生物安全系统和控制策略的建立。经过多年的发展，未来这些系统和控制策略将会给农作物、牲畜和人带来更加全面的保护，使其免受各种外来疾病的威胁。

每当说到生物安全，我们所担忧的无非就是危险生物病原因子落入了心术不正的人的手中后可能对社会造成危害。例如，从冷战时期开始，相关技术就被用于实施细菌战对付人类同胞（Miller et al., 2002）。不久前发生的炭疽邮件事件也证实了我们所担忧的问题。但是，这是否预示在不久的将来，可能会有更恶劣的生物袭击事件发生呢？作者认为，生物安全未来的发展走向取决于生物病原因子的研究进程和新发、突发传染病的暴发情况。

展望未来，我们可以推测，随着生物科学技术的持续发展，很有可能会出现改造后毒力增强的病原体被用于生物袭击的事件。所谓毒力增强的方式可能包括：设计耐药病原体、增强感染性或致病性的超级病原体或通过融合来自多个生物的基因制造出一种新的致命病原体。除人为制造的病原生物外，定期反复出现的自然发生传染病也会给我们带来一定的威胁（Garrett, 1995）。例如，2009～2011 年，由高致病性禽流感病毒 H5N1 和甲型流感病毒 H1N1 引起的流感的出现（图 14.1）。1997

年，H5N1 流感病毒首次在香港被发现，在随后的 10 年内，该病毒逐渐侵袭整个亚洲并传播至非洲和欧洲，最终导致约 3 亿只禽类和 200 多名患者死亡。其中，大多数死亡病例都出现在柬埔寨、印度、印度尼西亚、泰国及越南。随着研究的深入，目前已发现两条疑似为 H5N1 病毒在人与人之间的传播链，专家推测这样的传播链可能不止这两条。当然，也可能是 H5N1 病毒通过基因突变或与原本就可感染人的流感病毒重组，变得容易在人群中传播。考虑到现代空中交通的速度之快，如果在一些公共卫生条件落后的欠发达地区发生此类事件，将会引起更加严重的后果。因此世界卫生组织和相关机构共同发起了生物安全项目，以防止流感大范围暴发。该项目目前已成功地引起社会各方的广泛关注，并获得了许多支持。

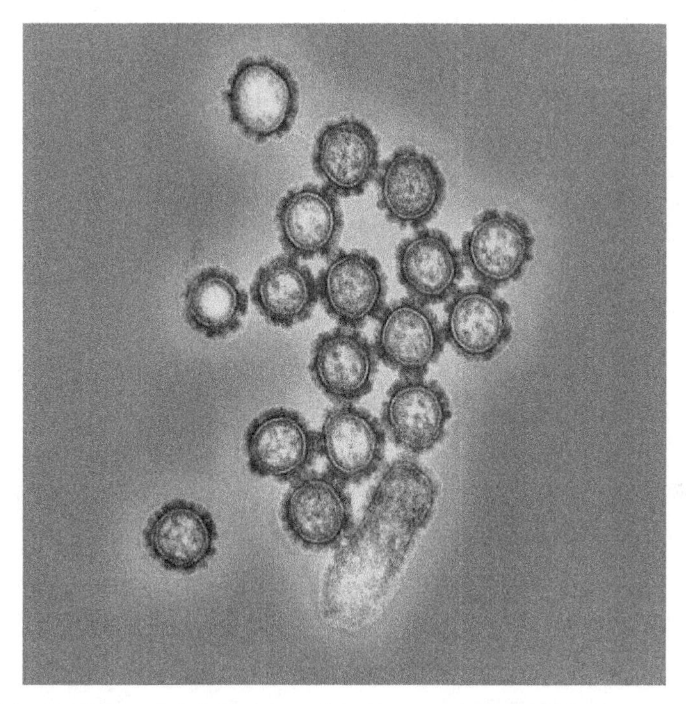

图 14.1　透射电子显微镜下可清晰地看出甲型流感 H1N1 病毒颗粒的数量。图片中黑色部分为位于病毒颗粒表面的表面蛋白。正是这一菌株引发了 2009～2011 年的小范围猪流感暴发。图像资料由美国国家过敏症和传染病研究所提供

随着公共卫生战略和生物安全计划的顺利展开，已经很难去预估如果没有这些战略和计划，人类的健康将会面对多大的威胁。但是我们可以以 1918 年西班牙大流感在全球范围内暴发所造成的影响作为参考，由于当时没有相关保障计划、现代先进技术、遏制战略和监测用基础设施的协助，最终导致约 4000 万人死亡。

目前，随着科技的不断发展，基因工程相关的分子遗传学、基因组测序和基因剪接疗法等技术已被广泛用于新药或新疫苗的开发。在这里，值得关注的是这些生物技术的两用性，即用于拯救生命的科学技术也可被用于夺取生命，如被用于开发更具毒性的生物武器(Ainscough, 2002)。如果这些被改造的病原体被用于恐怖袭击而秘密释放到某个地区的环境中，当地政府与相关机构将错过暴露后的最佳应对时间，直到大量民众出现症状并可以继续传播疾病时该病原体可能才被发现。届时，急诊室和其他医疗设施中将会滞留大量重病患者，还有一些患者可能早已离开了最初暴露的地方，甚至前往了其他国家。由此可以推测，这些被改造的病原体感染一旦暴发，将会比目前任何一种自然新发传染病所造成的影响更为严重(Ainscough, 2002)。

迈克尔·安斯克夫对未来战争的看法

回顾过去，20 世纪是以物理学为主导的一百年。而最近的一些突破性研究表明，21 世纪则可能是以生物学为主导的一百年。又正如一些人所说：第一次世界大战的核心是化学武器；第二次世界大战的核心是核武器；第三次世界大战的核心将是生物武器。

迈克尔·安斯克夫

1960 年，美国政府秘密成立了一个科学家小组，即杰森集团。该小组主要负责在政府高级官员面对技术问题时为他们提供建议和方案，而这些问题大多与国家安全防御工作有关(Finkbeiner, 2006)。1997 年，杰森集团针对下一代生物武器威胁的问题进行了讨论。他们在报告中对可用以改造病原体的基因工程技术广泛实现的可能性进行了探讨，包括一些现有技术和一些不久的将来可能实现的技术。这一报告中阐述的技术推进生物武器的前景着实令人警醒(Block, 1999)。事实上，凭借过去 20 年间发展的技术足以设计出与传统生物战剂不同的病原体，这种病原体在研制与投放过程中对施放者来说更加安全，但对于被施放对象则更具毒性、更易传染、更难以检测且更易于传播(Block, 1999)。

在 1997 年的报告中，杰森集团(Block, 1999)列出了几大类非常规病原体和生物武器，包括二元生物武器、设计型基因、基因治疗、隐形病毒、新发人兽共患病病原体和设计型疾病病原体。二元生物武器即由两种组分构成的一种生物武器。当两种组分分置时，分别具有较小的威胁，此时处理该武器则相对安全，一旦两种组分混合，则会具有巨大的杀伤力。值得一提的是，该技术已被用于化学武器系统。此外，杰森集团还对设计型基因进行了阐述，即将特定的非天然基因序列插入病毒或其他生命体，这些改造后的生命体通过入侵宿主，将该基因序列整合至宿主的基因组中，从而实现在悄无声息的情况下对宿主造成伤害。他们还表示，一旦医学领域可以通过修复或替换患者的缺陷基因来实现基因治疗，那么该技术将很有可能被谬用，如将致病序列导入健康个体。隐形病毒是指人为制造的一种感染后不会立即出现症状的病毒，它们在某些特殊的生理或环境刺激下被激活，并对宿主造成伤害。新发人兽共患病病原体，也被杰森集团称为宿主交换型病原体，即对现有病原体进行改造，从而使其适应人类宿主，成为新型生物战剂。此外，还可能针对目前已探明的生物化学信号传导途径而研制出更具有针对性的设计型疾病病原体。

苏联的超级细菌计划

其实，上述的大部分病原体的研制都已在苏联的超级细菌计划中被实现了。正如在“毁灭的种子”一章中所讨论的，虽然美国及其盟友的生物武器计划已于20世纪70年代被解除，但是当时的苏联在Biopreparat机构（苏联生物武器计划的负责机构）的领导下，正在致力于大力提升其生物武器的生产能力，包括新建数十个生物武器生产设施并招募了6万名员工。该计划旨在通过批量生产各种A类和B类生物病原因子，从而增强其生物袭击的杀伤力。此外，苏联生物武器计划还创立了专门的秘密研究机构，以利用生物技术创造具有更强杀伤力的病原体和毒素。正如我们现在所知，当时苏联大量生产的生物病原因子包括炭疽杆菌孢子，且该炭疽杆菌菌株因被改造而具有多重耐药性。更重要的是，目前我们并不知道北大西洋公约组织的常规炭疽疫苗是否对所有苏联变种炭疽杆菌都有较好的预防效果。以下是1998年苏联生物武器计划高级官员Ken Alibek对美国国会所说证词的摘录（Alibek, 1998）：

> *在苏联看来，最好的生物战剂是那些被施放对象尚无预防策略和救治方案的生物病原因子。因此，那些可以用疫苗或现有医疗手段进行治疗的病原因子（如鼠疫耶尔森菌），或可被抗生素治愈的病原因子则可通过提高其多重耐药效能或免疫抑制作用进行改造。*

另一位苏联著名生物武器专家兼研究员谢尔盖·波波夫博士（Sergei Popov）在接受公共电视节目NOVA的采访（摘自访谈“创建‘超级细菌’”，NOVA，2001年）时承认，苏联当时正在利用基因合成技术来赋予微生物一些新的属性。当波波夫被问到“那样做的目的是什么”时，他回答说：这将制作出一种难以在感染初期被诊断的新式生物武器，从而导致对手无法用常规抗生素进行治疗。波波夫进一步解释说：其关键点是必须赋予病原因子一些新的且不常见的属性，从而导致其难以被识别，不便于及时开展治疗。从以上采访内容中我们可以了解到，苏联超级细菌计划就是想要创造出一种更为致命的生物武器。随后，波波夫还分别介绍了一些专项项目与计划。其中，名为“Project Bonfire”的一项计划主要涉及多重耐药性菌株的研发。通过该计划的实施，已研发出了一株能对近 10 种抗生素有耐药性的鼠疫耶尔森菌和一株对 10 种抗生素有耐药性的重组炭疽杆菌。而另一项名为“Hunter Program”的计划，则是将不同种病毒的全基因组组合在一起，从而产生全新的杂交病毒(如脑脊髓炎病毒和天花病毒相组合)。据说这种完全由人工合成的病原因子导致的疾病症状完全与原病原因子不同，且就目前的医疗水平和技术而言，可能暂无合适的治疗方法。有人可能会对这样做的目的及可能带来的危险产生怀疑。波波夫表示：

从本质上来说，Hunter Program 的研究成果是完全未知的。我们无法通过科学经验认识新的杂交病毒，也无法断定该如何对其进行处理。当然，我们也无法预知基因操纵会带来怎样的后果。

那么，所谓的超级细菌究竟是如何起作用的？波波夫解释道，超级细菌就是一种包藏有病毒的细菌剂。暴露初期，患者只会出现细菌感染症状，一旦诊断出细菌性疾病并开始使用抗生素进行治疗，病毒就会被立即释放出来。因此，当患者细菌性疾病被彻底治愈时，超级细菌的病毒致病力也就达到了最高水平。这个概念让人不禁回想起特洛伊木马的传说。据波波夫所说，鼠疫耶尔森菌作为这种超级细菌的细菌体非常合适，因为这种细菌用抗生素治疗起来相对容易，且可包藏脑脊髓炎病毒。在遭受这种生物战剂的攻击后，人们往往会立即开始针对鼠疫耶尔森菌感染进行治疗，但在治愈之后，宿主的大脑和中枢神经系统将会遭受来自该生物战剂的第二轮更为致命的病毒感染。一般情况下，脑脊髓炎病毒需要以节肢动物作为媒介进行传播，因此脑脊髓炎病毒并没有被考虑为生物战剂的候选病原因子。但是如果将其制备成超级细菌，就可以充分地满足脑脊髓炎病毒对载体的需求，制备出一种出其不意的生物武器。我们可以想象，一旦这个方案被正式实施，不仅会给整个社会带来恐惧、恐慌和混乱，还会引申出各种医疗管理问题并给公共健康带来巨大冲击。

批判性思考

如今，利用现有的生物技术，杰森集团列出的非常规病原体基本上都可以被研制出来，甚至其中一些基因改造病原体可能早已在生物武器专家的努力下被生产出来并储存于某处了。请考虑以下这些情况发生的可能性及后果。

- 研发出仅针对某一类人种的病原因子，或仅有某一人种可免受其感染的病原因子。
- 设计出一种既具有出血热病毒的致死性又具有流感的传染性的病毒性疾病。

- 天花等高致命性疾病不再易于诊断，如感染后不会出现脓疱。
- 经过设计与改造，病原体在原有的金标法诊断检测中呈现假阴性结果。
- 当出现一种全新的潜伏期短的高致命性病原体时，公共卫生工作人员需要花多长时间才能开发出新的诊断方法，并撰写出诊断标准？
- 出现一些在导致局部地区暴发后就变得对人无害的病原体或一些不断变异的病原体。

合成生物学

大众对生物恐怖主义和生物武器的未来发展走向仍然十分关注。近几年来，“合成生物学”学科的不断发展也增强了人们对这一领域的关注热度。合成生物学对不同专业的技术人员和团队有着不同的意义，其中更贴近本书内容的定义为：利用自然界的分子组合出一个非自然的系统。从本质上讲，人们研究合成生物学是为了将工程学原理与方法应用于生物技术领域，从而构建一种可被各类相关工程所应用的人工生物系统。虽然该过程所使用的工具和实验技术都与其他生物学科相一致，但其核心主要是生物学工程的应用。通常情况下，合成生物学的研究重点为从天然生物系统中选择可使用的因子，在充分认识和简化之后，将其重组为人造的非自然生物系统中的部分。这一技术的实施可能会带来怎样的危险？我们可以想象一下，假如创造出一种能够分解毒性物质(如石油产品、多氯联苯和三氧化二砷)的微生物，并分布在世界各地，最终耗尽我们的地下资源。或者有一个资金充足且掌握了相关科学技术的小型恐怖集团，利用文献列出的病原因子免疫逃避相关基因信息，研制出多重耐药菌或具有超强黏附和侵入上皮组织能力的病原体，并在实验室中大量生产，最后组装成致命的生物武器。

批判性思考

如今，随着分子生物学技术的“去技能化”发展、基因组序列数据的开放和 DNA 合成服务的普及，那些没有专业研究实验室和齐全设备的人也越来越容易完成生物合成与改造(Landrain et al., 2013)。如今生物 DIY 组织的出现正是以上假设的缩影，虽然人们获取知识变得更容易了，但这也会导致我们的社会更容易受到坏人的威胁。

这样看来，似乎潘多拉魔盒已被打开，那我们可以做些什么来减少实验室中违规使用合成生物学技术与设备带来的威胁呢？

虽然，合成生物学的主旨是让生物产业更易于工程化发展(Jefferson et al., 2014)，但这也就意味着，随着该行业的发展，即使一个几乎没有实验室基本操作知识的人，也是可以研制出病原体的。因此有的人认为，合成生物学的“去技能化”特点使创造变得更加容易，这可能更有利于恐怖分子按照他们的意愿自行设计生物武器(Tucker, 2011)。最近有几篇文章针对这个问题进行了阐述，文章的作者们认为：合成生物学无疑在“用科技维护和平”方面起到了积极的促进作用，但也可能被谬用从而增加其作为双刃剑所带来的威胁。但是，杰斐逊等(2014)认为，以上这些关于合成生物学的观点都过于狭隘且没有根据，是对合成生物学和生物恐怖主义的误导性假设。他们认为，这些假设普遍忽视了隐性知识的重要性，即合成生物学的重点是获取生物材料和数字信息，而不是实践操作及其运行体制。他们补充说，如今一谈到合成生物学和生物安全时，即使没有任何根据和征兆，公共话语也总是倾向于将某种可能性描述为现在或不久的将来即将实现的事情(Jefferson et al., 2014)。

不管人们对恐怖分子利用合成生物学技术生产生物战剂的这一假设抱有怎样的看法，但其一旦被谬用，可能造成的影响不容忽视。事实上，在2008～2014年，美国政府在合成生物学研究方面的投入超过8亿美元(HHS, 2014)。其中绝大部分资金分配给了国防部，主要用于国防部高级研究计划局和国防威胁降低局开展相关工作。然而，2015年威尔逊中心(Wilson Center)的一项研究表明，上述资金中，只有不到总金额1%的资金被用于风险研究，被用于道德、法律和社会等问题的研究资金也仅约为总金额的1%。此项研究还发现，其他国家在相关领域投入的资金正在迅速增加。例如，2014年英国政府和欧盟委员会在合成生物学方面的投资就已超过了美国的非国防支出(Wilson Center, 2015)。总而言之，在全球范围内，合成生物学不仅被公认为一个关键的研究领域，还被普遍划为一种需要密切展开管理的新兴技术。

笼罩的恐怖主义阴影

通过对上述内容的了解，现在我们已对苏联生物武器计划的巨大规模有了一定的认识。在米哈伊尔·戈尔巴乔夫和鲍里斯·叶利钦开始接手领导苏联之后，便下令销毁了苏联战备储存用的大量生物武器。这些生物武器大部分是在位于咸海的一个干旱岛屿——复兴岛(Vozrozhdeniye Island)被销毁的，作为地球上最偏远的地方之一，该岛屿之前是世界上最大的生物战试验场。但这也牵扯出了一些问题，如苏联军火库中留下的一部分武器是什么？“Project Bonfire”和“Hunter Program”这些计划中通过生物基因工程研制出来的那些病原体去了哪里？是否有致命的超级细菌被恶意储存，并可能在未来被施用？还有哪些其他国家已经有生物武器且积极参与生物武器的生产和研究？针对最后一个问题，美国国防部部长办公室已明确了一些具有一定生物战进攻能力或拥有相关研究设备的国家。据悉，伊朗、以色列、利比亚、朝鲜和叙利亚都已经生产了大量生物武器(US Congress, Office of Technology Assessment, 1993)。其中，埃及和以色列被亨利·斯蒂姆森中心列为值得警惕的国家(Block, 1999)。据报道，基地组织在四处寻购生物战剂，甚至有现场报道称，他们正在阿富汗塔纳克农场的一家简陋的实验室生产生物战剂和化学战剂。

大规模生产生物病原因子(如细菌和病毒)所需的技术成本相对较低。此外，由于其所需设备与啤酒、化妆品、药品和疫苗的生产设施基本相同，因此也较容易获得，且大多数可被用以制造生物武器的微生物都可在自然界中找到。Inglesby等表示，对其他国家生物武器的发展程度进行估计是很困难的，因为生物武器生产设施所需的空间小，且不易被识别。因此，某天突然曝出某个国家拥有并散播天花病毒也是有可能的(Inglesby et al., 2000)。

在如今的恐怖主义时代，我们的敌人不再穿着制服，在有着明确边界的战场上为了明确的目标与我们当面作战，而是通过各种手段直接完成单边化的进攻与威胁，其中的一种选择就是生物武器。这些大规模杀伤性武器无疑对交战国有着很强的诱惑性，并促使他们想方设法地获取此类武器(Ainscough, 2002)。然而，由于影响生物武器效能的因素多，且难以控制，因此生物武器用于实战的效果并不太明显(Zilinskas, 2000)。正是因为这一缺点，所以目前生物武器的军事价值仍有一定的局限。随着未来生物工程和新一代武器的不断发展，这一情况可能会有所改变。但目前这一技术在任一机构都还没有被广泛掌握(Ainscough, 2002)。

批判性思考：未来生物武器出现的可能场景

2002年，吉姆·戴维斯博士表示，美国及其同盟国最可能面对的三种生物武器袭击的情况包括以下几个方面。

- 针对美国的农业恐怖主义事件。
- 针对驻扎在中东的美国及其同盟国军队发动的生物袭击。
- 针对美国及其同盟国境内人口集中地区的生物恐怖袭击。

通过阅读本书内容，结合当前世界形势，你认为以上三种情况可能发生吗？又是什么改变了这三种情况发生的可能性呢？

当发生生物化学武器袭击时，训练有素的高等级现代化军队能够利用齐全的防护装备完成相关任务且不受战剂伤害。但是，由于广大民众既没有保护性装备

又没有接受过专业的相关防御训练，因此，可以说他们对此类袭击毫无防备，成为最可能遭受生物恐怖袭击的目标。Sprinzak (2001) 指出，当代“狂妄的极端恐怖分子”既善于创新，又握着丰富的资源。此外，他们还有着超越传统恐怖分子的野心，乐于找寻能够出其不意地攻击并摧毁敌人的袭击方式。假如这类极端恐怖分子倾向于造成大规模伤亡，他们很可能会选择使用生物战剂以发动袭击 (Ainscough, 2002)。

生物战

20 世纪末期，核战争的威胁已经成为文化、政治、经济和社会变革的主要驱动力之一。接下来，生物战的威胁将逐渐代替核战争威胁。但是与威胁更为具体的核战争相比，生物战所带来的风险则更难以捉摸。

埃米利奥 · 莫迪尼 (2005)

反生物武器扩散专家吉姆 · 戴维斯博士总结道，高级官员和怀疑论者有六大理由相信大规模的生物武器袭击是不会发生的 (Davis, 2002)，但他认为这些理由都有所偏差，包括以下误解。

误解 1. 至今尚未发生大规模生物武器袭击。

反驳：“毁灭的种子”章节中已列出目前已发生的生物武器袭击事件。

误解 2. 美国境内尚未出现生物武器袭击。

反驳：美国炭疽攻击事件和罗杰尼希教事件正是美国境内发生的大规模生物武器袭击事件。

误解 3. 研究与生产生物战剂需要具有高智商、高学历的人才和大量财力才能实现。

反驳：只需拥有少量病原因子，并对发酵程序有所了解，就能制作出一个粗制的但有效的病原因子混合物。因此，那些拥有较少资源但野心勃勃的恐怖组织完全可以自行制造生物战剂并发动袭击。此外，一旦小型恐怖组织通过某种渠道获得生物战剂生产配方，并按配方生产少量的生物战剂，将能够引起人与人之间广泛的传播。

误解 4. 生物武器实战效果难以控制，使用后往往都以袭击失败而告终。

反驳：肯定有人会说，哪怕是资金雄厚的恐怖组织也并不能保证一定能够成功发动生物战争，如手握大量炭疽杆菌的日本恐怖组织 Aum Shinrikyo’s blunder。确实，利用生物武器实施袭击从很多方面来说都并非易事。但这并不能保证在长期探索后仍无法得逞。一旦出现成功的生物恐怖袭击事件，将充分证明提前为生物恐怖袭击做好全面的准备比在遭受到生物恐怖袭击后再向民众解释政府在生物恐怖袭击防御方面有哪些欠缺要更为容易。

误解 5. 禁止使用生物武器的相关公约将从道德角度对生物武器的生产和使用进行约束。

反驳：对于恐怖组织来说，从来就没有道德界限。既然一个恐怖分子能将一台大型喷气式飞机撞入一栋有数千名无辜民众的摩天办公楼，那么他们也可以无惧相关公约，生产和使用生物武器。

误解 6. 通常，暴露于生物战剂后需要经历一段潜伏期后才会出现症状。因此对于使用生物武器的人来说，可能并不能起到所期待的作用。

反驳：这样单方面对恐怖分子的动机和手段进行假设是很片面的，某些恐怖分子可能会利用生物战剂的潜伏期，以便更为广泛或多点源施放生物战剂，尤其是进行隐蔽袭击时，这会导致防控病原体扩散等工作更难以实施。

预防、准备和抑制策略

一旦出现生物武器袭击，医院将首当其冲承担照料感染患者的任务。但是，几乎没有几家医院对此做好应对准备，哪怕只需应对少数感染高传染性、高致死性疾病的患者，或正常患者数量的重病患者。医院领导应对现行有关应对生物威胁的政策进行审视，并制定更合理的新政策。其中，感染控制措施是预防计划中最为重要的组成部分(Inglesby et al., 2000)。如第六章和第十一章中所述，应急响应机构和组织的相关领导对生物袭击的危机意识已经有所提升，但这一危机仍然被许多人所不能理解。炭疽袭击事件发生后，我们正处于一个相对平静的时期，但并不能对生物恐怖袭击疏于防范。因此，我们在加强生物袭击危机意识方面还需要投入更多的努力，其中，加强生物威胁监督力度是必不可少的。

2007 年初，美国国土安全局发布的总统指令中第 18 条对医学防御对策的研究、开发和成果进行了概括，并将生物威胁分为以下 4 个不同种类。

- 传统病原因子。可能被施放并造成大量伤亡的天然病原生物或毒性产物，如炭疽杆菌和鼠疫耶尔森菌。
- 增强型病原因子。传统病原因子被改良或优选后，产生的一种对人类具有更强的杀伤性能，或不受现有防御措施影响的病原因子。例如，耐药病原生物，耐药结核杆菌(图 14.2)或多重耐药的鼠疫耶尔森菌。
- 新出现的病原因子。一种之前不为人知的天然存在并能对人类造成严重威胁的病原因子。可被用于检测和治疗这种病原因子的方法还未被发现或被广泛应用。

- 高级病原因子。一种新型病原因子或其他经过实验室人为设计后不受现有防御措施影响或可诱发更为严重的一系列疾病的生物病原因子，如多重耐药炭疽杆菌。

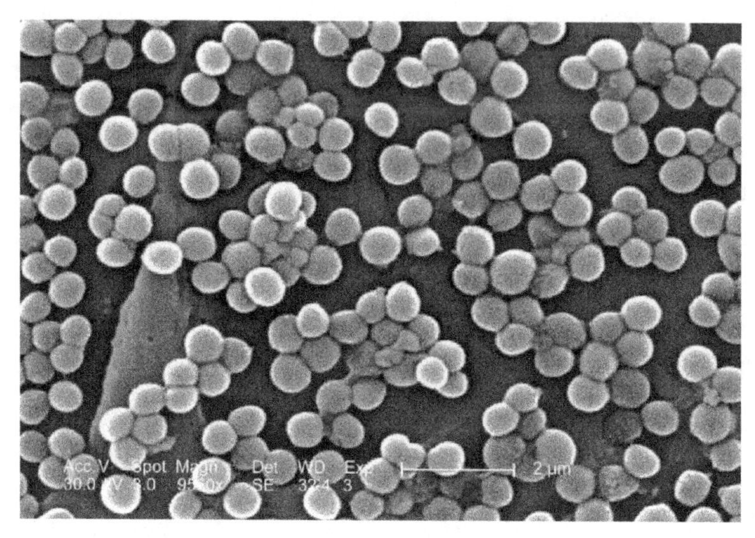

图 14.2　放大了 9560 倍的耐甲氧西林金黄色葡萄球菌菌丛的扫描电子显微镜图。最近的相关研究表明，相比于传统的医院获得性 MRSA 菌株，社区获得性耐甲氧西林金黄色葡萄球菌暴发的感染源是一种有着独特微生物学和遗传学特性的菌株。这表明一些生物学特性(如毒性因子中的毒素)可能导致社区获得性菌株更易于传播或更容易导致皮肤疾病。耐药菌，如耐甲氧西林金黄色葡萄球菌和耐药结核杆菌，在公共卫生和感染控制中的重要性处于持续攀升的状态。此外，由于其具有难以控制的特性，因此耐药细菌也有可能被开发为生物战剂。图像资料由美国疾病控制与预防中心公共卫生图像库提供

由于未来生物威胁可能将难以预料且难以定义，因此生物威胁在传统 A 类、B 类和 C 类病原体分类的基础上进一步被分为以上 4 种类型。虽然病原与药物一一对应治疗对于传统病原因子感染(如天花和炭疽)比较适用且有效，但随着增强型病原因子、新的病原因子和高级病原因子的出现，这种治疗方法将不再可行。这时，应对传统和新型的生物威胁需要先对未知或不明确的病原体进行快速识别，并对可用的干预手段的有效性进行迅速评估，同时开发和部署新的治疗手段以防止或减轻副作用，以及降低后续对社会产生的影响。虽然维护相关实验室与设备以对各类生物威胁进行识别所需成本高昂，但这一过程是必不可少的。毫无疑问，人们已经意识到了实验室响应网络的重要性，以及在各地区构建生物威胁防御和新型传染病防御优秀人才中心的重要性(图 14.3)。

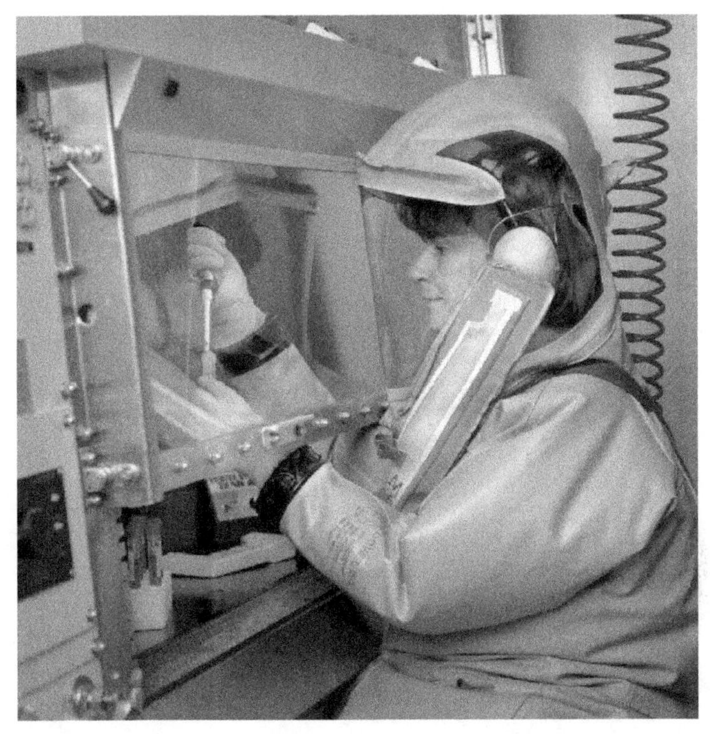

图 14.3　一名科学家正在乔治亚州亚特兰大市疾病控制中心的生物安全四级实验室中转移样本。该名科学家身着防护衣，戴着头盔和面罩。她身旁的负压层流罩(操作台)可有效防止气流流回实验室内。利用这种负压层流罩，任何空气中的病原体或有毒气体都可被吸回操作台中，并在过滤后随着通风系统排出，从而避免污染物在实验室中扩散。尽管购置和维护这些设施成本高昂，但考虑到其能为我们提供调查未知生物威胁和新出现的疾病的能力，这是必不可少的。目前美国已有不少实验室达到生物安全 4 级水平。图像资料由美国疾病控制与预防中心公共卫生图像库提供

生物防御研究的未来

为了找到最新应对传染病的诊断、预防或治疗方法，我们需要对生物防御不断进行科学研究。因此，应加大对生物武器袭击所致疾病相关诊断、预防或治疗技术等基础研究工作的鼓励和奖励力度。相关制度与实施大体方案已于 2005 年被美国国立卫生研究院院长安东尼·福西博士提出(Fauci, 2005)。

通过不断发展医疗水平来对抗一定数量已知或可能存在的病原因子是减轻灾难性生物威胁的一种有效方法。然而，为了更好地应对增强型病原因子、新出现的病原因子和高级病原因子，我们需要一个新的运作模式，以促进医疗发展更加高效与经济。美国国立卫生研究院与其他机构合作，建立了一个生物防

御研究和产品开发资源的实体框架。该计划于 2007 年被提出，并要求从新的角度提供适应非传统生物威胁的相应措施。美国国家过敏症和传染病研究所(2007)确定了三种广谱策略，以建设更灵敏的生物防御体系(图 14.4)。这些策略将在下文中加以说明。

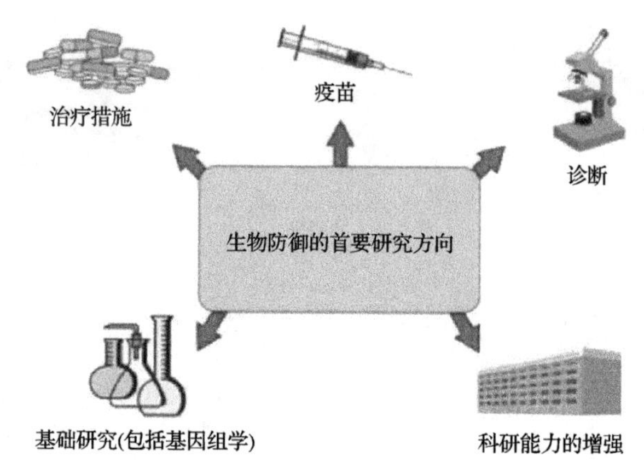

图 14.4 美国国立卫生研究院院长安东尼 • 福西博士(Anthony S. Fauci)制定的生物防御的几大首要研究方向。目前以上研究方向在公共卫生应急对策事业方面已取得了许多成绩。图像资料由美国国立卫生研究院提供

广谱活性

广谱活性是指一种能广泛减轻各类病原因子生物威胁的产品特性。例如，多路诊断可通过对单个临床样本的检测，快速鉴别出各种常见和罕见的病原体、识别出病原体对药物的敏感性并确定样本中病原体与已知病原体之间的关系。而“芯片实验室”则是将临床标本放于具有基于 DNA 或 RNA 的复合微阵列诊断功能的类微芯片装置上。基于 DNA-RNA 杂交技术，该芯片处理单元可同时进行几十种可能病原体的检测。随着研究人员对广谱活性的深入研究，目前已出现了一些令人兴奋的新进展。例如，表现出广谱活性的交叉保护疫苗和多组分疫苗。其中，由于交叉保护疫苗可通过诱导免疫来对抗微生物的保守组分，因此，它们对自然进化、适应性进化或遗传漂变的病原体也是非常有效的。通用流感疫苗就是典型的交叉保护疫苗。多组分疫苗则是在一支疫苗中同时存在可以保护人体免受不同但密切相关的病毒等微生物感染的成分。出血热疫苗就是一个典型的多组分疫苗，它含有能同时对抗埃博拉病毒、马尔堡病毒和拉沙病毒的成分。

目前对于一些传统的生物威胁，尚无完全安全且有效的治疗手段，在治疗过程中可能会出现治疗效用有限、易受新发抗生素耐药性和基因工程威胁影响等问题。但是，那些具有广谱活性的抗感染药物则可以针对不同种类微生物的共同或

基本成分，有效地对抗传统和非传统威胁，因此我们可以利用为数不多具有广谱活性的抗感染药物替代几十种病原特异性药物。此外，克服细菌耐药性的策略可以在广谱抗感染药物的临床试验中得到广泛应用，具有立竿见影的效果。我们发现针对宿主免疫反应的治疗对多种疾病都有治愈的潜能。这些免疫调节剂通过控制导致疾病的反应(如细胞因子风暴)或非特异性反应来激活宿主的自然免疫防御，以此来诱导更快、更有效的保护反应，从而降低发病率和死亡率。

广谱技术

广谱技术是指一些能够被广泛地设计到各种现有和候选产品中的性能，如恒温或递送性能。鉴于这些性能的广泛性，广谱技术发展对策的制定将在未来应对生物威胁这一重大挑战时起到一定的作用。整体对策包括：对各年龄阶段和健康状况的人群都应安全有效；能于室温下长期保存，以便能长期妥善储存于国家战略储备库中；包装应尽量简单，以便在大规模伤亡情况下更快投入使用；有限剂量下就能提供充分保护，并有可自行给药的单剂量递送装置。此外，制造方应保证生产设施随时处于待命状态，以便根据情况立即开展紧急临时生产任务。最近，美国相关机构就根据需要快速地研制和生产了一种 H5N1 禽流感疫苗，该疫苗已经过美国食品药品监督管理局审批，并于国家战略储备库中存放了 500 万支。

广谱平台

广谱平台是指一系列可用于大幅减少将医疗应对措施推向市场所需时间和费用的标准化方法。例如，一种经过验证的单克隆抗体发酵和纯化法可被用于快速研发任意一种治疗性单克隆抗体，这将有效避免重复类似且冗长的研制工作。广谱平台技术还包括筛选系统、体外安全测试、表达模块、制造技术和化学合成设计。我们可以预见，如将这类平台方法用于制定新的生物威胁防御对策，可大大缩短和精简这一进程。

生物武器与科学家

美国的生物学家对制造生物武器的道德标准都保持着一种令人无能为力的沉默。他们不愿意与公众谈论这个问题，甚至认为并没有人在制造生物武器。不得不说，生物武器是生物学发展过程中一个耻辱的产物。如今，已经到了顶尖生物学家该站出来发声的时刻，他们不仅应该承担起这些武器存在的责任，更应该承担起保护人民免受伤害的责任，正如核武器出现时顶尖的物理学家所做的那样。道德压力不需付出任何代价，但一定能起积极作用；现在，我们不再接受沉默。

理查德·普雷斯顿(1998)

总　　结

我们可以预见，无论是自然发生还是人为造成的生物威胁，生物安全和防御都将持续作为未来工作中的高度优先事项。生物战和生物恐怖主义是多方面的问题，因此需要从多方面考虑解决办法(Block, 1999)。我们需要最好的批判型思想家和生物研究人员来共同解决这个不断演变的问题。幸运的是，用于制造生物武器的先进基因组生物技术也可被用于制定对抗生物武器的策略。虽然恐怖分子通过利用基因工程制备的生物战剂对某一城市发动袭击的概率很低，但是一旦发生，将引起非常严重的后果。考虑到恐怖组织的主要目的通常为尽可能造成最大伤亡，因此大都市最可能受到袭击。然而，生物战和生物恐怖主义的滥杀滥伤性质将导致所有社区都处于危险之中。这种困境是地方社区面临的挑战，他们对备灾的需要很敏感，但资源有限。虽然事件发生后，联邦政府强有力的援助会尽快到位，但无法立刻提供。因此，社区官员必须做好生物威胁应急计划并准备好能够维持事件发生 24 小时内所需的医疗和公共卫生资源。目前，全世界的军队和民众都无力承受生物武器袭击，我们对基因工程建立的新型生物战剂引起的流行病仍毫无准备。

美国总统尼克松曾说，“人类已经掌握了太多毁灭自己的种子”。这里他所发出的警示指的是，假如生物武器进一步发展和生产，最终可能会以人类的灭亡而告终。尼克松采取了应有的行动，关闭了美国生物武器库，并将大量资产集中在生物防御相关研究和部署上。正是他的这一系列举措促成了现在美国复杂且完善的生物安全和生物防御方案与计划的建立。这些方案与计划对于对抗单边化的战争威胁是必不可少的，但其所需成本高昂且易夭折。生物安全和生物防御的未来发展导向很可能由“下一个事件”所决定。然而，作者认为，最可能发生的生物威胁事件是那些新发病原体和在新的自然环境或社会环境下重新出现的病原体自然且意外地威胁人类与动物健康的事件。

基 本 术 语

- 二元生物武器：由无毒部件组成的双组分系统，在临用前混合即形成病原体。这个过程在自然界经常发生。许多致病性细菌携带多种编码毒力或其他功能的质粒。这些质粒往往由小的环状 DNA 片段构成，独立于染色体 DNA 存在。编码毒力基因的质粒可以在不同的细菌之间转移，甚至可以跨越种属屏障进行转移(Block, 1999)。
- 设计型疾病：随着科学的发展，未来有一天或许能够根据想要的疾病症状，就可以设计或创造出可产生目标症状的病原体。设计型疾病可以通过沉默受感染者的免疫系统、诱导特定细胞迅速繁殖和分裂(类似于癌症)或启动程序性细胞死亡(凋亡)等方式对宿主起到杀伤作用。这种超前的生物技术显然将使生物战或生物恐怖主义的进攻能力提升一个等级(Block, 1999)。

- 设计型基因：目前，许多生物的全基因组序列已被公布于非机密期刊和互联网。鉴于现在已经知道了这些序列，微生物学家开发合成基因、合成病毒甚至完整的新生物体似乎只是时间问题。其中，有一些就可专门被用于生物战或生物恐怖袭击(Block, 1999)。
- 基因治疗：基因治疗将使人类遗传疾病的治疗发生革命性改变，即通过修复或取代缺陷基因，使一个人的基因组成发生不可逆的改变。该技术也可能被用于为目标对象插入病原基因(Block, 1999)。
- 宿主交换型病原体：可“跨越物种”找寻新宿主，并可能会引起严重疾病的病毒。易控制的病原因子也可自然转化而携带更为显著的毒性(Block, 1999)。
- 隐形病毒：指病毒在宿主不知不觉的情况下进入细胞(基因组)，然后长期处于休眠状态。一旦出现合适的外部刺激信号，则可能会激活病毒并引起疾病。事实上，这一机制在自然情况下普遍存在，如许多人都携带着能引起口腔或生殖器病变的疱疹病毒。在一些得过水痘的人中，水痘病毒有时会以带状疱疹的形式被重新激活。然而，绝大多数时候疱疹病毒的存在并不会引起疾病(Block, 1999)。
- 合成生物学：合成生物学是汇集了生物技术、进化生物学、分子生物学、系统生物学、生物物理学、计算机工程和基因工程等学科的一门新兴学科，是生物学方向的一个跨学科分支。

讨　论

- 如今生物安全工程的范围不断在扩大，其复杂性也在持续增加。你认为最可能的原因是什么？
- 未来 5 年内是否可能发生重大的生物恐怖袭击？如果发生可能性不大，这将给生物监测计划等现有研究项目和监控系统带来怎样的影响？
- 如果生物武器项目重新占主导地位，并且人们对多国家联合资助的超级细菌项目的兴趣被重新点燃，现有的技术会给一个国家带来怎样的军事优势？
- 如果某个国家公开使用生物武器对付敌人，会产生怎样的后果？国际社会将采取何种对策？这一行为是否可能会引发核武器的使用？

网　站

Regional centers of excellence for biodefense and emerging infectious diseases (10 centers, located nationwide, provide resources and communication systems that can be rapidly mobilized and coordinated with regional and local systems in response to an urgent public health event). Available at: http://www.niaid.nih.gov/labsandresources/resources/rce/Pages/default.aspx.

National biocontainment laboratories (NBLs) and regional biocontainment laboratories (RBLs; 2 NBLs and 13 RBLs are available or under construction for research requiring high levels of containment and are prepared to assist national, state, and local public health efforts in the event of a bioterrorism or infectious disease emergency). Available at: http://www.niaid.nih.gov/labsandresources/resources/dmid/nbl_rbl/Pages/default.aspx.

The Biodefense and Emerging Infections Research Resources Repository (offers reagents and information essential for studying emerging infectious diseases and biological threats). Available at: https://www.beiresources.org/.

Health and Human Services. Public Health Emergency Countermeasures Enterprise Implementation and Strategic Plan (2014). Available at: http://www.phe.gov/Preparedness/mcm/phemce/Documents/2014-phemce-sip.pdf.

National Institutes of Health Biodefense Strategic Plan. Available at: http://www.niaid.nih.gov/topics/BiodefenseRelated/Biodefense/Pages/strategicplan.aspx.

参 考 文 献

Ainscough, M., 2002. Next generation bioweapons: genetic and BW. In: Davis, J., Schneider, B. (Eds.), The Gathering Biological Warfare Storm. USAF Counterproliferation Center, Air War College, Air University, Maxwell Air Force Base, Montgomery, AL (Chapter 9).

Alibek, K., May 20, 1998. Terrorist and Intelligence Operations: Potential Impact on the US Economy. Statement before the Joint Economic Committee. U.S. Congress. Available at: http://fas.org/irp/congress/1998_hr/alibek.htm.

Block, S., 1999. Living nightmares: biological threats enabled by molecular biology. In: Drell, S., Sofaer, A., Wilson, G. (Eds.), The New Terror: Facing the Threat of Biological and Chemical Weapons. Hoover Institution Press, Stanford, CA, p. 60.

Davis, J., 2002. A biological warfare wake-up call: prevalent myths and likely scenarios. In: Davis, J., Schneider, B. (Eds.), The Gathering Biological Warfare Storm. USAF Counterproliferation Center. Air War College, Air University, Maxwell Air Force Base, Mongomery, AL (Chapter 10).

Fauci, A., July 28, 2005. Testimony before the Committee on Homeland Security, Subcommittee on the Prevention of Nuclear and Biological Attack United States House of Representatives by the Director of the National Institute of Allergy and Infectious Diseases. National Institutes of Health, U.S. Department of Health and Human Services.

Finkbeiner, A., 2006. The Jasons: The Secret History of Science's Postwar Elite. Viking Books, New York.

Garrett, L., 1995. The Coming Plague: Newly Emerging Diseases in a World Out of Balance. Farrar, Straus and Giroux, New York.

Inglesby, T., O'Toole, T., Henderson, D.A., 2000. Preventing the use of biological weapons: improving response should prevention fail. Clinical Infectious Diseases 30, 926–929.

Jefferson, C., Lentzos, F., Marris, C., 2014. Synthetic biology and biosecurity: challenging the "myths". Frontiers in Public Health 2, 115. Available at: http://www.ncbi.nlm.nih.gov/pmc/articles/PMC4139924/.

Landrain, T., Meyer, M., Perez, A., Sussan, R., 2013. Do-it-yourself biology: challenges and promises for an open science and technology movement. Systems and Synthetic Biology 7, 115–126.

Miller, J., Engelberg, S., Broad, W., 2002. Germs: Biological Weapons and America's Secret War. Simon and Schuster, New York.

Mordini, E., 2005. Biowarfare as a biopolitical icon. Poiesis & Praxis: International Journal of Technology Assessment and Ethics of Science 3, 242–255.

National Institute of Allergy and Infectious Diseases, 2007. Strategic Plan for Biodefense Research. 2007 Update. U.S. Department of Health and Human Services, National Institutes of Health, Washington, DC.

NOVA, 2001. Soviet "Superbugs," Interview between NOVA and Sergei Popov. Available at: www.pbs.org/wgbh/nova/bioterror/biow_popov.html.

Preston, R., April 21, 1998. Taming the Biological Beast. Op-Ed. New York Times.

Sprinzak, E., November–December 2001. The lone gunman. Foreign Policy 72–73.

Tucker, J., 2011. Could Terrorists Exploit Synthetic Biology? The New. Atlantis.com.

U.S. Congress, Office of Technology Assessment, 1993. Technologies Underlying Weapons of Mass Destruction. OTA-BP-ISC-115. Government Printing Office, Washington, DC.

U.S. Department of Health and Human Services, 2014. Public Health Emergency Countermeasures Enterprise Implementation and Strategic Plan. http://www.phe.gov/Preparedness/mcm/phemce/Documents/2014-phemce-sip.pdf.

Wilson Center, 2015. U.S. Trends in Synthetic Biology Research Funding. Available at: https://www.wilsoncenter.org/sites/default/files/final_web_print_sept2015_0.pdf.

Zilinskas, R., 2000. Biological Warfare: Modern Offense and Defense. Lynne Rienner Publishers, Boulder, CO.

索　引

N

Q

R

S

T

W

X

Y

Z